Hochschultext

Stefan Rolewicz

Funktionalanalysis und Steuerungstheorie

Übersetzt aus dem Polnischen
von D. Pallaschke

Mit 10 Abbildungen

Springer-Verlag
Berlin Heidelberg New York 1976

Stefan Rolewicz

Instytut Matematyczny, Polskiej Akademii Nauk,
00-251 Warszawa, Polska

Übersetzer:

Diethard Pallaschke

Institut für Numerische und instrumentelle Mathematik,
Westfälische Wilhelms-Universität,
4400 Münster

Titel der polnischen Originalausgabe:
„Analiza funkcjonalna i teoria sterowania",

ISBN-13: 978-3-540-08076-3 e-ISBN-13: 978-3-642-66561-5
DOI: 10.1007/978-3-642-66561-5

Gesamtherstellung: fotokop, Wilhelm Weihert KG, Darmstadt

Vorwort

In den letzten Jahren haben sich die Sprache und Methoden der Funktionalanalysis als das grundlegende Werkzeug für die Optimierungstheorie und die optimale Steuerungstheorie herausgebildet. Viele Bücher über diese Gebiete benutzen ausschließlich die Sprache der Funktionalanalysis (z.B. KULIKOWSKI [1]).

In den normalen Kursen ist an der Polytechnika die Zahl der Vorlesungen über Funktionalanalysis relativ gering. Gleichzeitig gibt es aber auf dem Büchermarkt eine Reihe von Werken über Funktionalanalysis, in denen vom mathematischen Standpunkt aus die Probleme der Steuerungstheorie behandelt werden. Zu erwähnen sind hier einige recht schöne Lehrbücher, wie etwa: KULIKOWSKI [1], [2], HERMES-LA SALLE [1], PORTER [1]), in denen die Autoren den Apparat der Funktionalanalysis zur Bearbeitung von Aufgaben aus der Steuerungstheorie benutzen.

Das vorliegende Buch gehört in diesen Rahmen. Es stellt den Apparat der Funktionalanalysis so dar, daß er unmittelbar auf die Steuerungstheorie, insbesondere auf Systeme mit verteilten Parametern, anwendbar ist. Alle im Buch eingeführten Begriffe werden an Hand von physikalischen und technischen Beispielen erklärt. Dies gilt insbesondere für den rein funktionalanalytischen Teil, also die ersten vier Kapitel dieses Buches.

Den Stoff der ersten vier Kapitel findet man in jedem umfassenderen Lehrbuch über Funktionalanalysis (wobei möglicherweise einige Begriffe etwas anders sind, wie etwa der der Halbnorm). Der Unterschied zu den anderen Büchern liegt in der Art der Darstellung. So wird in diesem Teil des Buches nicht so sehr nach dem "wie?" als nach dem "wozu?" gefragt. Dennoch konnte diese Ansicht nicht überall realisiert werden, da die Wichtigkeit von manchen abstrakten Ergebnissen ziemlich schwer zu erklären ist.

Im ersten Teil dieses Buches werden im Rahmen der Funktionalanalysis alle grundlegenden Begriffe aus der Topologie und Maßtheorie (oft ohne Beweis) angegeben, so daß dieses Buch für einen Absolventen des Polytechnikums ohne jede weitere Literatur verständlich ist. Streng genommen enthält dieser Teil alle Vorbereitungen für Kapitel V, welche als der Schlüssel zu den weiteren Kapiteln dieses Buches bezeichnet werden kann. Weil der Stoff aus der Funktionalanalysis von diesem Standpunkt her ausgewählt worden ist, erklärt es sich, daß auf manche Aspekte, wie etwa die RIESZsche Theorie der kompakten Operatoren in dieser Darstellung verzichtet wurde.

In Kapitel V werden die allgemeinen linearen Systeme eingeführt und besprochen. Dabei bestand die Hauptschwierigkeit darin, die einzuführenden Begriffe einerseits so allgemein zu halten, daß man eine möglichst große Klasse von Objekten erfaßt und andererseits darauf zu achten, daß man mit diesen Begriffen noch genügend starke Sätze beweisen kann. Der in diesem Buch eingeführte Begriff des "linearen Systems" umfaßt insbesondere die Systeme mit verteilten Parametern. Für lineare Systeme und konvexe Nutzenfunktionen untersuchen wir die Minimal-Norm und Minimal-Zeit Aufgabe und geben hinreichende Bedingungen für die Existenz von Lösungen an. Weiterhin wird die allgemeine Beobachtungsaufgabe untersucht, und es werden eine Reihe wichtiger Aussagen über die optimale Beobachtbarkeit hergeleitet. Mit Beginn dieses Kapitels wollen wir unter einem "Beispiel" stets eines im mathematischen Sinne verstehen. Genauer: Von diesem Kapitel an behandeln wir in den Beispielen fast nur noch gewöhnliche oder partielle Differentialgleichungen, ohne dabei auf die technischen Systeme einzugehen, die durch solche Gleichungen beschrieben werden. Vielmehr setzen wir voraus, daß der Leser zahlreiche technische und ökonomische Systeme kennt, die man durch Differentialgleichungen beschreiben kann. Dieses Kapitel dürfte nach Ansicht des Autors wegen seiner Allgemeinheit und der komprimierten Darstellung schwierig sein. Eine weitere Schwierigkeit könnte sich auch dadurch ergeben, daß in diesem Kapitel viele neue Begriffe eingeführt werden, die dem Leser möglicherweise auch anderswoher nicht bekannt sind. Weiterhin werden in diesem Kapitel eine Reihe neuer Ergebnisse aus der Funktionalanalysis bewiesen.

Kapitel VI enthält die Anwendungen der im Kapitel V entwickelten Theorie auf endlich-dimensionale Systeme. Neben einigen Vereinfachungen der Beweise von bekannten Sätzen, enthält dieses Kapitel noch eine Reihe neuer Ergebnisse aus der Theorie der optimalen Beobachtung.

In Kapitel VII werden die ein-dimensionalen Systeme mit verteilten Parametern behandelt. Über dieses Gebiet existieren zwei grundlegende Bücher: BUTKOWSKI [1] behandelt die ein-dimensionalen Systeme vom Standpunkt des Ingenieurs und bei LIONS [1] findet man eine mathematische Behandlung der n-dimensionalen Systeme mit verteilten Parametern.

Das Buch von LIONS ist äußerst allgemein und präzise. Es benutzt allerdings die stark entwickelte Theorie der partiellen Differentialgleichungen, so daß es für den nicht spezialisierten Leser etwas schwierig ist.

In Kapitel VII werden die Ergebnisse von BUTKOWSKI [1] mit Hilfe der FOURIER-Methode verallgemeinert und präzise dargestellt. Nach Ansicht des Autors sind in diesem Kapitel die Paragraphen 7 und 8 von besonderem Interesse. Hier werden nämlich die Ergebnisse von DOLECKI [1] aus dem Gebiet der Beobachtungstheorie dargestellt.

Das Ende eines Beweises wird durch das Zeichen "■" angedeutet.

Ich danke Herrn Doc. Dr. Kazimier MOLANOWSKIE für die gründliche Durchsicht des Manuskriptes und für eine Reihe von Hinweisen, die zur Vervollständigung des Textes führten.

Vorwort zur deutschen Auflage

Dem Übersetzer dieses Buches, Herrn Prof. Dr. D. PALLASCHKE, möchte ich für seine sorgfältige Arbeit und für viele wertvolle Korrekturhinweise und Verbesserungsvorschläge danken.

Mein Dank gilt auch den Herren Professoren W. KRABS, E. MEISTER, W. WENDLAND und H. WERNER, die sich um die Herausgabe der deutschen Auflage meines Buches bemüht haben.

Die deutsche Auflage geht in folgenden Punkten über die polnische hinaus:

1) Störungstheorie für lineare Systeme und Bildstetigkeit (in Kapitel V, § 1)

2) Steuerbarkeit von zeitabhängigen Kontrollsystemen im Zusammenhang mit Sätzen über die Existenz einer universellen Zeit (in Kapitel V, § 4)

Warschau, Juni 1976 Stefan Rolewicz

Inhaltsverzeichnis

Kapitel I. Metrische Räume

§ 1 Definition und Beispiele für metrische Räume

Es sei X eine Menge. Wir nennen X ein metrischer Raum, falls auf $X \times X$ eine nicht negative Funktion $\rho(x,y) \geq 0$, $x,y \in X$ gegeben ist, die "Metrik" genannt wird, und den folgenden Bedingungen genügt:

(1) $\rho(x,y) = 0$ genau dann, wenn $x=y$

(2) $\rho(x,y) = \rho(y,x)$

(3) $\rho(x,y) \leq \rho(x,z) + \rho(z,y)$ (Dreiecksungleichung)

Die zwei Punkten $x,y \in X$ zugeordnete Zahl $\rho(x,y)$ heißt dann "Abstand" des Punktes x vom Punkt y. Wir bemerken, daß nach (2) dieser Abstand gleich dem Abstand des Punktes y vom Punkte x ist. Die Menge der Punkte, deren Abstand vom Punkte x_o kleiner als eine positive Zahl r ist, also $K_r(x_o) = \{x \in X: \rho(x,x_o) < r\}$ heißt "Kugel" mit Radius r um den Mittelpunkt x_o, und $\overline{K}_r(x_o) = \{x \in X: \rho(x,x_o) \leq r\}$ heißt die "abgeschlossene Kugel" mit Radius r und Mittelpunkt x_o. Die Menge derjenigen Punkte, deren Abstand vom Punkte x_o genau gleich r ist, also

$$S_r(x_o) = \{x \in X: \rho(x,x_o) = r\}$$

heißt "Sphäre" mit Radius r und Mittelpunkt x_o.

Wir geben nun einige Beispiele für metrische Räume an:

Beispiel I.1.1.

Der dreidimensionale euklidische Raum ist ein metrischer Raum. Der Abstand zweier Punkte wird durch die Länge der Verbindungsstrecke gegeben. Dieser übliche Abstand genügt offensichtlich den Bedingungen (1) - (3), denn die Länge der Verbindungsstrecke ist genau dann Null, wenn Anfangs- und Endpunkt übereinstimmen (Bedingung (1)). Weiterhin ist die Länge der Verbindungsstrecke unabhängig davon, von welchem Punkt aus gemessen wird (Bedingung (2)). Bedingung (3) ist nichts anderes als die bekannte Tatsache, daß die Summe der Längen zweier Seiten eines Dreiecks nicht kleiner als die Länge der dritten Seite ist.

Im Falle des dreidimensionalen euklidischen Raumes ist eine Kugel genau die Kugel im klassischen Sinne ohne Rand. Die abgeschlossene Kugel ist dann die Kugel im klassischen Sinne mit Rand. Die Sphäre ist die Oberfläche der Kugel, also die Sphäre im klassischen Sinne.

Beispiel I.1.2.

Die euklidische Ebene mit der Abstandsdefinition wie in Beispiel I.1.1 ist ein metrischer Raum. In diesem Falle ist die Kugel genau die Kreisscheibe ohne Rand. Die abgeschlossene Kugel ist die Kreisscheibe mit Rand. Die Sphäre ist die Kreislinie.

Im Zusammenhang mit Beispiel I.1.2 wird der folgende Begriff eingeführt:

Es sei X ein metrischer Raum mit der Metrik $\rho(x,y)$ und X_o eine Teilmenge von X. Offensichtlich ist dann die Beschränkung der Metrik $\rho(x,y)$ auf $X_o \times X_o$ eine Metrik für X_o. Der Raum X_o mit der auf $X_o \times X_o$ beschränkten Metrik $\rho(x,y)$ heißt "Unterraum des metrischen Raumes X".

Die nun folgenden Beispiele zeigen, daß der durch die Bedingungen (1) - (3) gegebene Abstandsbegriff eine Verallgemeinerung des euklidischen Abstandes ist.

Beispiel I.1.3.

Es sei X die Erdoberfläche, und $\rho(x,y)$ der Abstand längs einer Geodätischen zwischen zwei Punkten $x,y \in X$. Dann sieht man leicht, daß hierdurch eine Metrik definiert wird, die jedoch wegen der Erdkrümmung nicht die euklidische Metrik ist. Vielmehr existieren auf der Erde zwei Punkte mit einem Abstand von 20.000 km, wohingegen nach dem euklidischen Abstand der Erddurchmesser von 12.740 km nie überschritten werden kann.

Beispiel I.1.4.

Es sei X die Menge aller Provinzialhauptstädte in Polen. Weiterhin bezeichne $\rho(x,y)$ die Eisenbahnentfernung zwischen zwei Städten x und y. Dann sieht man leicht, daß $\rho(x,y)$ eine Metrik ist.

Beispiel I.1.5.

Es sei X wie im obigen Beispiel die Menge aller Provinzialhauptstädte in Polen, und $\rho(x,y)$ sei die Straßenentfernung zwischen zwei Städten x und y. Offenbar ist $\rho(x,y)$ eine Metrik.

Beispiel I.1.6.

Es sei X die Menge aller Punkte auf einem rechteckigen Straßennetz (siehe Abb. I.1.1). Als Abstand zweier Punkte nehme man die Länge des kürzesten Weges zwischen diesen Punkten längs dem gegebenen Straßennetz. Man sieht leicht, daß dadurch eine Metrik definiert wird. Die fettgedruckte Linie ist dann die Sphäre mit Radius r und Mittelpunkt x_o in dieser Metrik.

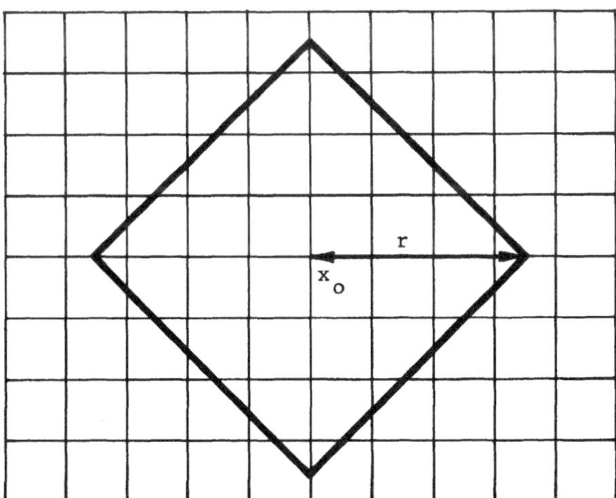

Abb. I.1.1. Das von der fettgedruckten Linie eingeschlossene Gebiet ist die Kugel $K_r(x_o)$

Nicht immer handelt es sich bei einer Metrik um den Abstand im gewöhnlichen Sinne. Vielmehr wird im allgemeinen der Abstand durch die Kosten oder die aufzuwendende Zeit für eine Aktion gegeben.

Beispiel I.1.7.

Es sei X die Menge aller Bahnhöfe in Polen. Es bezeichne $\rho(x,y)$ den Preis einer Eisenbahnfahrkarte vom Bahnhof x zum Bahnhof y. Man sieht leicht, daß $\rho(x,y)$ eine Metrik ist.

Beispiel I.1.8.

Es sei X die Menge aller Haltestellen einer Straßenbahnlinie, und $\rho(x,y)$ sei der Fahrpreis von einer Haltestelle x zur Haltestelle y.

Gibt es, wie üblich, nur einen Fahrpreis, dann ist $\rho(x,y) = 1$ Złoty, für $x \neq y$ und $\rho(x,x) = 0$.

Im Zusammenhang mit diesem Beispiel wird der folgende Begriff eingeführt:
Es sei X ein metrischer Raum mit der Metrik $\rho(x,y)$, die wie folgt definiert ist:

$$\rho(x,x) = 0 \text{ und } \rho(x,y) = c \quad \text{für } x \neq y,$$

dabei ist c eine positive Konstante. Ein metrischer Raum X mit einer derartigen Metrik ρ heißt ein "diskreter Raum" und ρ eine "diskrete Metrik".

Wir geben noch ein weiteres Beispiel für einen diskreten Raum an:

Beispiel I.1.9.
Es sei X eine Fabrikhalle und x bezeichne den Standort einer Maschine. Wir nehmen an, daß die Maschine auf einem starken Betonfundament steht, und daß die Kosten für die Aufstellung der Maschine verglichen mit den Baukosten des Fundamentes geringfügig sind. Dann kostet die Verlegung der Maschine vom Standort x zum Standort y genau soviel wie das Abreißen des alten und das Aufbauen des neuen Fundaments. Dies hängt aber nicht von x und y ab. Also wird durch die Kosten $\rho(x,y)$ für die Verlegung eine diskrete Metrik definiert.

Beispiel I.1.10.
Es sei X das Gebiet einer Stadt. Für zwei Punkte $x,y \in X$ bezeichne $\rho(x,y)$ die Mindestfahrzeit von x nach y. Dann sieht man leicht, daß $\rho(x,y)$ eine Metrik ist. Wir bemerken noch, daß man in der Praxis die Mindestfahrzeit oft als die eigentliche Entfernung ansieht.

Beispiel I.1.11.
Es sei X ein Gebiet, in dem ein auf einer Schiene laufender Verladekran arbeitet (Abb. I.1.2). Auf der Schiene bewege sich der Kran mit der Geschwindigkeit "a" und seine Hebegeschwindigkeit sei "b". Weiterhin sei $\rho(x,y)$ die Mindestzeit, die der Kran braucht, um aus der Lage x in die Lage y zu kommen. Dann zeigt man leicht, daß $\rho(x,y)$ eine Metrik ist. Führt man nun ein rechtwinkliges Koordinatensystem ein und entsprechen die Koordinatenachsen der Fortbewegung des Kranes auf der Schiene bzw. der Hebebewegung, dann erhält man für die

Metrik die Formel

$$\rho(x,y) = \max\left(\frac{|x_1-y_1|}{a}, \frac{|x_2-y_2|}{b}\right) .$$

Dabei ist $x = (x_1,x_2)$, $y = (y_1,y_2)$.

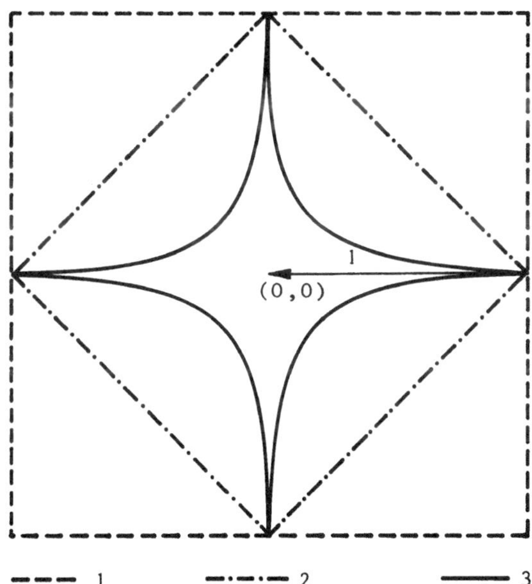

Abb. I.1.2. Linie 1 - Einheitskugel $K_{(o,o)}(1)$ aus Beispiel I.1.11; Linie 2 - Kugel $K_{(o,o)}(1)$ aus Beispiel I.1.12; Linie 3 - Kugel $K_{(o,o)}(2)$ aus Beispiel I.1.13

Beispiel I.1.12.

Es sei X wie im Beispiel I.1.11. Zusätzlich wollen wir nun annehmen, daß sich der Kran zu jedem Zeitpunkt nur vertikal oder horizontal bewegen kann. Dann ist die Verladezeit $\rho(x,y)$ wiederum eine Metrik und man erhält die Formel:

$$\rho(x,y) = \frac{|x_1-y_1|}{a} + \frac{|x_2-y_2|}{b} .$$

Beispiel I.1.13.

Sei X wie im Beispiel I.1.11. Genau wie im Beispiel I.1.12 nehmen wir an, daß eine gleichzeitige horizontale und vertikale Bewegung des Kranes nicht möglich ist. Weiterhin wollen wir annehmen, daß sowohl die Fortbewegungs- und die Hebegeschwindigkeit gegenüber den beiden entsprechenden Beschleunigungen vernachlässigbar klein sind. Wenn nun die maximale Bewegungsbeschleunigung auf der Schiene "a" und die maximale Hebebeschleunigung "b" ist, dann erhält man für die Verladezeit

$$\rho(x,y) = 2\left(\sqrt{\frac{|x_1-y_1|}{a}} + \sqrt{\frac{|x_2-y_2|}{b}} \right) .$$

In Abbildung I.1.2 sind die jeweiligen metrischen Kugeln der Beispiele I.1.11, I.1.12 und I.1.13 für a = b = 1 dargestellt.

Beispiel I.1.14.
Es sei X die Menge aller auf dem Intervall $[a,b]$ definierten, stetigen reellwertigen Funktionen. Ferner sei

$$\rho(x,y) = \sup_{a\leq t\leq b} |x(t)-y(t)|. \tag{1.1}$$

Offensichtlich erfüllt $\rho(x,y)$ die Bedingungen (1) und (2) für eine Metrik. Wir zeigen nun, daß auch Bedingung (3) erfüllt ist:

$$\rho(x,y) = \sup_{a\leq t\leq b} |x(t)-y(t)| \leq \sup_{a\leq t\leq b} |x(t)-z(t)|$$
$$+ \sup_{a\leq t\leq b} |z(t)-y(t)| \leq \rho(x,z) + (z,y).$$

Der Raum X mit der Metrik $\rho(x,y)$ wird mit $C[a,b]$ bezeichnet.

Der Raum $C[a,b]$ kommt bei der Bearbeitung vieler Ingenieursaufgaben vor. So wird zum Beispiel der Ablauf vieler physikalischer Prozesse durch eine stetige Funktion $x(t)$ im Zeitintervall $[a,b]$ beschrieben. Wir nehmen nun an, daß aufgrund von gewissen Fehlerquellen der durch $x_o \in C[a,b]$ beschriebene Prozeß nicht genau zu messen geht. Weiterhin verlangen wir, daß im Zeitintervall $[a,b]$ der Meßfehler nicht größer als eine positive Konstante r ist. Dabei hängt die Konstante r von der Genauigkeit der Meßapperatur und möglicherweise (etwa bei chemischen Prozessen) von den im Prozeß erzeugten Produkten ab. Dann interessiert man sich bei der Beschreibung des Prozesses für alle $y \in C[a,b]$ mit $\rho(x_o,y) \leq r$.

Beispiel I.1.15.

Falls ein Prozeß durch n Parameter - die als Folge $\{x_1(t),\ldots,x_n(t)\}$ gegeben sind - dargestellt wird, wobei die zulässige Abweichung der einzelnen Parameter $x_i(t)$ vom wahren Prozeß $x_i^o(t)$ etwa $r_i>0$ beträgt, dann führt man auf dem Raum aller stetigen n-dimensionalen Funktionen die Funktion

$$\rho(x,y) = \sup_{a\leq t\leq b} \max_{1\leq i\leq n} \frac{|x_i(t)-y_i(t)|}{r_i}$$

ein. Man zeigt leicht, daß $\rho(x,y)$ eine Metrik ist. Offensichtlich werden dann zur Beschreibung des Prozesses alle solche y mit $\rho(x_o,y) \leq 1$ zugelassen.

Im allgemeinen sind die einzelnen Parameter eines Prozesses nicht unabhängig. So ist zum Beispiel in vielen Prozessen eine Änderung des Druckes oder des Volumens ohne eine Änderung der Temperatur möglich; dagegen ist eine gleichzeitige Änderung von Volumen, Druck und Temperatur wegen der Produktgleichung nicht möglich.

In diesem Falle kann man zur Beschreibung der Meßgenauigkeit nicht mehr die im vorherigen Beispiel angegebene Metrik verwenden. Vielmehr muß man nun eine geeignete Metrik $\tilde{\rho}(x,y)$ für den $\mathbb{R}^n$ suchen, und führt dann auf dem Raum $C_n[a,b]$ aller auf $[a,b]$ definierten n-dimensionalen stetigen Funktionen die Metrik

$$\rho(x,y) = \sup_{a\leq t\leq b} \tilde{\rho}(x(t),y(t)) \tag{1.2}$$

ein. Genauso wie im Beispiel I.1.14 zeigt man leicht, daß $\rho(x,y)$ die Bedingungen (1) - (3) erfüllt.

Der Raum $C_n[a,b]$ mit der Metrik ρ wird mit $C_{n,\tilde{\rho}}[a,b]$ bezeichnet.

Beispiel I.1.16.

In vielen Prozessen, die durch ein System von Parametern beschrieben werden können, sind die Funktionen nicht stetig, wohl aber stückweise stetig (eine auf $[a,b]$ definierte Funktion heißt "stückweise stetig", falls sich $[a,b]$ in eine endliche Vereinigung von Intervallen I_n zerlegen läßt, so daß die Funktion auf jedem dieser Intervalle stetig ist). Für den Raum der stückweise stetigen Funktionen (bzw. stückweise stetigen n-dimensionalen Vektorfunktionen) wird durch die

Formel (1.1) (bzw. (1.2)) eine Metrik definiert. Diese beiden Räume werden dann mit $C'[a,b]$ bzw. $C'_{n,\tilde{\rho}}[a,b]$ bezeichnet.

Beispiel I.1.17.

In den Beispielen I.1.14 - I.1.16 haben wir Objekte in einem endlichen Zeitintervall $[a,b]$ betrachtet. Interessiert man sich jedoch für das technische Verhalten eines Objektes während seiner gesamten Lebensdauer, so kann man im allgemeinen von vornherein keine obere Grenze für das Zeitintervall angeben. (So kann man zum Beispiel die Lebensdauer eines Wasserkraftwerkes schlecht nach oben abschätzen.) In diesem Sinne gilt dann für den Endzeitpunkt $b = +\infty$, und man betrachtet folglich die Räume $C[a,\infty)$, $C_{n,\tilde{\rho}}[a,\infty)$, $C'_{n,\rho}[a,\infty)$. Dabei werden allerdings nur die stetigen beschränkten Funktionen zugelassen. Man zeigt leicht, daß für jeden dieser Räume durch die Formeln vom Typ (1.1) und (1.2) eine Metrik bestimmt wird.

Beispiel I.1.18.

Interessiert man sich nun für Prozesse mit vorher nicht überschaubarer Dauer, dann wird man sie zweckmäßig im Zeitintervall $[a,\infty)$ behandeln. Oft braucht man aber nicht über den gesamten Zeitablauf zu messen, vielmehr genügen manchmal schon Messungen zu bestimmten Zeitpunkten.

Zum Beispiel melden die meteologischen Stationen Temperatur und Luftdruck in vorgegebenen Zeitabständen. Es ist daher sinnvoll, sich auch für Prozesse zu interessieren, die durch Zahlenfolgen $x = (x_1,\ldots,x_n,\ldots)$ beschrieben werden. Die Abweichung des Prozesses x von einem anderen Prozeß y wird dann durch die Formel

$$\rho(x,y) = \sup_n |x_n - y_n| \tag{1.3}$$

gegeben. Man weist leicht nach, daß auf dem Raum aller beschränkten Folgen durch (1.3) eine Metrik definiert ist. Der Raum aller beschränkten Folgen mit eben dieser Metrik wird mit "m" bezeichnet.

Der Unterraum von m, der aus allen Folgen besteht, die gegen 0 konvergieren, wird mit "c_0" bezeichnet.

Beispiel I.1.19.
In diesem Beispiel befassen wir uns mit der Rentabilität einer Investition. Für eine kurze Investition hat man die Formel

$$W = \frac{\text{Gewinn}}{\text{eingesetztes Kapital}} .$$

Dabei ist W die Effektivität der Investition, und unter Gewinn versteht man den reinen Gewinn, also abzüglich Nebenkosten.

Für längerfristige Investitionen gilt diese Formel im allgemeinen nicht mehr. Dann berechnet man sinnvollerweise die auszugebenden Gelder nach der Formel

$$X_n(1+r)^{-n+1} = x_n. \tag{1.4}$$

Dabei ist X_n die Ausgabequote im Jahre n und x_n die Geldmenge, die man bezüglich eines festen Preissystems bereits heute haben muß, damit man bei einem festen Bankzins von r Prozent im Jahre n den Betrag X_n erhält. In der Praxis wird man allerdings nicht immer nach (1.4) vorgehen, da die Sparneigung vom Bankzins abhängt.

Generell ergeben sich jedoch die Gesamtkosten der Investition durch

$$K = \sum_{n=1}^{\infty} k_n.$$

Dabei sind die k_n reduzierte Einsatzquoten, die sich etwa aus Formel (1.4) ergeben können. Der Gesamtgewinn der Investition beläuft sich entsprechend auf

$$Z = \sum_{n=1}^{\infty} z_n,$$

wobei die z_n einzelne Jahresgewinne sind. Die Effektivität der Investition ist

$$W = \frac{Z}{K} .$$

Diese Formel ist allerdings nur dann sinnvoll, wenn beide im obigen Quotienten auftretenden Reihen konvergieren. Dies ist zum Beispiel bei zyklischen Investitionen immer erfüllt, weil man dann nur für eine endliche Periode (etwa 8 Jahre) die Gesamtausgaben und den Gesamtgewinn zu bestimmen hat. Beispiele für solche Investitionen sind etwa die Rohstoffinvestitionen oder Investitionen bei Wasserkraftwerken.

Die Abweichung des tatsächlichen Gewinns $x = (x_1,\dots,x_n,\dots)$ von dem geplanten Gewinn $y = (y_1,\dots,y_n,\dots)$ beläuft sich auf

$$\rho(x,y) = \sum_{n=1}^{\infty} |x_n - y_n| . \tag{1.5}$$

Der Gesamtgewinn ist $\rho(x,0)$. Letztlich hat man es also mit folgendem Modell zu tun: X ist der Raum aller Folgen $x = (x_1,\dots,x_n,\dots)$ mit $\rho(x,0) < +\infty$ versehen mit der Metrik $\rho(x,y)$. Diesen Raum bezeichnen wir mit "ℓ".

Gegeben seien die metrischen Räume $X_1,\dots,X_n$ und $\rho_i(x,y)$ bezeichne die Metrik des Raumes X_i. Als "Produkt der Räume $X_1,\dots,X_n$" bezeichnet man den Raum X, dessen Elemente die n-Tupel $x = (x_1,\dots,x_n)$ mit $x_i \in X_i$ sind mit der durch

$$\rho(x,y) = \max_{1 \le i \le n} \rho_i(x_i,y_i)$$

definierten Metrik. Man weist ganz elementar nach, daß ρ eine Metrik ist. Der Raum X wird mit $X_1 \times \dots \times X_n$ bezeichnet.

§ 2 Konvergenz und verwandte Begriffe

Es sei X ein metrischer Raum mit der Metrik $\rho(x,y)$. Dann sagt man, daß eine Folge $\{x_n\}$ von Elementen aus X gegen ein Element x_0 "konvergiert", falls $\lim\limits_{n\to\infty} \rho(x_n,x_0) = 0$ ist und schreibt $\lim\limits_{n\to\infty} x_n \overset{\rho}{=} x_0$ oder $x_n \overset{\rho}{\to} x_0$. Wenn es keine Mißverständnisse gibt, lassen wir den Buchstaben ρ auch einfach fort. Das Element x_0 heißt "Grenzwert der Folge $\{x_n\}$". Wir bemerken, daß für eine gegen x_0 konvergente Folge $\{x_n\}$ auch jede Teilfolge gegen x_0 konvergiert.

Man sagt, daß "fast alle Glieder" einer Folge $\{x_n\}$ in einer gewissen Menge A liegen, wenn höchstens endlich viele Glieder der Folge nicht in A liegen, oder mit anderen Worten, wenn ein N existiert, so daß für alle $n \ge N$ stets $x_n \in A$ ist. Mit diesem Terminus läßt sich der Begriff der Konvergenz wie folgt definieren: nämlich eine Folge $\{x_n\}$

konvergiert gegen x_o, wenn für jedes positive ε fast alle Glieder der Folge in $K_\varepsilon(x_o)$ sind. Dies ist natürlich nur eine verbale Umformulierung der Konvergenzdefinition.

Eine Menge $A \subset X$ heißt "abgeschlossen", wenn für jede konvergente Folge $\{x_n\}$ von Elementen aus A auch deren Grenzwert zu A gehört, d.h. $\lim x_n \in A$. Eine Menge $B \subset X$ heißt "offen", wenn es zu jedem $x_o \in B$ ein $\varepsilon > 0$ gibt, so daß $K_\varepsilon(x_o) \subset B$ ist.

Satz I.2.1.

Es sei A eine abgeschlossene Menge, dann ist das Komplement $CA = X \setminus A$ eine offene Menge.

Beweis:

Angenommen, CA sei keine offene Menge. Dann existiert ein $x_o \in CA$, so daß für jedes positive ε stets $K_\varepsilon(x_o) \cap A \neq 0$ ist. Wähle $x_n \in K_{\frac{1}{n}}(x_o) \cap A$; dann gilt $x_n \to x_o$, und da A abgeschlossen ist, ist im Widerspruch zur Annahme $x_o \in A$. ■

Satz I.2.2.

Es sei B eine offene Menge, dann ist $CB = X \setminus B$ eine abgeschlossene Menge.

Beweis:

Angenommen, CB sei keine abgeschlossene Menge. Dann existiert eine Folge von Elementen $x_n \in CB$, die gegen ein $x_o \in C\,CB = X \setminus (X \setminus B) = B$ konvergiert. Da nach Annahme B eine offene Menge ist, existiert ein positives ε, so daß $K_\varepsilon(x_o) \subset B$ ist. Weil $x_n \to x_o$ ist, liegen fast alle Glieder der Folge $\{x_n\}$ in $K_\varepsilon(x_o) \subset B$, und dies widerspricht der Annahme, $x_n \in CB$. ■

Satz I.2.3.

Für jede Familie $\{F_\alpha\}$, $\alpha \in \mathfrak{A}$ von abgeschlossenen Mengen ist der Durchschnitt $F = \bigcap_{\alpha \in \mathfrak{A}} F_\alpha$ eine abgeschlossene Menge.

Beweis:

Es sei $\{x_n\}$ eine Folge von Elementen aus F, die gegen ein x_o konvergiere. Dann ist für jedes $\alpha \in \mathfrak{A}$ auch $x_n \in F_\alpha$, und da F_α abgeschlossen ist, folgt auch $x_o \in F_\alpha$, also $x_o \in F$. ■

Satz I.2.4.

Für jede Familie $\{G_\alpha\}$, $\alpha \in \mathfrak{A}$ von offenen Mengen ist die Vereinigung $\bigcup_{\alpha \in \mathfrak{A}} G_\alpha$ eine offene Menge.

Beweis:

Sei $x_0 \in G$. Nach Definition von G gibt es ein $\alpha \in \mathfrak{A}$ mit $x_0 \in G_\alpha$. Da G_α eine offene Menge ist, existiert ein positives ε, so daß $K_\varepsilon(x_0) \subset G_\alpha \subset G$. Also ist G eine offene Menge. ■

Die beiden folgenden Beispiele zeigen, daß die Vereinigung einer Familie von abgeschlossenen Mengen nicht abgeschlossen sein muß, und der Durchschnitt einer Familie offener Mengen nicht offen zu sein braucht.

Beispiel I.2.1.

Es sei X das abgeschlossene Intervall $[0,1]$ mit der Metrik $\rho(x,y) = |x-y|$. Weiterhin sei F_n die nur aus dem einzigen Punkt $\frac{1}{n}$ bestehende Menge, also $F_n = \{\frac{1}{n}\}$. Dann ist $F = \bigcup_n F_n = \{1,\frac{1}{2},\frac{1}{3},\ldots\}$ und man sieht, daß diese Folge zwar gegen 0 konvergiert, jedoch liegt die 0 nicht in F.

Beispiel I.2.2.

Es sei X wie oben und es sei $G_n = \{x\colon |x-\frac{1}{2}| < \frac{1}{n}\}$. Die Mengen G_n sind offen und ihr Durchschnitt $G = \bigcap_n G_n$ ist die aus dem Punkt $\frac{1}{2}$ bestehende einpunktige Menge; also eine abgeschlossene Menge.

Es gelten jedoch die folgenden Sätze:

Satz I.2.5.

Die endliche Vereinigung von abgeschlossenen Mengen, $F = F_1 \cup \ldots \cup F_m$, ist eine abgeschlossene Menge.

Beweis:

Es sei $\{x_n\}$ eine Folge von Elementen aus F, die gegen ein x_0 konvergiert. Da F die endliche Vereinigung abgeschlossener Mengen ist, existiert ein F_r und eine Teilfolge $\{x_{n_k}\}$ mit $x_{n_k} \in F_r$. Weil die Folge $\{x_{n_k}\}$ ebenfalls gegen x_0 konvergiert und F_r abgeschlossen ist, folgt $x_0 \in F_r \subset F$. ■

Satz I.2.6.
Der endliche Durchschnitt offener Mengen, $G = G_1 \cap G_2 \cap \ldots \cap G_m$, ist eine offene Menge.

Beweis:
Sei $x_o \in G$; d.h. für jedes $i = 1,2,\ldots,m$ ist $x_o \in G_i$, und da die G_i offene Mengen sind, existieren positive Zahlen $\varepsilon_1,\ldots,\varepsilon_m$, so daß $K_{\varepsilon_i}(x_o) \subset G_i$ ist. Für $\varepsilon = \min(\varepsilon_1,\ldots,\varepsilon_m) > 0$ gilt dann, daß für jedes i: $K_\varepsilon(x_o) \subset G_i$ ist, also $K_\varepsilon(x_o) \subset G$. ■

Es sei A eine beliebige Teilmenge von X. Als "Abschluß" $\bar{A}$ der Menge A bezeichnet man die kleinste abgeschlossene Menge, die A enthält. Nach Satz I.2.3 ist $\bar{A}$ der Durchschnitt aller abgeschlossenen Mengen, die A enthalten.

Aus der Definition des Abschlusses folgt, daß für jede abgeschlossene Menge A stets $\bar{A}=A$ gilt. Bezeichnet man mit $\bar{\bar{A}}$ den Abschluß der Menge $\bar{A}$, dann gilt für jede Menge A stets $\bar{A}=\bar{\bar{A}}$.

Satz I.2.7.
$\bar{A} = \{x \in X\colon \text{es existiert } x_n \to x,\ x_n \in A,\ n = 1,2,\ldots\}$.

Beweis:
Bezeichnen wir mit $\tilde{A}$ die auf der rechten Seite stehende Menge, dann ist offensichtlich $A \subset \tilde{A} \subset \bar{A}$. Wir zeigen nun, daß $\tilde{A}$ abgeschlossen ist. Dazu wählen wir eine Folge $\{x_n\}$, $x_n \in \tilde{A}$, die gegen ein x_o konvergiert. Offensichtlich gibt es zu jedem $x_n \in \tilde{A}$ ein $x_n' \in A$ mit $\rho(x_n,x_n') < \frac{1}{n}$. Da

$$0 \le \rho(x_n',x_o) \le \rho(x_n',x_n)+\rho(x_n,x_o) \le \frac{1}{n} + \rho(x_n,x_o)$$

ist und $x_n \to x_o$, $x_n' \to x_o$ gilt, folgt $x_o \in \tilde{A}$. Aus der Abgeschlossenheit von $\tilde{A}$ folgt dann $\bar{A} \subset \tilde{A}$ und damit $\bar{A}=\tilde{A}$ ist. ■

Als "Inneres" einer Menge A, IntA, bezeichnet man die größte offene Menge, die in A enthalten ist. Nach Satz I.2.4 ist IntA die Vereinigung aller offenen Mengen, die in A enthalten sind. Als "inneren Punkt" bezeichnet man jeden Punkt des Inneren. Man sieht sofort, daß x_o ein innerer Punkt der Menge A genau dann ist, wenn es ein $\varepsilon>0$ gibt mit $K_\varepsilon(x_o) \subset A$.

Aus den Sätzen I.2.1 und I.2.2 ergeben sich noch die Formeln:

$$\overline{A} = X \setminus \mathrm{Int}(X \setminus A), \quad \mathrm{Int}A = X \setminus (\overline{X \setminus A}).$$

Als "Rand" einer Menge A, FrA, bezeichnen wir die Menge

$$\mathrm{Fr}A = \overline{A} \setminus \mathrm{Int}A = \overline{A} \cap (\overline{X \setminus A}).$$

Wir sagen, daß eine Menge $A \subset X$ "dicht" im Raum X ist, falls $\overline{A} = X$ gilt; und daß die Teilmenge A der Menge B "dicht" in der Menge B ist, falls $B \subset \overline{A}$.

§ 3 Stetige Abbildungen

Es sei X ein metrischer Raum mit der Metrik $\rho_X(x_1,x_2)$ und Y ein metrischer Raum mit der Metrik $\rho_Y(y_1,y_2)$. Weiterhin sei f(x) eine Abbildung von X nach Y.

Satz I.3.1.
Die folgenden Aussagen sind äquivalent:

(a) Für jedes $x \in X$ und jedes positive ε existiert ein $\delta>0$, so daß $f(K_\delta(x)) \subset K_\varepsilon(f(x))$.

(b) Aus $\lim\limits_{n\to\infty} \rho_X(x_n,x) = 0$ folgt $\lim\limits_{n\to\infty} \rho_Y(f(x_n),f(x)) = 0$, für jedes $x \in X$ und jede Folge $\{x_n\} \subset X$.

(c) Das Urbild $f^{-1}(F) = \{x \in X\colon f(x) \in F\}$ jeder abgeschlossenen Menge F ist abgeschlossen.

(d) Das Urbild $f^{-1}(G) = \{x \in X\colon f(x) \in G\}$ jeder offenen Menge G ist offen.

Beweis:
(a) $\Rightarrow$(b). Es sei $\lim\limits_{n\to\infty} \rho_X(x_n,x) = 0$ und ε eine beliebige positive Zahl. Dann existiert nach (a) ein $\delta>0$, so daß $f(K_\delta(x)) \subset K_\varepsilon(f(x))$. Da $x_n \xrightarrow{\rho_X} x$, liegen fast alle Glieder der Folge $\{x_n\}$ in $K_\delta(x)$. Aus der obigen Inklusion folgt dann, daß fast alle Glieder der Folge $\{f(x_n)\}$

in $K_\varepsilon(f(x))$ liegen. Da $\varepsilon>0$ beliebig war, impliziert dies (b).

(b) $\Longrightarrow$(c). Es sei F eine abgeschlossene Teilmenge von Y und $\{x_n\}$ eine Folge von Elementen aus $f^{-1}(F)$, die gegen ein x_0 konvergiere. Da nach (b) $f(x_n)\xrightarrow{\rho_Y} f(x_0)$ gilt und F abgeschlossen ist, folgt $f(x_0)\in F$, also $x_0\in f^{-1}(F)$.

(c) $\Longrightarrow$(d). Es sei G eine beliebige offene Teilmenge von Y. Dann ist nach Satz I.2.2 $Y\setminus G$ eine abgeschlossene Menge und nach (c) und Satz I.2.1 ist

$$f^{-1}(G) = f^{-1}(Y\setminus(Y\setminus G)) = f^{-1}(Y)\setminus f^{-1}(Y\setminus G)$$

eine offene Menge.

(d) $\Longrightarrow$(a). Nach (d) ist für jedes positive ε die Menge $f^{-1}(K_\varepsilon(f(x)))$ offen. Also existiert ein $\delta>0$, so daß $K_\delta(x)\subset f^{-1}(K_\varepsilon(f(x)))$, und das heißt $f(K_\delta(x))\subset K_\varepsilon(f(x))$. ■

Eine Abbildung f, die eine der vier Bedingungen (a) - (d) erfüllt, heißt "stetig". Ist f bijektiv und ist sowohl f als auch f^{-1} stetig, dann heißt f ein "Homöomorphismus". Zwei metrische Räume X und Y heißen "homöomorph", falls es einen Homöomorphismus gibt, der X auf Y abbildet.

Sei X ein metrischer Raum, für den zwei Metriken $\rho(x,y)$ und $\rho'(x,y)$ definiert sind. Weiterhin bezeichne $n(x) = x$ die identische Abbildung des Raumes X mit der Metrik $\rho(x,y)$ in dem Raum X mit der Metrik $\rho'(x,y)$. Dann heißen die beiden Metriken $\rho(x,y)$ und $\rho'(x,y)$ "äquivalent", falls n ein Homöomorphismus ist. Ist jedoch n nur stetig, dann heißt die Metrik $\rho(x,y)$ "stärker" als die Metrik $\rho'(x,y)$ und $\rho'(x,y)$ "schwächer" als $\rho(x,y)$.

Beispiel I.3.1.
Für eine endliche Menge X ist jede auf X definierte Metrik äquivalent zur diskreten Metrik

$$d(x,y) = \begin{cases} 0\ , & \text{für } x=y, \\ 1\ , & \text{für } x\neq y. \end{cases}$$

Es sei nämlich $\rho(x,y)$ eine beliebige Metrik für X und es gelte $x_n \xrightarrow{\rho} x_o$. Da $\inf\{\rho(x,y): x \neq y\} > 0$ ist, sind fast alle Glieder der Folge $\{x_n\}$ gleich dem Limes x_o. Mithin gilt also für jede Metrik, daß $x_n \to x_o$ ist, insbesondere auch für die diskrete Metrik $d(x,y)$.

Beispiel I.3.2.

Es sei X die euklidische Ebene und $\rho(x,y)$ sei die Länge der Verbindungsstrecke von x nach y (vergl. Beisp. I.1.2). Weiter sei $d(x,y)$ die diskrete Metrik für X, also:

$$d(x,y) = \begin{cases} 0, & x=y, \\ 1, & x \neq y. \end{cases}$$

Dann zeigt man leicht, daß diese beiden Metriken nicht äquivalent sind, und daß $d(x,y)$ stärker als die euklidische Metrik ist.

Gegeben seien die metrischen Räume X mit der Metrik ρ_X und Y mit der Metrik ρ_Y. Eine Abbildung T von X auf Y heißt dann "Isometrie", falls

$$\rho_Y(Tx,Ty) = \rho_X(x,y)$$

gilt. Jede Isometrie T ist offensichtlich stetig und bijektiv, und die Umkehrabbildung T^{-1} ist ebenfalls eine Isometrie.

Es seien X und Y zwei metrische Räume mit den entsprechenden Metriken $\rho_X(x,y)$ und $\rho_Y(x,y)$. Dann bezeichnet man mit $C(X,Y)$ die Menge aller stetigen Abbildungen f von X nach Y, für die

$$\sup_{x \in X} \rho_Y(f(x),y_o) < +\infty \qquad (3.1)$$

gilt. Dabei ist $y_o \in Y$ ein beliebiger Punkt. Man sieht leicht, daß $C(X,Y)$, versehen mit der durch

$$\rho(f,g) = \sup_{x \in X} \rho_Y(f(x),g(x)) \qquad (3.2)$$

definierten Metrik, ein metrischer Raum ist. Die Bedingung (3.1) garantiert, daß das in (3.2) auftretende Supremum endlich ist.

Wenn Y die Menge der reellen (oder komplexen) Zahlen ist, dann bezeichnet man C(X,Y) kurz mit C(X) (oder $C_{\mathbb{C}}(X)$). Ist X das abgeschlossene Intervall [a,b], dann schreibt man für C([a,b]) auch kurz C[a,b] (bzw. $C_{\mathbb{C}}[a,b]$), vergl. Beispiel I.1.14.

§ 4 Halbmetrische Räume

In der Praxis ist in einer Reihe von Fällen die Menge X mit einer nicht negativen Funktion $\rho(x,y)$, $x,y \in X$, versehen, die nur den Bedingungen (1) und (3), nicht aber der Bedingung (2) einer Metrik genügt.

Beispiel I.4.1.
Es sei X die Menge der Sehenswürdigkeiten in der Tatra und $\rho(x,y)$ bezeichne die Mindestzeit, die man längs Wanderwegen von x nach y braucht. Dann erfüllt ρ die Bedingungen (1) und (3), nicht aber (2), denn bergauf wandern dauert gewöhnlich länger als bergab wandern.

Beispiel I.4.2.
Es bezeichne X die Menge der Binnenhäfen eines Staates. Dann genügen die Transportkosten $\rho(x,y)$ für eine Wareneinheit auf dem kürzesten Weg vom Hafen x zum Hafen y längs Flüssen und Kanälen den Bedingungen (1) und (3) einer Metrik. Bedingung (2) ist im allgemeinen nicht erfüllt, denn der Transport flußabwärts ist billiger als flußaufwärts.

Aufgrund dieser Beispiele führt man den folgenden Begriff ein: Es sei X eine Menge und $\rho(x,y)$ eine nicht negative Funktion auf $X \times X$, die den Bedingungen (1) und (3) einer Metrik genügt und für die noch

$$\lim_{n\to\infty} \rho(x_n,x) = 0 \text{ genau dann wenn } \lim_{n\to\infty} \rho(x,x_n) = 0 \qquad (2')$$

gelte. Eine Funktion $\rho(x,y)$ mit diesen Eigenschaften heißt "Halbmetrik". Eine Menge X, für die eine Halbmetrik definiert ist, heißt dann "Halbmetrischer Raum". Offensichtlich ist jede Metrik auch eine Halbmetrik.

Genau wie bei Metriken nennt man zwei Halbmetriken ρ und ρ' "äquivalent", falls $\lim_{n\to\infty} \rho(x_n,x) = 0$ genau dann gilt, wenn $\lim_{n\to\infty} \rho'(x_n,x) = 0$ ist.

Satz I.4.1.

Es sei X versehen mit der Halbmetrik $\rho(x,y)$ ein halbmetrischer Raum. Dann existiert für X eine zu ρ äquivalente Metrik ρ'. (Dabei bezieht sich die Äquivalenz auf Halbmetriken).

Beweis:

Setze $\rho'(x,y) = \rho(x,y)+\rho(y,x)$. Dann sind für ρ' die Bedingungen (1) und (2) einer Metrik erfüllt. Wir zeigen nun, daß auch Bedingung (3) gilt. Es ist nämlich:

$$\rho'(x,y) = \rho(x,y)+\rho(y,x) \leq \rho(x,z)+\rho(z,y)+\rho(y,z)+\rho(z,x)$$
$$= \rho'(x,z)+\rho'(z,y).$$

Aus der Definition von ρ' folgt direkt

$$0 \leq \rho(x,y) \leq \rho'(x,y),$$

und somit folgt aus $\lim\limits_{n\to\infty} \rho'(x_n,x) = 0$ stets $\lim\limits_{n\to\infty} \rho(x_n,x) = 0$.

Die umgekehrte Richtung folgt aus Bedingung (2'). Denn ist $\lim\limits_{n\to\infty} \rho(x_n,x) = 0$, dann ist auch $\lim\limits_{n\to\infty} \rho(x,x_n) = 0$ und somit gilt

$$\lim_{n\to\infty} \rho'(x_n,x) = \lim_{n\to\infty} \rho(x_n,x)+\lim_{n\to\infty} \rho(x,x_n) = 0. \blacksquare$$

Aus Satz I.4.1 folgt, daß die in den Paragraphen 2 und 3 hergeleiteten Sätze auch für halbmetrische Räume gelten.

Weiterhin folgt aus Satz I.4.1, daß zum Beispiel Fragen über Konvergenz, Stetigkeit u.ä. für halbmetrische Räume genauso wie bei metrischen Räumen zu bearbeiten sind, so daß vom mathematischen Standpunkt aus die halbmetrischen Räume uninteressant sind.

Dennoch ist es in vielen praktischen Fällen erforderlich, mit halbmetrischen Räumen zu arbeiten, wie man etwa den Beispielen I.4.1 und I.4.2 entnimmt.

§ 5 Vollständige metrische Räume

Es sei X, versehen mit der Metrik $\rho(x,y)$ ein metrischer Raum. Eine Folge $\{x_n\}$ von Elementen aus X heißt "CAUCHY-Folge", falls es zu jedem $\varepsilon>0$ einen Index N gibt, so daß für alle $n,m>N$

$$\rho(x_n,x_m) < \varepsilon$$

ist. X heißt "vollständiger Raum", falls es zu jeder CAUCHY-Folge $\{x_n\}$ dieses Raumes ein $x_o \in X$ gibt mit $x_n \longrightarrow x_o$. Sind zwei Räume isometrisch und ist einer von ihnen vollständig, dann ist es auch der andere.

Satz I.5.1.
Es sei X ein vollständiger metrischer Raum und X_o eine abgeschlossene Teilmenge von X. Dann ist X_o als Unterraum ebenfalls vollständig.

Beweis:
Sei $\{x_n\}$ eine beliebige CAUCHY-Folge von Elementen des Raumes X_o. Da X_o ein Unterraum von X ist, ist $\{x_n\}$ auch eine CAUCHY-Folge von Elementen aus X. Weil X vollständig ist, konvergiert sie gegen ein $x_o \in X$. Nun ist aber X_o abgeschlossen, also gilt $x_o \in X_o$. ■

Beispiel I.5.1.
Jeder metrische Raum X, der aus endlich vielen Punkten besteht, ist vollständig.

Sei nämlich $\rho(x,y)$ eine Metrik für X, dann gilt

$$\inf\{\rho(x,y):\ x,y \in X,\ x \neq y\} > 0$$

da X nur aus endlich vielen Punkten besteht. Mithin ist also $\{x_n\}$ genau dann eine CAUCHY-Folge, wenn fast alle Glieder gleich einem gewissen x_o sind, woraus $x_n \longrightarrow x_o$ folgt.

Entsprechend zeigt man:

Beispiel I.5.2.
Jeder diskrete Raum ist vollständig.

Beispiel I.5.3.

Die Menge X der rationalen Zahlen mit der Metrik $\rho(x,y) = |x-y|$ ist ein metrischer Raum, der nicht vollständig ist. Um dies zu zeigen, sei etwa x_n die Dezimalapproximation von $\sqrt{2}$ bis zur n-ten Stelle. Dann gilt offensichtlich $\rho(x_n,x_m) \leq 10^{-\min(n,m)}$, d.h. $\{x_n\}$ ist eine CAUCHY-Folge. Allerdings konvergiert sie gegen keine rationale Zahl, da das Quadrat einer rationalen Zahl niemals 2 ist.

Satz I.5.2. (CANTOR)

Es sei X ein metrischer Raum mit der Metrik $\rho(x,y)$. Dann existiert ein vollständiger metrischer Raum $\hat{X}$ mit der Metrik $\hat{\rho}(x,y)$, so daß X in $\hat{X}$ dicht liegt und für alle $x,y \in X$ stets $\hat{\rho}(x,y) = \rho(x,y)$ ist.

Beweis:

Es bezeichne $\tilde{X}$ die Menge aller CAUCHY-Folgen $\{x_n\}$ von Elementen aus X. Wir zerlegen jetzt die Menge $\tilde{X}$ in paarweise disjunkte Mengen X_α. Dabei gehören zwei Folgen $\{x_n\}$ und $\{y_n\}$ zu ein und derselben Menge X_α genau dann, wenn

$$\lim_{n\to\infty} \rho(x_n,y_n) = 0$$

ist. Die Mengen X_α heißen "Äquivalenzklassen" und die Äquivalenzklasse, die die Folge $\{x_n\}$ enthält, wird mit $[\{x_n\}]$ bezeichnet. Ist $\{x_n\} \in X_\alpha$, dann nennt man $\{x_n\}$ einen "Repräsentanten" der Äquivalenzklasse X_α. Als Raum $\hat{X}$ nimmt man die Menge aller Äquivalenzklassen mit der Metrik

$$\hat{\rho}(\tilde{x},\tilde{y}) = \lim_{n\to\infty} \rho(x_n,y_n) ,$$

wobei $\{x_n\}$ und $\{y_n\}$ beliebige Repräsentanten der Äquivalenzklassen $\tilde{x}$ und $\tilde{y}$ sind. Zunächst bemerken wir, daß $\hat{\rho}(\tilde{x},\tilde{y})$ offensichtlich nicht von der Wahl der Repräsentanten $\{x_n\}$ und $\{y_n\}$ abhängt.

Weiter zeigen wir nun, daß $\hat{\rho}(\tilde{x},\tilde{y})$ eine Metrik ist. Nach Definition ist $\hat{\rho}(\tilde{x},\tilde{y})$ nicht negativ. Für $\tilde{x}=\tilde{y}$ ist $\hat{\rho}(\tilde{x},\tilde{y}) = 0$, da man dann für $\tilde{x}$ und $\tilde{y}$ den gleichen Repräsentanten wählen kann. Ist andererseits $\hat{\rho}(\tilde{x},\tilde{y}) = 0$, dann liegen alle Repräsentanten von $\tilde{x}$ und $\tilde{y}$ in der gleichen Äquivalenzklasse und das heißt $\tilde{x}=\tilde{y}$.

Bedingung (2) ist offensichtlich erfüllt, denn es ist

$$\hat{\rho}(\tilde{x},\tilde{y}) = \lim_{n\to\infty} \rho(x_n,y_n) = \lim_{n\to\infty} \rho(y_n,x_n) = \rho(\tilde{y},\tilde{x}),$$

wobei wie oben $\{x_n\}$ ein Repräsentant der Klasse $\tilde{x}$ und $\{y_n\}$ ein Repräsentant der Klasse $\tilde{y}$ ist.

Um Bedingung (3) zu zeigen, sei $\{z_n\}$ ein Repräsentant der Klasse $\tilde{z}$, dann ist

$$\hat{\rho}(\tilde{x},\tilde{y}) = \lim_{n\to\infty} \rho(x_n,y_n) \leq \lim_{n\to\infty} \rho(x_n,z_n) + \lim_{n\to\infty} \rho(z_n,y_n)$$

$$= \hat{\rho}(\tilde{x},\tilde{z}) + \hat{\rho}(\tilde{z},\tilde{y}).$$

Damit ist gezeigt, daß $\hat{\rho}(\tilde{x},\tilde{y})$ eine Metrik ist. Sei nun $x \in X$ und $[x]$ bezeichne die Äquivalenzklasse, zu der die Folge $\{x,x,x,\ldots\}$ gehört. Offensichtlich ist

$$\hat{\rho}([x],[y]) = \rho(x,y).$$

Wir zeigen nun, daß die Menge X' aller Äquivalenzklassen der Form $[x]$, $x \in X$, dicht in $\hat{X}$ ist. Dazu $\tilde{x} \in \hat{X}$ und $\{x_n\}$ ein Repräsentant von $\tilde{x}$. Da $\{x_n\}$ eine CAUCHY-Folge ist, gibt es zu $\varepsilon>0$ einen Index N, so daß für alle $n>N$ $\rho(x_n,x_N) < \varepsilon$ ist. Dies heißt aber, daß $\hat{\rho}(\tilde{x},[x_N]) < \varepsilon$ ist. Also ist X' dicht in $\hat{X}$.

Wir zeigen, daß $\hat{X}$ vollständig ist. Dazu sei $\{\hat{x}_n\}$ eine CAUCHY-Folge von Elementen aus $\hat{X}$. Zu $\hat{x}_n$ gibt es dann ein $x_n \in X$ mit $\hat{\rho}(\hat{x}_n,x_n) < \frac{1}{n}$, da X dicht in $\hat{X}$ ist. Wegen

$$\rho(x_n,x_m) \leq \hat{\rho}(x_m,\hat{x}_m) + \hat{\rho}(\hat{x}_m,\hat{x}_n) + \hat{\rho}(\hat{x}_n,x_n)$$

ist auch $\{x_n\}$ eine CAUCHY-Folge und man bezeichne mit $\hat{x}$ die von $\{x_n\}$ repräsentierte Äquivalenzklasse. Dann ist

$$\hat{\rho}(\hat{x},\hat{x}_n) \leq \hat{\rho}(\hat{x},x_n) + \hat{\rho}(x_n,\hat{x}_n)$$

und damit ist

$$\lim_{n\to\infty} \hat{\rho}(\hat{x},\hat{x}_n) = 0. \blacksquare$$

Wir geben jetzt einige Beispiele für vollständige Räume an.

Beispiel I.5.4.
Die Vervollständigung der Menge der rationalen Zahlen heißt die "Menge der reellen Zahlen" (vergl. Beispiel I.5.3) und wird mit $\mathbb{R}$ bezeichnet. Dies ist nicht die übliche Definition für die reellen Zahlen. Man definiert sie normalerweise als DEDEKINDschen Schnitt (vergl. etwa POGORZELSKI [1], Vol. I, Einführung). Wir weisen jetzt die Äquivalenz beider Definitionen nach.

Angenommen, eine reelle Zahl r sei als Schnitt definiert. Dann gibt es eine Zerlegung der rationalen Zahlen in zwei Mengen A und B, so daß für alle $x \in A$ und alle $y \in B$ die Ungleichung $x<y$ gilt. Wir wählen nun eine Folge $\{x_n\}$ von Elementen aus A mit folgender Eigenschaft: zu jedem $n \in \mathbb{N}$ gibt es ein $y \in B$ mit $|x_n - y| < \frac{1}{n}$. Der durch diesen Schnitt definierten reellen Zahl r ordne man nun die von $\{x_n\}$ repräsentierte Äquivalenzklasse $\tilde{x}$ zu. Ordnet man entsprechend einer anderen reellen Zahl r_1 die Äquivalenzklasse $\tilde{y}$ zu, dann sieht man leicht, daß

$$|r-r_1| = \hat{\rho}(\tilde{x},\tilde{y})$$

gilt.

Nun bleibt noch die umgekehrte Richtung zu zeigen. Zu jeder Äquivalenzklasse $\tilde{x}$ ist also ein DEDEKINDscher Schnitt zu konstruieren. Dazu sei $\tilde{x}$ durch die CAUCHY-Folge $\{x_n\}$ repräsentiert. Dann nimmt man für A die Menge aller rationalen Zahlen a, so daß für fast alle $n \in \mathbb{N}$ die Ungleichung $a \leq x_n$ gilt und für B die Menge aller rationalen Zahlen b mit $b > x_n$, für fast alle n. Da $\{x_n\}$ eine CAUCHY-Folge ist, ist $A \cup B$ die Menge der rationalen Zahlen.

Beispiel I.5.5.
Der reelle n-dimensionale Raum $\mathbb{R}^n$, also die Menge aller reellen n-Tupel $(x_1,\dots,x_n)$, versehen mit der Metrik

$$\rho((x_1,\ldots,x_n),(y_1,\ldots,y_n)) = \max_{1\le i\le n} |x_i-y_i|$$

ist ein vollständiger Raum. Sei nämlich $\{(x_1^m,\ldots,x_n^m)\}$ eine CAUCHY-Folge, dann folgt unmittelbar aus der Definition der Metrik, daß für jedes $i=1,\ldots,n$ auch $\{x_i^m\}$ eine CAUCHY-Folge ist, und da der Raum der reellen Zahlen vollständig ist (siehe Beispiel I.5.4), existiert eine reelle Zahl x_i mit $x_i^m \longrightarrow x_i$. Also ist

$$\lim_{m\to\infty} \rho((x_1^m,\ldots,x_n^m),(x_1,\ldots,x_n)) = \lim_{m\to\infty} \max_{1\le i\le n} |x_i^m-x_i|$$

$$= \max_{1\le i\le n} \lim_{m\to\infty} |x_i^m-x_i| = 0,$$

womit die Vollständigkeit von $\mathbb{R}^n$ gezeigt ist.

Beispiel I.5.6.

Die Menge der komplexen Zahlen $\mathbb{C}$ mit der durch

$$\rho(z,z') = |z-z'| = \sqrt{(a-a')^2+(b-b')^2}$$

definierten Metrik, $z=a+ib$, $z'=a'+ib'$, ist ein vollständiger Raum.

Für die durch

$$\rho'(z,z') = \max(|a-a'|,|b-b'|)$$

definierte Metrik gilt:

$$\rho'(z,z') \le \rho(z,z') \le \sqrt{2}\,\rho'(z,z').$$

Daraus folgt, daß eine Folge bezüglich der Metrik ρ' genau dann konvergiert, falls sie bezüglich ρ konvergiert und bezüglich ρ' genau dann eine CAUCHY-Folge ist, wenn sie es bezüglich ρ ist. Da nun $\mathbb{C}$ mit der Metrik ρ' isometrisch zu $\mathbb{R}^2$ ist, und dieser Raum nach dem vorherigen Beispiel vollständig ist, folgt die Vollständigkeit von $\mathbb{C}$ bezüglich der Metrik ρ.

Beispiel I.5.7.

Der komplexe n-dimensionale Raum $\mathbb{C}^n$, also die Menge aller komplexen n-Tupel $(z_1,\ldots,z_n)$, versehen mit der Metrik

$$\rho((z_1,\ldots,z_n),(z_1',\ldots,z_n')) = \max_{1\le i\le n} |z_i-z_i'|$$

ist ein vollständiger Raum.

Es ist klar, daß ρ eine Metrik ist. Wie im obigen Beispiel führt man eine neue Metrik ein, nämlich

$$\rho'((z_1,\ldots,z_n),(z_1',\ldots,z_n')) = \max_{1\le j\le n} \max(|a_j-a_j'|,|b_j-b_j'|)$$

wobei $z_j = a_j+ib_j$, $z_j' = a_j+ib_j$ ist.

Wie im vorherigen Beispiel sieht man nun, daß eine Folge bezüglich ρ genau dann eine CAUCHY-Folge ist, wenn sie es auch bezüglich ρ' ist und entsprechend bezüglich ρ konvergiert, genau dann, wenn sie bezüglich ρ' konvergiert. Nun ist $\mathbb{C}^n$ mit der Metrik ρ' isometrisch zu $\mathbb{R}^{2n}$. Weil dieser Raum aber vollständig ist, ist auch $\mathbb{C}^n$ mit der Metrik ρ vollständig.

Beispiel I.5.8.

Der Raum aller stetigen Funktionen $C[a,b]$ ist vollständig. Sei nämlich $\{x_n\}$ eine CAUCHY-Folge von Elementen des Raumes $C[a,b]$, dann ist für jedes $t_o \in [a,b]$ die reelle Zahlenfolge $\{x_n(t_o)\}$ ebenfalls eine CAUCHY-Folge. Wegen der Vollständigkeit der reellen Zahlen konvergiert sie gegen eine reelle Zahl $x(t_o)$.

Wir zeigen nun, daß $x(t)$ bezüglich des Arguments t eine stetige Funktion ist. Dazu sei $\varepsilon>0$ vorgegeben. Dann existiert, da $\{x_n(t)\}$ eine CAUCHY-Folge ist, ein Index N, so daß für alle $n>N$ und $t \in [a,b]$

$$|x_n(t)-x_N(t)| < \tfrac{1}{3}\varepsilon$$

ist. Für n gegen unendlich folgt hieraus, daß für alle $t \in [a,b]$

$$|x(t)-x_N(t)| \le \tfrac{1}{3}\varepsilon \qquad (5.1)$$

ist. Nun sei $\delta>0$ so gewählt, daß für alle $t,t' \in [a,b]$ mit $|t-t'| < \delta$ stets

$$|x_N(t)-x_N(t')| < \tfrac{1}{3}\varepsilon$$

folgt. Dann gilt für x:

$$|x(t)-x(t')| \leq |x(t)-x_N(t)|+|x_N(t)-x_N(t')|+|x_N(t')-x(t')|$$

$$\leq \frac{1}{3}\varepsilon + \frac{1}{3}\varepsilon + \frac{1}{3}\varepsilon = \varepsilon.$$

Damit ist die gleichmäßige Stetigkeit von x gezeigt. Aus Formel (5.1) folgt noch $\rho(x,x_N) \leq \frac{1}{3}\varepsilon$ und da $\varepsilon>0$ beliebig war, impliziert dies die Konvergenz von $\{x_n\}$ gegen x.

Satz I.5.3.
Das Produkt von n vollständigen metrischen Räumen $X_1\times\ldots\times X_n$ ist ein vollständiger Raum.

Beweis:
Der Beweis geht genauso wie der von Beispiel I.5.5. ■

§ 6 Das Prinzip der kontrahierenden Abbildung

Als erste Anwendung des Begriffs der Vollständigkeit geben wir das sog. "Prinzip der kontrahierenden Abbildung" an.

Satz I.6.1. (BANACH)
Es sei X ein vollständiger metrischer Raum mit der Metrik $\rho(x,y)$ und T eine Abbildung von X in sich, so daß für alle $x,y \in X$

$$\rho(Tx,Ty) \leq a\rho(x,y) \tag{6.1}$$

wobei a eine Zahl mit $0<a<1$ ist. Dann gibt es genau ein $\hat{x} \in X$ mit $T\hat{x}=\hat{x}$.

Beweis:
Es sei x_0 ein beliebiges Element von X und $x_n = T^n x_0$. Wir zeigen, daß $\{x_n\}$ eine CAUCHY-Folge ist. Dazu sei $m>n$; dann ist

$$\begin{aligned}\rho(x_n,x_m) &= \rho(T^n x_0,T^m x_0) \leq \rho(T^n x_0,T^{n+1}x_0)+\ldots+\rho(T^{m-1}x_0,T^m x_0)\\ &= (a^n+\ldots+a^{m-1})\rho(Tx_0,x_0) \leq \frac{a^n}{1-a}\rho(Tx_0,x_0).\end{aligned} \tag{6.2}$$

Nun sei $\varepsilon>0$ vorgegeben und

$$N = \frac{1}{\log a} \log \frac{(1-a)\varepsilon}{\rho(Tx_o,x_o)} .$$

Dann zeigt man leicht, daß wegen (6.2) für alle $m,n>N$ stets $\rho(x_n,x_m)<\varepsilon$ ist; somit ist also $\{x_n\}$ eine CAUCHY-Folge. Da X vollständig ist, gibt es ein $\hat{x}\in X$ mit $\lim_{n\to\infty} T^n x_o=\hat{x}$. Nach (6.1) ist T stetig, also folgt weiter, daß

$$T\hat{x} = T(\lim_{n\to\infty} T^n x_o) = \lim_{n\to\infty} T^{n+1} x_o = \lim_{n\to\infty} T^n x_o = \hat{x}.$$

Ist $\bar{x}\neq\hat{x}$ ein weiteres Element aus X mit $T\bar{x}=\bar{x}$, dann hat man nach (6.1)

$$\rho(\bar{x},\hat{x}) = \rho(T\bar{x},T\hat{x}) \leq a\rho(\bar{x},\hat{x}) < \rho(\bar{x},\hat{x}),$$

womit sich ein Widerspruch ergibt. ∎

Das Element $\hat{x}\in X$ mit $T\hat{x}=\hat{x}$ heißt "Fixpunkt" der Abbildung T. Eine Abbildung T, für die (6.1) gilt, heißt "kontrahierende Abbildung". Man kann also Satz I.6.1 auch so formulieren:

"Eine kontrahierende Abbildung eines vollständigen metrischen Raumes hat genau einen Fixpunkt".

Als Anwendung des Prinzips der kontrahierenden Abbildung geben wir den Satz über die Existenz von Lösungen bei gewöhnlichen Differentialgleichungen an.

Beispiel I.6.1.
Gegeben sei die Differentialgleichung

$$\frac{dy}{dx} = f(x,y) \tag{6.3}$$

mit der Anfangsbedingung $y(x_o)=y_o$, wobei $f(x,y)$ eine auf dem Rechteck

$$P := \{(x,y) : |x-x_o|<a, \ |y-y_o|<b\} \tag{6.4}$$

stetige Funktion zweier Veränderlicher ist, die überdies in der Variablen y der Lipschitzbedingung

$$|f(x,y)-f(x,y')| \leq N|y-y'| \tag{6.5}$$

genügt.

Wir zeigen nun, daß unter diesen Annahmen die Gleichung (6.3) im Intervall $x_o-h \leq x \leq x_o+h$ mit $0<h<h_o = \min\left(a,\frac{1}{N},\frac{b}{\sup\limits_P |f(x,y)|}\right)$ genau eine Lösung $y(x)$ mit $y(x_o)=y_o$ hat.

Dazu bemerken wir zunächst, daß die Differentialgleichung (6.3), zusammen mit der Anfangsbedingung $y(x_o)=y_o$, äquivalent zur Integralgleichung

$$y = y_o + \int\limits_{x_o}^{x} f(x,y(x))dx \tag{6.6}$$

ist.

Nun sei X die Menge aller auf $[x_o-h,\ x_o+h]$ definierten stetigen Funktionen $g(x)$ mit $g(x_o)=y_o$ und $|g(x)-y_o| \leq b$. Man sieht leicht, daß $X \subset C[x_o-h,\ x_o+h]$ eine abgeschlossene Teilmenge und somit auch ein vollständiger Raum ist.

Nun sei T die durch

$$Tg = y_o + \int\limits_{x_o}^{x} f(x,g(x))dx$$

gegebene Abbildung. Da $h_o \sup\limits_P|f(x,y)| \leq b$ ist, bildet T den Raum X in sich ab; und da weiterhin $h<h_o\leq\frac{1}{N}$ ist, gilt $\rho(Tg,Tg') \leq \frac{h}{h_o}\rho(g,g')$, d.h. T ist eine kontrahierende Abbildung. Damit existiert also genau eine Lösung der Gleichung (6.6), die natürlich auch eine Lösung der Differentialgleichung (6.3) mit der Anfangsbedingung $y(x_o)=y_o$ ist.

In den Lehrbüchern über Differentialgleichungen gibt man gewöhnlich ein größeres Lösungsintervall, nämlich

$$[x_o-H,\ x_o+H]$$

mit

$$0 < H < H_o = \min\left(a, \frac{b}{\max\limits_{P} |f(x,y)|}\right)$$

an, welches man durch schrittweise Fortsetzung der lokalen Lösungen erhält.

Wir zeigen hier, daß man bei einer geeigneten Wahl der Metrik (siehe BIELECKI [1], [2]) dieses Lösungsintervall auf einmal bekommt. Man versehe nämlich den Raum $C[x_o-H,\ x_o+H]$ mit der sog. "BIELECKI-Metrik", die durch

$$\rho_p(g,g') = \sup_{|x-x_o| \le H} |g(x)-g'(x)| e^{-|x-x_o|p}, \quad p \text{ reell}$$

definiert ist.

Man zeigt nun leicht, daß eine Konstante $A_p > 0$ mit

$$\rho_p(g,g') \le \rho(g,g') \le A_p \rho_p(g,g') \tag{6.7}$$

existiert, wobei wieder $\rho(g,g')$ die oben eingeführte Metrik bezeichnet. Damit ist dann auch $C[x_o-H, x_o+H]$ mit der Metrik $\rho_p(g,g')$ vollständig. Wir berechnen nun:

$$\rho_p(Tg,Tg') = \sup_{|x-x_o| \le H} e^{-|x-x_o|p} \left| \int_{x_o}^{x} (f(\xi,g(\xi))-f(\xi,g'(\xi)))d\xi \right|$$

$$\le \sup_{|x-x_o| \le H} e^{-|x-x_o|p} N\rho_p(g,g') \int_{x_o}^{x} e^{|\xi-x_o|p} d\xi \le \frac{2N}{p} \rho_p(g,g').$$

Für genügend großes p ist somit die Abbildung T kontrahierend und hat also genau einen Fixpunkt, der dann die gesuchte Lösung der gegebenen Differentialgleichung ist.

§ 7 Mengen erster und zweiter Kategorie

Es sei X ein metrischer Raum. Eine Teilmenge $A \subset X$ heißt "nirgends dicht", falls sie in keiner offenen Menge dicht ist. Ist A eine nirgends dichte Menge, dann enthält jede offene Menge eine Kugel K, die zu A disjunkt ist. Offensichtlich ist die endliche Vereinigung von nirgends dichten Mengen wieder eine nirgends dichte Menge. Eine Menge $B \subset X$ heißt eine "Menge von erster Kategorie", wenn sie sich als abzählbare Vereinigung $B = \bigcup_{n=1}^{\infty} B_n$ von nirgends dichten Mengen B_n darstellen läßt. Aus dieser Definition folgt unmittelbar, daß die abzählbare Vereinigung von Mengen erster Kategorie wieder eine Menge erster Kategorie ist. Eine Menge, die nicht von erster Kategorie ist, heißt eine "Menge von zweiter Kategorie".

Satz I.7.1.
Ist $A \subset X$ keine nirgends dichte Menge, dann gibt es eine offene Menge U, in welcher A dicht ist.

Beweis:
Wenn A nicht eine nirgends dichte Menge ist, dann existiert eine offene Menge U, so daß jede in U enthaltene Kugel mit A einen nicht leeren Durchschnitt hat. Dies bedeutet aber nach Definition, daß A in U dicht ist. ■

Korollar I.7.2.
Jede abgeschlossene Menge A von zweiter Kategorie enthält eine Kugel.

Beweis:
Da A eine Menge von zweiter Kategorie ist, gibt es eine offene Menge U, in der sie dicht liegt. Aus der Abgeschlossenheit von A folgt dann, daß $U \subset A$ ist. Weil U als offene Menge eine Kugel enthält, ist alles gezeigt. ■

Satz I.7.3. (BAIRE)
Jeder vollständige metrische Raum X ist eine Menge von zweiter Kategorie in X.

Der Beweis dieses Satzes beruht auf dem folgenden Lemma:

Lemma I.7.4.
Es sei X ein vollständiger metrischer Raum und $\{K_{r_n}(x_n)\}$ eine Folge von Kugeln mit

(I) $\lim\limits_{n\to\infty} r_n = 0$

und

(II) $\overline{K_{r_n}(x_n)} \subset \overline{K_{r_{n-1}}(x_{n-1})}$, $n=1,2,\ldots$.

Dann ist

$$\bigcap_{n=1}^{\infty} \overline{K_{r_n}(x_n)} \neq 0.$$

Beweis:

Sei $\{y_n\}$ eine beliebige Folge mit $y_n \in \overline{K_{r_n}(x_n)}$; dann ist nach (II) für alle $m>n$ auch $y_m \in \overline{K_{r_n}(x_n)}$ und somit ist nach (I) $\{y_n\}$ eine CAUCHY-Folge. Da X vollständig ist, konvergiert dann die Folge $\{y_n\}$ gegen ein $y \in X$ und da für fast alle m stets $y_m \in \overline{K_{r_n}(x_n)}$ gilt, hat man auch $y \in \overline{K_{r_n}(x_n)}$, für $n=1,2,\ldots$. Dies bedeutet jedoch $y \in \bigcap_{n=1}^{\infty} \overline{K_{r_n}(x_n)}$, womit das Lemma bewiesen ist. ∎

Beweis von Satz I.7.3.

Angenommen, der Raum X sei von erster Kategorie; d.h. X läßt sich als abzählbare Vereinigung von nirgends dichten Mengen A_n darstellen, wobei man ohne Beschränkung der Allgemeinheit $A_n \subset A_{n+1}$ annehmen kann. Da A_1 nirgends dicht ist, gibt es eine Kugel $K_{r_1}(x_1)$, deren Abschluß disjunkt zu A_1 ist. Entsprechend gibt es zu A_2 eine Kugel $\overline{K_{r_2}(x_2)} \subset \overline{K_{r_1}(x_1)}$, deren Abschluß zu A_2 disjunkt ist. Allgemein konstruiert man induktiv eine Kugel $\overline{K_{r_n}(x_n)} \subset \overline{K_{r_{n-1}}(x_{n-1})}$, deren Abschluß zu A_n disjunkt ist. Nach Lemma I.7.4 ist der Durchschnitt aller dieser Kugeln nicht leer und darüberhinaus disjunkt zur Vereinigung der A_n, womit sich ein Widerspruch zur Annahme ergibt. ∎

§ 8 Räume von absolut- und quadratintegrierbaren Funktionen

In diesem Paragraphen führen wir weitere metrische Räume ein, die vom Standpunkt der Anwendung aus wichtig sind. Zur Motivation geben wir zunächst zwei Beispiele aus der Technik.

Beispiel I.8.1.
In einen Behälter fließe durch ein Einlaßventil eine Flüssigkeit mit zeitlich variabler Geschwindigkeit $x(t)$ ein und verlasse ihn durch ein Ablaßventil mit der sich zeitlich ändernden Geschwindigkeit $y(t)$. Dann ändert sich im Zeitintervall von a bis b der Inhalt des Behälters um

$$\rho_1(x,y) = k\int_a^b |x(t)-y(t)|dt$$

Der Koeffizient k hängt dabei vom Durchmesser des Behälters ab. Man sieht sofort, daß durch $\rho_1(x,y)$ auf dem Raum der stetigen Funktionen $C[a,b]$ eine Metrik definiert ist.

Beispiel I.8.2.
Es sei R ein elektrischer Widerstand, an dem man beiderseits das elektrische Potential $x(t)$ und $y(t)$ zeitlich ändern kann. Dann wird die von diesem Widerstand ausgestrahlte Wärme im Zeitintervall von a bis b durch

$$\tilde{\rho}_2(x,y) = \frac{Q}{R}\int_a^b (x(t)-y(t))^2dt$$

gegeben, wobei Q der Umrechnungsfaktor von elektrischer Energie in Wärme ist.

Wir zeigen nun, daß $\rho_2(x,y) := \sqrt{\tilde{\rho}_2(x,y)}$ eine Metrik auf dem Raum der stetigen Funktionen $C[a,b]$ ist. Die Bedingungen (1) und (2) für eine Metrik sind offensichtlich erfüllt; nicht ganz so einfach läßt sich jedoch die Dreiecksungleichung zeigen.

Dazu beweist man zunächst die sog. "SCHWARZsche Ungleichung".

$$\left|\int_a^b x(t)y(t)dt\right| \leq \left(\int_a^b (x(t))^2dt\right)^{\frac{1}{2}}\left(\int_a^b (y(t))^2dt\right)^{\frac{1}{2}} . \tag{8.1}$$

Zum Beweis dieser Ungleichung betrachtet man die in der Veränderlichen s quadratische nicht negative Funktion

$$F(s) = \int_a^b (x(t)+sy(t))^2 dt = \int_a^b (x(t))^2 dt + 2s \int_a^b x(t)y(t)dt + s^2 \int_a^b (y(t))^2 dt.$$

Da die Diskriminante Δ von F(s) nicht positiv ist, erhält man:

$$0 \geq \Delta = 4\left(\int_a^b x(t)y(t)dt\right)^2 - 4\left(\int_a^b (x(t))^2 dt\right)\left(\int_a^b (y(t))^2 dt\right), \quad (8.2)$$

womit (8.1) gezeigt ist. Eine Konsequenz der SCHWARZschen Ungleichung ist die "<u>CAUCHYsche Ungleichung</u>"

$$\left(\int_a^b (x(t)+y(t))^2 dt\right)^{\frac{1}{2}} \leq \left(\int_a^b (x(t))^2 dt\right)^{\frac{1}{2}} + \left(\int_a^b (y(t))^2 dt\right)^{\frac{1}{2}} \quad (8.3)$$

Da beide Seiten der Ungleichung positiv sind, ist die Ungleichung genau dann richtig, wenn das Quadrat der linken Seite kleiner oder gleich dem Quadrat der rechten Seite ist, d.h. wenn

$$\int_a^b (x(t))^2 dt + 2\int_a^b x(t)y(t)dt + \int_a^b (y(t))^2 dt$$
$$\leq \int_a^b (x(t))^2 dt + 2\left(\int_a^b (x(t))^2 dt\right)^{\frac{1}{2}} \left(\int_a^b (y(t))^2 dt\right)^{\frac{1}{2}} + \int_a^b (y(t))^2 dt$$

gilt. Durch Zusammenfassen und Kürzen ergibt sich hieraus

$$\int_a^b x(t)y(t)dt \leq \left(\int_a^b (x(t))^2 dt\right)^{\frac{1}{2}} \left(\int_a^b (y(t))^2 dt\right)^{\frac{1}{2}}$$

und dies ist genau Ungleichung (8.1).

Setzt man in Ungleichung (8.3) an Stelle von x(t) die Funktion x(t) - z(t) und an Stelle von y(t) die Funktion z(t) - y(t), dann hat man die Dreiecksungleichung für die Metrik $\rho_2(x,y)$.

Die sich aus den Beispielen I.8.1 und I.8.2 ergebenden Ausdrücke

$$\rho_1(x,y) = \int_a^b |x(t)-y(t)|dt$$

und

$$\rho_2(x,y) = \left(\int_a^b |x(t)-y(t)|^2 dt\right)^{\frac{1}{2}}$$

sind also Metriken auf dem Raum der stetigen Funktionen $C[a,b]$. Dennoch ist der Raum $C[a,b]$ in keiner dieser Metriken vollständig. Man nehme etwa die Folge $\{x_n\}$ der stetigen Funktionen

$$x_n(t) = \begin{cases} -1, & \text{für } a \leq t \leq \frac{a+b}{2} - \frac{1}{n} \\ n\left(t - \frac{a+b}{2}\right), & \text{für } \frac{a+b}{2} - \frac{1}{n} \leq t \leq \frac{a+b}{2} + \frac{1}{n} \\ 1, & \text{für } \frac{a+b}{2} + \frac{1}{n} \leq t \leq b. \end{cases}$$

Bezüglich beider Metriken ρ_1 und ρ_2 ist $\{x_n\}$ eine CAUCHY-Folge, die gegen die Funktion

$$x(t) = \begin{cases} -1 & \text{für } a \leq t < \frac{a+b}{2} \\ 0 & \text{für } t = \frac{a+b}{2} \\ +1 & \text{für } \frac{a+b}{2} < t \leq b \end{cases}$$

konvergiert. Da aber x nicht stetig ist, ist der Raum der stetigen Funktionen weder in der ersten noch in der zweiten Metrik vollständig.

Die Vervollständigung des Raumes der stetigen Funktionen $C[a,b]$ bezüglich der Metrik $\rho_1(x,y)$ heißt der "Raum der absolut integrierbaren Funktionen" über dem Intervall $[a,b]$ und wird mit $L^1[a,b]$ bezeichnet. Die Elemente dieses Raumes heißen "absolut integrierbare Funktionen". Die Vervollständigung des Raumes der stetigen Funktionen $C[a,b]$ bezüglich der Metrik $\rho_2(x,y)$ heißt der "Raum der quadrat-integrierbaren Funktionen" über dem Intervall $[a,b]$ und wird mit $L^2[a,b]$ bezeichnet. Die Elemente dieses Raumes heißen "quadrat-integrierbare Funktionen".

§ 9 Grundbegriffe der Maß- und Integrationstheorie

Im vorigen Paragraphen haben wir die absolut- und quadratintegrierbaren Funktionen definiert. Es ist jedoch schwer zu entscheiden, ob die hier gegebene Definition die natürliche ist, da man letztlich von einer absolut- (bzw. quadrat-) integrierbaren Funktion annimmt, daß ihr Absolutbetrag (bzw. Quadrat) bezüglich eines geeigneten Integrationsbegriffes eine integrierbare Funktion ist.

Leider ist hierfür der RIEMANNsche Integrationsbegriff nicht geeignet. Sein erster Nachteil ist, daß auf der Funktionenklasse $\mathcal{R}_1$ (bzw. $\mathcal{R}_2$) aller Funktionen, deren Absolutbetrag (bzw. Quadrat des Absolutbetrages) im RIEMANNschen Sinne integrierbar ist, die Metrik ρ_1 (bzw. ρ_2) Funktionen, die bis auf endlich viele Punkte übereinstimmen, nicht unterscheidet.

Dieser Nachteil läßt sich jedoch auf die folgende, in der Mathematik übliche Art, beseitigen; man identifiziert nämlich einfach zwei Funktionen x und y, falls $\rho_1(x,y) = 0$ (bzw. $\rho_2(x,y) = 0$) ist. Mit anderen Worten: man untersucht an Stelle der Räume $\mathcal{R}_1$ (bzw. $\mathcal{R}_2$) die metrischen Räume $\tilde{\mathcal{R}}_1$ (bzw. $\tilde{\mathcal{R}}_2$), deren Elemente Mengen von Funktionen sind, wobei zu einer Menge $\tilde{x}(t)$ genau dann zwei Funktionen x_1 und x_2 gehören, falls $\rho_1(x_1,x_2) = 0$ (bzw. $\rho_2(x_1,x_2) = 0$) ist. Im Raum $\tilde{\mathcal{R}}_1$ (bzw. $\tilde{\mathcal{R}}_2$) führen wir dann die Metrik

$$\tilde{\rho}_1(\tilde{x},\tilde{y}) = \rho_1(x,y)$$

(bzw.

$$\tilde{\rho}_2(\tilde{x},\tilde{y}) = \rho_2(x,y))$$

ein, wobei x,y beliebige Elemente mit $x \in \tilde{x}$ und $y \in \tilde{y}$ sind. Man zeigt leicht, daß $\tilde{\rho}_1$ und $\tilde{\rho}_2$ nicht von der speziellen Wahl der Repräsentanten $x \in \tilde{x}$ und $y \in \tilde{y}$ abhängen.

Betrachten wir also nun die Menge der Funktionen, deren Absolutbetrag (bzw. Quadrat des Absolutbetrages) im RIEMANNschen Sinne integrierbar ist, und identifizieren wir wie oben Funktionen x_1, x_2 mit $\rho_1(x_1,x_2) = 0$ (bzw. $\rho_2(x_1,x_2) = 0$). Auf der Menge dieser Äquivalenzklassen ist dann $\tilde{\rho}_1$ (bzw. $\tilde{\rho}_2$) eine Metrik, jedoch sind die so erhaltenen Räume nicht vollständig. Das liegt einfach daran, daß eine unbeschränkte Funktion nicht im RIEMANNschen Sinne integrierbar ist, und daher konvergiert die Folge $\{x_n\}$, mit

$$x_n(t) = \begin{cases} \sqrt[4]{n}\,, & \text{für } a \leq t < a + \frac{1}{n} \\ \sqrt[4]{\frac{1}{|t-a|}}\,, & \text{für } a + \frac{1}{n} \leq t \leq b, \end{cases}$$

die in beiden Metriken $\tilde{\rho}_1$ und $\tilde{\rho}_2$ eine CAUCHY-Folge ist, gegen keine im RIEMANNschen Sinne integrierbare Funktion. Erweitert man nun diese Funktionenklasse durch Hinzunahme aller solcher Funktionen, für deren Absolutbetrag (bzw. Quadrat des Absolutbetrages) das uneigentliche RIEMANN-Integral existiert, dann konvergiert bezüglich beider Metriken $\tilde{\rho}_1$ und $\tilde{\rho}_2$ die Folge $\{x_n\}$ gegen die Funktion

$$x(t) = \frac{1}{\sqrt[4]{|t-a|}}\,.$$

Aber auch diese so erweiterten Räume sind noch nicht vollständig, wie das folgende Beispiel zeigt:
Wir ordnen die Menge aller rationalen Zahlen des Intervalls $[a,b]$ in einer Folge $\{w_n\}$ an. Sei $y_n(t) = \frac{1}{\sqrt[4]{|t-w_n|}}$ und

$$x_n(t) = \sum_{i=0}^{n} \frac{1}{i!}\, y_i(t)\,.$$

Da die Folge $\frac{1}{n!}$ sehr schnell gegen Null konvergiert, ist $\{x_n\}$ bezüglich beider Metriken $\tilde{\rho}_1$ und $\tilde{\rho}_2$ eine CAUCHY-Folge.

Da die Folge der Funktionen x_n monoton wachsend ist, konvergiert sie gegen eine Funktion $x(t)$. Diese Funktion $x(t)$ ist jedoch in der Umgebung eines jeden Punktes unbeschränkt, so daß für x nicht mehr das uneigentliche RIEMANN-Integral existiert.

Die hier angeführten Beispiele zeigen, daß wir mit einem allgemeineren als dem RIEMANNschen Integrationsbegriff arbeiten müssen, und das ist die "Integrierbarkeit im Sinne von LEBESGUE". Da bei einem in die Funktionalanalysis einführenden Lehrbuch eine ausführliche Darstellung der Maß- und Integrationstheorie schlecht möglich ist, beschränken wir uns hier auf eine Darstellung, und zwar ohne Beweis, derjenigen fundamentalen Fakten, die im Verlauf dieses Buches benötigt werden. Wir beginnen also mit den allgemeinen Begriffen aus der Maßtheorie und führen dabei das LEBESGUE-Maß als ein Beispiel für ein Maß an.

Im folgenden sei Ω eine Menge. Eine Menge Σ von Teilmengen von Ω heißt ein "<u>σ-Körper</u>" (oder auch "<u>abzählbar additiver Körper</u>"), falls für jedes $A \in \Sigma$ auch $\Omega \setminus A \in \Sigma$ ist, und für jede Folge von Mengen $A_1, \ldots, A_n, \ldots \in \Sigma$ auch $\bigcup_{n=1}^{\infty} A_n \in \Sigma$ ist. Ein "<u>Maß</u>" ist dann eine auf Σ definierte nicht negative Funktion μ, so daß für jede Folge $A_1, \ldots, A_n, \ldots \in \Sigma$, $n=1,2,\ldots$, von paarweise disjunkten Mengen

$$\mu\left(\bigcup_{n=1}^{\infty} A_n\right) = \sum_{n=1}^{\infty} \mu(A_n)$$

ist, wobei hier zugelassen wird, daß das Maß μ auch den Wert $+\infty$ annehmen kann.

Eine auf Ω definierte reellwertige (bzw. komplexwertige) Funktion $x(t)$ heißt "<u>meßbar</u>", wenn für jede offene Teilmenge U der reellen (bzw. komplexen) Zahlen das Urbild $x^{-1}(U) = \{t: x(t) \in U\} \in \Sigma$ ist. Wir bemerken, daß die Summe und das Produkt von zwei meßbaren Funktionen wieder eine meßbare Funktion ist.

Eine Folge meßbarer Funktionen $\{x_n(t)\}$ "<u>konvergiert fast überall</u>" gegen eine meßbare Funktion $x(t)$, wenn sie bis auf eine Menge A vom Maße null überall punktweise gegen x konvergiert.

Es sei $x(t)$ eine auf Ω definierte, nicht negative meßbare Funktion. Ist weiterhin $0 = a_1 < a_2 < \ldots < a_n$ eine beliebige endliche Zahlenfolge, dann heißt die Zahl

$$S = \sup_{0=a_1<\ldots<a_n} \left(\sum_{i=1}^{n-1} a_i \mu(\{t: a_i \leq x(t) < a_{i+1}\}) + a_n \mu(\{t: x(t) \geq a_n\}) \right)$$

das "<u>Integral</u>" der Funktion $x(t)$ und man schreibt

$$S = \int_{\Omega} x(t)d\mu.$$

Nun sei y(t) eine beliebige reellwertige meßbare Funktion. Dann bezeichnet man mit $y_+(t) = \frac{|y(t)|+y(t)}{2}$ den Positivteil von y und mit $y_-(t) = \frac{|y(t)|-y(t)}{2}$ den Negativteil dieser Funktion. Falls beide Funktionen $y_+(t)$ und $y_-(t)$ integrierbar sind (d.h. beide Integrale existieren und sind endlich), dann definiert man das Integral der Funktion y(t) durch

$$\int_{\Omega} y(t)d\mu \overset{df}{=} \int_{\Omega} y_+(t)d\mu - \int_{\Omega} y_-(t)d\mu.$$

Wir bemerken, daß nach dieser Definition des Integrals eine Funktion x(t) genau dann integrierbar ist, wenn $|x(t)| = x_+(t)+x_-(t)$ integrierbar ist.

Nach Definition ist also das Integral eine lineare Abbildung von der Menge der integrierbaren Funktionen in die Menge der reellen Zahlen, d.h. es ist

$$\int_{\Omega} (ax(t)+by(t))d\mu = a \int_{\Omega} x(t)d\mu + b \int_{\Omega} y(t)d\mu,$$

wobei a,b reelle Zahlen sind.

Für eine Teilmenge E von Ω die zu Σ gehört, versteht man unter dem "Integral über die Menge E" per definitionem:

$$\int_{E} x(t)d\mu \overset{df}{=} \int_{\Omega} \chi_E(t)x(t)d\mu,$$

wobei χ_E die charakteristische Funktion der Menge E ist, d.h.

$$\chi_E(t) = \begin{cases} 1, & \text{für } t \in E \\ 0, & \text{für } t \notin E. \end{cases}$$

Aus dieser Definition folgt unmittelbar, daß für zwei disjunkte Mengen E_1 und E_2, die zu Σ gehören, stets

$$\int_{E_1 \cup E_2} x(t)d\mu = \int_{E_1} x(t)d\mu + \int_{E_2} x(t)d\mu$$

gilt.

Weiterhin gilt für zwei integrierbare Funktionen x(t) und y(t) mit $x(t) \leq y(t)$ stets

$$\int_{\Omega} x(t)d\mu \leq \int_{\Omega} y(t)d\mu .$$

Alle diese hier angegebenen Eigenschaften gelten natürlich auch für das RIEMANN-Integral. Darüberhinaus gilt jedoch hier noch der folgende ohne Beweis angegebene Satz:

Satz I.9.1. (LEBESGUE)
Es sei y(t) eine nicht negative integrierbare Funktion und $\{x_n(t)\}$ eine Folge meßbarer Funktionen, die fast überall gegen die Funktion x(t) konvergiere. Weiterhin sei $|x_n(t)| \leq y(t)$. Dann ist die Funktion x(t) integrierbar und es gilt:

$$\lim_{n\to\infty} \int_{\Omega} x_n(t)d\mu = \int_{\Omega} x(t)d\mu .$$

Aus Satz I.9.1 folgt unmittelbar:

Korollar I.9.2.
Es sei Σ ein σ-Körper von Teilmengen einer Menge Ω und μ ein Maß auf Σ, so daß $\mu(\Omega)$ endlich ist. Weiterhin sei $\{x_n\}$ eine gleichmäßig konvergente Folge von auf Ω definierten, integrierbaren Funktionen. Dann ist die Grenzfunktion x(t) dieser Folge ebenfalls eine integrierbare Funktion.

Beweis:
Da $\{x_n(t)\}$ gleichmäßig gegen x(t) konvergiert, ist x(t) fast überall der punktweise Limes von $\{x_n\}$. Weiterhin existiert ein N, so daß für alle n>N und alle $t \in \Omega$

$$|x_N(t)-x_n(t)| < 1$$

ist, also $|x_n(t)| \leq |x_N(t)|+1$ ist. Da nach Voraussetzung die Menge Ω ein endliches Maß hat, ist $|x_N(t)|+1$ integrierbar und somit ist nach Satz I.9.1 auch $x(t)$ integrierbar. ■

Mit $\tilde{L}^1(\Omega,\Sigma,\mu)$ (bzw. $\tilde{L}^2(\Omega,\Sigma,\mu)$) bezeichnen wir die Menge der absolut integrierbaren Funktionen (bzw. diejenigen, deren Quadrat des Absolutbetrages integrierbar ist). Wir zerlegen nun den Raum $\tilde{L}^1(\Omega,\Sigma,\mu)$ (bzw. $\tilde{L}^2(\Omega,\Sigma,\mu)$) in disjunkte Mengen x, wobei zwei Funktionen $\tilde{x}_1(t)$ und $\tilde{x}_2(t)$ genau dann zu einer solchen Menge x gehören, wenn sie bis auf eine Menge vom Maße null gleich sind. Diese Mengen x heißen dann "Äquivalenzklassen" und jede Funktion $\tilde{x}(t) \in x$ heißt ein "Repräsentant" dieser Klasse. Die Räume der zugehörigen Äquivalenzklassen werden dann mit $L^1(\Omega,\Sigma,\mu)$ und $L^2(\Omega,\Sigma,\mu)$ bezeichnet, und für je zwei Elemente x und y von $L^1(\Omega,\Sigma,\mu)$ (bzw. $L^2(\Omega,\Sigma,\mu)$) wird dann der Abstand durch

$$\rho_1(x,y) = \int_\Omega |\tilde{x}(t)-\tilde{y}(t)|d\mu$$

(bzw. durch

$$\rho_2(x,y) = \left(\int_\Omega |\tilde{x}(t)-\tilde{y}(t)|^2 d\mu\right)^{\frac{1}{2}}\Bigg)$$

gegeben. Dabei sind $\tilde{x}(t)$ und $\tilde{y}(t)$ beliebige Repräsentanten der Klassen x und y.

Da Mißverständnisse ausgeschlossen sind, wollen wir, um einfacher arbeiten zu können, die Elemente des Raumes $L^1(\Omega,\Sigma,\mu)$ (bzw. $L^2(\Omega,\Sigma,\mu)$) genau wie Funktionen $x(t)$ bezeichnen und verstehen dann unter dem Integral $\int_\Omega x(t)d\mu$ einfach das Integral eines Repräsentanten dieser Klasse. Wir bemerken noch, daß auf $L^1(\Omega,\Sigma,\mu)$ (bzw. auf $L^2(\Omega,\Sigma,\mu)$) ρ_1 (bzw. ρ_2) eine Metrik ist. Für ρ_1 ist der Beweis trivial, für ρ_2 geht er wie in Beispiel I.8.2 über die SCHWARZsche und CAUCHYsche Ungleichung.

Wir zeigen nun:

Satz I.9.2.
Ist das Maß der Gesamtmenge Ω endlich, also $\mu(\Omega)<\infty$, dann sind die Räume $L^p(\Omega,\Sigma,\mu)$, für p=1,2, vollständig.

Beweis:
Es sei p=1 oder 2 und $\{x_n\}$ eine CAUCHY-Folge im Raum $L^p(\Omega,\Sigma,\mu)$. Dann kann man, wie bei jeder CAUCHY-Folge, eine Teilfolge $\{x_{n_k}\}$ mit

$$\rho_p(x_{n_k},x_{n_{k+1}}) \leq \frac{1}{2^{2k+1}} ,$$

d.h. mit

$$\int_\Omega |x_{n_k}(t)-x_{n_{k+1}}(t)|^p d\mu \leq \frac{1}{2^{2kp+p}} \tag{9.1}$$

auswählen.

Für die Menge

$$A_k = \{t: |x_{n_{k+1}}(t)-x_{n_k}(t)| > \frac{1}{2^k}\}$$

folgt dann aus (9.1), daß $\mu(A_k) \leq \frac{1}{2^{kp+p}}$ ist. Setzt man

$$B_k = \bigcap_{i=k}^{\infty} (\Omega \setminus A_i) = \Omega \setminus (\bigcup_{i=k}^{\infty} A_i)$$

dann hat man

$$\mu(B_k) \geq \mu(\Omega) - \sum_{i=k}^{\infty} \mu(A_i) \geq \mu(\Omega) - \frac{1}{2^{kp+p-1}}$$

und weiterhin für alle m>k und alle $t \in B_k$

$$|x_{n_{m+1}}(t)-x_{n_m}(t)| \leq \frac{1}{2^m} .$$

Damit konvergiert also die Folge $\{x_{n_m}\}$ auf den Mengen B_k gleichmäßig.

Da aber $B_k \subset B_{k+1}$ und $\mu\left(\bigcup_{k=1}^{\infty} B_k\right) = \mu(\Omega)$ ist, folgt, daß für fast alle $t \in \Omega$ die Zahlenfolge $\{x_{n_m}(t)\}$ eine CAUCHY-Folge ist. Daher konvergiert $\{x_{n_m}\}$ punktweise fast überall gegen eine meßbare Funktion x(t). Als Teilfolge einer CAUCHY-Folge ist natürlich auch $\{x_{n_m}\}$ eine CAUCHY-Folge, also existiert zu jedem $\varepsilon>0$ ein Index N, so daß für alle n,m'>N

$$\int_{\Omega} |x_{n_m}(t)-x_{n_{m'}}(t)|^p d\mu < \varepsilon$$

ist. Da der Integrand nicht negativ ist, gilt insbesondere für jedes k

$$\int_{B_k} |x_{n_m}(t)-x_{n_{m'}}(t)|^p d\mu < \varepsilon$$

und für m' gegen unendlich ergibt dies:

$$\int_{B_k} |x_{n_m}(t)-x(t)|^p d\mu \leq \varepsilon .$$

Weil diese Abschätzung für jedes k gilt und die B_k aufsteigend sind, gilt auch

$$\int_{\cup B_k} |x_{n_m}(t)-x(t)|^p d\mu \leq \varepsilon$$

und somit

$$\int_{\Omega} |x_{n_m}(t)-x(t)|^p d\mu \leq \varepsilon, \tag{9.2}$$

also ist $x_{n_m} - x \in L^p(\Omega,\Sigma,\mu)$. Nach der CAUCHYschen Ungleichung ist dann auch $x = (x-x_{n_m})+x_{n_m}$ aus $L^p(\Omega,\Sigma,\mu)$, und da $\varepsilon>0$ beliebig war, konvergiert dann auch $\{x_{n_m}\}$ gegen x. Zu zeigen bleibt nur noch, daß $x_n \to x$ konvergiert. Da $\{x_n\}$ eine CAUCHY-Folge ist, gibt es zu jedem $\varepsilon>0$ einen Index N, so daß für alle $n,n'>N$ stets $\rho_p(x_n,x_{n'})< \varepsilon$ ist. Da aber $x_{n_m} \to x$ gilt, gibt es ein $n_m>N$ mit $\rho_p(x_{n_m},x) < \varepsilon$. Für $n_m=n'$ erhält man dann

$$\rho_p(x_n,x) \leq \rho_p(x_n,x_{n_m})+\rho_p(x_{n_m},x) < 2\varepsilon,$$

also $x_n \to x$. ∎

Man nennt ein auf dem σ-Körper Σ von Teilmengen einer Menge Ω definiertes Maß μ "<u>σ-finit</u>", falls Ω die abzählbare Vereinigung von Mengen Ω_n mit endlichem Maß ist; also $\Omega = \bigcup_{n=1}^{\infty} \Omega_n$, $\Omega_n \in \Sigma$, $\mu(\Omega_n) < \infty$,

$n=1,2,\ldots$. Wir sagen weiterhin, daß eine Menge $A \in \Sigma$ "<u>σ-finit</u>" ist, falls das Maß μ beschränkt auf die meßbaren Teilmengen von A σ-finit ist.

<u>Satz I.9.3.</u>

Ist μ ein σ-finites Maß, dann ist der Raum $L^p(\Omega,\Sigma,\mu)$ (p=1 oder 2) vollständig.

<u>Beweis:</u>

Es sei p=1 oder 2 und $\{x_n\}$ eine CAUCHY-Folge im Raum $L^p(\Omega,\Sigma,\mu)$. Nach Annahme ist $\Omega = \bigcup_{k=1}^{\infty} \Omega_k$, wobei alle Mengen Ω_k ein endliches Maß haben. Ist nun $\Sigma_k = \{A: A \in \Sigma \text{ und } A \subset \Omega_k\} = \{A: A = \Omega_k \cap B,\ B \in \Sigma\}$ und μ_k die Beschränkung von μ auf Σ_k, dann ist nach Satz I.9.2 der Raum $L^p(\Omega_k,\Sigma_k,\mu_k)$ vollständig. Somit konvergiert die Folge $\{x_n \cdot \chi_{\Omega_k}\}$ gegen eine auf Ω_k definierte Funktion x^k. Man sieht sofort, daß auf dem Durchschnitt $\Omega_k \cap \Omega_i$ die beiden Funktionen x^i und x^k bis auf eine Menge vom Maße null übereinstimmen. Man kann also x^k bis auf eine Menge vom Maße null als die Einschränkung auf Ω_k von einer auf ganz $\Omega = \bigcup_{k=1}^{\infty} \Omega_k$ definierten Funktion x(t) auffassen.

Da $\{x_n\}$ eine CAUCHY-Folge im Raum $L^p(\Omega,\Sigma,\mu)$ ist, gibt es zu jedem $\varepsilon>0$ einen Index N, so daß für alle $n,m>N$

$$\int_\Omega |x_n(t)-x_m(t)|^p d\mu < \varepsilon$$

ist. Insbesondere ist somit für jedes k

$$\int_{\Omega_1\cup\ldots\cup\Omega_k} |x_n(t)-x_m(t)|^p d\mu < \varepsilon$$

Der Grenzübergang $m\to\infty$ ergibt

$$\int_{\Omega_1\cup\ldots\cup\Omega_k} |x_n(t)-x(t)|^p d\mu \le \varepsilon,$$

woraus dann

$$\int_\Omega |x_n(t)-x(t)|^p d\mu \le \varepsilon$$

folgt, weil k beliebig ist.

Man weist nun genauso wie im Beweis zu Satz I.9.2 mit Hilfe der CAUCHYschen Ungleichung nach, daß $x \in L^p(\Omega,\Sigma,\mu)$ ist, und da $\varepsilon>0$ beliebig war, konvergiert dann im Sinne der Metrik von $L^p(\Omega,\Sigma,\mu)$ auch $\{x_n\}$ gegen x. ■

Satz I.9.4.
Für jedes beliebige Maß μ ist der Raum $L^p(\Omega,\Sigma,\mu)$, p=1 oder 2, vollständig.

Beweis:
Es sei $\{x_n\}$ eine CAUCHY-Folge im Raum $L^p(\Omega,\Sigma,\mu)$. Aus der Annahme, daß $x_n \in L^p(\Omega,\Sigma,\mu)$ ist, folgt, daß für jedes k die Menge $A_{n,k} = \{t\colon |x_n(t)|>\frac{1}{k}\}$ ein endliches Maß hat. Hieraus folgt nun, daß der Träger der Funktion x_n, also $A_n = \{t\colon x(t)\neq 0\} = \bigcup_{k=1}^{\infty} A_{n,k}$ eine σ-finite Menge ist. Damit ist auch $\Omega_o = \bigcup_{n=1}^{\infty} A_n$ eine σ-finite Menge. Bezeichnet nun x_n^o die Beschränkung von x_n auf Ω_o, dann konvergiert nach Satz I.9.2 die Folge $\{x_n^o\}$ gegen eine auf Ω_o definierte Funktion $x^o(t)$, womit alles gezeigt ist. ■

Durch Spezifizierung der Menge Ω, des σ-Körpers Σ und des Maßes μ ergeben sich eine Reihe von Beispielen.

Beispiel I.9.1.
Es sei Ω die Menge der natürlichen Zahlen, Σ die Menge aller Teilmengen von Ω und μ das Zählmaß, d.h. für jede Teilmenge $E \subset \Omega$ ist

$$\mu(E) = \text{Anzahl der Elemente von } E.$$

Dann ist jede auf Ω definierte Funktion x meßbar. Sie kann als Folge $\{x(n)\} = \{x_n\}$ interpretiert werden und es gilt

$$\int_\Omega |x(t)|^p d\mu = \sum_{n=1}^{\infty} |x_n|^p .$$

Den so erhaltenen Raum $L^p(\Omega,\Sigma,\mu)$ bezeichnet man dann mit ℓ^p.

Es stellt sich nun die Frage, ob es einen σ-Körper Σ von Teilmengen des Intervalls $[a,b]$ und ein Maß μ auf Σ gibt, so daß für p=1,2 der Raum $L^p([a,b],\Sigma,\mu)$ mit dem im vorherigen Paragraphen eingeführten Raum $L^p[a,b]$ übereinstimmt. Für ein solches Maß müssen dann die beiden folgenden Eigenschaften erfüllt sein:

(I) für jede stetige Funktion stimmt das Integral bezüglich μ mit dem RIEMANNschen Integral überein.

(II) der Raum der stetigen Funktionen ist dicht im Raum $L^p([a,b],\Sigma,\mu)$, p=1,2.

Man sieht sofort, daß durch diese beiden Bedingungen die in Frage kommenden Maße μ charakterisiert werden, denn falls (I) und (II) erfüllt sind, dann ist $L^p([a,b],\Sigma,\mu)$ die Vervollständigung des Raumes der stetigen Funktionen mit der entsprechenden Metrik ρ_p, also nach Definition der Raum $L^p[a,b]$.

Die nun folgende Konstruktion eines σ-Körpers Σ und eines Maßes μ, für welche die Bedingungen (I) und (II) gelten, beruht auf dem Begriff des äußeren Maßes und dem Satz von CARATHÉODORY.

Es sei Ω eine Menge. Dann heißt eine nicht negative Funktion μ_e, die auf der Menge aller Teilmengen von Ω definiert ist, und die auch den Wert $+\infty$ annehmen kann, ein "<u>äußeres Maß</u>", falls die beiden folgenden Bedingungen erfüllt sind:

(a) $\mu_e(0) = 0$

(b) ist $A \subset \bigcup_{n=1}^{\infty} A_n$, dann ist $\mu_e(A) \leq \sum_{n=1}^{\infty} \mu_e(A_n)$.

<u>Satz I.9.5.</u> (CARATHÉODORY)
Es sei μ_e ein äußeres Maß auf Ω und Σ die Menge aller Teilmengen $A \subset \Omega$, so daß für jedes $Z \subset \Omega$

$$\mu_e(Z) = \mu_e(A \cap Z) + \mu_e(Z \setminus A)$$

gilt.

Dann ist Σ ein σ-Körper und μ_e beschränkt auf Σ ein Maß. Weiterhin gehören alle Mengen, deren äußeres Maß null ist, zu Σ.

Wir geben diesen Satz hier ohne Beweis an und verweisen den interessierten Leser auf das Buch von R. SIKORSKI [1].

Für das Intervall $[a,b]$ wird nun das "<u>äußere LEBESGUEsche Maß</u>" durch

$$\lambda_e(E) = \inf \left\{ \sum_{n=1}^{\infty} |I_n| : I_n=(a_n,b_n) \text{ ist ein offenes Intervall, } |I_n| = b_n-a_n,\ E \subset \bigcup_{n=1}^{\infty} I_n \right\}$$

gegeben. Das von λ_e induzierte Maß heißt dann das "<u>LEBESGUEsche Maß</u>" und wird mit λ bezeichnet.

Aus der Definition von λ ergibt sich sofort, daß $\lambda((c,d)) = \lambda([c,d)) = \lambda((c,d]) = \lambda([c,d]) = d-c$ ist. Somit sind also alle offenen, abgeschlossenen und einseitig offenen Intervalle Elemente von Σ, und man nennt Σ den "<u>σ-Körper der LEBESGUE-meßbaren Mengen</u>".

Nun sei $x(t)$ eine nicht negative stetige Funktion, für die das Urbild eines jeden Punktes eine endliche Menge ist, und $0 = a_1<a_2<\ldots<a_n$ sei ein endliches Zahlensystem. Dann sind die Mengen $\{t\colon a_i\le x(t)<a_{i+1}\}$ stets die endliche Vereinigung von Intervallen, und somit ist dann

$$\sum_{i=1}^{n-1} a_i\lambda\{t\colon a_i\le x(t)<a_{i+1}\} + a_n\lambda\{t\colon a_n\le x(t)\}$$

irgendeine DARBOUXsche Untersumme. Mithin kann also das Integral bezüglich λ nicht größer als das RIEMANN-Integral sein. Durch Verfeinerung der Unterteilung $0 = a_1<\ldots<a_n$ erhält man eine Normalfolge von Zerlegungen des Intervalls $[a,b]$ und für jede solche Folge von Zerlegungen konvergieren die DARBOUXschen Untersummen gegen das RIEMANN-Integral, woraus die Gleichheit von LEBESGUE- und RIEMANN-Integral für nicht negative stetige Funktionen mit endlichem Urbild folgt. Da jede nicht negative stetige Funktion auf $[a,b]$ der gleichmäßige Limes einer solchen Folge von Funktionen ist, erhält man durch Grenzübergang, daß für die stetigen, nicht negativen Funktionen beide Integrale übereinstimmen.

Weiterhin ist für beide Integralbegriffe das Integral der Differenz zweier Funktionen gleich der Differenz der Integrale, womit für das LEBESGUEsche Integral die Gültigkeit der Bedingung (I) gezeigt ist.

Daß auch Bedingung (II) gilt, soll hier nicht gezeigt werden. Sie folgt aus gewissen Eigenschaften der meßbaren Funktionen, die im folgenden nicht mehr benötigt werden.

In den beiden letzten Paragraphen haben wir die Räume $L^p(\Omega,\Sigma,\mu)$ für $p=1,2$ betrachtet. Wie man in jedem Lehrbuch über Funktionalanalysis sieht, kann man allgemein die Räume $L^p(\Omega,\Sigma,\mu)$ für $1 \leq p < +\infty$ mit der Metrik

$$\rho_p(x,y) = \left(\int_\Omega |x(t)-y(t)|^p d\mu\right)^{\frac{1}{p}}$$

betrachten. Der Nachweis, daß $\rho_p(x,y)$ eine Metrik ist, geschieht über eine Verallgemeinerung der SCHWARZschen und der CAUCHYschen Ungleichung, nämlich die "HÖLDERsche-" und "MINKOWSKIsche Ungleichung", die wie folgt aussehen:

HÖLDERsche Ungleichung:

$$\int_\Omega |x(t)y(t)|d\mu \leq \left(\int_\Omega |x(t)|^p d\mu\right)^{\frac{1}{p}} \cdot \left(\int_\Omega |y(t)|^q d\mu\right)^{\frac{1}{q}},$$

wobei p und q Zahlen mit $1<p,\ q<+\infty$ und

$$\frac{1}{p}+\frac{1}{q}=1, \quad x \in L^p(\Omega,\Sigma,\mu), \quad y \in L^q(\Omega,\Sigma,\mu)$$

sind;

MINKOWSKIsche Ungleichung:

$$\left(\int_\Omega |x(t)+y(t)|^p d\mu\right)^{\frac{1}{p}} \leq \left(\int_\Omega |x(t)|^p d\mu\right)^{\frac{1}{p}} + \left(\int_\Omega |y(t)|^p d\mu\right)^{\frac{1}{p}}$$

Die Beweise dieser Ungleichungen (die der interessierte Leser übrigens in jedem Lehrbuch über Funktionalanalysis findet, z.B. DUNFORD SCHWARTZ [1]) werden wir hier weglassen, da man es in der Praxis nur mit den Räumen $L^p(\Omega,\Sigma,\mu)$ für p=1,2 zu tun hat. Zu erwähnen bleibt nur, daß der Nachweis der Vollständigkeit von $L^p(\Omega,\Sigma,\mu)$ genauso geführt werden kann wie im Spezialfall p=1,2.

Im folgenden Beispiel betrachten wir noch einen weiteren Raum, der auf dem Begriff des Maßes beruht, nämlich den Raum der wesentlich beschränkten Funktionen.

Beispiel I.9.2.

Gegeben sei eine Menge Ω, ein σ-Körper Σ von Teilmengen von Ω und ein auf Σ definiertes Maß μ. Weiterhin bezeichne $\tilde{M}(\Omega,\Sigma,\mu)$ die Menge aller meßbaren Funktionen x(t), für die eine Menge E_x mit $\mu(E_x) = 0$ existiert, so daß x(t) auf $\Omega \setminus E_x$ beschränkt ist. Wie im Beispiel der Räume $L^p(\Omega,\Sigma,\mu)$ wollen wir wieder Funktionen, die auf einer Menge vom Maße null verschieden sind, identifizieren. Den Raum dieser Äquivalenzklassen bezeichnet man dann mit $M(\Omega,\Sigma,\mu)$ und versieht ihn mit der durch

$$\rho(x,y) = \text{ess sup}|x(t)-y(t)| = \inf_{E,\mu(E)=0} \sup_{t\in\Omega\setminus E} |x(t)-y(t)|$$

definierten Metrik. Man sieht sofort, daß für $\rho(x,y)$ alle drei Bedingungen einer Metrik erfüllt sind.

Wir zeigen nun, daß der Raum $M(\Omega,\Sigma,\mu)$ vollständig ist. Dazu sei $\{x_n\}$ eine CAUCHY-Folge und $A_{n,m}$ bezeichne solche Mengen vom Maße null, für die

$$\rho(x_n,x_m) = \sup_{t\in\Omega\setminus A_{n,m}} |x_n(t)-x_m(t)|$$

ist. Die Menge $A = \bigcup_{n=1}^{\infty} \bigcup_{m=1}^{\infty} A_{n,m}$ ist wegen der abzählbaren Additivität des Maßes μ eine Menge vom Maße Null und $\{x_n\}$ beschränkt auf $\Omega \setminus A$ ist eine CAUCHY-Folge, die gleichmäßig gegen eine meßbare Funktion $x^o(t)$ konvergiert. Außerdem repräsentiert jede beliebige meßbare Fortsetzung von $x^o(t)$ ein und dasselbe Element $x \in M(\Omega,\Sigma,\mu)$. Da

$$0 \leq \lim_{n\to\infty} \rho(x_n,x) \leq \lim_{n\to\infty} \sup_{t\in\Omega\setminus A} \left(|x(t)-x_n(t)|\right) = 0$$

folgt $x_n \to x$.

Für den Spezialfall, daß Ω die Menge der natürlichen Zahlen, Σ die Menge aller Teilmengen von Ω und μ das Zählmaß ist (d.h. $\mu(A)$ = Anzahl der Elemente der Menge A), ist $M(\Omega,\Sigma,\mu)$ der Raum aller beschränkten Zahlenfolgen, der mit m bezeichnet wird (vergl. Beispiel I.1.18).

Ist $\Omega=[a,b]$, Σ der σ-Körper der LEBESGUE meßbaren Teilmengen und λ das LEBESGUEsche Maß, dann bezeichnet man den Raum $M(\Omega,\Sigma,\lambda)$ auch mit $M[a,b]$.

§ 10 Separable Räume

Ein metrischer Raum X mit der Metrik $\rho(x,y)$ heißt "separabel", wenn eine Folge $\{x_n\}$ von Elementen aus X existiert, die im Raum X dicht ist; mit anderen Worten, wenn es zu jedem $\varepsilon>0$ und jedem $x \in X$ einen Index n_0 mit $\rho(x,x_{n_0}) < \varepsilon$ gibt.

Satz I.10.1.
Jeder Teilraum eines separablen Raumes ist separabel.

Beweis:
Es sei X ein separabler Raum mit der Metrik $\rho(x,y)$, Y ein Teilraum von X und $\{x_n\}$ eine Folge von Elementen aus X, die im Raum X dicht ist. Für alle Paare (n,m) von natürlichen Zahlen mit $\inf_{y\in Y} \rho(x_n,y) < \frac{1}{m}$, wähle man dann ein $x_{n,m} \in Y$ mit $\rho(x_n,x_{n,m}) < \frac{1}{m}$. Die Menge dieser $x_{n,m}$ läßt sich dann in einer Folge anordnen, und wir zeigen nun, daß diese Folge in Y dicht ist. Dazu sei $\varepsilon>0$, $y \in Y$ und m eine natürliche Zahl mit $\frac{2}{m}<\varepsilon$. Da $\{x_n\}$ dicht in X ist, gibt es ein n_0 mit $\rho(y,x_{n_0})<\frac{1}{m}$ und somit ist

$$\rho(y,x_{n_0,m}) \leq \rho(y,x_{n_0})+\rho(x_{n_0},x_{n_0,m}) < \frac{2}{m} < \varepsilon,$$

womit alles gezeigt ist. ■

Satz I.10.2.

Es sei X ein separabler Raum mit der Metrik $\rho(x,y)$. Dann ist auch die Vervollständigung $\tilde{X}$ von X ein separabler Raum.

Beweis:

Es sei $\{x_n\}$ eine Folge von Elementen aus X, die im Raum X dicht ist, $x \in \tilde{X}$ und $\varepsilon>0$ beliebig. Da X in $\tilde{X}$ dicht ist, gibt es ein $x_o \in X$ mit $\rho(x_o,x) < \frac{1}{2}\varepsilon$, und da X separabel ist, gibt es zu x_o einen Index n_o mit $\rho(x_o,x_{n_o}) < \frac{1}{2}\varepsilon$, also zusammen

$$\rho(x,x_{n_o}) \leq \rho(x,x_o)+\rho(x_o,x_{n_o}) < \varepsilon. \blacksquare$$

Eine Teilmenge Ω eines metrischen Raumes X mit der Metrik $\rho(x,y)$ heißt "ε-Netz", wenn es zu jedem $x \in X$ ein $y \in \Omega$ mit $\rho(x,y)<\varepsilon$ gibt.

Satz I.10.3.

Ein metrischer Raum X ist genau dann separabel, wenn es zu jedem $\varepsilon>0$ ein abzählbares ε-Netz Ω_ε gibt.

Beweis:

"Notwendig": Angenommen, X ist separabel. Dann existiert nach Definition eine abzählbare Teilmenge Ω_o die dicht im Raum X ist, und somit ist für jedes $\varepsilon>0$ die Menge Ω_o ein ε-Netz.

"Hinreichend": Sei für $\varepsilon>0$ die Menge $\Omega_\varepsilon \subset X$ ein abzählbares ε-Netz. Dann ist die abzählbare Menge $\Omega_o = \bigcup_{m=1}^{\infty} \Omega_{\frac{1}{m}}$ dicht in X. $\blacksquare$

Korollar I.10.4.

Es sei X ein metrischer Raum mit der Metrik $\rho(x,y)$, $\varepsilon>0$ eine positive Zahl und $\Omega \subset X$ eine nicht abzählbare Teilmenge mit der Eigenschaft, daß für alle $x,y \in \Omega$ mit $x \neq y$ stets $\rho(x,y) \geq \varepsilon$ ist. Dann ist der Raum X nicht separabel.

Beweis:

Es sei $\Omega_{\frac{\varepsilon}{2}}$ ein $\frac{\varepsilon}{2}$-Netz und $\Omega' \subset \Omega_{\frac{\varepsilon}{2}}$ die Menge aller $x \in \Omega_{\frac{\varepsilon}{2}}$, für die es ein $y \in \Omega$ mit $\rho(x,y) < \frac{\varepsilon}{2}$ gibt.

Da es nach Definition von Ω zu jedem $x \in \Omega'$ genau ein $y \in \Omega$ mit $\rho(x,y) < \frac{\varepsilon}{2}$ gibt, hat die Menge Ω' und damit auch $\Omega_{\frac{\varepsilon}{2}}$ eine größere Mächtigkeit als Ω; also kann nach Satz I.10.3 der Raum X nicht separabel sein. ■

Ein metrischer Raum, der nicht separabel ist, heißt ein "<u>inseparabler Raum</u>".

Wir geben nun mehrere Beispiele für separable und inseparable Räume an.

<u>Beispiel I.10.1.</u>

Der Raum $C[a,b]$ ist separabel. Dazu sei $a = w_o < w_1 < \ldots < w_{n-1} < w_n = b$ eine Zerlegung von $[a,b]$, und $S(w_o,\ldots,w_n;r_o,\ldots,r_n)$ bezeichne den Streckenzug, der im Punkte w_i den Wert r_i annimmt, also diejenige stetige Funktion $f(x)$ mit:

1) $f(w_i) = r_i \quad (i=0,1,\ldots,n)$

2) die Beschränkung von $f(x)$ auf jedes der Intervalle $[w_i,w_{i+1}]$ $(i=0,\ldots,n-1)$ ist eine lineare Funktion.

Sind nun die $w_1,\ldots,w_{n-1},r_o,\ldots,r_n$ rationale Zahlen, dann ist die Menge aller solcher Streckenzüge $S(w_o,\ldots,w_n,r_o,\ldots,r_n)$ dicht in $C[a,b]$. Da sie überdies noch abzählbar ist, d.h. sich in eine Folge anordnen läßt, ist der Raum $C[a,b]$ separabel.

<u>Beispiel I.10.2.</u>

Der Raum $L^p[a,b]$, $(p=1$ oder $2)$ ist separabel. Dazu sei wieder

$$a = w_o < w_1 < \ldots < w_n = b$$

eine Zerlegung des Intervalls $[a,b]$ und $T(w_o,\ldots,w_n,r_1,\ldots,r_n,x)$ bezeichne die Treppenfunktion

$$T(w_o,\dots,w_n,r_1,\dots,r_n,x) = \begin{cases} r_i, & \text{für } w_{i-1}<x\leq w_i \\ & (i = 1,\dots,n) \\ r_1, & \text{für } x=w_o \end{cases}$$

Sind nun wie im vorherigen Beispiel die $w_1,\dots,w_{n-1},r_1,\dots,r_n$ rationale Zahlen, dann ist die Menge aller dieser Treppenfunktionen dicht in $L^p[a,b]$, und da sie auch abzählbar ist, ist der Raum $L^p[a,b]$ separabel.

<u>Beispiel I.10.3.</u>
Der Raum ℓ^p ist separabel, denn die Menge $\mathfrak{A}$ aller Elemente der Form $\{r_1,\dots,r_n,0,0,\dots\}$, wobei $r_1,\dots,r_n$ rationale Zahlen sind, ist ab-abzählbar und dicht in ℓ^p.

<u>Beispiel I.10.4.</u>
Der Raum $M[a,b]$ ist inseparabel. Dazu sei für eine beliebige reelle Zahl c mit $a<c\leq b$ $x_c = \chi_{[a,c]}$. Die Menge aller dieser Funktionen x_c ist nicht abzählbar. Weiterhin ist für $c\neq c'$ stets $\rho(x_c,x_{c'}) = 1$. Also folgt aus Korollar I.10.4, daß Raum $M[a,b]$ nicht separabel ist.

<u>Beispiel I.10.5.</u>
Der Raum m ist inseparabel. Definiert man für eine beliebige Teilmenge A von natürlichen Zahlen die Folge $x^A = \{x_n^A\}$ durch

$$x_n^A = \begin{cases} 1, & \text{für } n \in A \\ 0, & \text{für } n \notin A, \end{cases}$$

dann ist die Menge aller dieser Folgen nicht abzählbar. Da für $A\neq A'$ stets $\rho(x^A,x^{A'}) = 1$ ist, folgt dann aus Korollar I.10.4, daß der Raum m nicht separabel ist.

Eine Familie H_t, $t \in \Omega$ von offenen Teilmengen eines metrischen Raumes X heißt eine "<u>Überdeckung</u>", falls $X \subset \bigcup_{t\in\Omega} H_t$.

Satz I.10.5. (LINDELÖF)
Es sei H_t, $t \in \Omega$, eine Überdeckung eines separablen metrischen Raumes X. Dann existiert eine Folge von Indices $\{t_p\}$, so daß $X \subset \bigcup_{p=1}^{\infty} H_{t_p}$.

Beweis:
Da X nach Annahme eine abzählbar dichte Teilmenge $\{x_n\}$ enthält, bildet die Menge aller Kugeln $K_r(x_n)$ mit rationalem Radius r eine abzählbare offene Überdeckung von X. Sie läßt sich also als Folge $\{G_m\}$ anordnen. Nun sei $\{G_{m_p}\}$ diejenige Teilfolge von $\{G_m\}$, die aus solchen G_{m_p} besteht, zu denen es einen Index t_p mit $G_{m_p} \subset H_{t_p}$ gibt. Wir zeigen nun, daß $X \subset \bigcup_{p=1}^{\infty} H_{t_p}$ ist. Dazu sei x ein beliebiges Element von X. Dann gibt es, da die Familie H_t, $t \in \Omega$ eine offene Überdeckung von X ist, einen Index t_o mit $x \in H_{t_o}$; und da H_{t_o} offen ist, existiert ein rationales $r>0$, so daß $K_r(x) \subset H_{t_o}$. Nun ist jedoch die Folge $\{x_n\}$ dicht, also existiert ein x_{n_o} mit $\rho(x,x_{n_o}) < \frac{r}{2}$, und somit ist

$$x \in K_{\frac{r}{2}}(x_{n_o}) \subset K_r(x) \subset H_{t_o}. \tag{10.1}$$

Dies heißt aber, daß $K_{\frac{r}{2}}(x_o)$ ein Element der Teilfolge $\{G_{m_p}\}$ ist. Somit ist also $x \in H_{t_p}$, was zu zeigen war. Bemerkt sei, daß t_p nicht unbedingt t_o sein muß. ■

Satz I.10.5 kann wie folgt umformuliert werden:

Aus jeder offenen Überdeckung eines separablen metrischen Raumes läßt sich eine abzählbare Teilüberdeckung auswählen.

§ 11 Kompakte und folgenkompakte Räume

Ein metrischer Raum X mit der Metrik $\rho(x,y)$ heißt "folgenkompakt", wenn jede Folge $\{x_n\}$ von Elementen dieses Raumes eine Teilfolge $\{x_{n_k}\}$ enthält, die gegen ein $x_o \in X$ konvergiert. Eine Teilmenge $A \subset X$ heißt "folgenkompakt", wenn sie als Unterraum folgenkompakt ist.

Satz I.11.1.
Jede abgeschlossene Teilmenge eines folgenkompakten Raumes ist folgenkompakt.

Beweis:
Es sei $\{x_n\}$ eine beliebige Folge von Elementen der abgeschlossenen Menge A. Da $A \subset X$ und X folgenkompakt ist, gibt es eine Teilfolge $\{x_{n_k}\}$, die gegen ein $x_o \in X$ konvergiert. Da aber die $x_{n_k} \in A$ und A abgeschlossen ist, folgt $x_o \in A$. ∎

Satz I.11.2.
Jeder folgenkompakte Raum X ist vollständig.

Beweis:
Sei $\{x_n\}$ eine CAUCHY-Folge von X, dann existiert, da X folgenkompakt ist, eine Teilfolge $\{x_{n_k}\}$, die gegen ein $x_o \in X$ konvergiert, d.h. zu jedem $\varepsilon > 0$ gibt es einen Index K, so daß für alle $k > K$ $\rho(x_{n_k}, x_o) < \varepsilon$ ist. Da aber $\{x_n\}$ eine CAUCHY-Folge ist, gibt es einen Index N, so daß für alle $n, m \geq N$ stets $\rho(x_n, x_m) < \varepsilon$; also ist für alle $n \geq m = n_k \geq N$, mit $k > K$

$$\rho(x_n, x_o) \leq \rho(x_n, x_{n_k}) + \rho(x_{n_k}, x_o) < 2\varepsilon,$$

womit alles gezeigt ist. ∎

Satz I.11.3.
Jeder folgenkompakte Raum X ist separabel.

Beweis:
Es sei ε eine beliebige positive Zahl und $A_\varepsilon = \{p_1^\varepsilon, \ldots, p_n^\varepsilon\}$ sei eine Menge mit maximal vielen Elementen, so daß für je zwei Elemente p_i^ε, p_j^ε dieser Menge, mit $p_i^\varepsilon \neq p_j^\varepsilon$ stets $\rho(p_i^\varepsilon, p_j^\varepsilon) \geq \varepsilon$ ist. Da X folgenkompakt ist, ist eine derartige Menge stets endlich, und da sie maximal ist, ist sie auch ein ε-Netz. Denn angenommen, A_ε wäre kein ε-Netz. Dann existierte ein $x \in X$ mit $\rho(x, p_i^\varepsilon) \geq \varepsilon$ für alle $i = 1, 2, \ldots, n$ und dies widerspricht der Maximalität von A_ε. Die Menge $A_o = \bigcup_{n=1}^{\infty} A_{\frac{1}{n}}$ ist dann abzählbar und dicht im Raum X. ∎

Satz I.11.4. (CANTOR)
Es sei X ein folgenkompakter Raum und $\{F_n\}$ eine absteigende Folge, $F_n \supset F_{n+1}$, von abgeschlossenen nicht leeren Teilmengen des Raumes X. Dann ist

$$\bigcap_{n=1}^{\infty} F_n$$

nicht leer.

Beweis:
Es sei $\{x_n\}$ eine Folge von Punkten mit $x_n \in F_n$. Da X folgenkompakt ist, existiert eine Teilfolge $\{x_{n_k}\}$, die gegen ein $x_o \in X$ konvergiert. Weil die F_n absteigend sind, folgt für $n_k > m$ stets $x_{n_k} \in F_m$; also folgt aus der Abgeschlossenheit von F_m auch $x_o \in F_m$ und somit $x_o \in \bigcap_{m=1}^{\infty} F_m$. ■

Satz I.11.5. (BOREL)
Es sei X ein folgenkompakter Raum und $\{G_n\}$ eine Folge offener Mengen mit $X \subset \bigcup_{n=1}^{\infty} G_n$. Dann existieren endlich viele Mengen $G_{n_1}, \ldots, G_{n_k}$, so daß

$$X \subset \bigcup_{j=1}^{k} G_{n_j}.$$

Beweis:
Setzt man $F_n = X \setminus (G_1 \cup \ldots \cup G_n)$, dann bilden die F_n eine absteigende Folge von abgeschlossenen Mengen. Nimmt man nun an, daß alle diese Mengen nicht leer sind, dann ist nach Satz I.11.4 auch ihr Durchschnitt nicht leer. Dies widerspricht aber der Annahme, daß die G_n ganz X überdecken. Mithin existiert also ein Index m', für den $F_{m'}$ leer ist, d.h. es ist

$$X = G_1 \cup \ldots \cup G_{m'} . \blacksquare$$

Satz I.11.6. (BOREL - LEBESGUE)
Es sei X ein folgenkompakter Raum und $\{G_t\}$, $t \in T$ eine Familie von offenen Mengen mit $X \subset \bigcup_{t \in T} G_t$. Dann existieren endlich viele Mengen $G_{t_1}, \ldots, G_{t_n}$ mit $X \subset \bigcup_{i=1}^{k} G_{t_i}$.

Beweis:
Da nach Satz I.11.3 der Raum X separabel ist, kann man nach dem Satz von LINDELÖL (Satz I.10.5) eine abzählbare Überdeckung $\{G_{t_n}\}$ auswählen. Dann folgt der Beweis einfach aus dem Satz von BOREL (Satz I.11.5). ■

Üblicherweise formuliert man Satz I.11.6 auch so:

Satz I.11.6.'
Aus jeder offenen Überdeckung eines folgenkompakten Raumes kann man eine endliche Überdeckung auswählen.

Aus Satz I.11.6 folgt unmittelbar:

Satz I.11.7.
Ist X ein folgenkompakter Raum, dann existiert zu jedem positiven ε ein endliches ε-Netz in X.

Beweis:
Überdeckt man nämlich X mit Kugeln $K_\varepsilon(x)$ um x mit Radius ε, dann kann man nach Satz I.11.6 aus dieser Überdeckung eine endliche auswählen. Wegen der speziellen Art der Überdeckung bedeutet dies die Existenz eines endlichen ε-Netzes. ■

Wir bemerken, daß es auch nicht folgenkompakte Mengen gibt, die für jedes positive ε ein endliches ε-Netz besitzen, etwa das offene Intervall (a,b). Immerhin gilt:

Satz I.11.8.
Ist X ein vollständiger metrischer Raum mit der Eigenschaft, daß für jedes $\varepsilon>0$ ein endliches ε-Netz in X existiert, dann ist X auch folgenkompakt.

Beweis:

Sei $\{x_n\}$ eine beliebige unendliche Folge. Da nach Voraussetzung eine endliche Überdeckung von Kugeln mit Radius $\frac{1}{2}$ existiert, kann man aus $\{x_n\}$ eine unendliche Teilfolge mit $\rho(x_i^1, x_j^1) < 1$, für $i,j = 1,2,\ldots$ auswählen. Entsprechend kann man aus dieser Folge eine weitere Teilfolge $\{x_n^2\}$ auswählen, die zu einer endlichen Überdeckung mit Kugeln vom Radius $\frac{1}{4}$ gehört und für die $\rho(x_i^2, x_j^2) < \frac{1}{2}$ ist. Allgemein kann dann durch Induktion eine unendliche Teilfolge $\{x_n^{k-1}\}$ von $\{x_n^{k-2}\}$ mit $\rho(x_i^{k-1}, x_j^{k-1}) < \frac{1}{2^{k-2}}$ ausgewählt werden. Die Diagonalfolge $\{x_n^n\}$ ist dann eine CAUCHY-Folge, die, da X als vollständig vorausgesetzt war, gegen ein $x_o \in X$ konvergiert. Damit ist also gezeigt, daß X folgenkompakt ist. ■

Wir zeigen nun die Umkehrung von Satz I.11.6':

Satz I.11.9.

Es sei X ein metrischer Raum und aus jeder offenen Überdeckung von X lasse sich eine endliche Überdeckung auswählen. Dann ist X ein folgenkompakter Raum.

Beweis:

Wir zeigen zunächst, daß X vollständig ist. Angenommen, dies ist falsch, dann ist also X eine echte Teilmenge der Vervollständigung $\hat{X}$ von X, d.h. es gibt ein $x_o \in \hat{X} \setminus X$. Nun sei

$$R_n = \{x \in X : \frac{1}{n+1} < \rho(x, x_o) < \frac{1}{n-1}\}, \qquad n=1,2,\ldots,$$

wobei hier $\frac{1}{0} = +\infty$ vereinbart sei. Man sieht nun leicht, daß R_n eine Überdeckung von X ist, aus der man keine endliche Überdeckung auswählen kann. Dies widerspricht der über X gemachten Annahme. Also ist X ein vollständiger Raum. Wir überdecken nun für ein beliebiges positives ε den Raum X mit Kugeln um $x \in X$ und Radius ε. Aus dieser Überdeckung läßt sich dann nach Voraussetzung eine endliche Überdeckung auswählen und dies bedeutet nichts anderes, als daß X ein endliches ε-Netz hat. Somit ist nach Satz I.11.8 der Raum X folgenkompakt. ■

Ein metrischer Raum X heißt "kompakt", falls man aus jeder offenen Überdeckung eine endliche Überdeckung auswählen kann.

Als Konsequenz aus den Sätzen I.11.6' und I.11.9 erhält man:

Satz I.11.10.
Ein metrischer Raum X ist genau dann kompakt, wenn er folgenkompakt ist.

Zum Schluß dieses Paragraphen geben wir noch einige Eigenschaften von kompakten (folgenkompakten) Räumen an. Da die Begriffe "kompakt" und "folgenkompakt" bei metrischen Räumen (siehe Satz I.11.10) zusammenfallen, formulieren wir diese Aussagen nur für kompakte Räume.

Satz I.11.11. (RIESZ)
Es sei X ein kompakter Raum und $\{F_t\}$, $t \in T$ eine Familie von abgeschlossenen Mengen mit der Eigenschaft, daß je endlich viele dieser Mengen einen nicht leeren Durchschnitt haben, also:
$F_{t_1} \cap \ldots \cap F_{t_n} \neq 0$. Dann ist auch

$$\bigcap_{t \in T} F_t \neq 0.$$

Beweis:
Angenommen, der Durchschnitt aller F_t sei leer, also $\bigcap_{t \in T} F_t = 0$.
Setzt man dann $G_t = X \setminus F_t$, dann bilden die $\{G_t\}$ eine Überdeckung von X, aus der man, nach Voraussetzung, eine endliche Überdeckung auswählen kann; etwa $X = G_{t_1} \cup \ldots \cup G_{t_n}$. Daraus folgt aber $F_{t_1} \cap \ldots \cap F_{t_n} = 0$ im Widerspruch zur Annahme. ■

Satz I.11.12.
Es sei X ein kompakter Raum und f eine stetige Abbildung von X in einem metrischen Raum Y. Dann ist das Bild von f unter X, also f(X), kompakt.

Beweis:

Sei $\{y_n\}$ eine beliebige Folge von Elementen der Menge f(X). Dann existiert also zu jedem y_n ein $x_n \in X$ mit $f(x_n) = y_n$. Da X kompakt ist, existiert eine Teilfolge $\{x_{n_k}\}$ von $\{x_n\}$, die gegen ein $x_o \in X$ konvergiert. Aus der Stetigkeit von f folgt dann

$$\lim_{k\to\infty} y_{n_k} = \lim_{k\to\infty} f(x_{n_k}) = f(x_o) \in f(X).$$

Damit hat man aus $\{y_n\}$ eine konvergente Teilfolge ausgewählt. ∎

Korollar I.11.13.

Es sei X ein kompakter Raum und f eine stetige Abbildung von X in einem metrischen Raum Y. Dann bildet f abgeschlossene Mengen auf abgeschlossene Mengen ab.

Beweis:

Ist etwa $F \subset X$ eine abgeschlossene Teilmenge von X, dann ist F nach Satz I.11.1 kompakt, und somit ist nach Satz I.11.12 auch f(F) kompakt, also nach Satz I.11.2 abgeschlossen. ∎

Korollar I.11.14.

Es sei X ein kompakter Raum und f eine bijektive stetige Abbildung von X auf einen metrischen Raum Y. Dann ist auch die Umkehrabbildung f^{-1} stetig.

Beweis:

Setze $g=f^{-1}$, dann bildet $g^{-1}=f$ abgeschlossene Mengen auf abgeschlossene ab. Somit ist nach Satz I.3.1 die Abbildung $g=f^{-1}$ stetig. ∎

Satz I.11.15.

Es sei X ein kompakter Raum und f eine auf X definierte stetige reellwertige Funktion. Dann nimmt f ihre obere und untere Grenze an.

Beweis:

Zum Beweis zeigen wir, daß jede kompakte Teilmenge A der reellen Zahlen auch beschränkt ist. Wenn das nicht so wäre, dann gäbe es eine gegen $+\infty$ bzw. $-\infty$ divergente Folge, aus der man keine konvergente Teilfolge auswählen könnte. Somit ist also A beschränkt, und da sie als kompakte Menge auch abgeschlossen ist, enthält sie ihre obere und untere Grenze. Der Rest des Beweises folgt dann einfach aus Satz I.11.12. ■

Kapitel II. Metrische lineare und normierte Räume

§ 1 Grundbegriffe der linearen Räume

Es gibt viele Aufgaben aus dem Bereich der Technik, zu deren Bearbeitung die Vektorrechnung nützlich ist. Nimmt man etwa an, daß eine Ladung drei Meter nach vorne, zwei Meter nach links, einen Meter zurück und drei Meter nach rechts gestellt werden soll, dann läßt sich so ein Vorgang mit der Vektorrechnung besonders einfach beschreiben. Als weiteres Beispiel kann man die Überlagerung zweier Wellen nehmen, die von verschiedenen Quellen herkommen. Bezeichnet man etwa die Auslenkung aus der Ruhelage im Punkte x zur Zeit t, die von der i-ten Quelle herrührt, mit $Q_i(t,x)$, dann berechnet sich die gesamte Auslenkung vom Gleichgewichtszustand unter dem Einfluß beider Quellen wie üblich als

$$Q(t,x) = Q_1(t,x) + Q_2(t,x);$$

während man es im ersten Beispiel mit der zweidimensionalen Vektoraddition, also einer wohlbekannten Operation zu tun hat, kommt man im Unterschied dazu im zweiten Beispiel mit keiner endlich-dimensionalen Vektoraddition aus.

Nimmt man etwa an, daß im ersten Beispiel alle Längen verdoppelt bzw. im zweiten Beispiel die Intensitäten der Quellen um 50 % gesteigert werden, dann erhält man ein Beispiel für die Multiplikation eines Vektors mit Skalaren.

Diese und ähnliche Beispiele zeigen, daß es zweckmäßig ist, den Begriff des "linearen Raumes" einzuführen.

Eine Menge X heißt ein "<u>linearer Raum</u>", falls für die Elemente von X eine Addition, x+y, und eine Multiplikation mit Skalaren (reell oder komplex), tx, definiert ist, die den folgenden Axiomen genügt:

1) Die Addition ist assoziativ, d.h. für alle $x, y, z \in X$ ist

$$x + (y+z) = (x+y) + z,$$

und dieses Element wird dann einfach mit $x+y+z$ bezeichnet.

2) Zu je zwei Elementen $x, y \in X$ gibt es ein $z \in X$ mit $x+z = y$; z heißt die "Differenz" der Elemente y und x und wird mit $y-x$ bezeichnet.

3) Die Addition ist kommutativ, d.h. $x+y = y+x$.

4) $1 \cdot x = x$.

5) Die Multiplikation mit Skalaren ist assoziativ, d.h. für je zwei Skalare a und b und jedes $x \in X$ ist

$$a(bx) = (ab)x.$$

6) Die Addition ist distributiv bezüglich der Multiplikation mit Skalaren, d.h. für alle $x, y \in X$ und jedes Skalar ist

$$t(x+y) = tx + ty.$$

7) Die Addition der Skalare ist distributiv bezüglich der Multiplikation mit Elementen, d.h. für je zwei Skalare a und b und jedes $x \in X$ ist

$$(a+b)x = ax + bx.$$

Für je zwei Teilmengen A und B eines linearen Raumes X bezeichnet man mit A + B (bzw. A-B) die Mengen

$$A \pm B = \{z \in X: \quad z = x \pm y, \ x \in A, \ y \in B\}.$$

Die Menge $\{x\} \pm A$ wird dann auch mit $x \pm A$ bezeichnet und unter tA versteht man die Menge

$$tA = \{z \in X: \ z = tx, \ x \in A, \ t \text{ ist ein fester Skalar}\}.$$

Wir bemerken, daß man einen linearen Raum, für den die Multiplikation mit reellen bzw. komplexen Zahlen erklärt ist, auch einen "<u>linearen Raum über dem Körper der reellen</u> (bzw. "<u>komplexen</u>") <u>Zahlen</u>" nennt;

oder auch kurz einen "reellen (bzw. "komplexen") linearen Raum".

Da in der Mehrzahl der Aufgaben aus dem Bereich der Technik nur reelle lineare Räume auftreten, werden wir in diesem Buch unter einem "linearen Raum" stets einen reellen linearen Raum verstehen, und sobald wir es mit komplexen linearen Räumen zu tun haben, dies dann ausdrücklich bemerken.

Ist nun $x \in X$ ein beliebiges Element eines linearen Raumes X, dann bezeichnet man mit 0_x das Element x-x. Wir zeigen nun, daß für jedes $y \in X$ stets $y+0_x = y$ ist. Nach Definition von 0_x hat man nämlich $x+0_x = x$ und addiert man auf beiden Seiten dieser Gleichung (y-x), dann erhält man

$$(y-x) + x + 0_x = (y-x) + x.$$

Nach Definition von (y-x) ergibt dies

$$y+0_x = y, \qquad \text{für alle } y \in X. \tag{1.1}$$

Ein Element 0_x, welches (1.1) genügt, heißt "Null" oder "neutrales Element". Jeder lineare Raum (reell oder komplex) hat genau eine Null, denn seien 0_1 und 0_2 zwei Nullen, dann hat man stets $0_1 = 0_1+0_2 = 0_2$. Diese eindeutig bestimmte Null bezeichnet man traditionsgemäß mit 0. Für 0-x schreibt man auch -x, wobei bemerkt sei, daß aus der Eindeutigkeit der Null auch die Eindeutigkeit des Inversen folgt.

Ist X ein linearer Raum (reell oder komplex) und sind $x_1,\dots,x_n \in X$ endlich viele Elemente von X und $t_1,\dots,t_n$ (reelle oder komplexe) Zahlen, dann heißt das Element $x = t_1x_1+\dots+t_nx_n$ eine "Linearkombination" der Elemente $x_1,\dots,x_n$.

Insbesondere nennt man $x_1,\dots,x_n \in X$ "linear abhängig", wenn es eine Linearkombination der Null, also $0 = t_1x_1+\dots+t_nx_n$ gibt, bei der nicht alle t_i null sind. Sind die $x_1,\dots,x_n \in X$ nicht linear abhängig, dann heißen sie "linear unabhängig". Anders ausgedrückt heißt dies, daß die einzige Linearkombination der Null diejenige ist, bei der alle Koeffizienten null sind.

Ein linearer Raum X (reell oder komplex) heißt "n-dimensional", wenn jedes System von linear unabhängigen Elementen aus genau n Elementen besteht. Ist die Anzahl der linear unabhängigen Elemente nicht nach oben beschränkt, dann heißt der Raum X "unendlich-dimensional". Die Dimension eines n-dimensionalen Raumes ist die Zahl n, und wir schreiben $\dim X = n$. Ist X unendlich-dimensional, dann sagen wir, daß seine Dimension "unendlich" ist und schreiben $\dim X = +\infty$. Für einen unendlich-dimensionalen Raum läßt sich durch Induktion eine Folge $\{x_n\}$ von linear unabhängigen Elementen konstruieren.

Faßt man einen komplexen linearen Raum als reellen linearen Raum auf, dann verdoppelt sich seine Dimension. Dies liegt einfach daran, daß die komplexen Zahlen, aufgefaßt als reeller linearer Raum (d.h. mit der normalen komplexen Addition und der Multiplikation mit reellen Skalaren) die Dimension 2 haben.

Eine Menge $\mathcal{O}$ von Elementen eines reellen oder komplexen linearen Raumes X heißt "linear unabhängig", wenn jede endliche Teilmenge von Elementen der Menge $\mathcal{O}$ linear unabhängig ist. Weiterhin nennt man eine Teilmenge $\mathcal{B}$ von X eine "algebraische Basis" (oder auch kurz "Basis"), wenn man jedes Element $x \in X$ auf genau eine Art als Linearkombination von endlich vielen Elementen $x_1,\ldots,x_n$ aus $\mathcal{B}$ darstellen kann. Weil diese Darstellung eindeutig sein soll, ist die Menge $\mathcal{B}$ linear unabhängig.

Satz II.1.1.

Es sei X ein n-dimensionaler reeller oder komplexer linearer Raum. Dann ist jedes System von linear unabhängigen Elementen $x_1,\ldots,x_n$ eine Basis.

Beweis:

Angenommen, ein $y \in X$ lasse sich nicht als Linearkombination von $x_1,\ldots,x_n$ darstellen. Dann kann also die Linearkombination $t_1x_1+\ldots+t_nx_n+ty$ nur dann gleich O sein, wenn $t = 0$ ist, und da die $x_1,\ldots,x_n$ linear unabhängig sind, impliziert dies $t_1 = t_2 = \ldots = t_n = 0$. Also sind die $(n+1)$ Elemente $x_1,\ldots,x_n,y$ linear unabhängig. Dies widerspricht aber der Annahme, daß X n-dimensional ist.

Aus der linearen Unabhängigkeit der $x_1,\ldots,x_n$ folgt nun, daß sich jedes $y \in X$ auf genau eine Art als Linearkombination dieser Elemente darstellen läßt. Dann sei etwa

$$y = t_1x_1+\ldots+t_nx_n = t_1'x_1+\ldots+t_n'x_n,$$

dann ist

$$(t_1-t_1')x_1+\ldots+(t_n-t_n')x_n = 0,$$

und das bedeutet, daß $t_i = t_i'$ für alle $i = 1,2,\ldots,n$ ist. ■

Ist nun $\{e_1,\ldots,e_n\}$ ein System von linear unabhängigen Elementen eines n-dimensionalen (reellen oder komplexen) linearen Raumes X, dann ist es nach Satz II.1.1 auch eine Basis, d.h. jedes Element $x \in X$ läßt sich eindeutig in der Form $x = t_1x_1+\ldots t_nx_n$ darstellen. Die Vorschrift, die jedem $x \in X$ dieses n-Tupel $(t_1,\ldots,t_n)$ zuordnet, ist dann eine bijektive Abbildung in den n-dimensionalen Raum ($\mathbb{R}^n$ oder $\mathbb{C}^n$) der n-Tupel $(t_1,\ldots,t_n)$.

Eine Menge Y eines linearen Raumes X (reell oder komplex) heißt eine "lineare Menge" (oder auch ein "Unterraum"), wenn für alle $x,y \in Y$ auch $x+y \in Y$ und für alle Skalare t und alle $x \in Y$ auch $tx \in Y$ ist. Offensichtlich ist Y ein linearer Raum mit $\dim Y \leq \dim X$.

Ist X ein linearer Raum (reell oder komplex) und A eine Teilmenge von X, dann versteht man unter der "linearen Hülle von A" oder dem von A "aufgespannten Raum" den kleinsten Unterraum Y von X, der A enthält, und man schreibt: Y = LinA.

Satz II.1.2.

Es ist

$$\mathrm{Lin}A = \{t_1x_1+\ldots+t_nx_n\colon x_1,\ldots,x_n \in A,\ t_1,\ldots,t_n\text{-Skalare}\}.$$

Beweis:

Die auf der rechten Seite dieser Gleichung definierte Menge ist ein linearer Raum, der in jedem linearen Raum enthalten ist, der die Menge A enthält. Also folgt aus der Definition von LinA die behauptete Gleichheit. ■

Korollar II.1.3.

Es sei X ein (reeller oder komplexer) linearer Raum und $A \subset X$ eine Teilmenge von linear unabhängigen Elementen. Dann ist A eine Basis von LinA.

Beweis:

Nach Satz II.1.2 läßt sich jedes Element von LinA als Linearkombination von Elementen aus A darstellen, und da A linear unabhängig ist, ist die Darstellung auch eindeutig. ■

Satz II.1.4.

Es sei X ein reeller oder komplexer linearer Raum und $\{e_1,...,e_n\}$ ein System von n linear unabhängigen Elementen von X. Dann hat $Lin\{e_1,...,e_n\}$ die Dimension n.

Beweis:

Da die $e_1,...,e_n \in X$ linear unabhängig sind, ist zunächst die Dimension von $Lin\{e_1,...,e_n\}$ größer oder gleich n. Wir zeigen nun, daß für $m > n$ jedes System $\{f_1,...,f_m\}$ von Elementen aus $Lin\{e_1,...,e_n\}$ linear abhängig ist.

Schreibt man nämlich $a_1f_1+...+a_mf_m = 0$ mit $f_i = t_1^ie_1+...+t_n^ie_n$, $i = 1,2,...,m$, in ein Gleichungssystem

$$a_1t_j^1 + ... + a_mt_j^m = 0, \quad j = 1,2,...,n$$

um, dann hat dieses mehr Unbekannte als Gleichungen, also stets eine Lösung $a_1',...,a_m'$, bei der nicht alle a_i' null sind. Dies heißt aber, daß die $f_1,...,f_m$ linear abhängig sind. ■

Das folgende Beispiel zeigt, welche Bedeutung der Begriff des Unterraumes bei der Bearbeitung von Ingenieursaufgaben hat.

Beispiel II.1.1.

Gegeben sei ein System von n elektrischen Widerständen, die in einem Stromnetz liegen, das $k \leq n$ feste Stromquellen hat. Welche Stromstärken kann man nun in den einzelnen Widerständen durch Spannungsänderungen erhalten?

Dazu bezeichnen wir mit I_i die durch den Widerstand R_i, $i = 1,2,...,n$, fließende Stromstärke und verstehen unter $I^j = (I_1^j,...,I_n^j) \in \mathbb{R}^n$, $j = 1,2,...,k$, das System von Stromstärken, welches man erhält, wenn nur die j-te Stromquelle angeschaltet ist und an ihr die Spannung 1 Volt herrscht. Man sieht nun, daß man durch Änderung der Spannung (an den k Stromquellen) alle solche Stromstärken erhält, die im Raum $Lin\{I^1,...,I^k\}$ liegen. Dieser Raum ist genau dann k-dimensional, wenn die $I^1,\dots,I^k$ im $\mathbb{R}^n$ linear unabhängig sind.

Als nächstes führen wir den Begriff des Quotientenraumes ein. Es sei X ein reeller oder komplexer linearer Raum und $Y \subset X$ ein Teilraum. Eine "Nebenschar" von Y besteht dann aus allen $x,z \in X$, deren Differenz in Y liegt. Gehört etwa $x \in X$ zu einer Nebenschar von Y, dann bezeichnet man diese Nebenschar auch mit $[x]$ und nennt x einen Repräsentanten von $[x]$. Auf der Menge aller Nebenscharen definiert man dann eine Addition und Multiplikation mit Skalaren durch $[x]+[y] = [x+y]$ und $t[x] = [tx]$. Man sieht leicht, daß diese Verknüpfungen von der Wahl der Repräsentanten unabhängig sind und daß die Menge der Nebenscharen einen linearen Raum bilden, der mit X/Y bezeichnet wird und "Quotientenraum" heißt.

Beispiel II.1.2.

Beim Außenhandel zwischen n Ländern $K_1,\dots,K_n$ werden die ins Land K_i exportierten Güter in der lokalen Währung, etwa mit x_i Währungseinheiten bezahlt. Nehmen wir etwa an, daß die Länder $K_1,\dots,K_r$ Mitglieder des COMECON und die restlichen $K_{r+1},\dots,K_n$ kapitalistische Länder mit konvertierbarer Währung seien. Weiterhin sei K_1 die Soviet-Union und K_{r+1} die Vereinigten Staaten. Dann läßt sich der in den Ländern $K_2,\dots,K_r$ erhaltene Geldbetrag mittels

$$x_1 = a_2x_2+\dots+a_rx_r \tag{1.2}$$

in Rubel umrechnen und entsprechend für die Länder $K_{r+2},\dots,K_n$ mittels

$$x_{r+1} = a_{r+2}x_{r+2}+\dots+a_nx_n \tag{1.3}$$

in US-Dollar.

Nun sei X der n-dimensionale Raum aller Erlöse in lokalen Währungen und $Y \subseteq X$ der Teilraum aller solchen $x = (x_1,\dots,x_n)$, die der Gleichung (1.2) und (1.3) genügen. Der Quotientenraum X/Y ist dann der zweidimensionale Raum der Verrechnungseinheiten, und als Basis kann man die von einem Rubel repräsentierte Nebenschar $e_1 = [(1,0,\dots,0)]$ und die von 0,2994 US Dollar repräsentierte Nebenschar $e_2 = [(0,\dots,0,\underbrace{0{,}2994}_{(r+1)\text{-te Stelle}},0,\dots,0)]$ nehmen. Zum Unterschied von ihren Repräsentanten nennt man die Nebenschar e_1 auch "Transfer-Rubel" und die Nebenschar e_2 "Goldwährung".

Es seien $X_1,\ldots,X_n$ lineare Räume über dem gleichen Körper, etwa der reellen oder komplexen Zahlen. Dann versteht man unter dem "Kartesischen Produkt" von $X_1,\ldots,X_n$ den Raum X, dessen Elemente die n-Tupel $x = (x_1,\ldots,x_n)$ mit $x_i \in X_i$ sind. Die Addition wird dann durch

$$(x_1,\ldots,x_n) + (y_1,\ldots,y_n) = (x_1+y_1,\ldots,x_n+y_n)$$

und die Multiplikation mit Skalaren durch

$$t(x_1,\ldots,x_n) = (tx_1,\ldots,tx_n)$$

definiert.

Man sieht sofort, daß X ein linearer Raum über dem entsprechenden Körper ist und schreibt für das kartesische Produkt auch:

$$X = X_1\times\ldots\times X_n.$$

Wenn alle Räume X (i = 1,2,...,n) endlich dimensional sind, dann gilt

$$\dim(X_1\times\ldots\times X_n) = \dim X_1+\ldots+\dim X_n. \tag{1.4}$$

Ist einer der Räume X_i unendlich-dimensional, dann ist auch das Produkt $X_1\times\ldots\times X_n$ unendlich-dimensional, so daß auch in diesem Falle die Formel (1.4) gilt.

§ 2 Metrische lineare und normierte Räume

Gegeben sei eine Menge X,die sowohl ein linearer Raum (reell oder komplex) als auch ein metrischer Raum ist. Man nennt dann X einen "metrischen linearen Raum", wenn die Addition und die Multiplikation mit Skalaren stetig sind, wenn also aus $x_n \to x$ und $y_n \to y$ und $t_n \to t$ folgt $x_n+y_n \to x+y$ und $t_nx_n \to tx$; t_n,t Skalare.

Beispiel II.2.1.
Der klassische euklidische Raum mit der üblichen Vektoraddition und der üblichen Multiplikation mit Skalaren ist ein metrischer linearer Raum.

Beispiel II.2.2.

Es seien $R_1,\ldots,R_n$ ein System von n elektrischen Widerständen, die in einem Stromnetz liegen,und I_i bezeichne die Stromstärke des durch den Widerstand R_i $(i = 1,2,\ldots,n)$ fließenden Stromes. Definiert man für zwei Ströme $I = (I_1,\ldots,I_n)$ und $I' = (I'_1,\ldots,I'_n)$ den Abstand durch $\rho(I,I') = \sum_{i=1}^{n} |I_i-I'_i|$, dann erhält man einen metrischen linearen Raum.

Beispiel II.2.3.

Man nehme, wie in den Beispielen I.1.11 und I.1.12, für X den zweidimensionalen linearen Raum,in dem ein Verladekran arbeitet. Nimmt man an, daß die Ladung bereits am Kran befestigt ist, dann ist die kürzeste Zeit, die der Kran braucht, um die Ladung vom Punkte x zum Punkte y zu bringen, eine Metrik (siehe Beispiel I.1.11 und I.1.12) und man erhält auf diese Art einen zweidimensionalen metrischen linearen Raum.

Beispiel II.2.4.

Der Raum $C[a,b]$ (Beispiel I.1.14) ist ein metrischer linearer Raum, wenn man für die Addition die normale Addition von Funktionen und für die Multiplikation mit Skalaren die normale Multiplikation einer Funktion mit einer Zahl nimmt.

Beispiel II.2.5.

Berücksichtigt man in Beispiel II.2.3 auch noch die Mindestzeit, die man zur Befestigung einer gegebenen Ladung braucht, sobald diese von einer Stelle zu einer anderen gebracht werden soll, dann ist X ein linearer Raum mit einer Metrik, jedoch kein metrischer linearer Raum, da die Multiplikation mit Skalaren nicht stetig ist. Bezeichnet a die Mindestzeit für die Befestigung der Ladung, dann ist für jedes $t \neq 1$ stets $\rho(tx,x) \geq a > 0$. Aus $t_n \to 1$ folgt dann nicht $t_n x \to x$.

Es sei X ein metrischer linearer Raum über dem Körper der reellen oder komplexen Zahlen mit der Metrik $\rho(x,y)$. Die Metrik $\rho(x,y)$ heißt dann "translationsinvariant", wenn für alle $x,y,z \in X$

$$\rho(x+z,y+z) = \rho(x,y)$$

ist.

Die in den Beispielen II.2.1 - II.2.4 angegebenen Metriken sind translationsinvariant.

Natürlich treten bei der Bearbeitung von Problemen aus dem Bereich der Technik auch metrische lineare Räume mit nicht translationsinvarianten Metriken auf.

Beispiel II.2.6.
Stellen wir uns das "platte Land" X als zweidimensionalen linearen Raum mit der üblichen Vektoraddition und Multiplikation mit Skalaren vor. Wird nun der Abstand $\rho(x,y)$ zwischen zwei Punkten x und y als die kürzeste Fahrzeit von x nach y längs eines Straßennetzes genommen, dann erhält man zwar einen metrischen linearen Raum, jedoch ist diese Metrik im allgemeinen nicht translationsinvariant.

Ist X ein metrischer linearer Raum über dem Körper der reellen oder komplexen Zahlen mit einer translationsinvarianten Metrik $\rho(x,y)$, dann heißt die Funktion $\|x\| = \rho(x,0)$ eine "F-Norm". Für eine F-Norm gilt dann wegen der Eigenschaften von ρ:

1. $\|x\| = 0$ genau dann, wenn $x = 0$
2. $\|x\| = \|-x\|$
3. $\|x+y\| \leq \|x\| + \|y\|$.

Aus der Stetigkeit der Multiplikation mit Skalaren folgt weiter:

4. Wenn $t_n \to t$ und $x_n \to x$, dann gilt $t_n x_n \to tx$.

Ist für einen linearen Raum X eine Funktion $\|x\|$ definiert, die den Bedingungen 1-3 genügt, dann ist $\rho(x,y) = \|x-y\|$ eine translationsinvariante Metrik für X, und aus Bedingung 3 folgt dann die Stetigkeit der Addition. Gilt nämlich $x_n \to x$ und $y_n \to y$, dann ist nach 3

$$0 \leq \|(x_n+y_n)-(x+y)\| \leq \|x_n-x\| + \|y_n-y\| \to 0,$$

also

$$x_n + y_n \to x + y .$$

Dagegen wird die Stetigkeit der Multiplikation mit Skalaren nicht von 1-3 impliziert, wie das folgende Beispiel der F-Norm

$$\|x\| = \begin{cases} 0 \quad , & \text{für } x = 0 \\ 1 \quad , & \text{für } x \neq 0 \end{cases}$$

zeigt, dessen zugehörige Metrik $\rho(x,y) = \|x-y\|$ die bereits bekannte diskrete Metrik ist. Ist jedoch Bedingung 4 erfüllt, so bedeutet dies gerade die Stetigkeit der Multiplikation mit Skalaren.

Konvergiert eine Folge $\{x_n\}$ bezüglich einer translationsinvarianten Metrik, die von einer F-Norm $\| \ \|$ erzeugt wird, dann sagt man einfach, daß sie bezüglich der "F-Norm $\| \ \|$ konvergiert". Entsprechend nennt man zwei F-Normen $\| \ \|_1$ und $\| \ \|_2$ "äquivalent", wenn die zugehörigen translationsinvarianten Metriken äquivalent sind.

Ein reeller oder komplexer linearer Raum X, auf dem eine F-Norm $\| \ \|$ definiert ist, heißt reeller oder komplexer "F^*-Raum".

Wir bemerken noch, daß jeder Teilraum eines metrischen linearen Raumes wiederum ein metrischer linearer Raum ist.

Sind $X_1,\ldots,X_n$ metrische lineare Räume über dem gleichen Körper, und bezeichnet ρ_i die Metrik des Raumes X_i, $i = 1,2,\ldots,n$, dann ist das kartesische Produkt $X_1\times\ldots\times X_n$ nach §2 ein linearer Raum und nach Kap.I.§1 ein metrischer Raum. Wir zeigen jetzt, daß $X_1\times\ldots\times X_n$ ein metrischer linearer Raum ist. Dazu ist zu zeigen, daß Addition und Multiplikation mit Skalaren stetige Verknüpfungen sind.

Konvergiert etwa $\{x^m\} = \{(x_1^m,\ldots,x_n^m)\}$ gegen $x^o = (x_1^o,\ldots,x_n^o)$ und $\{y^m\} = \{(y_1^m,\ldots,y_n^m)\}$ gegen $y^o = (y_1^o,\ldots,y_n^o)$, dann ist nach Definition der Metrik des kartesischen Produktes

$$\rho(x^m+y^m,\ x^o+y^o) = \max_{1\leq i\leq n} \rho_i(x_i^m+y_i^m,\ x_i^o+y_i^o).$$

Da in jedem der Räume X_i die Addition stetig ist, strebt die rechte Seite der obigen Gleichung gegen Null, womit die Stetigkeit der Addition gezeigt ist. Die Stetigkeit der Multiplikation geht genau so.

Es sei X ein linearer Raum (reell oder komplex), auf dem eine F-Norm $\|x\|$ definiert ist, die den Bedingungen 1-3 genügt. Man nennt diese F-Norm $\|x\|$ "homogen", falls zusätzlich

4'. $\|tx\| = |t|\,\|x\|$, für alle $x \in X$

für alle Skalare t (reell oder komplex) gilt.

Aus Bedingung 4' folgt sofort Bedingung 4, denn gelte $t_n \to t$ und $x_n \to x$, dann erhält man

$$\|t_n x_n - tx\| = \|t_n(x_n - x) - (t_n - t)x\| \leq |t_n|\,\|x_n - x\| + |t_n - t|\,\|x\| \to 0,$$

da $\{t_n\}$ als konvergente Folge auch beschränkt ist.

Eine homogene F-Norm heißt "Norm". Die in den Beispielen II.2.1, II.2.2 und II.2.4 angegebenen Metriken sind von homogenen F-Normen erzeugt. Das gleiche gilt auch für Beispiel II.2.3, falls die Metrik wie in Beispiel I.1.11 gegeben ist. Wir bemerken, daß die F-Norm, die von der in Beispiel I.1.13 angegebenen Metrik erzeugt wird, nicht homogen ist.

Ein F^*-Raum, dessen F-Norm homogen (also eine Norm) ist, heißt ein "normierter Raum" oder auch "B^*-Raum".

Beispiel II.2.7.
Es sei X ein (reeller oder komplexer) linearer Raum. Dann bezeichnet man als "Skalarprodukt" eine von zwei Argumenten abhängige Funktion $\langle x,y\rangle$ mit den folgenden Eigenschaften:

(1) $\langle x,x\rangle \geq 0$ und $\langle x,x\rangle = 0$ genau dann, wenn $x = 0$,

(2) $\langle ax,y\rangle = a\langle x,y\rangle$ ($a \in \mathbb{R}$ oder $\mathbb{C}$)

(3) $\langle x_1+x_2,y\rangle = \langle x_1,y\rangle + \langle x_2,y\rangle$

(4) $\langle x,y\rangle = \overline{\langle y,x\rangle}$, wobei $\bar{z}$ für $z = a+ib$ die konjugiert komplexe Zahl $\bar{z} = a-ib$ bezeichnet.

Falls X ein linearer Raum über dem Körper der reellen Zahlen ist, dann hat (4) die Form: $\langle x,y\rangle = \langle y,x\rangle$.

Aus (1)-(4) folgt unmittelbar:

(5) $\langle x,ay\rangle = \bar{a}\langle x,y\rangle$

(6) $\langle x,y_1+y_2\rangle = \langle x,y_1\rangle + \langle x,y_2\rangle$.

Auf dem Raum X definiert man dann eine Norm durch

$$\|x\| = \sqrt{\langle x,x\rangle} \,. \tag{2.1}$$

Aus (1) folgt, daß $\|x\| = 0$ genau dann, wenn $x = 0$, und aus (2) und (5) folgt die Homogenität der Norm.

Die Dreiecksungleichung kann man wie folgt beweisen: Seien $x,y \in X$ beliebige Elemente und t eine beliebige reelle Zahl, dann ist

$$0 \leq \langle x+ty,\ x+ty\rangle = \langle x,x\rangle + t[\langle y,x\rangle + \langle x,y\rangle]$$

$$+ t^2\langle y,y\rangle = \langle x,x\rangle + 2t\ \mathrm{re}\langle x,y\rangle + t^2\langle y,y\rangle$$

und somit gilt für die Diskriminante Δ

$$\frac{\Delta}{4} = \mathrm{re}\langle x,y\rangle^2 - \langle x,x\rangle\langle y,y\rangle \leq 0. \qquad (*)$$

Setzt man

$$a = \frac{\langle x,y\rangle}{|\langle x,y\rangle|} \quad ,$$

dann ist einerseits

$$\langle x,ay\rangle = \bar{a}\langle x,y\rangle = \frac{\overline{\langle x,y\rangle}\langle x,y\rangle}{|\langle x,y\rangle|} = |\langle x,y\rangle|$$

und andererseits wegen $|a| = 1$ auch $\langle ay,\ ay\rangle = \langle y,y\rangle$.

Ersetzt man nun in (*) y durch ay, dann erhält man die sogen. "<u>CAUCHYsche Ungleichung</u>"

$$|\langle x,y\rangle|^2 \leq \langle x,x\rangle\langle y,y\rangle,$$

aus der dann sofort

$$\langle x+y,x+y\rangle = \langle x,x\rangle + 2\mathrm{re}\langle x,y\rangle + \langle y,y\rangle$$

$$\leq \langle x,x\rangle + 2\sqrt{x,x\ \ y,y} + \langle y,y\rangle$$

$$\leq (\sqrt{\langle x,y\rangle} + \sqrt{\langle y,y\rangle})^2$$

folgt. Zieht man dann auf beiden Seiten die Wurzel, so erhält man die Dreiecksungleichung

$$\|x+y\| \leq \|x\| + \|y\|.$$

Diese Ungleichung heißt traditionsgemäß auch "<u>SCHWARZsche Ungleichung</u>".

Ein linearer Raum X, versehen mit einer durch (2.1) gegebenen Norm, heißt auch ein "<u>Prä-HILBERT-Raum</u>".

Als Beispiel für einen derartigen Raum nehme man etwa $L^2(\Omega,\Sigma,\mu)$, wobei (Ω,Σ,μ) ein Maßraum ist. Das Skalarprodukt wird dann durch

$$\langle x,y\rangle = \int_\Omega x(t)\overline{y(t)}d\mu$$

gegeben.

Jeder Unterraum eines normierten Raumes ist wiederum ein normierter Raum. Man sieht auch leicht, daß auch das kartesische Produkt von endlich vielen reellen bzw. komplexen Räumen ebenfalls ein reeller bzw. komplexer Raum ist.

Ein vollständiger F^*-Raum heißt "<u>F-Raum</u>", ein vollständiger normierter Raum heißt "<u>BANACH-Raum</u>" oder kurz "<u>B-Raum</u>" und ein vollständiger Prä-HILBERT-Raum heißt "<u>HILBERT-Raum</u>".

Wir bemerken noch, daß jeder abgeschlossene lineare Unterraum eines F-Raumes (bzw. BANACH-Raumes, HILBERT-Raumes) ein F-Raum (bzw. BANACH-Raum, HILBERT-Raum) ist. (Siehe Satz I.5.1). Ferner ist das kartesische Produkt von n F-Räumen (BANACH-Räumen) ein F-Raum (BANACH-Raum).

Es seien $H_1,\ldots,H_n$ Prä-HILBERT-Räume über dem Körper der reellen oder komplexen Zahlen, und $\langle x,y\rangle_i$ bezeichne das Skalarprodukt im Raum H_i, $i = 1,2,\ldots,n$. Dann ist

$$\langle x,y\rangle = \sum_{i=1}^{n} \langle x_i,y_i\rangle_i$$

ein Skalarprodukt für $H_1\times\ldots\times H_n$, wobei $x = (x_1,\ldots,x_n)$ und $y = (y_1,\ldots,y_n)$ Elemente des kartesischen Produktes $H_1\times\ldots\times H_n$ sind. Hieraus folgt, daß $H_1\times\ldots\times H_n$ mit dem Skalarprodukt $\langle x,y\rangle$ ein Prä-HILBERT-Raum ist.

Damit folgt wie im Falle der F^*-Räume bzw. der normierten Räume aus Satz I.5.3, daß das kartesische Produkt von endlich vielen HILBERT-Räumen wiederum ein HILBERT-Raum ist.

Es sei X ein linearer Raum etwa über dem Körper der reellen oder komplexen Zahlen. Eine Teilmenge $A \subset X$ von X heißt "<u>konvex</u>", wenn für je zwei Elemente $x,y \in A$ auch die Verbindungsstrecke dieser Punkte, also die Menge aller Elemente der Form $tx+(1-t)y$, $0 \le t \le 1$, in A liegt.

<u>Satz II.2.1.</u>
Es sei X ein reeller oder komplexer normierter Raum mit Norm $\|x\|$. Dann ist die Einheitskugel

$$K = \{x: \|x\| < 1\}$$

eine offene, konvexe und symmetrische Menge. Dabei bedeutet "<u>symmetrisch</u>", daß mit $x \in K$ auch $-x \in K$ ist.

<u>Beweis:</u>
Da in einem metrischen Raum die Kugeln per Definition offen sind (vergl. Kap.I, §2), ist die Einheitskugel K eine offene Menge. Bedingung 2 einer Norm impliziert, daß K symmetrisch ist. Aus der Dreiecksungleichung (Bedingung 3) folgt dann die Konvexität von K. Seien nämlich $x,y \in K$, dann ist $\|x\| < 1$, $\|y\| < 1$ und somit ist auch für jedes t mit $0 \le t \le 1$

$$\|tx+(1-t)y\| \le |t|\,\|x\| + |(1-t)|\,\|y\| < 1,$$

d.h.

$$tx+(1-t)y \in K. \qquad \blacksquare$$

Für reelle normierte lineare Räume gilt auch die Umkehrung des obigen Satzes:

<u>Satz II.2.2.</u>
Es sei X ein reeller normierter Raum und $U \subseteq X$ eine offene konvexe symmetrische Teilmenge. Dann existiert eine Funktion $\|x\|'$ auf X, die den Bedingungen 2,3,4' einer Norm genügt, mit

$$U = \{x: \|x\|' < 1\}.$$

<u>Beweis:</u>
Setze

$$\|x\|' = \inf\{t>0: \tfrac{x}{t} \in U\} ,$$

dann ist Bedingung 2 eine Konsequenz der Symmetrie von U. Die Homogenität (Bedingung 4') zeigt man so:

$$\|ax\|' = \inf\{t>0: \frac{ax}{t} \in U\} = |a| \inf\{\frac{t}{|a|} > 0: \frac{|a|x}{t} \in U\}$$

$$= |a| \inf\{s>0: \frac{x}{s} \in U\} = |a| \|x\|'.$$

Zu zeigen bleibt noch die Dreiecksungleichung (Bedingung 3).

Dazu seien $x,y \in X$ und t_x, t_y positive Zahlen mit

$$\|x\|' < t_x \quad \text{und} \quad 0 < t_x$$

und

$$\|y\|' < t_y \quad \text{und} \quad 0 < t_y \ .$$

Dann ist

$$\frac{x}{t_x} \in U \quad \text{und} \quad \frac{y}{t_y} \in U.$$

Da U eine konvexe Menge ist, gilt:

$$\frac{x}{t_x} \cdot \frac{t_x}{t_x+t_y} + \frac{y}{t_y} \cdot \frac{t_y}{t_x+t_y} = \frac{x+y}{t_x+t_y} \in U \ ,$$

also ist nach Definition von $\|x\|'$

$$\left\|\frac{x+y}{t_x+t_y}\right\|' < 1$$

und das heißt

$$\|x+y\|' < t_x+t_y \ .$$

Da diese Beziehung für alle $t_x > \|x\|'$ und alle $t_y > \|y\|'$ gilt, folgt:

$$\|x+y\|' \leq \|x\|' + \|y\|' \ ,$$

womit die Dreiecksungleichung gezeigt ist. ■

Eine Funktion, die den Bedingungen 2, 3 und 4' genügt, heißt eine "Pseudonorm". Wir haben also mit dem letzten Satz bewiesen, daß jede offene konvexe und symmetrische Menge eine Pseudonorm bestimmt. Man zeigt leicht, daß die von der Menge U bestimmte Pseudonorm genau dann eine Norm ist, wenn die Menge U keine Geraden enthält, d.h. wenn es zu jedem $x \neq 0$ ein $r>0$ mit $rx \notin U$ gibt.

Zwei Normen, die auf einem linearen Raum X (reell oder komplex) definiert sind, heißen "äquivalent", wenn die von ihnen bestimmten Metriken äquivalent sind.

Beispiel II.2.8.

Es sei X der Raum der stetigen Funktionen $C[a,b]$ (siehe Beispiel I.1.14). Als erste Norm für X nehmen wir die in Beispiel I.1.14 eingeführte Norm

$$\|x\| = \sup_{a \leq t \leq b} |x(t)| \quad ,$$

als zweite Norm

$$\|x\|_1 = \int_a^b |x(t)|\,dt \quad .$$

Diese beiden Normen sind nicht äquivalent, denn die Folge der stetigen Funktionen

$$x_n(t) = \left(\frac{t}{\max(|a|,|b|)}\right)^n$$

konvergiert in der Norm $\|x\|_1$ gegen 0; dagegen ist sie in der Norm $\|x\|$ nicht konvergent.

Satz II.2.3.

Es sei X ein reeller oder komplexer linearer Raum. Dann sind zwei auf X definierte Normen $\|x\|$ und $\|x\|'$, genau dann äquivalent, wenn positive Konstanten A und B mit $0<A\leq B$ existieren, so daß für alle $x \neq 0$

$$A \leq \frac{\|x\|'}{\|x\|} \leq B \tag{2.2}$$

gilt.

Beweis:
Wenn (2.2) und $\|x_n\| \to 0$ gilt, dann strebt auch $\|x_n\|' \leq B\|x_n\|$ gegen 0. Aus der zweiten Seite der Ungleichung folgt entsprechend, daß $\|x_n\|' \to 0$ stets $\|x_n\| \to 0$ impliziert.

Angenommen, $\|x\|$ und $\|x\|'$ seien äquivalent und (2.2) gelte nicht. Wenn dann die zweite Seite der Ungleichung (2.2) nicht gilt, dann existiert eine Folge $\{x_n\}$ mit $\|x_n\|' \geq n^2\|x_n\|$. Setzt man nun

$$y_n = \frac{1}{n} \cdot \frac{x_n}{\|x_n\|} ,$$

dann gilt: $\|y_n\| \to 0$, aber $\|y_n\|'$ strebt nicht gegen 0. Entsprechend kann man vorgehen, falls die erste Seite der Ungleichung nicht erfüllt ist. ■

Korollar II.2.4.
Ist X ein reeller oder komplexer linearer Raum, dann sind zwei auf X definierte Normen $\|x\|$ und $\|x\|'$ genau dann äquivalent, wenn es positive Konstanten A und B mit

$$\{x \in X: \ \|x\| < 1\} \subset B\{x \in X: \ \|x\|' < 1\}$$

und

$$\{x \in X: \ \|x\|' < 1\} \subset A^{-1}\{x \in X: \ \|x\| < 1\}$$

gibt.

Aus Korollar II.2.4 folgt unmittelbar:

Satz II.2.5.
Es sei X ein reeller normierter Raum mit Norm $\|x\|$ und $U \subset X$ eine offene konvexe symmetrische Menge. Die durch U bestimmte Pseudonorm ist genau dann zur Norm $\|x\|$ äquivalent, wenn

$$\sup_{x \in U} \|x\| < +\infty$$

gilt.

Es sei X ein reeller oder komplexer normierter Raum. Dann heißt eine Teilmenge $A \subset X$ "beschränkt", falls $\sup_{x \in A}\|x\| < +\infty$ ist. Mit Hilfe dieser Definition kann man Satz II.2.5 dahingehend umformulieren, daß man statt $\sup_{x\in U} \|x\| < +\infty$ verlangt, daß die Menge U beschränkt ist. Allerdings ist diese Definition der Beschränktheit noch unbefriedigend, da sie sich nicht ohne weiteres auf metrische lineare Räume übertragen läßt. Üblicherweise nennt man eine Teilmenge A eines metrischen linearen Raumes X (reell oder komplex) "beschränkt", wenn für jede Nullfolge von Skalaren $\{t_n\}$, auch $t_n x_n \to 0$ für jede Folge $\{x_n\}$ von Elementen aus A folgt. Im Falle eines normierten Raumes sind beide Definitionen äquivalent. Eine beschränkte Menge enthält keine Geraden, denn sei etwa $x \neq 0$ und $tx \in A$ für alle reellen Zahlen t, dann ist $x_n = nx$ ein Element von A. Obwohl nun $\{\frac{1}{n}\}$ eine Nullfolge ist, konvergiert dann $\{\frac{1}{n} x_n\}$ nicht gegen 0.

Satz II.2.6. (KOLMOGOROV [1])
Es sei X ein reeller metrischer linearer Raum mit Metrik $\rho(x,y)$ und $U \subset X$ eine offene beschränkte konvexe Menge. Dann existiert eine Norm $\|x\|$ für X, so daß die von dieser Norm erzeugte Metrik äquivalent zu $\rho(x,y)$ ist.

Beweis:
Es sei $x_0 \in U$, $V = U - x_0$ und $W = V \cap (-V)$. Dann ist W eine offene konvexe und beschränkte Menge, die überdies noch symmetrisch ist. Setzt man nun

$$\|x\| = \inf\{t>0:\ \frac{x}{t} \in W\},$$

dann zeigt man wie im Beweis von Satz II.2.2, daß $\|x\|$ eine Pseudonorm ist. Da aber W beschränkt ist, also keine Geraden enthält, ist $\|x\|$ eine Norm. Wir zeigen nun, daß die von dieser Norm bestimmte Metrik äquivalent zur Metrik $\rho(x,y)$ ist, d.h. daß $\|x_n\| \to 0$ genau dann gilt, wenn $\rho(x_n,0) \to 0$ gilt. Dazu zeigen wir zunächst, daß $\rho(x_n,0) \to 0$ stets $\|x_n\| \to 0$ impliziert. Gelte $x_n \to 0$, dann gibt es zu jedem $\varepsilon>0$ ein N, so daß für alle $n \geq N$ $x_n \in \varepsilon W$ ist, d.h. $\|x_n\| < \varepsilon$. Andererseits ist für jede Folge $\{x_n\}$ von Elementen aus X mit $x_n \neq 0$ stets $\frac{x_n}{2\|x_n\|} \in W$. Falls nun $\|x_n\| \to 0$, dann folgt aus der Beschränktheit der Menge W, daß auch die Folge

$$2\|x_n\| \frac{x_n}{2\|x_n\|} = x_n$$

in der Metrik ρ gegen 0 konvergiert. ∎

Satz II.2.7. (KOLMOGOROV [1])
Es sei X ein komplexer metrischer linearer Raum mit Metrik $\rho(x,y)$ und $U \subset X$ eine offene beschränkte konvexe Menge. Dann existiert eine Norm $\|x\|$ für X, so daß die von dieser Norm erzeugte Metrik äquivalent zu $\rho(x,y)$ ist.

Beweis: Faßt man X als reellen metrischen linearen Raum auf, dann existiert nach Satz II.2.6 eine reelle Norm $\|x\|_o$ ($\|\ \|_o$ ist homogen bezüglich der Multiplikation mit reellen Zahlen), so daß die von dieser Norm erzeugte Metrik äquivalent zur Metrik $\rho(x,y)$ ist.

Nun sei

$$\|x\| = \sup_{|a|=1} \|ax\|_o .$$

Um zu zeigen, daß dieses Supremum existiert, und daß $\|x\|$ äquivalent zu $\|x\|_o$ ist, zeigen wir, daß

$$M = \sup_{\substack{x \in X \\ x \neq o}} \frac{\sup_{|a|=1} \|ax\|_o}{\|x\|_o} < +\infty \tag{2.3}$$

ist.

Aus (2.3) folgt, daß $\|x\| \leq M\|x\|_o$ ist, daß also insbesondere $\|x\|$ existiert. Da nach Definition $\|x\|_o \leq \|x\|$ ist, sind $\|x\|$ und $\|x\|_o$ äquivalent.

Angenommen, (2.3) ist falsch. Dann existiert eine Folge von Elementen $\{x_n\}$ und eine Folge komplexer Zahlen $\{a_n\}$ mit $|a_n| = 1$, so daß

$$\|a_n x_n\|_o \geq n \cdot \|x_n\|_o$$

ist.

Insbesondere hat also jedes Element der Folge $\left\{\frac{a_n}{n} \cdot \frac{x_n}{\|x_n\|_o}\right\}$ eine Norm, die größer oder gleich 1 ist, im Widerspruch dazu, daß $\left\{\frac{x_n}{\|x_n\|_o}\right\}$ eine beschränkte Menge und $\left\{\frac{a_n}{n}\right\}$ eine Nullfolge ist. Damit ist also Formel (2.3) bewiesen. ■

Damit haben wir also gezeigt, daß es eine bijektive Beziehung zwischen der Menge aller Normen, die zur Ausgangsnorm äquivalent sind, und der Menge aller offenen konvexen symmetrischen und beschränkten Mengen gibt.

Es sei X ein reeller oder komplexer linearer Raum mit einer Halbmetrik $\rho(x,y)$ (siehe Kap. I, §4). Man nennt dann X einen "halbmetrischen linearen Raum", falls die Addition und die Multiplikation mit Skalaren bezüglich der Halbmetrik $\rho(x,y)$ stetig ist. Die Halbmetrik ρ heißt "translationsinvariant", wenn für alle $x,y,z \in X$ stets $\rho(x+z, y+z) = \rho(x,y)$ ist. Ist $\rho(x,y)$ eine translationsinvariante Halbmetrik, dann heißt $\rho(x,0)$ eine "F-Halbnorm", und man setzt wie oben $\|x\| = \rho(x,0)$. Falls die F-Halbnorm $\|x\|$ noch zusätzlich homogen ist, d.h. $\|tx\| = t\|x\|$ für $t>0$, dann heißt $\|x\|$ eine "Halbnorm".

Eine Halbnorm $\|x\|$ genügt offenbar den folgenden Bedingungen:

1. $\|x\| = 0$ genau dann, wenn $x=0$
3. $\|x+y\| \leq \|x\| + \|y\|$
4. $\|tx\| = t\|x\|$ für $t>0$.

(Um mit der bei der Definition der Norm angegebenen Numerierung der Bedingungen in Einklang zu bleiben, hat man hier Bedingung 2 ausgelassen.)

Eine Funktion $\|x\|$, die auf X definiert ist und nur den Bedingungen 3 und 4 genügt, heißt eine "Pseudohalbnorm".

Da es zu jeder Halbmetrik eine äquivalente Metrik gibt (Satz I.4.1), sind alle Aussagen, die sich auf normierte Räume beziehen, wie etwa die Äquivalent von Normen, auch auf halbnormierte Räume übertragbar. Dabei ist dann ein "halbnormierter Raum" ein halbmetrischer linearer Raum, dessen Halbmetrik von einer Halbnorm erzeugt wird.

Wir zeigen jetzt:

Satz II.2.8.

Es sei X ein reeller halbnormierter Raum, dessen Metrik durch eine Halbnorm $\|x\|$ erzeugt werde. Dann existiert eine positive Konstante A mit

$$\|-x\| \leq A\|x\|.$$

Beweis:
Angenommen, die Behauptung sei falsch, dann existiert eine Folge von Elementen $\{x_n\}$ mit

$$\|-x_n\| \geq n^2\|x_n\|.$$

Setzt man nun

$$y_n = \frac{1}{n}\frac{x_n}{\|x_n\|},$$

dann gilt $y_n \to 0$ und

$$\|-y_n\| = \|-\frac{x_n}{n\|x_n\|}\| \geq n,$$

was der Stetigkeit der Multiplikation mit Skalaren widerspricht. ■

Satz II.2.9.
Es sei X ein halbnormierter Raum mit Halbnorm $\|x\|$. Dann ist die Menge

$$K = \{x: \|x\| < 1\}$$

offen, konvex und enthält die 0.

Der Beweis dieses Satzes verläuft genauso wie der von Satz II.2.1.

Satz II.2.10.
Es sei X ein reeller metrischer linearer Raum und U eine offene konvexe Teilmenge von X mit $0 \in U$. Dann existiert eine stetige Pseudohalbnorm $\|x\|$, so daß

$$U = \{x: \|x\| < 1\}$$

ist.

Dieser Satz wird genauso wie Satz II.2.2 bewiesen.

Enthält die Menge U keine Halbgrade (d.h. existiert für jedes $x \in U$ ein positives t mit $tx \notin U$), dann ist die sich aus Satz II.2.2 ergebende Pseudohalbnorm eine Halbnorm. Ist die Menge U sogar beschränkt, dann ist die durch $\|x\|$ bestimmte Halbmetrik sogar äquivalent zur ursprünglichen Halbmetrik.

Es sei X ein metrischer linearer Raum mit der Metrik $\rho(x,y)$ und $Y \subseteq X$ ein linearer Unterraum von X. Dann ist natürlich auch Y mit der Metrik $\rho(x,y)$ ein metrischer linearer Raum. Angenommen, Y sei abgeschlossen. Wir fragen nun, ob es auf dem Quotientenraum X/Y eine Metrik $\tilde{\rho}([x],[y])$ gibt derart, daß 1) der Quotientenraum mit dieser Metrik ein metrischer linearer Raum ist und 2) aus $x_n \to x$ auch $[x_n] \to [x]$ folgt.

Nimmt man etwa an, daß $\rho(x,y)$ translationsinvariant ist, dann wird eine Metrik $\tilde{\rho}([x],[y])$ für den Quotientenraum durch

$$\tilde{\rho}([x],[y]) = \inf\{\rho(x,y) : x \in [x],\ y \in [y]\} \tag{2.4}$$

gegeben. Dies sieht man z.B. so: Ist $[x] = [y]$, dann kann man die gleichen Repräsentanten wählen, also $x = y \in [x] = [y]$, und wegen $0 \leq \tilde{\rho}([x],[y]) \leq \rho(x,y) = 0$ folgt $\tilde{\rho}([x],[y]) = 0$. Angenommen, es sei $\tilde{\rho}([x],[y]) = 0$, dann bedeutet dies, daß Folgen $\{x_n\}$, $\{y_n\}$ mit $x_n \in [x]$, $y_n \in [y]$ existieren mit $\lim\limits_{n\to\infty} \rho(x_n, y_n) = 0$. Da ρ translationsinvariant ist, heißt dies $\lim\limits_{n\to\infty} \rho(x_n - y_n, 0) = 0$. Wir bemerken, daß $x_n - y_n \in [x]-[y]$ ist. Da Y abgeschlossen ist, folgt aus der Stetigkeit der Addition, daß auch jede Nebenschar abgeschlossen ist. Somit enthält $[x]-[y]$ die 0. Also erhält man $[x]-[y] = 0$, d.h. $[x] = [y]$.

Aus der Translationsinvarianz der Metrik $\rho(x,y)$ folgt auch, daß $\tilde{\rho}([x],[y])$ translationsinvariant ist. Die Symmetrie für $\tilde{\rho}$ ist klar. Um schließlich die Dreiecksungleichung zu beweisen, genügt es

$$\tilde{\rho}(0,[x]+[y]) \leq \tilde{\rho}(0,[x]) + \tilde{\rho}(0,[y])$$

zu zeigen. Dazu seien $x_n \in [x]$ und $y_n \in [y]$ mit $\lim\limits_{n\to\infty} \rho(0,x_n) = \tilde{\rho}(0,[x])$ und $\lim\limits_{n\to\infty} \rho(0,y_n) = \tilde{\rho}(0,[y])$; dann gilt:

$$\tilde{\rho}(0,[x]+[y]) \leq \lim_{n\to\infty} \rho(0,x_n+y_n) \leq \lim_{n\to\infty} [\rho(0,x_n)+\rho(0,y_n)] =$$

$$= \tilde{\rho}(0,[x]) + \tilde{\rho}(0,[y]).$$

Auf die gleiche Art zeigt man auch die Stetigkeit der Multiplikation mit Skalaren. Gelte nämlich $[x_n]\to 0$ und $t_n\to 0$, dann existiert zunächst eine Folge $x_n \in [x_n]$ mit $t_n x_n \to 0$, und wegen $\tilde{\rho}(0,[t_n x_n]) \leq \rho(0,t_n x_n)$ folgt $t_n [x_n]\to 0$, was zu zeigen war.

Damit haben wir also gezeigt, daß X/Y mit der Metrik $\tilde{\rho}([x],[y])$ ein metrischer linearer Raum ist. Aus $\tilde{\rho}([x],[y]) \leq \rho(x,y)$ folgt die für $\tilde{\rho}$ geforderte Bedingung 2).

Ist aber Y kein abgeschlossener Unterraum, dann erfüllt $\tilde{\rho}([x],[y])$ nicht die erste Bedingung einer Metrik. Das ist der Grund, warum wir uns im wesentlichen nur mit abgeschlossenen Unterräumen befassen.

An dieser Stelle ist eine Bemerkung zum Begriff des "Unterraumes" angebracht. In der Funktionalanalysis benutzt man dieses Wort per Definition nur für abgeschlossene lineare Mengen. In Bezug auf die in §1 angegebene Definition des Unterraumes müßte man von einem abgeschlossenen Unterraum sprechen. Wir wollen jedoch hier der aus der Funktionalanalysis kommenden Tradition folgen und wie dort nicht nur im Falle der metrischen linearen Räume, sondern auch im allgemeinen Falle des topologischen linearen Raumes unter einem "Unterraum" stets eine abgeschlossene lineare Menge verstehen.

Wenn die Metrik $\rho(x,y)$ nicht translationsinvariant ist, dann wird durch Formel (2.4) im allgemeinen keine Metrik auf dem Quotientenraum definiert, wie das folgende Beispiel zeigt:

Beispiel II.2.7.
Es sei $X = \mathbb{R}^2$ der zweidimensionale reelle lineare Raum, versehen mit der Metrik

$$\rho((x_1,x_2),(y_1,y_2)) = |\operatorname{arctg} x_1-\operatorname{arctg} y_1| + |\operatorname{arctg} x_2-\operatorname{arctg} y_2| ,$$

und

$$Y = \{(x_1,x_2)\colon x_1 = x_2\}$$

die Diagonale. Die Nebenscharen von Y sind dann von der Form

$$Y_r = \{(x_1,x_2)\colon x_1 = x_2+r\} , \qquad r \in \mathbb{R} .$$

Dann definiert Formel (2.4) keine Metrik auf X/Y, da stets

$$\tilde{\rho}(Y_r, Y_{r_o}) = \inf_t (|\mathrm{arctg}\, t - \mathrm{arctg}\, t| + |\mathrm{arctg}(t+r) - \mathrm{arctg}(t+r_o)|) = 0.$$

Die sich für nicht translationsinvariante Metriken ergebenden Schwierigkeiten , eine Metrik für den Quotientenraum zu definieren, kann man mit Hilfe des folgenden Satzes von KAKUTANI beheben, den wir ohne Beweis angeben.

Satz II.2.11. (KAKUTANI [1]).
Es sei X ein reeller oder komplexer metrischer linearer Raum mit Metrik $\rho(x,y)$. Dann existiert für X eine zu $\rho(x,y)$ äquivalente translationsinvariante Metrik $\rho'(x,y)$.

Einen Beweis dieses Satzes findet man zum Beispiel im Buch von ROLEWICZ [1].

Nun sei X ein reeller oder komplexer normierter Raum und Y ein abgeschlossener Unterraum von X. Für den Quotientenraum X/Y ist dann

$$\|[x]\|' = \inf\{\|x\|: x \in [x]\} \tag{2.5}$$

eine Norm, denn wegen der wechselseitigen Beziehung zwischen translationsinvarianten Metriken und F-Normen ist nach den obigen Überlegungen $\|[x]\|'$ eine F-Norm. Da aber $\|x\|$ homogen ist, ist auch $\|[x]\|'$ homogen, also eine Norm.

Ist X ein reeller halbnormierter Raum, dann zeigt man genauso wie oben, daß auch auf dem Quotientenraum durch (2.5) eine Halbnorm definiert wird.

Sind nun zwei metrische lineare Räume X mit der Metrik $\rho_X(x,y)$ und Y mit der Metrik $\rho_Y(x,y)$ gegeben, dann ist das kartesische Produkt X×Y mit der Metrik

$$\rho((x,y),(\bar{x},\bar{y})) = \rho_X(x,\bar{x}) + \rho_Y(y,\bar{y})$$

wiederum ein metrischer linearer Raum. Falls $\rho_X(x,y)$ und $\rho_Y(x,y)$ translationsinvariante Metriken sind, ist auch $\rho(x,y)$ eine translationsinvariante Metrik. Die zugehörige F-Norm wird durch

$$\|(x,y)\| = \|x\|_X + \|y\|_Y$$

gegeben, wobei $\|x\|_X$ und $\|y\|_Y$ die von den Metriken $\rho_X(x,y)$ und $\rho_Y(x,y)$ erzeugten F-Normen sind. Sind die F-Normen $\|x\|_X$ und $\|y\|_Y$ homogen, dann ist $\|(x,y)\|$ eine Norm.

§ 3 Lineare Funktionale

Es seien X und Y reelle oder komplexe lineare Räume. Dann heißt eine Abbildung f(x) von X nach Y ein "linearer Operator", falls für alle $x,y \in X$

$$f(x+y) = f(x)+f(y)$$

und für alle $x \in X$ und alle Skalare t

$$f(tx) = tf(x)$$

gilt. Wenn Y der Skalarenkörper ist, dann heißt f ein "lineares Funktional".

Eine Teilmenge Y eines reellen oder komplexen linearen Raumes X heißt "Linearmannigfaltigkeit", falls für alle $x,y \in Y$ und alle Skalare a,b mi $a+b=1$ stets $ax+by \in Y$ ist.

Satz II.3.1.
Es sei X ein reeller oder komplexer linearer Raum, $Y \subseteq X$ eine Linearmannigfaltigkeit und $x_o \in Y$ ein beliebiges Element. Dann ist $Y_o=Y-x_o$ ein linearer Teilraum von X, der nicht von der speziellen Wahl des Elements x_o abhängt.

Beweis:
Es seien y_1, $y_2 \in Y_o$. Diese Elemente haben nach Definition von Y_o die Form $y_1 = y_1'-x_o$, $y_2 = y_2'-x_o$ mit y_1', $y_2' \in Y$. Sind nun a,b beliebige Skalare, dann ist wegen

$$ay_1+by_2+x_o = ay_1'+by_2'+(1-a-b)x_o$$

und $a+b+(1-a-b) = 1$ auch $ay_1+by_2+x_o \in Y$, also $ay_1+by_2 \in Y_o$. Damit ist gezeigt, daß Y_o ein (nicht notwendig abgeschlossener) Unterraum ist.

Ist nun $x_1 \in Y$ ein beliebiges Element, dann ist $x_1 - x_o \in Y_o$. Da Y_o eine lineare Menge ist, gilt $Y - x_o = Y - x_o + (x_o - x_1) = Y - x_1$. ■

Man sagt, daß eine Linearmannigfaltigkeit $Y \subset X$ die "Kodimension n" hat falls der Quotientenraum X/Y_o n-dimensional ist, wobei Y_o wie oben die lineare Menge $Y - x_o$, $x_o \in Y$ ist. Eine Linearmannigfaltigkeit der Kodimension 1 heißt "Hyperebene".

Satz II.3.2.

Es sei X ein reeller oder komplexer linearer Raum und f(x) ein auf X definiertes lineares Funktional $f \neq 0$. Dann ist

$$H_f = \{x \in X: f(x) = 1\}$$

eine Hyperebene, die das Element 0 nicht enthält. Ist umgekehrt H eine Hyperebene, die die 0 nicht enthält, dann existiert ein lineares Funktional f mit

$$H = \{x \in X: f(x) = 1\}.$$

Beweis:

Sind $x, y \in H_f$ und a,b zwei Skalare mit $a+b = 1$, dann ist $f(ax+by) = af(x)+bf(y) = a+b = 1$, d.h. also $ax+by \in H_f$. Für ein beliebiges $x_o \in H_f$ ist $H_f^o = H_f - x_o$ der Unterraum $H_f^o = \{x \in X: f(x) = 0\}$. Wir bilden nun den Quotientenraum X/H_f^o. Da f auf jeder Nebenschar von H_f^o konstant ist und umgekehrt zwei Elemente $x, y \in X$ mit $f(x) = f(y)$ zur gleichen Nebenschar von H_f^o gehören, hat man eine bijektive Zuordnung zwischen den Nebenscharen von H_f^o und den Skalaren. Damit ist gezeigt, daß X/H_f^o eindimensional ist. Da $f(0) = 0$ ist, liegt 0 nicht in H_f.

Nun sei eine Hyperebene H mit $0 \notin H$ gegeben. Dann ist der Quotientenraum X/H^o eindimensional. Dabei ist H^o der zu H gehörende lineare Teilraum, d.h. $H^o = H - x_o$, mit $x_o \in H$. Dies bedeutet: Falls e kein Element von H^o ist, enthält jede Nebenschar $|x| \neq 0$ von H^o ein Vielfaches von e, d.h. $te \in [x]$ für einen Skalar t. Der Skalar t ist dabei eindeutig bestimmt. Man definiert nun das Funktional f durch $f([x]) = t$ mit $te \in [x]$. Offensichtlich ist für $e = x_o$ $H_f = H$. ■

Ist X ein reeller oder komplexer metrischer linearer Raum, dann heißt ein auf X definiertes lineares Funktional f (bzw. Operator) ein

"<u>stetiges lineares Funktional</u>" (bzw. "<u>stetiger linearer Operator</u>"), falls f stetig ist.

Satz II.3.3.

Ist ein Funktional $f(x)$ in einem Punkte $x_o \in X$ stetig, dann ist es im ganzen Raum X stetig.

Beweis:

Angenommen, die Folge $\{x_n\}$ konvergiere gegen ein gewisses $x \in X$, dann folgt aus der Stetigkeit der Addition, daß $\{x_n'\}$ mit $x_n' = x_n+(x_o-x)$ gegen x_o konvergiert. Da aber f in x_o stetig ist, konvergiert dann auch $\{f(x_n')\}$ gegen $f(x_o)$. Aus der Additivität von f folgt dann

$$\lim_{n\to\infty} (f(x_n)+f(x_o)-f(x)) = f(x_o),$$

also

$$\lim_{n\to\infty} f(x_n) = f(x) . \quad \blacksquare$$

Satz II.3.4.

Es sei X ein reeller oder komplexer metrischer linearer Raum. Ein auf X definiertes lineares Funktional $f(x)$ ist genau dann stetig, wenn die zugehörige Linearmannigfaltigkeit $H_f = \{x \in X: f(x) = 1\}$ abgeschlossen ist.

Beweis:

Angenommen, das Funktional $f(x)$ sei stetig und $\{x_n\}$ sei eine Folge von Elementen der Hyperebene H_f, die gegen ein $x \in X$ konvergiere. Da $f(x_n) = 1$, $n = 1,2,\ldots,$ ist, folgt aus der Stetigkeit von f, daß auch $f(x) = 1$, also $x \in H_f$ ist.

Nehmen wir nun andererseits an, daß das Funktional $f(x)$ nicht stetig ist. Dann folgt aus dem zuletzt bewiesenen Satz, daß f nicht in 0 stetig ist. Es existiert also eine Nullfolge $\{x_m\}$ und eine positive Zahl ε, so daß $|f(x_m)| > \varepsilon$ ist. Da die Folge $\{\frac{1}{f(x_m)}\}$ beschränkt ist, enthält sie nach dem Satz von BOLZANO-WEIERSTRASS eine konvergente Teilfolge $\{\frac{1}{f(x_{m_n})}\}$. Also ist $\{y_n\}$ mit $y_n = \frac{x_{m_n}}{f(x_{m_n})}$ eine Nullfolge.

Nun ist aber $f(y_n) = 1$, d.h. $y_n \in H_f$. Da aber $0 \notin H_f$, ist H_f nicht abgeschlossen. $\blacksquare$

Wir bemerken hier, daß es metrische lineare Räume gibt, bei denen nur das identisch verschwindende lineare Funktional stetig ist. Allerdings existiert für einen normierten Raum stets ein von Null verschiedenes stetiges lineares Funktional, wie wir zeigen werden.

Es sei X ein reeller oder komplexer linearer Raum, dann heißt die Menge aller auf X definierten linearen Funktionale der "Dualraum" von X. Er wird mit X' bezeichnet. Die Summe zweier linearer Funktionale $f,g \in X'$ wird dann durch

$$(f+g)(x) \overset{df}{=} f(x)+g(x)$$

definiert und die Multiplikation mit Skalaren durch

$$(tf)(x) \overset{df}{=} tf(x) \ .$$

Mit diesen Verknüpfungen ist X' ein linearer Raum über dem zugehörigen Skalarenkörper.

Ist nun X ein metrischer linearer Raum, dann bezeichnet X^* die Teilmenge aller stetigen linearen Funktionale des Dualraumes X'. Da sowohl die Summe zweier stetiger Funktionen als auch die Multiplikation einer stetigen Funktion mit einem Skalar eine stetige Funktion ergibt, ist auch X^* ein linearer Raum. Wir nennen ihn den zu X "konjugierten" Raum.

Wir untersuchen nun die Frage, ob auf X^* eine Metrik existiert, so daß 1) X^* mit dieser Metrik ein metrischer linearer Raum ist und 2) die Abbildung $(f,x) \to f(x)$ eine in beiden Veränderlichen f,x stetige Funktion ist, d.h. wenn $f_n \to f$ und $x_n \to x$, dann gilt $f_n(x_n) \to f(x)$.

Man kann zeigen, daß man eine derartige Metrik nicht immer definieren kann; sie existiert jedoch für den besonders interessanten Fall der normierten Räume, wie wir jetzt zeigen werden.

Dazu sei X ein reeller oder komplexer normierter Raum. Dann definiert man für ein stetiges lineares Funktional $f \in X^*$ die "Norm" durch

$$\|f\| = \sup_{\|x\| \leq 1} |f(x)| \ . \tag{3.1}$$

Wir zeigen zunächst, daß das in Formel (3.1) angegebene Supremum stets existiert. Angenommen, dies wäre nicht der Fall, dann existiert eine Folge $\{x_n\}$ mit $\|x_n\| \leq 1$ und $f(x_n) \geq n^2$. Da $\{x_n\}$ beschränkt ist, konvergiert $\{\frac{x_n}{n}\}$ gegen Null und aus der Linearität von f folgt $|f(\frac{x_n}{n})| \geq n$, was der Stetigkeit von f widerspricht.

Wir weisen nun die Bedingungen einer Norm für $\|f\|$ nach. Für das identisch verschwindende Funktional O gilt

$$\|O\| = \sup_{\|x\|\leq 1} O = O,$$

und ist $\|f\| = O$, dann ist für jedes $x \neq O$

$$|f(\frac{x}{\|x\|})| \leq \|f\| = O,$$

also $|f(x)| = O$, d.h. $f = O$.

Die Dreiecksungleichung ergibt sich so:

$$\|f+g\| = \sup_{\|x\|\leq 1} |f(x)+g(x)| \leq \sup_{\|x\|\leq 1} |f(x)| + \sup_{\|x\|\leq 1} |g(x)| = \|f\|+\|g\|,$$

und die Homogenität folgt aus

$$\|tf\| = \sup_{\|x\|\leq 1} |tf(x)| = |t| \sup_{\|x\|\leq 1} |f(x)| = |t|\,\|f\|.$$

Wir bemerken noch, daß stets die folgende Abschätzung

$$|f(x)| \leq \|f\|\cdot\|x\|$$

gilt. Für $x = O$ ist sie trivial und für $x \neq O$ folgt sie aus

$$|f(\frac{x}{\|x\|})| \leq \|f\| \quad .$$

Aus dieser Abschätzung folgt dann, daß aus $x_n \to x$ und $f_n \to f$ stets $f_n(x_n) \to f(x)$ folgt. Die Dreiecksungleichung ergibt nämlich

$$|f_n(x_n)-f(x)| \leq \|f_n\|\cdot\|x_n-x\| + \|f_n-f\|\cdot\|x\|.$$

Aus $f_n \to f$ folgt die Beschränktheit von $\{\|f_n\|\}$. Für $x_n \to x$ und $f_n \to f$ folgt dann $f_n(x_n) \to f(x)$.

Ist X ein reeller normierter Raum, dann gilt sogar

$$\|f\| = \sup_{\|x\| \leq 1} f(x). \tag{3.2}$$

Aus der Definition von $\|f\|$ folgt zunächst die Existenz einer Folge $\{x_n\}$ mit $\|x_n\| \leq 1$ und $\lim_{n\to\infty} |f(x_n)| = \|f\|$. Setzt man nun

$$y_n = \begin{cases} x_n \ , & \text{falls } f(x_n) \geq 0 \\ -x_n \ , & \text{falls } f(x_n) < 0 \end{cases},$$

dann ist $\|y_n\| \leq 1$, $f(y_n) = |f(x_n)|$ und $\lim_{n\to\infty} f(y_n) = \|f\|$, womit alles gezeigt ist.

Im Falle eines komplexen normierten Raumes hat Formel (3.2) die Gestalt:

$$\|f\| = \sup_{\|x\| \leq 1} \operatorname{re} f(x), \tag{3.2'}$$

wobei man wie üblich mir re a den Realteil der komplexen Zahl a bezeichnet. Formel (3.2)' wird genauso wie Formel (3.2) bewiesen. Man wähle nämlich eine Folge $\{x_n\}$ mit $\|x_n\| \leq 1$ und $\lim_{n\to\infty} |f(x_n)| = \|f\|$. Setzt man nun

$$y_n = \frac{|f(x_n)|}{f(x_n)} \cdot x_n \ , \quad (f(x_n) \neq 0),$$

dann ist $\|y_n\| \leq 1$, $\operatorname{re} f(y_n) = f(y_n) = |f(x_n)|$. Wegen $\operatorname{re} f(x) \leq |f(x)|$ erhält man dann Formel (3.2)'.

Das Supremum in den Formeln (3.1), (3.2) und (3.2)' kann wegen der Stetigkeit des Funktionals f auch über die offene Einheitskugel bzw. wegen der Homogenität von f auch über die Sphäre $S = \{x: \|x\| = 1\}$ genommen werden.

Im Falle der halbnormierten Räume, d.h. der reellen linearen Räume mit Halbnorm wird durch Formel (3.2) auf dem konjugierten Raum eine Halbnorm definiert, für die natürlich auch die Abschätzung $|f(x)| \leq \|f\| \cdot \|x\|$ gilt.

Ist X nun ein reeller linearer normierter (bzw. halbnormierter) Raum mit Norm (bzw. Halbnorm) $\|x\|$, dann ist die zugehörige Einheitskugel

$$K = \{x \in X: \|x\| < 1\}$$

eine offene, konvexe, symmetrische (bei einer Halbnorm ist nur $0 \in K$) Menge, und es besteht eine bijektive Zuordnung zwischen der Menge der Normen (bzw. Halbnormen) $\|x\|$ und den entsprechenden Mengen K.

Nun sei $f \in X^*$ ein stetiges lineares Funktional auf X mit Norm 1, d.h. $\|f\| = 1$. Wir stellen uns nun die Frage, wie die Einheitskugel K zur Hyperebene $H_f = \{x \in X: f(x) = 1\}$ liegt. Zunächst kann man bemerken, daß für jedes $x \in K$ wegen $\|x\| < 1$ und der Definition von $\|f\|$ stets $f(x) \leq \|f\| \cdot \|x\| < 1$ ist, d.h. die Kugel K und die Hyperebene H_f sind zueinander disjunkt.

Weiterhin existieren zwei Folgen $\{x_n\}$, $\{y_n\}$ mit $x_n \in K$, $y_n \in H_f$, so daß $\lim\limits_{n\to\infty} \|x_n - y_n\| = 0$ ist.

Diese Folgen findet man etwa so: nach Definition von $\|f\|$ existiert eine Folge $\{x_n\}$ von Elementen aus K mit $\lim\limits_{n\to\infty} f(x_n) = \|f\|$. Setzt man nun $y_n = \frac{1}{f(x_n)} x_n$, $(f(x_n) \neq 0)$, dann ist $y_n \in H_f$ und es gilt:

$$\lim_{n\to\infty} \|x_n - y_n\| = \lim_{n\to\infty} \left(1 - \frac{1}{f(x_n)}\right) \|x_n\| = 0.$$

Wir nennen eine Hyperebene H eine "<u>Stützhyperebene</u>" an eine offene konvexe Menge K, wenn zunächst K und H disjunkt sind, und weiterhin zwei Folgen $\{x_n\}$ und $\{y_n\}$, $x_n \in K$, $y_n \in H$ mit $\lim\limits_{n\to\infty} \|x_n - y_n\| = 0$ existieren. In dieser Terminologie ist also für jedes Funktional $f \in X^*$ mit $\|f\| = 1$ die Hyperebene H_f eine Stützhyperebene an die Einheitskugel.

Angenommen, es existiere eine abgeschlossene Hyperebene H, die Stützhyperebene an die Einheitskugel $K := \{x \in X: \|x\| < 1\}$ ist. Dann existiert auch ein stetiges lineares Funktional f, so daß $H = H_f = \{x \in X: f(x) = 1\}$

ist. Wir zeigen nun, daß $\|f\| = 1$ ist. Sei nämlich $x \in K$, dann ist $\|x\|<1$ und da K und H disjunkt sind, ist $f(x) < 1$. Weiterhin existieren zwei Folgen $\{x_n\}$ und $\{y_n\}$ mit $x_n \in K$, $y_n \in H$, für die $\lim_{n\to\infty} \|x_n-y_n\| = 0$ ist. Da $y_n \in H$, ist $f(y_n) = 1$. Damit folgt aus der Stetigkeit von f, daß $\lim_{n\to\infty} f(x_n-y_n) = \lim_{n\to\infty} f(x_n)-1 = 0$ ist, d.h.

$$\|f\| = \sup_{\|x\|<1} f(x) = 1 .$$

Damit haben wir also insgesamt gezeigt, daß eine bijektive Zuordnung zwischen den abgeschlossenen Stützhyperebenen an die Einheitskugel und den stetigen linearen Funktionalen mit Norm 1 existiert.

Eine Hyperebene H heißt "<u>Tangentialebene</u>" an eine offene konvexe Menge K, falls $H \cap K = \emptyset$ ist und eine Folge $\{x_n\}$ mit $x_n \in K$ existiert, die gegen ein $x \in H$ konvergiert. Jede Tangentialebene ist natürlich auch eine Stützhyperebene, umgekehrt stellt sich jedoch heraus, daß es Stützhyperebenen gibt, die keine Tangentialebenen sind.

Um dies zu zeigen, bemerken wir, daß eine Stützhyperebene H genau dann eine Tangentialhyperebene an die Einheitskugel K ist, wenn ein $x \in H$ mit $\|x\| = 1$ existiert.

<u>Beispiel II.3.1.</u>
Es sei $X = L^1[0,1]$ und das lineare Funktional f sei von der Form

$$f(x) = \int_0^1 tx(t)dt .$$

Dann bemerken wir zunächst, daß

$$f(x) \leq \int_0^1 |tx(t)|dt < \int_0^1 |x(t)|dt = \|x\| \tag{3.3}$$

ist. Daraus folgt, daß $\|f\| \leq 1$ ist.

Setzt man nun

$$x_n = n\cdot\chi_{[1-\frac{1}{n},1]} ,$$

wobei χ_A wie üblich die charakteristische Funktion der Menge A bezeichnet, dann ist einerseits

$$\|x_n\| = \int_0^1 x_n(t)dt = n \cdot \frac{1}{n} = 1$$

und andererseits

$$f(x_n) = \int_0^1 tx_n(t)dt = n \int_{1-\frac{1}{n}}^1 tdt > n(1-\frac{1}{n})\cdot\frac{1}{n} = 1 - \frac{1}{n} .$$

Also ergibt sich

$$\|f\| = \sup_{\|x\|\leq 1} |f(x)| \geq 1 ,$$

und wegen der bereits gezeigt umgekehrten Ungleichung folgt $\|f\| = 1$.

Da jedoch die Ungleichung (3.3) scharf ist, existiert kein Element $x \in X$ mit Norm 1, für das $f(x) = \|f\| = 1$ ist.

§ 4 Endlich-dimensionale Räume

Es sei X ein reeller oder komplexer n-dimensionaler metrischer linearer Raum mit Basis $\{e_1,\ldots,e_n\}$.

Ist nun

$$t^m = (t_1^m,\ldots,t_n^m)$$

eine Folge von n-Tupeln von Skalaren, für die

$$\lim_{m\to\infty} t_i^m = t_i , \qquad i=1,2,\ldots,n \tag{4.1}$$

gilt, dann folgt aus der Stetigkeit der Addition und der Multiplikation mit Skalaren, daß die Folge

$$x^m = t_1^m e_1 + \ldots + t_n^m e_n \tag{4.2}$$

gegen das Element

$$x = t_1 e_1 + \ldots + t_n e_n \tag{4.3}$$

konvergiert.

Satz II.4.1.
Konvergiert eine Folge von Elementen der Form (4.2) gegen ein Element x der Form (4.3), dann gilt Formel (4.1).

Beweis: Wegen der Stetigkeit der Addition ist der Satz nur für $x=0$ zu beweisen.

Aus der Konvergenz folgt zunächst, daß $\{x^m\}$ eine beschränkte Menge ist. Also ist auch für jedes $i=1,2,\ldots,n$ die Folge der Koeffizienten $\{t_i^m\}$ beschränkt. Nach dem Satz von BOLZANO-WEIERSTRASS kann man eine Teilfolge $\{m_k\}$ auswählen, so daß jede Folge $\{t_i^{m_k}\}$ gegen ein gewisses t_i konvergiert. Angenommen, eines der t_i sei nicht Null.

Aus der Stetigkeit der Addition und der Multiplikation mit Skalaren erhält man dann

$$t_1e_1+\ldots+t_ne_n = 0,$$

und da nicht alle t_i Null sind, ergibt dies einen Widerspruch zur linearen Unabhängigkeit der Elemente $e_1,\ldots,e_n$. ∎

Als Folgerung aus Satz II.4.1 erhält man:

Satz II.4.2.
Jeder endlich-dimensionale metrische lineare Raum ist vollständig.

Beweis: Es sei $\{e_1,\ldots,e_n\}$ eine Basis von X und $x^m = t_1^m e_1+\ldots+t_n^m e_n$ eine CAUCHY-Folge. Da dann für jedes $i=1,2,\ldots,n$ auch $\{t_i^m\}$ eine CAUCHY-Folge ist, gibt es Skalare t_i mit $\lim_m t_i^m = t_i$. Aus der Stetigkeit der Addition und der Multiplikation mit Skalaren folgt dann, daß die Folge $\{x^m\}$ gegen das Element $x = t_1e_1+\ldots+t_ne_n$ konvergiert. ∎

Satz II.4.3.
Es sei X ein endlich-dimensionaler metrischer linearer Raum. Dann existiert in X eine Umgebung der Null, deren Abschluß kompakt ist.

Beweis:
Ist $\{e_1,...,e_n\}$ eine Basis von X, dann ist die Menge

$$U = \{x: x = t_1e_1+...+t_ne_n, \ |t_i| < 1 \ , \quad i=1,...,n\}$$

eine Umgebung der Null, deren Abschluß nach dem Satz von BOLZANO-WEIERSTRASS kompakt ist. ■

Nun sei X ein reller oder komplexer n-dimensionaler Raum mit Basis $\{e_1,...,e_n\}$ und f(x) ein auf X definiertes lineares Funktional. Aus der Linearität von f folgt dann, daß für jedes $x = t_1e_1+...+t_ne_n \in X$ stets

$$f(x) = a_1t_1+...+a_nt_n \tag{4.4}$$

mit

$$a_i = f(e_i) \quad , \quad i=1,2,...,n$$

gilt. Umgekehrt wird natürlich durch Formel (4.4) stets ein lineares Funktional definiert. Wird nun für jedes i=1,2,...,n das lineare Funktional f_i durch

$$f_i(t_1e_1+...+t_ne_n) = t_i$$

definiert, dann folgt aus Formel (4.4), daß sich jedes auf X definierte lineare Funktional eindeutig in der Form

$$f = a_1f_1+...+a_nf_n \tag{4.5}$$

mit $a_i = f(e_i)$, i=1,2,...,n darstellen läßt. Damit ist insbesondere gezeigt, daß der Dualraum X' wiederum n-dimensional ist.

Ist nun $x^m = t_1^me_1+...+t_n^me_n$ eine Folge von Elementen aus X, die gegen $x = t_1e_1+...+t_ne_n$ konvergiert, dann ist nach Satz II.4.1 stets $\lim\limits_{m\to\infty} t_i^m = t_i$, i=1,2,...,n. Nach Formel (4.4) gilt dann

$$f(x^m) = a_1t_1^m+...+a_nt_n^m \ ,$$

woraus

$$f(x^m) \to f(x) = a_1t_1+...+a_nt_n$$

folgt.

Damit haben wir also gezeigt:

Satz II.4.4.
In einem endlich-dimensionalen reellen oder komplexen metrischen linearen Raum X ist jedes lineare Funktional stetig, d.h. $X^* = X'$, und es gilt $\dim X = \dim X'$.

Als Konsequenz von Satz II.4.3 erhält man:

Satz II.4.5.
Es sei X ein endlich-dimensionaler reeller oder komplexer metrischer linearer Raum und K eine offene konvexe und beschränkte Teilmenge von X. Dann ist jede Stützhyperebene H an K auch eine Tangentialhyperebene.

Beweis:
Nach Definition der Stützhyperebene ist $H \cap K = \emptyset$, und es existieren Folgen $\{x_n\}$ und $\{y_n\}$ mit $x_n \in K$, $y_n \in H$, so daß $\lim\limits_{n\to\infty} \|x_n - y_n\| = 0$ ist. Nach Satz II.4.3 gibt es eine Umgebung der Null, deren Abschluß kompakt ist. Da K nach Voraussetzung beschränkt ist, existiert ein Skalar b mit $K \subset bU$. Weil $b\bar{U}$ kompakt ist, ist auch $\bar{K}$ kompakt. Man kann also aus $\{x_n\}$ eine gegen ein $x \in X$ konvergente Teilfolge $\{x_{n_k}\}$ auswählen. Für die Teilfolge $\{n_k\}$ der Indizes hat man dann:

$$\lim_{k\to\infty} \|y_{n_k} - x\| \leq \lim_{k\to\infty} \|y_{n_k} - x_{n_k}\| + \lim_{k\to\infty} \|x_{n_k} - x\| ,$$

woraus $y_{n_k} \to x$ folgt. Da H abgeschlossen ist, folgt $x \in H$, womit alles gezeigt ist. ∎

Korollar II.4.6.
Es sei X ein endlich-dimensionaler reeller oder komplexer halbnormierter Raum. Dann existiert zu jedem linearen Funktional f ein $x \in X$ mit $\|x\| = 1$, so daß $f(x) = \|f\|$ ist.

Nun sei X ein endlich-dimensionaler reeller normierter bzw. halbnormierter Raum und $K = \{x: \|x\| < 1\}$ die Einheitskugel. Wir fragen jetzt nach der geometrischen Gestalt der Einheitskugel im Dualraum $X' = X^*$.

Zu jeder Norm bzw. Halbnorm $\|x\|$, die durch eine entsprechende Formel gegeben wird, kann man die Norm eines Funktionals aus dem konjugierten Raum berechnen und somit rein rechnerisch die Einheitskugel in X^* bestimmen. Bei vielen in der Technik auftretenden Problemen wird die Einheitskugel in X jedoch aufgrund von experimentellen Daten als die konvexe Hülle einer gewissen Menge gegeben. Daher geben wir hier noch eine rein geometrische Konstruktion für die zugehörige Einheitskugel im Dualraum an.

Da sowohl X als auch X' n-dimensionale lineare Räume sind, bestimmen sie im $\mathbb{R}^n$ zwei Normen $\|x\|$ und $\|x\|'$ deren zugehörige Einheitskugeln $K = \{x: \|x\| < 1\}$ und $K' = \{x: \|x\|' < 1\}$ sind. Man kann nun aus der Kenntnis der Kugel K rein geometrisch die Kugel K' konstruieren. Definiert man sich im $\mathbb{R}^n$ ein Skalarprodukt durch $\langle x,y\rangle = x_1y_1+x_2y_2+\ldots+x_ny_n$, dann verläuft die Konstruktion wie folgt: Man nehme eine Tangentialhyperebene H an K und projeziere die Null orthogonal auf H. Die Menge aller dieser Bildpunkte der Null bezeichnen wir mit K_o. Spiegelt man nun K_o am euklidischen Einheitskreis, d.h. führt man eine Inversion durch, die jedem $x \in K_o$ den Punkt $x' = ax$ mit $a = \frac{1}{\langle x,x\rangle}$ zuordnet, dann erhält man die Einheitskugel K'. Dies ist zumindest für die Dimensionen n=2,3 eine recht hübsche geometrische Konstruktion der Einheitskugel des Dualraumes.

Um zu beweisen, daß man auf diese Art stets die Einheitskugel K' erhält, genügt es zu zeigen, daß der oben konstruierte Punkt x' als ein lineares Funktional mit Norm ≤ 1 angesehen werden kann.

Dazu sei H eine Tangentialhyperebene an K. Dann existiert ein lineares Funktional $f(x) = a_1t_1+\ldots+a_nt_n$, mit $x = (t_1,\ldots,t_n)$, so daß $H = \{x: f(x) = 1\}$ ist. Da der Vektor $\bar{a} = (a_1,\ldots,a_n)$ orthogonal zu H ist, also dieselbe Richtung wie $x \in K_o$ hat, ist $x = \alpha\bar{a}$. Aus $f(x)=1$ folgt dann, daß $\alpha\langle\bar{a},\bar{a}\rangle = 1$ ist, also $x = \frac{1}{\langle\bar{a},\bar{a}\rangle}\,\bar{a}$. Spiegelt man $x \in K_o$ am euklidischen Einheitskreis, also $x' = bx$, dann erhält man $x' = \bar{a} \mathrel{\hat{=}} f$, womit alles gezeigt ist.

In den Abbildungen II.4.1 - II.4.2 wird diese Konstruktion im zweidimensionalen Raum an zwei Beispielen erklärt. (Wir bemerken, daß man im allgemeinen die höher dimensionalen Figuren nicht durch Drehung um eine senkrechte Achse erhält.) Zu den Zeichnungen ist weiter nichts zu bemerken. Wir erinnern lediglich an die Eigenschaften der Inversion, die im zweidimensionalen Fall Kreise in Kreise und im dreidimensionalen Fall Sphären in Sphären überführt. Dabei werden Geraden (bzw. Ebenen) als Kreise (bzw. Sphären) mit unendlichem Radius verstanden. Insbesondere werden Kreislinien (bzw. Sphären), die durch den Nullpunkt gehen, in Geraden (bzw. Ebenen) transformiert. Die zweite wichtige Eigenschaft der Inversion ist die Winkeltreue. Insbesondere geht jeder Kreis, der den Einheitskreis unter einem rechten Winkel schneidet, als Ganzes in sich über.

Angenommen, die Kugel K habe eine Ecke. (Formal ist ein Extremalpunkt von K gemeint; vergl. auch S. 157). Dann bilden die Projektionen der Null auf die Tangentialhyperebenen der Ecke einen Kreisbogen (bzw. ein Stück einer Sphäre), der bei der Inversion in ein Intervall (bzw. ein Stück Ebene) übergeht. Auf diese Art sieht man also, daß durch den Übergang von K nach K' aus Ecken Geradenstücke (bzw. Flächenstücke) und aus Geradenstücken Ecken werden.

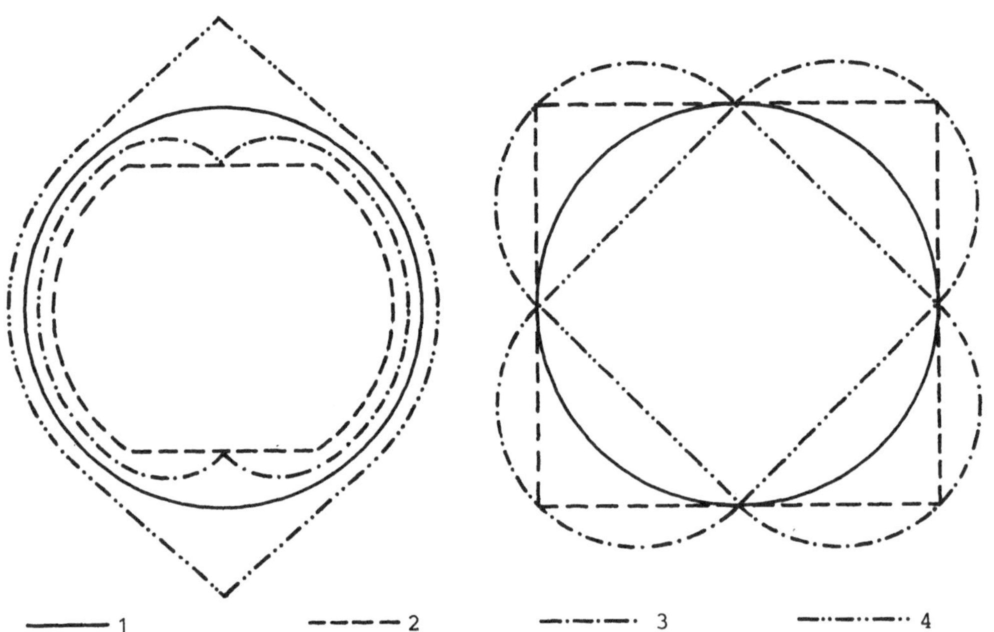

Abb. II.4.1 und II.4.2. Linie 1 - euklidische Einheitskugel; Linie 2 - die Kugel K; Linie 3 - die Figur K_0; Linie 4 - die Einheitskugel K' im konjugierten Raum

Ist insbesondere K ein Polygon (Polyeder), dann ist K' ebenfalls ein Polygon (Polyeder), wobei die Anzahl der Ecken von K' gleich der Anzahl der Seiten von K und die Anzahl der Seiten von K' gleich der Anzahl der Ecken von K ist (bzw. die Anzahl der Ecken von K' gleich der Anzahl der Flächen von K und die Anzahl der Flächen von K' gleich der Anzahl der Ecken von K ist.).

§ 5 Die Fortsetzung von Funktionalen

Es sei X_o ein Unterraum eines reellen normierten (bzw. halbnormierten) Raumes X mit Norm (bzw. Halbnorm) $\|x\|$. Es stellt sich dann die Frage, ob sich jedes auf X_o definierte stetige lineare Funktional f auf ganz X fortsetzen läßt, d.h. ob es ein auf ganz X definiertes stetiges lineares Funktional F mit $F(x) = f(x)$ für $x \in X_o$ gibt.

Satz II.5.1. (HAHN [1], BANACH [1] - [2]).
Es sei X_o ein Unterraum eines reellen normierten (bzw. halbnormierten) Raumes X mit Norm (bzw. Halbnorm) $\|x\|$ und X_o habe die Kodimension 1. Dann läßt sich jedes auf X_o definierte stetige lineare Funktional f zu einem auf X definierten stetigen linearen Funktional F fortsetzen, und zwar unter Erhaltung der Norm, d.h. $\|F\| = \|f\|$.

Beweis:
Es sei y ein beliebiges Element des Raumes X, welches nicht in X_o liegt. Da X_o die Kodimension 1 hat, läßt sich jedes $x \in X$ auf genau eine Art in der Form

$$x = ty + x' \qquad (*)$$

mit $x' \in X_o$ schreiben.
Nach Definition der Norm gilt für je zwei beliebige Elemente x',x'' von X_o

$$f(x')+f(x'') = f(x'+x'') \leq \|f\|\cdot\|(y+x')+(-y+x'')\| \leq$$
$$\leq \|f\|(\|y+x'\|+\|-y+x''\|) \quad ,$$

woraus

$$f(x'')-\|f\|\cdot\|-y+x''\| \leq -f(x')+\|f\|\cdot\|y+x'\|$$

folgt. Da diese Ungleichung für alle x', $x''\in X_o$ gilt, ist

$$A = \sup_{x''\in X_o} [f(x'')-\|f\|\cdot\|-y+x''\|] \leq \inf_{x'\in X_o} [-f(x')+\|f\|\cdot\|y+x'\|] = B.$$

Nun sei c eine beliebige reelle Zahl mit $A\leq c\leq B$. Dann definiere man das Funktional F auf ganz X durch

$$F(x) = tc + f(x'),$$

wobei x im Sinne der Formel (*) durch $x = ty + x'$, mit $x'\in X_o$ gegeben ist.

Zur Berechnung von $\|F\|$ nehmen wir zunächst $t>0$ an. Dann ist

$$F(x) = tc+f(x') \leq tB+f(x') \leq t(-f(\tfrac{x'}{t})+\|f\|\cdot\|y+\tfrac{x'}{t}\|)+f(x')$$

$$= -f(x')+\|f\|\cdot\|ty+x'\|+ f(x') = \|f\|\cdot\|x\|,$$

also $\|F\| \leq \|f\|$.

Für $t<0$ erhält man die umgekehrte Ungleichung, wenn man anstelle von $c\leq B$ die Ungleichung $A\leq c$ benutzt. ■

Wir bemerken, daß man diesen Satz nur für Funktionale der Norm 1 zu beweisen braucht, da er dann offensichtlich bereits für alle stetigen linearen Funktionale gilt. Für Funktionale der Norm 1 hat jedoch der Beweis von Satz II.5.1 eine hübsche geometrische Interpretation. Sei etwa $X_1 = \{x\in X_o\colon f(x) = 0\}$, dann ist X_1 ein Unterraum von X_o und somit auch von X. Da X_1 in X_o die Kodimension 1 hat und $X_o\subset X$ ebenfalls ein Unterraum der Kodimension 1 ist, hat der Quotientenraum X/X_1 die Dimension zwei. Die Norm (Halbnorm) des Raumes X bestimmt dann eine Norm $\|\ \|$ (bzw. Halbnorm) für X/X_1, und die zugehörige Einheitskugel K ist dann eine offene konvexe und symmetrische (bzw. es ist nur $0\in K$) Menge. Der Raum X_o bestimmt dann eine Gerade im Raum X/X_1. Die Punkte $x\in X_o$ mit $f(x) = 1$ sind dann die Schnittpunkte dieser Geraden mit der Sphäre $S = \{y\in X/X_1\colon \|y\| = 1\}$.

Satz II.5.1 kann man nun auch so interpretieren. Im zweidimensionalen Raum sei eine offene konvexe Menge gegeben, die die Null enthält. Dann existiert durch jeden Randpunkt dieser konvexen Menge eine Gerade, die diese Menge nicht schneidet. Der Beweis von Satz II.5.1 ist de facto der analytische Nachweis dieses geometrischen Sachverhalts.

Aus Satz II.5.1 erhält man unmittelbar:

Satz II.5.2. (HAHN [1], BANACH [1] - [2]).
Es sei X_o ein Unterraum eines reellen normierten (bzw. halbnormierten) separablen Raumes X. Dann läßt sich jedes auf X_o definierte stetige lineare Funktional f zu einem auf X definierten stetigen linearen Funktional F fortsetzen, und zwar unter Erhaltung der Norm, d.h. $\|F\| = \|f\|$.

Beweis:
Es sei $\{x_n\}$ eine dichte Folge in X und $X_n = \mathrm{Lin}\{X_o \cup \{x_1,\ldots,x_n\}\}$. Offensichtlich ist dann entweder $X_n = X_{n+1}$ oder X_n ist ein Unterraum von X_{n+1} der Kodimension 1. Nach Satz II.5.1 kann man dann durch Induktion f zu einem stetigen linearen Funktional F, welches auf der in X dichten linearen Menge $\tilde{X} = \bigcup_{n=1}^{\infty} X_n$ definiert ist, fortsetzen, so daß $\|F\| = \|f\|$ ist.

Nun sei $y \in X$ und $\{y_n\}$ eine Folge von Elementen aus $\tilde{X}$, die gegen y konvergiert. Da F stetig ist, ist $\{F(y_n)\}$ eine CAUCHY-Folge, die gegen eine gewisse reelle Zahl a konvergiert. Man definiert dann $F(y) := a$. Auf diese Art hat man F auf ganz X fortgesetzt, und man sieht leicht, daß dabei die Norm erhalten bleibt. ∎

Ist jedoch X ein reeller normierter (halbnormierter) Raum, der nicht separabel ist, dann werden die entsprechenden Beweise wesentlich komplizierter. Alle bekannten Beweise beruhen auf der axiomatischen Mengentheorie und dem Auswahlaxiom. P. COHEN hat gezeigt, daß das Auswahlaxiom von den übrigen Axiomen der Mengenlehre unabhängig ist. Sobald wir in diesem Buch das Auswahlaxiom benötigen, werden wir darauf besonders hinweisen. Um den zu Satz II.5.2 analogen Satz für nicht separable Räume zu beweisen, benutzen wir ein zum Auswahlaxiom äquivalentes Axiom, das auch als "Lemma von KURATOWSKI-ZORN" bekannt ist.

Man sagt, daß für eine Menge X eine "Halbordnung $\dashv$" definiert ist, falls die folgenden Bedingungen erfüllt sind: $x \dashv x$; $x \dashv y$ und $y \dashv x$ impliziert $x=y$ und aus $x \dashv y$ und $y \dashv z$ folgt $x \dashv z$. Eine Teilmenge $Y \subset X$ heißt dann "wohlgeordnet", falls für alle $x,y \in Y$ entweder $x \dashv y$ oder $y \dashv x$ gilt. Ist $A \subset X$ irgend eine Teilmenge, dann heißt $x_A \in A$ ein "maximales Ele-

<u>ment"</u> von A, falls aus $x_A \dashv x$, $x \in A$ stets $x = x_A$ folgt. Eine Menge kann offensichtlich mehrere maximale Elemente enthalten.

<u>Lemma von KURATOWSKI-ZORN:</u>
Es sei X eine Menge, für die eine Halbordnung $\dashv$ definiert ist. Außerdem existiere zu jeder wohlgeordneten Teilmenge $A \subset X$ ein $a \in X$, so daß für alle $x \in A$ stets $x \dashv a$ ist. Dann hat X ein maximales Element.

Mit Hilfe dieses Axioms (wobei wir beachten, daß das Lemma von KURATOWSKI-ZORN entgegen seiner Bezeichnung ein Axiom ist) beweist man dann leicht:

<u>Satz II.5.3.</u> (HAHN [1], BANACH [1],[2])
Es sei X_0 ein Unterraum eines reellen normierten (bzw. halbnormierten) Raumes X. Dann läßt sich jedes auf X_0 definierte stetige lineare Funktional f zu einem auf X definierten stetigen linearen Funktional F fortsetzen, und zwar unter Erhaltung der Norm, d.h. $\|F\| = \|f\|$.

<u>Beweis:</u>
Es sei $\mathfrak{A}$ die Menge aller linearen Funktionale F, die auf einem gewissen Teilraum X_F von X mit $X_0 \subset X_F$ definiert sind, und für die noch gilt, daß $\|F\| = \|f\|$ und für alle $x \in X_0$ stets $f(x) = F(x)$ ist. Auf $\mathfrak{A}$ definieren wir eine Halbordnung $\dashv$: $F \dashv G$ genau dann, wenn $X_F \subset X_G$ und für alle $x \in X_F$ gilt $G(x) = F(x)$. Nun sei $\mathfrak{L}$ eine wohlgeordnete Teilmenge von $\mathfrak{A}$. Dann ist für je zwei $F, G \in \mathfrak{L}$ entweder F eine Fortsetzung von G oder G eine Fortsetzung von F. Wir definieren nun ein lineares Funktional

$$F_{\mathfrak{L}} \text{ auf } X_{F_{\mathfrak{L}}} = \bigcup_{F \in \mathfrak{L}} X_F$$

durch $F_{\mathfrak{L}}(x) = F(x)$, für $x \in X_F$. Wegen der Wohlordnung von $\mathfrak{L}$ ist $F_{\mathfrak{L}}$ eindeutig definiert und es gilt $F_{\mathfrak{L}} \in \mathfrak{A}$. Weiterhin ist für jedes $F \in \mathfrak{L}$ nach Konstruktion stets $F \dashv F_{\mathfrak{L}}$. Also existiert nach dem Lemma von KURATOWSKI-ZORN ein maximales Element F_0 von $\mathfrak{A}$. Wir zeigen nun, daß $X_{F_0} = X$ ist. Angenommen, es gelte $X_{F_0} \neq X$, dann gibt es ein $y \in X \setminus X_{F_0}$. Da nun X_{F_0} in $X_1 = \mathrm{lin}\{X_{F_0} \cup \{y\}\}$ ein Unterraum der Kodimension 1 ist, läßt sich nach Satz II.5.1 das Funktional F_0 unter Erhaltung der Norm zu einem stetigen linearen Funktional F_1 auf X_1 fortsetzen. Dies widerspricht aber der Tatsache, daß F_0 ein maximales Element ist. ■

Satz II.5.4. (BOHNENBLUST-SOBCZYK [1]).
Es sei X_0 ein Unterraum eines komplexen normierten Raumes X. Dann läßt sich jedes auf X_0 definierte stetige lineare Funktional f zu einem auf X definierten stetigen linearen Funktional F fortsetzen, und zwar unter Erhaltung der Norm, d.h. $\|F\| = \|f\|$.

Beweis:
Zum Beweis dieses Satzes fassen wir X zunächst als einen reellen normierten Raum auf. Insbesondere ist dann das auf X_0 definierte reellwertige lineare Funktional re f(x) (also der Realteil von f(x)) stetig. Nach Satz II.5.3 (für separable Räume genügt Satz II.5.2) kann re f(x) zu einem auf ganz X definierten reellwertigen stetigen linearen Funktional $\tilde{F}$ mit $\|\tilde{F}\| = \|\text{re } f\|$ fortgesetzt werden. Das Funktional $F(x) = \tilde{F}(x) - i\tilde{F}(ix)$ ist dann ein stetiges additives Funktional (d.h. $F(x+y) = F(x)+F(y)$), das bezüglich der Multiplikation mit reellen Zahlen homogen ist. Wir zeigen jetzt, daß F auch bezüglich der Multiplikation mit komplexen Zahlen homogen ist. Es gilt nämlich:

$$F((a+ib)x) = \tilde{F}((a+ib)x) - i\tilde{F}(i(a+ib)x)$$

$$= a\tilde{F}(x) + b\tilde{F}(ix) - ia\tilde{F}(ix) + ib\tilde{F}(x)$$

$$= (a+ib)\tilde{F}(x) - (a+ib)i\tilde{F}(ix) = (a+ib)F(x).$$

Weiterhin zeigen wir, daß F eine Fortsetzung von f ist. Dazu bemerken wir zunächst, daß für ein Funktional f, welches bezüglich der Multiplikation mit komplexen Zahlen homogen ist, stets $f(ix) = if(x)$ und somit

$$\text{im } f(x) = -\text{ re } f(ix)$$

gilt. Für jedes $x \in X_0$ ist somit

$$F(x) = \tilde{F}(x) - i\tilde{F}(ix) = \text{re } f(x) - i \text{ re } f(ix) = \text{re } f(x) + i \text{ im } f(x) = f(x),$$

d.h. F ist eine Fortsetzung von f. Insbesondere ist also $\|F\| \geq \|f\|$. Zu zeigen bleibt noch die umgekehrte Ungleichung. Es gilt aber

$$\|F\| = \sup_{\|x\| \leq 1} |F(x)| = \sup_{\|x\| \leq 1} \sup_{|a|=1} |F(ax)|$$

$$= \sup_{\|x\| \leq 1} \sup_{|a|=1} \text{re } F(ax) = \sup_{\|x\| \leq 1} \text{re } F(x) = \|\text{re } F\|.$$

Wegen re $F(x) = \tilde{F}(x)$ ist $\|F\| = \|\tilde{F}\| = \|\text{re } f\| \leq \|f\|$, womit alles gezeigt ist. ■

Aus den Sätzen II.5.3 - II.5.4 ergeben sich eine Reihe wichtiger Konsequenzen.

Satz II.5.5.

Es sei X ein reeller oder komplexer normierter Raum (oder ein reeller halbnormierter Raum). Dann existiert zu jedem $x_o \in X$ ein stetiges lineares Funktional f mit Norm 1, so daß $f(x_o) = \|x_o\|$ ist.

Beweis:

Es sei $\tilde{f}$ das auf $X_o = \text{Lin}\{x_o\}$ mittels $\tilde{f}(x) = a\|x_o\|$, $x = ax_o$, definierte lineare Funktional. Da für alle $x \in X_o$ stets $|\tilde{f}(x)| \leq \|x\|$ ist, hat man $\|\tilde{f}\| = 1$. Setzt man nun $\tilde{f}$ unter Erhaltung der Norm zu einem Funktional auf ganz X fort, dann ist der Satz bewiesen. ■

Korollar II.5.6.

Es sei X ein reeller oder komplexer normierter Raum (oder ein reeller halbnormierter Raum). Dann ist

$$\|x\| = \sup_{\|f\| \leq 1} |f(x)| \qquad \left(\text{bzw. } \|x\| = \sup_{\|f\| \leq 1} f(x)\right).$$

Nun sei wieder X ein reeller oder komplexer normierter Raum (bzw. ein reeller halbnormierter Raum) und X^* bezeichne den konjugierten Raum von X, der nach den obigen Überlegungen (siehe § 3) ebenfalls ein reeller oder komplexer normierter Raum (bzw. ein reeller halbnormierter Raum) ist. Mit $X^{**} = (X^*)^*$ bezeichnet man den konjugierten Raum von X^* und nennt ihn den "zweiten konjugierten Raum" von X.

Jedes $x_o \in X$ definiert nun durch $F_{x_o}(f) \overset{df}{=} f(x_o)$ ein stetiges lineares Funktional F_{x_o} auf X^*. Offenbar ist F_{x_o} linear. Die Stetigkeit folgt aus

$$|F_{x_o}(f)| = |f(x_o)| \leq \|x_o\| \cdot \|f\| \tag{5.1}$$

$$(\text{bzw. } F_{x_o}(f) = f(x_o) \leq \|x_o\| \cdot \|f\|).$$

Die Abbildung, die jedem $x_o \in X$ das stetige lineare Funktional $F_{x_o} \in X^{**}$

zuordnet, heißt die "<u>kanonische Einbettung</u>" von X in den zweiten konjugierten Raum. Sie wird mit n bezeichnet, also $n(x_o) = F_{x_o}$. Der Operator n ist offensichtlich linear und aus Formel (5.1) folgt zunächst, daß $\|n\| \le 1$ ist. Weiter folgt aus der Definition der kanonischen Einbettung und Korollar II.5.6, daß für jedes $x \in X$

$$\|n(x)\| = \|F_x\| = \sup_{\|f\| \le 1} |F_x(f)| = \sup_{\|f\| \le 1} |f(x)| = \|x\|$$

$$\left(\text{bzw. } \|n(x)\| = \|F_x\| = \sup_{\|f\| \le 1} F_x(f) = \sup_{\|f\| \le 1} f(x) = \|x\|\right)$$

gilt, womit gezeigt ist, daß die kanonische Einbettung eine Isometrie ist.

Als weitere wichtige Folgerung aus Satz II.5.3 erhält man die sogenannten "<u>Trennungssätze</u>", die zuerst von MAZUR [1] bewiesen wurden.

Es sei X ein reeller normierter bzw. halbnormierter Raum. Man sagt dann, daß sich zwei konvexe Mengen $A, B \subset X$ "<u>trennen</u>" lassen, falls ein $f \in X^*$ und eine reelle Zahl c existieren, so daß

$$f(x) \begin{cases} \le c, & \text{für } x \in A \\ \ge c, & \text{für } x \in B \end{cases} \tag{5.2}$$

gilt.

Weiterhin sagt man, daß sich A und B "<u>strikt trennen</u>" lassen, falls es ein $f \in X^*$, eine reelle Zahl c und ein positives ε gibt, so daß

$$f(x) \begin{cases} \le c, & \text{für } x \in A \\ \ge c+\varepsilon, & \text{für } x \in B \end{cases} \tag{5.3}$$

gilt.

<u>Satz II.5.7.</u>

Es sei $A \subseteq X$ eine konvexe Menge mit nicht leerem Inneren, also $\mathrm{Int}A \neq \emptyset$. Ferner sei $x \in X \setminus \mathrm{Int}A$. Dann läßt sich $\{x\}$ von der Menge A trennen.

Beweis:
Für einen beliebigen Punkt $x_o \in \mathrm{Int}A$ enthält die Menge $A-x_o$ die 0 in ihrem Inneren und bestimmt somit eine Halbnorm $\| \ \|$. Nach Satz II.5.5 existiert dann ein lineares Funktional f, mit Halbnorm 1, d.h. $\|f\|=1$, so daß $f(x-x_o) = \|x-x_o\| \geq 1$ ist. Wegen $\|f\|=1$ ist andererseits für alle $y \in A$

$$f(y-x_o) \leq 1 .$$

Dies bedeutet aber, daß für $c = 1+f(x_o)$ die beiden Ungleichungen

$$f(x) \geq c \quad \text{und} \quad f(y) \leq c \quad \text{für } y \in A$$

gelten. ■

Korollar II.5.8.
Es sei A eine konvexe Menge mit $\mathrm{Int}A \neq \emptyset$. Ferner sei $0 \notin \mathrm{Int}A$. Dann existiert ein stetiges lineares Funktional f, so daß für alle $y \in A$ stets $f(y) \geq 0$ ist.

Beweis:
Nach Satz II.5.7 lassen sich 0 und A durch ein stetiges lineares Funktional $\tilde{f}$ trennen. Wegen $\tilde{f}(0) = 0$ ist für jedes $y \in A$ der Wert $\tilde{f}(y)$ stets positiv oder negativ. Im ersten Falle nehme man $f = \tilde{f}$, im zweiten Falle $f = -\tilde{f}$. ■

Satz II.5.9.
Es seien A und B konvexe disjunkte Teilmengen eines reellen normierten Raumes X mit $\mathrm{Int}A \neq \emptyset$. Dann lassen sich A und B trennen.

Beweis:
Da $A \cap B = \emptyset$ ist, ist $0 \notin A-B$ und weil $\mathrm{Int}A \neq \emptyset$ ist, ist auch $\mathrm{Int}(A-B) \neq \emptyset$. Nach Korollar II.5.8 existiert somit ein stetiges lineares Funktional f, so daß für alle $x \in A$ und alle $y \in B$, $f(x-y) \geq 0$ ist. Dies bedeutet aber, daß für alle $x \in A$ stets $f(x) \leq c$ und entsprechend für alle $y \in B$ stets $f(y) \geq c$ ist, wobei c eine beliebige Zahl mit

$$\sup_{y \in B} f(y) \leq c \leq \inf_{x \in A} f(x)$$

ist. ■

Satz II.5.10.
A und B seien konvexe disjunkte Teilmengen eines reellen normierten Raumes X. Darüberhinaus sei A kompakt und B abgeschlossen. Dann existiert ein stetiges lineares Funktional f, das die Mengen A und B strikt trennt.

Beweis:
Da die Mengen A und B disjunkt sind, A kompakt und B abgeschlossen ist, gilt:

$$\inf_{\substack{x\in A\\ y\in B}} \|x-y\| = r>0. \tag{5.4}$$

Setze $K_r = \{x \in X: \|x\| < r\}$. Nach (5.4) ist dann $A+K_r$ eine offene konvexe Menge, die zur Menge B disjunkt ist. Es existiert also nach Satz II.5.9 ein stetiges lineares Funktional $f \in X^*$, welches $A+K_r$ und B trennt, d.h. es ist

$$f(x) \begin{cases} \leq c \quad , & \text{für } x \in A+K_r \\ \geq c \quad , & \text{für } x \in B \end{cases} \tag{5.5}$$

für eine reelle Zahl c. Aus (5.5) folgt insbesondere, daß für alle $x \in A$ stets $f(x) \leq c-\|f\|r$ ist.Dies heißt gerade, daß die Mengen A und B strikt getrennt werden. ■

Korollar II.5.11.
Es sei B eine abgeschlossene konvexe Menge eines reellen normierten Raumes X und $x \in X \setminus B$. Dann existiert ein stetiges lineares Funktional $f \in X^*$, eine reelle Zahl c und ein $\varepsilon > 0$, so daß

$$f(x_o) \leq c$$

ist und für alle $x \in B$ die Ungleichung

$$f(x) \geq c + \varepsilon$$

gilt.

Die Sätze und Korollare II.5.7 - II.5.11 lassen sich auch für komplexe normierte Räume formulieren. Dazu beachte man zunächst, daß jeder komplexe normierte Raum auch ein reeller normierter Raum ist, daß also stets ein trennendes lineares Funktional $\tilde{f}$ existiert, welches homogen bezüglich der Multiplikation mit reellen Zahlen ist. Setzt man nun $f(x) = \tilde{f}(x) - i\tilde{f}(ix)$, dann zeigt man genauso wie im Beweis von Satz II.5.4, daß f bezüglich der Multiplikation mit komplexen Zahlen homogen ist. Da

$$\tilde{f}(x) = \text{re } f(x)$$

ist, kann man die Sätze und Korollare II.5.7 - II.5.11 dahingehend umformulieren, daß man das stetige lineare Funktional f durch seinen Realteil $\tilde{f} = \text{re } f$ ersetzt.

Aus Korollar II.5.11 folgt:

Korollar II.5.12.
Es sei Y ein Unterraum eines reellen oder komplexen normierten Raumes X. Dann existiert ein auf X definiertes nicht identisch verschwindendes stetiges lineares Funktional f, welches auf Y verschwindet.

Beweis:
Sei $x_o \in X \setminus Y$. Dann existiert nach Korollar II.5.11 ein $f \in X^*$ und eine Konstante c, so daß

$$f(x) \leq c \quad \text{für alle } x \in Y \quad (\text{bzw. re } f(x) \leq c)$$

und

$$f(x_o) > c \qquad (\text{bzw. re } f(x_o) > c) .$$

Da Y ein linearer Raum ist, folgt aus der ersten Ungleichung, daß für alle $x \in Y$ stets $f(x) = 0$ ist. Denn sei etwa $\hat{x} \in Y$ mit $f(\hat{x}) \neq 0$, dann ist für $t = (c+1)\frac{1}{f(\hat{x})}$

$$f(t\hat{x}) = c+1 > c,$$

was der Ungleichung widerspricht. Die zweite Ungleichung besagt lediglich, daß f nicht identisch Null ist. ■

Aus Korollar II.5.12 ergibt sich:

Satz II.5.13.
Es sei X ein normierter Raum. Wenn der konjugierte Raum X^* separabel ist, dann ist auch der Raum X separabel.

Beweis:
Angenommen, X sei nicht separabel. Wir zeigen dann, daß auch X^* nicht separabel ist. Dazu sei $F \subset X^*$ eine Menge von Funktionalen

$$F = \{f_\alpha : \|f_\alpha - f_\beta\| > 1, \quad \text{für } \alpha \neq \beta\}$$

mit

$$f_o = 0 \in F.$$

Die Gesamtheit dieser Teilmengen $F \subset X^*$ werde durch die Inklusion halbgeordnet. Da jede wohlgeordnete Teilmenge von solchen Mengen eine obere Schranke besitzt, hat die Menge aller dieser $F \subset X^*$ nach dem Lemma von KURATOWSKI-ZORN ein maximales Element F_o. Wir zeigen nun, daß F_o überabzählbar viele Elemente hat. Angenommen, das wäre nicht so, dann wäre $F_o = \{f_n\}$, $n=0,1,\dots$, mit $f_o=0$. Für $n=1,2,\dots$ hat man offensichtlich stets $\|f_n\| > 1$. Aus der Definition der Norm eines Funtionals folgt, daß es für $n=1,2,\dots$ ein $x_n \in X$ mit $\|x_n\|=1$ und $f(x_n) > 1$ gibt. Setzt man nun $Y = \overline{\text{Lin}\{x_n\}}$, dann ist $Y \subset X$ ein separabler Teilraum von X. Da aber X nach Annahme nicht separabel ist, folgt $Y \neq X$. Nach Korollar II.5.12 existiert dann ein $f \in X^*$, welches nicht identisch Null ist und auf Y verschwindet.

Ohne Beschränkung der Allgemeinheit kann man $\|f\|>1$ annehmen. Also ist $\|f-f_o\| = \|f\| > 1$, und für $n \neq 0$ hat man

$$\|f-f_n\| = \sup_{\|x\| \leq 1} |f(x)-f_n(x)| \geq |f(x_n)-f_n(x_n)| > 1.$$

Damit ist gezeigt, daß F_o entgegen der Annahme kein maximales Element ist. ■

§ 6 Die allgemeine Form der stetigen linearen Funktionale in speziellen Räumen

Endlich-dimensionale Räume. Wie wir bereits in § 4 gezeigt haben, läßt sich jedes stetige lineare Funktional f, das auf einem n-dimensionalen metrischen linearen Raum X definiert ist, in der Form

$$f(x) = a_1x_1+\ldots+a_nx_n \tag{6.1}$$

darstellen. Dabei ist $x = x_1e_1+\ldots+x_ne_n$ die Darstellung von $x \in X$ bezüglich der Basis $e_1,\ldots,e_n$ von X und $(a_1,\ldots,a_n)$ ein n-Tupel von Skalaren. Umgekehrt wird durch Formel (6.1) auf dem Raum X ein stetiges lineares Funktional definiert.

Der Raum c_o. Jedes Element $x \in c_o$ läßt sich als Reihe in der Form

$$x = \sum_{n=1}^{\infty} x_ne_n \tag{6.2}$$

darstellen, wobei $e_n = (0,0,\ldots,\overbrace{0,1,0}^{n\text{-te Stelle}},\ldots,0) \in c_o$ ist.

Diese Reihe (6.2) ist in c_o konvergent und für jedes $x \in c_o$ ist die obige Darstellung eindeutig. Ist nun $f \in (c_o)^*$ ein stetiges lineares Funktional auf c_o, dann folgt aus (6.2), daß

$$f(x) = \sum_{n=1}^{\infty} a_nx_n \tag{6.3}$$

mit

$$a_n = f(e_n) \tag{6.4}$$

ist.

Nun sei $\{z_N\}$ die nachstehend definierte Folge von Elementen des Raumes c_o:

$$z_N = \{z_{N,n}\} \text{ mit } z_{N,n} = \begin{cases} 0 & , \text{ für } n > N \\ \\ \operatorname{sign} a_n & , \text{ für } n \leq N. \end{cases}$$

Dabei ist sign r das Vorzeichen der reellen Zahl r, d.h.

$$\operatorname{sign}(r) = \begin{cases} +1 & , \text{ für } r > 0 \\ 0 & , \text{ für } r = 0 \\ -1 & , \text{ für } r < 0 . \end{cases}$$

Die Elemente z_N liegen offensichtlich in c_o und für jedes N=1,2,... folgt

$$\sum_{n=1}^{N} |a_n| = f(z_N) \leq \|f\| .$$

Da diese Ungleichung für jedes N gilt, ist die Reihe $\sum_{n=1}^{\infty} |a_n|$ konvergent, und es gilt

$$\sum_{n=1}^{\infty} |a_n| \leq \|f\| . \tag{6.5}$$

Wenn nun umgekehrt die Reihe $\sum_{n=1}^{\infty} |a_n|$ konvergiert, dann wird durch Formel (6.3) auf c_o ein stetiges lineares Funktional f definiert und man hat

$$|f(x)| \leq \left(\sum_{n=1}^{\infty} |a_n|\right) \|x\| \quad . \tag{6.6}$$

Aus den Formeln (6.5) und (6.6) folgt dann

$$\|f\| = \sum_{n=1}^{\infty} |a_n| \ . \tag{6.7}$$

Damit ist also die Existenz einer linearen Isometrie zwischen $(c_o)^*$ und ℓ gezeigt.

Der Raum ℓ. Sei nun f ein auf dem Raum ℓ definiertes stetiges lineares Funktional und $x \in \ell$ ein beliebiges Element. Genauso wie oben kann man nun x als eine in ℓ konvergente Reihe der Form (6.2) darstellen, und erhält dann für f die Darstellung (6.3).

Die Elemente $z_N \in \ell$ werden nun etwas anders definiert. Ist nämlich $a_N \neq 0$, dann setzt man $z_N = (\operatorname{sign} a_N)e_N \in \ell$. Da $\|z_N\| = 1$ und $f(z_N) = |a_N| \leq \|f\|$ ist, erhält man:

$$A = \sup |a_n| \leq \|f\|. \tag{6.8}$$

Andererseits zeigt eine leichte Rechnung, daß durch Formel (6.3) ein stetiges lineares Funktional f auf ℓ definiert wird, falls die Folge $\{a_n\}$ der Bedingung (6.8) genügt. Für dieses Funktional f gilt dann wie oben $\|f\| \leq A$, und wegen (6.8) ergibt dies $\|f\| = A$. Damit ist also die Existenz einer linearen Isometrie zwischen ℓ^* und m gezeigt.

Der Raum ℓ^2. Auch hier beginnen wir mit den gleichen Überlegungen wie im Falle der Räume c_o und ℓ. Wir stellen zunächst jedes $x \in \ell^2$ in der Form (6.2) dar und erhalten für f eine Darstellung der Form (6.3). Die zugehörigen $z_N = \{z_{N,n}\} \in \ell^2$ definieren wir nun durch

$$z_{N,n} = \begin{cases} 0 \quad , & \text{für } n > N \\ a_n \quad , & \text{für } n \leq N. \end{cases}$$

Offensichtlich ist $z_N \in \ell^2$ und es ist

$$\|z_N\| = \left(\sum_{n=1}^{N} a_n^2\right)^{1/2} \quad , \tag{6.9}$$

woraus

$$\sum_{n=1}^{N} a_n^2 = f(z_N) \leq \|f\| \cdot \|z_N\| = \|f\| \left(\sum_{n=1}^{N} a_n^2\right)^{1/2}$$

und somit

$$\left(\sum_{n=1}^{N} a_n^2\right)^{1/2} \leq \|f\| \tag{6.10}$$

folgt. Da N beliebig ist, konvergiert die Reihe $\sum_{n=1}^{\infty} a_n^2$ und es ist

$$\left(\sum_{n=1}^{\infty} a_n^2\right)^{1/2} \leq \|f\|. \tag{6.11}$$

Ist nun andererseits die Reihe $\sum_{n=1}^{\infty} a_n^2$ konvergent, dann folgt aus der SCHWARZschen Ungleichung (siehe Kap. I, §8), daß durch Formel (6.3) ein auf ganz ℓ^2 definiertes stetiges lineares Funktional f gegeben wird, für das

$$|f(x)| \leq \left(\sum_{n=1}^{\infty} a_n^2 \right)^{1/2} \|x\| \tag{6.12}$$

gilt. Zusammen mit Formel (6.11) erhält man dann

$$\|f\| = \left(\sum_{n=1}^{\infty} a_n^2 \right)^{1/2} , \tag{6.13}$$

womit die Existenz einer linearen Isometrie zwischen $(\ell^2)^*$ und ℓ^2 gezeigt ist.

Ersetzt man bei der obigen Überlegung die SCHWARZsche Ungleichung durch die HÖLDERsche, dann erhält man, daß jedes stetige lineare Funktional f auf ℓ^p mit $1<p<\infty$ von der Form (6.3) ist, wobei für die Koeffizientenfolge $\{a_n\} \in \ell^q$ mit $\frac{1}{p} + \frac{1}{q} = 1$ gilt. Umgekehrt definiert jede Folge,die in ℓ^q liegt, durch (6.3) ein stetiges lineares Funktional auf ℓ^p.

<u>Die Räume $L^p[0,1]$ mit p=1 oder 2.</u> Um die allgemeine Form eines stetigen linearen Funktionals auf $L^p[0,1]$ anzugeben, benötigt man den Begriff der absolut stetigen Funktion und den Satz von RADON-NIKODYM.

Eine Funktion f(t), $0 \leq t \leq 1$, heißt "<u>absolut stetig</u>", wenn es zu jedem $\varepsilon > 0$ ein $\delta > 0$ gibt, so daß für jedes endliche System von paarweise disjunkten Teilintervallen $I_i = [a_i, b_i] \subset [0,1]$, i=1,2,...,n, mit

$$\sum_{i=1}^{n} |b_i - a_i| < \delta$$

stets

$$\sum_{i=1}^{n} |f(b_i) - f(a_i)| < \varepsilon$$

folgt.

<u>Satz von RADON-NIKODYM.</u> Eine absolut stetige Funktion f(t) hat fast überall (d.h. bis auf eine Menge vom Maße 0) eine Ableitung f'(t) und es gilt:

$$f(t) = f(0) + \int_0^t f'(\sigma)d\sigma.$$

Wir zitieren diesen Satz ohne Beweis. Der Leser findet ihn in jedem Lehrbuch über reelle Funktionen, etwa bei SIKORSKI [1].

Mit Hilfe dieses Satzes läßt sich die allgemeine Form der stetigen linearen Funktionale auf dem Raum $L^p[0,1]$ für p=1 bzw. 2 angeben.

Dazu sei f(x) ein auf $L^1[0,1]$ (bzw. $L^2[0,1]$) definiertes stetiges lineares Funktional. Weiter sei u_t die charakteristische Funktion des Intervalls $[0,t]$, d.h. $u_t = \chi_{[0,t]}$ und $g(t) = f(u_t)$. Wir zeigen zunächst, daß g als Funktion von t absolut stetig ist.
Dazu sei I_i ein endliches System von paarweise disjunkten Intervallen $I_i = [a_i,b_i]$, i=1,2,...,n. Dann ist

$$J_n = \sum_{i=1}^{n} |g(b_i)-g(a_i)| = \sum_{i=1}^{n} f(\text{sign } f(\chi_{I_i})\chi_{I_i}) \tag{6.14}$$

$$\leq \|f\|\cdot\| \sum_{i=1}^{n} \text{sign } f(\chi_{I_i})\chi_{I_i}\| \ .$$

Da aber

$$\| \sum_{i=1}^{n} \text{sign } f(\chi_{I_i})\chi_{I_i} \| = \sum_{i=1}^{n} |b_i-a_i| \tag{6.15}$$

(bzw.

$$\| \sum_{i=1}^{n} \text{sign } f(\chi_{I_i})\chi_{I_i} \| = \left(\sum_{i=1}^{n} |b_i-a_i|\right)^{1/2}) \tag{6.15'}$$

ist, folgt aus (6.14) und (6.15) (bzw. (6.15')), daß g(t) absolut stetig ist. Nach dem Satz von RADON-NIKODYM besitzt somit g(t) fast überall eine Ableitung g'(t), und man hat

$$g(t) = g(0) + \int_0^t g'(\sigma)d\sigma = \int_0^t g'(\sigma)d\sigma,$$

da g(0) = f(0) = 0 ist. Setzt man nun $a(\sigma) = g'(\sigma)$, dann folgt aus der Definition von g(t), daß

$$f(u_t) = g(t) = \int_0^t a(\sigma)d\sigma = \int_0^1 u_t \cdot a(\sigma)d\sigma$$

ist. Da f ein lineares Funktional ist, hat man für jede Funktion z(t) der Form

$$z(t) = \sum_{i=1}^{n} c_i(u_{b_i} - u_{a_i}) \tag{6.16}$$

stets

$$f(z) = \int_0^1 z(t)a(t)dt. \tag{6.17}$$

Ist nun x(t) eine beschränkte meßbare Funktion, dann existiert eine gleichmäßig beschränkte Folge $\{z_n(t)\}$ von meßbaren Funktionen der Form (6.16), die fast überall gegen x(t) konvergiert. Aus der Stetigkeit von f und dem Satz von LEBESGUE ergibt sich dann

$$f(x) = \lim_{n\to\infty} f(z_n) = \lim_{n\to\infty} \int_0^1 z_n(t)a(t)dt = \tag{6.18}$$

$$\int_0^1 \lim_{n\to\infty} z_n(t)a(t)dt = \int_0^1 x(t)a(t)dt.$$

Nun sei $E \subset [0,1]$ eine beliebige Menge mit positivem Maß. Ferner sei

$$z_E = \frac{1}{|E|}(\text{sign } a(t))\chi_E),$$

wobei $|E|$ das LEBESGUE-Maß von E ist. Offensichtlich ist $\|z_E\|=1$, in der Norm von $L^1[0,1]$, und somit

$$f(z_E) = \frac{1}{|E|}\int_E |a(t)|dt \leq \|f\|.$$

Weil dies für jede Menge E gilt, erhält man: $a(t) \in M[0,1]$ und

$$\operatorname*{ess\,sup}_{0\leq t\leq 1} |a(t)| \leq \|f\|. \tag{6.19}$$

(Im Falle des Raumes $L^2[0,1]$, argumentiert man so:

es sei

$$x_N(t) = \begin{cases} a(t) & , \quad \text{falls } |a(t)| \leq N \\ N \operatorname{sign} a(t) & , \quad \text{falls } |a(t)| > N. \end{cases}$$

Dann ist

$$\int_0^1 (x_N(t))^2 dt \leq \int_0^1 x_N(t)a(t)dt = f(x_N) \leq \|f\| \cdot \|x_N\|$$

$$= \|f\| \left(\int_0^1 (x_N(t))^2 dt \right)^{1/2} \quad ,$$

also

$$\left(\int_0^1 (x_N(t))^2 dt \right)^{1/2} \leq \|f\| \quad . \tag{6.19'}$$

Da diese Ungleichung für jedes N gilt, folgt

$$\left(\int_0^1 a^2(t)dt \right)^{1/2} \leq \|f\| \quad \Big) . \tag{6.19''}$$

Ist nun umgekehrt die linke Seite von Formel (6.19) bzw. (6.19'') beschränkt, dann wird durch Formel (6.17) ein auf ganz $L^1[0,1]$ (bzw. $L^2[0,1]$) definiertes stetiges lineares Funktional gegeben. Die Stetigkeit ergibt sich dabei aus

$$\left|\int_0^1 x(t)a(t)dt\right| \leq \operatorname*{ess\,sup}_{0 \leq t \leq 1} |a(t)| \int_0^1 |x(t)|dt \tag{6.20}$$

(bzw. aus der SCHWARZschen Ungleichung

$$\left|\int_0^1 x(t)a(t)dt\right| \leq \left(\int_0^1 a^2(t)dt \right)^{1/2} \cdot \left(\int_0^1 x^2(t)dt \right)^{1/2}). \tag{6.20'}$$

Aus diesen beiden Formeln (6.20) und (6.20') folgt weiterhin

$$\|f\| = \operatorname*{ess\,sup}_{0\leq t\leq 1} |a(t)| \tag{6.21}$$

(bzw.

$$|f| = \Big(\int_0^1 a^2(t)dt\Big)^{1/2}).$$

Wir bemerken hier, daß für die Räume $L^1[a,b]$ und $L^2[a,b]$ offensichtlich die gleichen Formeln gelten.

Ersetzt man die SCHWARZsche Ungleichung durch die HÖLDERsche, dann läßt sich genauso wie oben zeigen, daß für $1<p<+\infty$ jedes auf $L^p[a,b]$ definierte stetige lineare Funktional F in der Form

$$F(x) = \int_a^b x(t)f(t)dt \tag{6.22}$$

dargestellt werden kann, wobei

$$f \in L^q[a,b] \qquad \text{mit } \frac{1}{p} + \frac{1}{q} = 1.$$

Umgekehrt wird für jedes $f \in L^q[a,b]$ durch Formel (6.22) ein auf ganz $L^p[a,b]$ definiertes stetiges lineares Funktional F gegeben. Dabei ist stets $\|F\| = \|f\|_{L^p}$.

Wir haben uns bisher nur mit der allgemeinen Form der stetigen linearen Funktionale der Räume ℓ^p und $L^p[a,b]$ befaßt. Es stellt sich jedoch heraus, daß auch im allgemeinen Fall jedes auf $L^p(\Omega,\Sigma,\mu)$, $1\leq p<+\infty$, definierte stetige lineare Funktional F von der Form

$$F(x) = \int_\Omega x(t)f(t)d\mu \tag{6.22'}$$

ist, wobei für $p>1$, $f \in L^q(\Omega,\Sigma,\mu)$ mit $\frac{1}{p} + \frac{1}{q} = 1$ und für $p=1$, $f \in M(\Omega,\Sigma,\mu)$ ist. Umgekehrt wird durch Formel (6.22') ein auf ganz $L^p(\Omega,\Sigma,\mu)$ definiertes stetiges lineares Funktional F gegeben, wobei für $p>1$ (bzw. $=1$) die Norm von F gleich der Norm von f in $L^q(\Omega,\Sigma,\mu)$

(bzw. $M(\Omega,\Sigma,\mu)$) ist.

Der Beweis dieser Aussage verläuft genauso, wie der Beweis im Falle des LEBESGUE'schen Maßes auf einem Intervall. Man muß jedoch den Begriff der absolut stetigen Mengenfunktion einführen und eine allgemeinere Form des Satzes von RADON-MIKODYM benutzen. Der interessierte Leser wird hierzu auf das Buch von SIKORSKI [2] verwiesen.

Der Raum $C[0,1]$. Wir beginnen zunächst mit der Definition des RIEMANN-STIELTJES Integrals bezüglich einer Funktion von beschränkter Variation. Dazu sei $g(t)$ eine auf dem Intervall $[0,1]$ definierte reellwertige Funktion und $\Delta = \{a_0, a_1, \ldots, a_n\}$ eine Zerlegung von $[0,1]$, d.h.

$$0 = a_0 < a_1 < \ldots < a_n = 1.$$

Die Funktion g ist dann von "beschränkter Variation", wenn

$$\operatorname*{Var}_0^1 g(t) = \sup_{\Delta} \sum_{k=1}^{n} |g(a_k)-g(a_{k-1})|$$

endlich ist, wobei das Supremum über alle Zerlegungen Δ zu nehmen ist. Die Zahl "$\operatorname*{Var}_0^1 g(t)$" heißt dann die "Variation" der Funktion $g(t)$.

Eine Folge $\Delta^m = \{a_{m,0}, \ldots, a_{m,n_m}\}$ von Zerlegungen heißt "Normalfolge", falls die Abstände zwischen den Zerlegungspunkten gegen Null streben, d.h.

$$\lim_{m\to\infty} \left(\sup_{1 \le i \le n_m} |a_{m,i} - a_{m,i-1}| \right) = 0.$$

Bezüglich einer Normalfolge von Zerlegungen bildet man dann für zwei auf $[0,1]$ definierte Funktion $f(t)$ und $g(t)$ die Summen

$$I_m = \sum_{k=1}^{n_m} f(t_k)(g(a_{m,k})-g(a_{m,k-1})),$$

wobei t_k ein beliebiger Punkt im Intervall $[a_{m,k-1}, a_{m,k}]$ ist. Unter dem "RIEMANN-STIELTJES-Integral" von f bezüglich g versteht man dann, genau wie beim RIEMANN-Integral, den Grenzwert der Folge I_m, sofern er existiert und von der Wahl der t_k unabhängig ist. Das RIEMANN-STIELTJES-Integral wird mit $\int_0^1 f(t)dg(t)$ bezeichnet. Man kann, genau wie in der Theorie des klassischen RIEMANN-Integrals beweisen, daß das Integral nicht von der speziellen Wahl der Normalfolge abhängt.

Ganz analog wie im Falle des RIEMANN-Integrals läßt sich nun zeigen:

(1) ist f(t) stetig und g(t) von beschränkter Variation, dann existier $\int_0^1 f(t)dg(t)$.

(2) es ist $\int_0^1 f_1dg(t) + \int_0^1 f_2dg(t) = \int_0^1 (f_1+f_2)dg(t)$, unter der Bedingung daß die obigen Integrale existieren,

(3) $\int_0^1 afdg(t) = a\int_0^1 fdg(t)$, für jede reelle Zahl a,

(4) $|\int_0^1 fdg(t)| \leq (\sup_{0\leq t\leq 1} |f(t)|) \cdot \operatorname{Var}_0^1 g(t)$.

Mehr über die Funktionen von beschränkter Variation findet der Leser etwa im Buch von SIKORSKI [1].

Aus den oben angeführten Eigenschaften des RIEMANN-STIELTJES-Integrals folgt, daß für jede Funktion g(t) von beschränkter Variation durch

$$\tilde{g}(x) = \int_0^1 x(t)dg(t) \tag{6.23}$$

ein stetiges lineares Funktional auf $C[0,1]$ mit

$$\|\tilde{g}\| \leq \operatorname{Var}_0^1 g(t) \tag{6.24}$$

definiert wird.

Wir zeigen nun, daß umgekehrt jedes stetige lineare Funktional $\tilde{g}(x)$ von $C[0,1]$ das RIEMANN-STIELTJES-Integral bezüglich einer Funktion $g(t)$ von beschränkter Variation ist, daß also Formel (6.23) und

$$\|\tilde{g}\| = \operatorname*{Var}_{0}^{1} g(t) \tag{6.25}$$

gilt.

Dazu sei $\tilde{g}(x)$ ein stetiges lineares Funktional auf $C[0,1]$. Da $C[0,1]$ ein Teilraum von $M[0,1]$ ist, kann man $\tilde{g}$ nach dem Satz von HAHN-BANACH zu einem stetigen linearen Funktional auf $M[0,1]$ fortsetzen, das wir ebenfalls mit $\tilde{g}$ bezeichnen werden.

Nun sei u_t die charakteristische Funktion von $[0,t)$, und

$$g(t) = \tilde{g}(u_t), \qquad (u_t = \chi_{[0,t)}).$$

Wir zeigen zunächst, daß g eine Funktion von beschränkter Variation ist. Dazu sei $\Delta = \{a_0,\dots,a_n\}$ eine Zerlegung von $[0,1]$. Dann ist

$$\sum_{i=1}^{n} |g(a_i)-g(a_{i-1})| = \sum_{i=1}^{n} |\tilde{g}(u_{a_i})-\tilde{g}(u_{a_{i-1}})|$$

$$= \sum_{i=1}^{n} \tilde{g}(\operatorname{sign}[g(a_i)-g(a_{i-1})]\cdot(u_{a_i}-u_{a_{i-1}})) \leq \|\tilde{g}\|,$$

da $\sum_{i=1}^{n} \operatorname{sign}[g(a_i)-g(a_{i-1})](u_{a_i}-u_{a_{i-1}})$

ein Element von $M[0,1]$ mit Norm 1 ist. Weil Δ eine beliebige Zerlegung von $[0,1]$ ist, gilt somit

$$\operatorname*{Var}_{0}^{1} g(t) \leq \|\tilde{g}\|. \tag{6.26}$$

Für $x \in C[0,1]$ sei

$$x_n(t) = \sum_{k=1}^{n} x(\tfrac{k}{n})(u_{\frac{k}{n}}(t)-u_{\frac{k-1}{n}}(t)).$$

Da x stetig ist, konvergiert die Folge $\{x_n\}$ gleichmäßig gegen x, d.h. $\{x_n\}$ konvergiert gegen x in der Norm von $M[0,1]$. Aus der Stetigkeit von g folgt nun

$$\tilde{g}(x) = \lim_{n\to\infty} \tilde{g}(x_n) = \lim_{n\to\infty} \sum_{k=1}^{n} x(\tfrac{n}{k}) \left[g(\tfrac{k}{n}) - g(\tfrac{k-1}{n})\right] = \int_0^1 x(t)dg(t) .$$

Damit haben wir einen Teil des "Satzes von RIESZ" bewiesen; nämlich:

"Jedes auf $C[0,1]$ definierte stetige lineare Funktional $\tilde{g}$ hat die Form

$$\tilde{g}(x) = \int_0^1 x(t)dg(t),$$

wobei g(t) eine Funktion von beschränkter Variation ist. Weiterhin gilt

$$\|\tilde{g}\| = \operatorname*{Var}_0^1 g(t) ."$$

Wir bemerken noch, daß für den Raum $C[a,b]$ der stetigen Funktionen auf einem beliebigen Intervall $[a,b]$ die gleiche Formel gilt, nämlich

$$\tilde{g}(x) = \int_a^b x(t)dg(t).$$

Kapitel III. Stetige lineare Operatoren in Banach-Räumen

§ 1 Der Satz von BANACH-STEINHAUS

Für zwei normierte Räume X, Y (reell oder komplex) bezeichnen wir mit $B(X \to Y)$ die Menge aller stetigen linearen Operatoren von X nach Y. Für $B(X \to Y)$ definiert man auf die folgende Art eine Addition und eine Multiplikation mit Skalaren:

$$(T_1 + T_2)(x) \overset{df}{=} T_1(x) + T_2(x)$$

$$(aT)(x) \overset{df}{=} a(T(x)) .$$

Mit den so erklärten Verknüpfungen ist $B(X \to Y)$ ein linearer Raum. Man setzt nun für $T \in B(X \to Y)$

$$\|T\| = \sup_{\|x\| \leq 1} \|Tx\| . \tag{1.1}$$

Aus der Stetigkeit von T folgt, daß $\|T\|$ stets eine endlich reelle Zahl ist; denn wäre etwa $\|T\| = +\infty$, dann gäbe es eine Folge $\{x_n\}$ von Elementen aus X, deren Normen nicht größer als 1 sind, so daß

$$\|Tx_n\| \geq n^2 .$$

Nun strebt aber die Folge $\{\frac{x_n}{n}\}$ gegen 0. Da gleichzeitig $\|T(\frac{x_n}{n})\| \geq n$, ergibt sich ein Widerspruch zur Stetigkeit des Operators T.

Man weist nun mit Hilfe einer einfachen Rechnung nach, daß $\|T\|$ die Bedingungen für eine Norm erfüllt. $\|T\|$ heißt die "Operator-Norm" von T. Versehen mit dieser Norm ist dann $B(X \to Y)$ ein normierter Raum.

Wir bemerken noch, daß, falls X und Y reelle halbnormierte Räume sind, durch Formel (1.1) ebenfalls eine Halbnorm auf dem Raum aller stetigen Operatoren von X nach Y gegeben wird.

Ist X ein normierter Raum und Y der zu X gehörende Skalarenkörper, dann ist $B(X \to Y)$ der konjugierte Raum X^*. Die durch Formel (1.1) definierte Norm ist dann genau die Norm (bzw. im Falle eines reellen halbnormierten Raumes die Halbnorm) des Funktionals.

Wir zeigen nun, daß für BANACH-Räume X, Y, also vollständige normierte Räume, auch $B(X \to Y)$ ein BANACH-Raum ist.

Dazu beweisen wir zunächst:

Satz III. 1.1. (BANACH-STEINHAUS [1])
Es seien X und Y BANACH-Räume und $\mathfrak{A} \subset B(X \to Y)$ eine Menge stetiger linearer Operatoren, so daß für jedes $x \in X$

$$\sup \{\|A(x)\| : A \in \mathfrak{A}\} < +\infty \tag{1.2}$$

ist.

Dann ist

$$\sup \{\|A\| : A \in \mathfrak{A}\} < +\infty \quad . \tag{1.3}$$

Beweis: Es sei

$$K_m = \{x : \|A(x)\| \leq m \ , \quad \text{für alle } A \in \mathfrak{A}\}$$
$$= \bigcap_{A \in \mathfrak{A}} \{x : \|A(x)\| \leq m\} \ .$$

Die Mengen K_m sind abgeschlossen, und nach Bedingung (1.2) ist ihre Vereinigung der gesamte Raum X, d.h.

$$X = \bigcup_{m=1}^{\infty} K_m \ . \tag{1.4}$$

Da X vollständig ist, ist X nach dem Satz von BAIRE (Satz I. 7.3) von zweiter Kategorie. Es existiert also ein m_o, so daß auch K_{m_o} von zweiter Kategorie ist. Dies bedeutet aber, da K_{m_o} abgeschlossen ist, daß diese Menge eine abgeschlossene Kugel enthält, also $\overline{K_r(x_o)} \subset K_{m_o}$. Das heißt insbesondere, daß für jedes $x \in X$ mit $\|x\| < r$ und für jeden Operator $A \in \mathfrak{A}$

$$\|A(x + x_o)\| \le m_o \; . \tag{1.5}$$

Hieraus folgt nun

$$\|A(x)\| \le m_o + \|A(x_o)\| \le 2m_o \tag{1.6}$$

und somit

$$\|A\| = \sup_{\|x\|\le 1} \|A(x)\| = \frac{1}{r} \sup_{\|x\|\le r} \|A(x)\| \le \frac{2m}{r} \; . \tag{1.7}$$

■

Korollar III.1.2. (BANACH-STEINHAUS [1])
Es seien X und Y BANACH-Räume, $\{A_n\}$ sei eine Folge von Operatoren aus $B(X \to Y)$, so daß für jedes $x \in X$ die Folge $\{A_n x\}$ konvergiert. Dann ist

$$A(x) = \lim_{n\to\infty} A_n(x)$$

ein stetiger linearer Operator.

Beweis:
Daß A ein linearer Operator ist, ist unmittelbar klar. Zu zeigen bleibt also noch, daß A stetig ist. Dazu bemerken wir, daß für jedes $x \in X$

$$\|Ax\| = \lim_{n\to\infty} \|A_n(x)\| \le \sup_n \|A_n(x)\| \tag{1.8}$$

$$\le (\sup_n \|A_n\|)\, \|x\| \le M \cdot \|x\|$$

mit

$$M = \sup_n \|A_n\| \; . \tag{1.9}$$

Da jede konvergente Folge beschränkt ist, ist nach (1.3) das Supremum M endlich, womit die Stetigkeit von A gezeigt ist. ■

Satz III.1.3.
Es seien X und Y BANACH-Räume. Dann ist auch der Raum $B(X \to Y)$ vollständig, also ein BANACH-Raum.

Beweis:

Es sei $\{A_n\}$ eine CAUCHY-Folge im Raum $B(X \to Y)$; d.h. zu jedem $\varepsilon > 0$ gibt es ein n_o, so daß für alle $n, m \geq n_o$ und alle $x \in X$ mit $\|x\| < 1$

$$\|A_n(x) - A_m(x)\| \leq \varepsilon \quad . \tag{1.10}$$

Dies bedeutet insbesondere, daß für jedes $x \in X$ auch $\{A_n(x)\}$ eine CAUCHY-Folge ist. Diese konvergiert gegen ein gewisses $A(x) \in Y$, da Y vollständig ist. Nach Korollar III.1.2 ist A ein stetiger linearer Operator. Läßt man nun in Ungleichung (1.10) m gegen unendlich gehen, dann erhält man für alle $x \in X$ mit $\|x\| \leq 1$

$$\|A_n(x) - A(x)\| \leq \varepsilon \quad . \tag{1.11}$$

Dies bedeutet gerade

$$\|A_n - A\| \leq \varepsilon \quad .$$

Da $\varepsilon > 0$ beliebig war, hat man somit gezeigt, daß die CAUCHY-Folge $\{A_n\}$ in $B(X \to Y)$ gegen A konvergiert.■

Korollar III.1.4.

Für jeden BANACH-Raum X ist der konjugierte Raum X^* vollständig.

§ 2 Der Satz von BANACH über die Stetigkeit des inversen Operators

Satz III.2.1. (BANACH [1], [2])

Es seien X, Y BANACH-Räume und T ein stetiger linearer Operator, der X auf den gesamten Raum Y abbildet. Dann ist das Bild jeder offenen Teilmenge von X unter T eine offene Teilmenge von Y.

Beweis:

Wir zeigen zunächst, daß das abgeschlossene Bild jeder Umgebung $U \subset X$ der Null, wiederum eine Umgebung der Null enthält.

Aus der Stetigkeit der Addition folgt nämlich, daß es eine Umgebung V der Null gibt, so daß $V - V \subset U$ ist. Da V eine Umgebung der Null ist, folgt aus der Stetigkeit der Multiplikation mit Skalaren, daß es für alle $x \in X$ eine natürliche Zahl n mit $\frac{x}{n} \in V$ gibt. Mithin ist also

$$X = \bigcup_{n=1}^{\infty} nV \quad . \tag{2.1}$$

Da T den Raum X auf den ganzen Raum Y abbildet, folgt hieraus

$$Y = \bigcup_{n=1}^{\infty} nT(V) \quad . \tag{2.2}$$

Aus dem Satz von BAIRE ergibt sich dann, daß wenigstens eine dieser Mengen, etwa $n_o T(V)$, von zweiter Kategorie ist; d.h. $\overline{n_o T(V)}$ hat ein nichtleeres Inneres. Da die Abbildung $y \to n_o y$ ein Homöomorphismus von Y in sich ist, hat auch $\overline{T(V)}$ ein nichtleeres Inneres. Daraus folgt dann

$$\overline{T(U)} \supset \overline{T(V) - T(V)} \supset \overline{T(V)} - \overline{T(V)} \supset \mathrm{Int}\overline{T(V)} - \mathrm{Int}\overline{T(V)} \quad . \tag{2.3}$$

Da nun die rechte Seite von (2.3) eine Umgebung der Null darstellt, ist die zu Beginn des Beweises behauptete Aussage bewiesen. Insbesondere folgt hieraus, daß das abgeschlossene Bild einer jeden Kugel mit Mittelpunkt O eine Kugel mit Mittelpunkt O enthält.

Für eine beliebige positive Zahl r setzen wir nun:

$$X_r = \{x \in X : \|x\| < r\} \ , \ Y_r = \{y \in Y : \|y\| < r\} \tag{2.4}$$

Nun sei ε_o eine beliebige positive Zahl und ε_i seien positive Zahlen mit

$$\sum_{i=1}^{\infty} \varepsilon_i < \varepsilon_o \quad . \tag{2.5}$$

Wie wir bereits gezeigt haben, existiert dann zu jedem ε_i ein $\eta_i > 0$ mit

$$\overline{T(X_{\varepsilon_i})} \supset Y_{\eta_i} \qquad (i = 1,2,...) \ . \tag{2.6}$$

Ist nun y ein beliebiges Element von Y_{η_o}, dann folgt aus (2.6), daß es ein $x_o \in X_{\varepsilon_o}$ mit

$$\|y - T(x_o)\| < \eta_1 \tag{2.7}$$

gibt. Mit anderen Worten: Es gilt $y - T(x_o) \in Y_{\eta_1}$. Entsprechend folgt aus Formel (2.6) die Existenz von $x_1 \in X_{\varepsilon_1}$ mit

$$\|y - T(x_o) - T(x_1)\| < \eta_2 . \tag{2.8}$$

So fortfahrend kann man induktiv eine Folge $\{x_n\}$ von Elementen $x_n \in X_{\varepsilon_n}$ mit

$$\|y - \sum_{i=o}^{n} T(x_i)\| < \eta_{n+1} \tag{2.9}$$

konstruieren.

Setzt man nun

$$z_m = x_o + \ldots + x_m , \tag{2.10}$$

dann ist $\{z_m\}$ eine CAUCHY-Folge. Denn für $m' > m$ ist

$$\|z_m - z_{m'}\| \leq \varepsilon_m + \varepsilon_{m+1} + \ldots + \varepsilon_{m'} \leq \sum_{k=m}^{\infty} \varepsilon_k ,$$

und nach (2.5) ist $\lim\limits_{m\to\infty} (\sum\limits_{k=m}^{\infty})\varepsilon_k = 0$.

Da X vollständig ist, konvergiert $\{z_m\}$ gegen ein gewisses $z \in X$, und es ist nach (2.5)

$$\|x\| \leq \sum_{i=o}^{\infty} \varepsilon_i < 2\varepsilon_o .$$

Dies bedeutet gerade, daß $T(X_{2\varepsilon_o}) \supset Y_{\eta_o}$. Da $\varepsilon_o > 0$ beliebig war, folgt hieraus, daß das Bild einer jeden Umgebung $V \subset X$ der Null eine Umgebung $W \subset Y$ der Null enthält.

Nun sei U eine beliebige offene Teilmenge des Raumes X und $x \in U$ ein beliebiger Punkt. Da U offen ist, existiert eine Umgebung N der Null mit $x + N \subset U$. Ist nun $M \subset Y$ eine Umgebung der Null mit $T(N) \supset M$, dann ist

$$T(U) \supset T(x+N) \supset T(x) + T(N) \supset T(x) + M . \tag{2.11}$$

Somit enthält die Menge T(U) mit jedem ihrer Punkte T(x) noch eine gewisse Umgebung dieses Punktes. Sie ist also per Definitionen offen. ∎

Korollar III.2.2. (BANACH [1], [2])
Es seien X und Y BANACH-Räume und T sei ein bijektiver stetiger linearer Operator von X auf Y. Dann ist der Umkehroperator T^{-1} von Y nach X ebenfalls ein stetiger linearer Operator.

Beweis:
Da T bijektiv ist, ist T^{-1} wohldefiniert. Weiterhin ist T^{-1}, wegen der Linearität von T, auch ein linearer Operator. Nun ist nach Satz III.2.1 das Bild jeder offenen Menge unter T wiederum eine offene Menge. Ist also V eine offene Teilmenge von X, dann ist ihr Urbild unter T^{-1}, d.h. $(T^{-1})^{-1}(V) = T(V)$, wiederum eine offene Menge. Dies heißt einfach, daß T^{-1} stetig ist. ■

Korollar III.2.3.
Es sei X ein BANACH-Raum mit der Norm $\|x\|$. Ferner sei $\|x\|_1$ eine weitere Norm auf X, die schwächer als $\|x\|$ ist (d.h. aus $\|x_n\| \to 0$ folgt $\|x_n\|_1 \to 0$). Wenn dann X auch bezüglich $\|x\|_1$ vollständig ist, dann sind die beiden Normen $\|x\|$ und $\|x\|_1$ äquivalent.

Beweis:
Man bezeichne den Raum X versehen mit der Norm $\|x\|_1$ mit Y und nehme für T die identische Abbildung, also $Tx = x$. Der Raum Y ist nach Voraussetzung vollständig. Da die Norm $\|x\|_1$ schwächer als die Norm $\|x\|$ ist, ist T stetig. Nach Korollar III.2.2 ist dann auch T^{-1} stetig. Das heißt aber gerade, daß die Norm $\|x\|$ schwächer als die Norm $\|x\|_1$ ist. Damit ist also gezeigt, daß beide Normen äquivalent sind.

■

Korollar III.2.4.
Es sei X in den beiden Normen $\|x\|$ und $\|x\|_1$ ein BANACH-Raum, und die Mengen der stetigen linearen Funktionale bezüglich der beiden Normen seien gleich. Dann sind die Normen $\|x\|$ und $\|x\|_1$ äquivalent.

Beweis:
Die Norm $\|x\|_2 = \|x\| + \|x\|_1$ ist offensichtlich stärker als die beiden Normen $\|x\|$ und $\|x\|_1$. Wir bezeichnen nun den Raum X versehen mit der Norm $\|x\|_2$ mit Z und zeigen, daß er vollständig ist. Dazu sei $\{x_n\}$ eine CAUCHY-Folge im Raume Z. Da $\|x\|_2$ stärker als jede der beiden Normen $\|x\|$ und $\|x\|_1$ ist, ist $\{x_n\}$ auch eine CAUCHY-Folge bezüglich jeder der Normen $\|x\|$ und $\|x\|_1$. Nach Voraussetzung ist X in beiden Normen

vollständig. Also konvergiert $\{x_n\}$ bezüglich $\|x\|$ gegen ein gewisses $x \in X$ und bezüglich $\|x\|_1$ gegen ein gewisses $x^1 \in X$. Wir zeigen nun, daß $x = x^1$ ist. Dazu benutzen wir die Annahme, daß jedes lineare Funktional auf X, welches bezüglich der einen Norm stetig ist, auch bezüglich der anderen Norm stetig ist. Angenommen, es sei $x \neq x^1$. Dann existiert nach dem Satz von HAHN-BANACH ein stetiges lineares Funktional f mit $f(x) \neq f(x^1)$. Da dieses Funktional bezüglich beider Normen stetig ist, folgt $f(x) = \lim_{n\to\infty} f(x_n) = f(x^1)$, womit ein Widerspruch hergeleitet ist. Es gilt also $x = x^1$. Also konvergiert die Folge $\{x_n\}$ in beiden Normen $\|x\|$ und $\|x\|_1$ gegen x. Damit konvergiert sie natürlich auch gegen x in der Norm $\|x\|_2$. Dies heißt aber, daß Z vollständig ist.

Nach Korollar III.2.3 ist dann jede der beiden Normen $\|x\|$ und $\|x\|_1$ zu der Norm $\|x\|_2$ äquivalent, und somit sind auch $\|x\|$ und $\|x\|_1$ äquivalent. ∎

Zum Beweis von Korollar III.2.4 wird nicht benötigt, daß jedes lineare Funktional, welches bezüglich der einen Norm stetig ist, auch bezüglich der anderen stetig ist. Vielmehr benötigt man nur, daß es eine Familie $\{f_\alpha\}$ von linearen Funktionalen gibt, die in beiden Normen simultan stetig sind, und überdies die Eigenschaft haben, daß aus $f_\alpha(x) = 0$ für alle α, stets $x = 0$ folgt. Damit erhält man die folgende Umformulierung des Korollars:

<u>Korollar III.2.4'.</u>
Es sei X in den beiden Normen $\|x\|$ und $\|x\|_1$ ein BANACH-Raum und $\{f_\alpha\}$ eine totale Familie von linearen Funktionalen auf X (d.h. ist $f_\alpha(x) = 0$ für jedes α, dann ist $x = 0$), die bezüglich beider Normen stetig sind. Dann sind die Normen $\|x\|$ und $\|x\|_1$ äquivalent.

§ 3 Abgeschlossene Operatoren

Es seien X und Y reelle oder komplexe normierte Räume und A ein auf einer linearen Teilmenge $D_A \subset X$ definierter linearer Operator mit Werten im Raum Y. Die lineare Menge D_A heißt der "<u>Definitionsbereich</u>" des Operators A. Unter dem "<u>Graphen</u>" W_A des Operators A versteht man die lineare Menge $W_A = \{(x, A(x)) : x \in D_A\} \subset X \times Y$. Der Operator A heißt "<u>abgeschlossen</u>", falls sein Graph eine abgeschlossene lineare Teilmenge, also ein linearer Unterraum von $X \times Y$ ist. Dabei ist die Norm in $X \times Y$ die Summe der auf X und Y definierten Normen. (vgl. Kap. II,

§ 2). Anders ausgedrückt: Ein linearer Operator A ist abgeschlossen, wenn aus $x_n \to x$, $x_n \in D_A$ und $y_n = A(x_n) \to y$ folgt, daß $x \in D_A$ und $y = A(x)$ ist.

Nun sei A ein injektiver linearer Operator mit Definitionsbereich D_A. Dann ist der Umkehroperator A^{-1} wohldefiniert und sein Definitionsbereich ist $R_A = A(D_A)$. Nimmt man nun an, daß A ein abgeschlossener Operator ist, dann ist nach Definition sein Graph W_A eine abgeschlossene Menge. Den Graphen von A^{-1} erhält man durch Achsenvertauschen, da

$$W_{A^{-1}} = \{(y,x) : y \in Y \ , \ x \in X, \ A^{-1}(y) = x\}$$

und

$$W_A = \{(x,y) : x \in X \ , \ y \in Y \ , \ A(x) = y\} \ .$$

Mithin ist also für einen injektiven abgeschlossenen linearen Operator A auch der Umkehroperator A^{-1} abgeschlossen.

Nun sei D_A eine abgeschlossene lineare Teilmenge von X und A ein stetiger linearer Operator. Dann ist A auch ein abgeschlossener Operator. Denn gelte $x_n \to x$, $x_n \in D_A$ und $y_n = A(x_n) \to y$, dann ist zunächst $x \in D_A$, und aus der Stetigkeit von A folgt, daß $y_n = A(x_n)$ gegen $A(x)$ strebt, d.h. $y = A(x)$.

<u>Satz III.3.1.</u> (BANACH [1], [2])
Es seien X und Y BANACH-Räume und A sei ein abgeschlossener Operator, der ganz X in Y abbildet. Dann ist A stetig.

<u>Beweis:</u>
Nach Definition der Abgeschlossenheit von A ist $W_A \subset X \times Y$ ein Unterraum von $X \times Y$. Da $X \times Y$ ein BANACH-Raum ist, ist W_A vollständig.

Weil $D_A = X$ ist, gilt $W_A = \{(x, A(x)) : x \in X\}$. Ordnet man nun jedem $(x, A(x)) \in W_A$ seine erste Komponente $x \in X$ zu, so erhält man eine bijektive Abbildung von W_A auf X. Da $\|(x,A(x))\| = \|x\| + \|A(x)\| \geq \|x\|$, ist diese Abbildung stetig. Nach Korollar III.2.2 ist dann auch die Umkehrabbildung stetig, d.h. aus $x_n \to 0$ folgt $\|x_n\| + \|A(x_n)\| \to 0$. Dies bedeutet aber gerade, daß der Operator A stetig ist. ∎

Satz III.3.1 wird gewöhnlich als der "<u>Satz vom abgeschlossenen Graphen</u>" bezeichnet.

Es seien X und Y reelle oder komplexe BANACH-Räume. Dann heißt ein linearer Operator A von X nach Y <u>kompakt</u>, falls $\overline{A(\overline{K})} \subset Y$ eine kompakte Menge ist, wobei wie üblich $\overline{K} = \{x \in X : \|x\| \leq 1\}$ ist.

§ 4 Konjugierte Operatoren

Es seien X und Y lineare Räume über dem Körper der reellen oder komplexen Zahlen und A ein linearer Operator, der X in Y abbildet. Ist nun f(y) ein lineares Funktional auf Y, dann ist

$$F(x) = f(A(x)) \tag{4.1}$$

ein lineares Funktional auf X.

Auf diese Art definieren wir nun einen Operator A', der nach Formel (4.1) jedem linearen Funktional auf Y ein lineares Funktional auf X zuordnet.

Bezeichnet man mit X' bzw. Y' die Menge aller auf X bzw. Y definierten linearen Funktionale, dann sieht man, daß die oben definierte Abbildung A' den Raum Y' in den Raum X' abbildet. Man nennt X' bzw. Y' den "<u>Dualraum</u>" von X bzw. Y und A' den "<u>dualen Operator</u>" von A.

Definiert man nun in den Dualräumen X' und Y' eine Addition und eine Multiplikation mit Skalaren durch

$$(f + g)(x) = f(x) + g(x)$$

$$(\alpha f)(x) = \alpha(f(x)) \quad ,$$

dann sind die Dualräume lineare Räume. Man sieht dann leicht, daß der duale Operator A' linear ist.

Nun seien X und Y Banach-Räume über dem Körper der reellen oder komplexen Zahlen, und A sei ein stetiger linearer Operator von X nach Y. Dann nennt man die Beschränkung des dualen Operators A' auf den konjugierten Raum $Y^{*} \subset Y'$ den "<u>konjugierten Operator</u>" und bezeichnet ihn mit A^*. Da für $f \in Y$ auch $A'f = fA$ als Komposition zweier stetiger Abbildungen stetig ist, bildet A' den konjugierten Raum Y^* in den konjugierten Raum X^* ab.

Satz III.4.1.

$$\|A^*\| = \|A\| .$$

Beweis:
Nach Korollar II.5.6 ist

$$\|A^*\| = \sup_{\|f\|\leq 1} \|A^*f\| = \sup_{\|f\|\leq 1} \left(\sup_{\|x\|\leq 1} |f(A(x))|\right)$$
$$= \sup_{\|x\|\leq 1} \left(\sup_{\|f\|\leq 1} |f(A(x))|\right) = \sup_{\|x\|\leq 1} \|Ax\| = \|A\|.$$

■

Wir bemerken noch, daß dieser Satz auch für reelle halbnormierte Räume gilt.

Aus dem Beweis des obigen Satzes ergibt sich noch:

Satz III.4.2.
Es seien X und Y BANACH-Räume und A ein linearer Operator von X nach Y. Wenn die Beschränkung des dualen Operator A' auf Y eine stetige lineare Abbildung von Y^* in X^* ist, dann ist der Operator A stetig.

Kapitel IV. Die schwache Topologie

§ 1 Weshalb braucht man Topologien? Die topologischen Grundbegriffe

Viele praktische Optimierungsaufgaben führen auf das folgende mathematische Problem. Gegeben sei ein stetiges lineares Funktional f auf einem BANACH-Raum X, gesucht wird ein $x_o \in X$ mit Norm 1, für das

$$f(x_o) = \|f\| \tag{1.1}$$

gilt.

Man hat also Bedingungen anzugeben, die die Existenz eines solchen Elements garantieren.

Wäre die Einheitskugel $\{x : \|x\| \leq 1\}$ kompakt, dann würde die Existenz eines solchen Elements x_o sofort aus der Stetigkeit von f folgen. Doch leider sind nur in endlich-dimensionalen BANACH-Räumen die Einheitskugeln kompakt.

Wir zeigen zunächst, daß für einen unendlich-dimensionalen BANACH-Raum X die Einheitskugel nicht kompakt ist. Dazu konstruieren wir induktiv eine Folge von Elementen $\{x_n\}$, $x_n \in X$, mit

(1) $\frac{1}{2} \leq \|x_n\| \leq 1$, $n = 1,2,\ldots,$

(2) $\|x_i - x_j\| \geq \frac{1}{2}$, für $i \neq j$.

Als x_1 kann man ein beliebiges Element von X nehmen, welches Bedingung (1) erfüllt. Angenommen, $x_1,\ldots,x_n$ seien bereits konstruiert und genügten den Bedingungen (1) und (2). Nun sei $X_n = \text{Lin}\,\{x_1,\ldots,x_n\}$ der von $x_1,\ldots,x_n$ aufgespannte lineare Raum. Da X_n endlich-dimensional ist, gibt es im Quotientenraum X/X_n ein von Null verschiedenes

Element und somit auch ein Element der Norm $\frac{1}{2}$. Aus der Definition der Norm des Quotientenraumes folgt dann, daß dieses Element etwa von einem $x_{n+1} \in X$ repräsentiert wird, welches Bedingung (1) erfüllt. Da $\{x_1, \ldots, x_n\} \subset X_n$ in der Nebenschar liegt, die die Null repräsentiert, gilt

$$(2') \quad \|x_{n+1} - x_i\| \geq \frac{1}{2} , \quad i = 1,2,\ldots,n ,$$

was zu zeigen war.

Da jede Folge $\{x_n\}$ die den Bedingungen (1) und (2) genügt, eine Folge von Elementen der Einheitskugel ist, die keine konvergente Teilfolge enthält, haben wir gezeigt, daß die Einheitskugel eines unendlich-dimensionalen BANACH-Raumes nicht kompakt ist.

Wir stellen nun die Frage, ob man nicht in jedem unendlich-dimensionalen BANACH-Raum eine Metrik einführen kann, so daß

(1) die Einheitskugel in der neuen Metrik kompakt ist
und
(2) die stetigen linearen Funktionale in der neuen Metrik stetig bleiben.

Die Antwort auf diese Frage ist negativ. Man muß sich also überlegen, ob man nicht zu einem allgemeineren Begriff als dem des metrischen Raumes übergehen sollte, um damit die Existenz eines Elementes x_o, welches der Bedingung (1.1) genügt, wenigstens für gewisse unendlich-dimensionale BANACH-Räume nachzuweisen. Dies führt uns zum Begriff der "schwachen Topologie".

Bevor wir uns hiermit genauer beschäftigen werden, definieren wir zunächst den Begriff der Topologie.

Es sei X eine Menge. Eine "Topologie" für X ist eine Familie $\mathcal{O}$ von Teilmengen von X (die Elemente von $\mathcal{O}$ heißen "offene Mengen") mit den folgenden Eigenschaften:

(1) die leere Menge und der ganze Raum gehören zu $\mathcal{O}$, also $\emptyset, X \in \mathcal{O}$

(2) der Durchschnitt zweier offener Mengen ist offen, d.h. mit $U,V \in \mathcal{O}$ ist auch $U \cap V \in \mathcal{O}$.

(3) die beliebige Vereinigung offener Mengen ist eine offene Menge, d.h. für eine Familie $(U_i)_{i \in I}$ von Elementen $U_i \in \mathcal{O}$ ist auch $\bigcup_{i \in I} U_i \in \mathcal{O}$.

Eine Menge X mit einer Topologie heißt ein "<u>topologischer Raum</u>". Ist x ein Punkt des topologischen Raumes X und gilt für $U \in \mathcal{O}$: $x \in U$, so heißt U eine "<u>Umgebung</u>" von x.

Da die Menge $\mathcal{O}$ sehr groß sein kann, ist es im allgemeinen zweckmäßig, mit einer Umgebungsbasis eines Punktes zu arbeiten. Für $x \in X$ heißt eine Menge B(x) von Umgebungen von x eine "<u>Umgebungsbasis</u>" für x, wenn es zu jeder Umgebung U von x ein $V \in B(x)$ mit $V \subset U$ gibt.

Man überzeugt sich leicht, daß eine Umgebungsbasis B(x) eines Punktes $x \in X$ die folgenden Eigenschaften hat:

(1) B(x) ist nicht leer und für alle $V \in B(x)$ ist $x \in V$

(2) für alle U, $V \in B(x)$ gibt es ein $W \in B(x)$ mit $W \subset U \cap V$

(3) für alle $V \in B(x)$ und alle $y \in V$ gibt es ein $W \in B(y)$ mit $W \subset V$.

Ist nun in jedem Punkte $x \in X$ eine Umgebungsbasis B(x) gegeben, dann erhält man die gesamte Topologie auf folgende Art. Die beliebige Vereinigung $\bigcup_\alpha U_\alpha$ von Mengen $U_\alpha \in B(x_\alpha)$ ist nach (3) eine offene Menge, und jede offene Menge U läßt sich in der Form

$$U = \bigcup_{x \in U} V$$

darstellen, wobei $V \in B(x)$ eine Umgebung mit $V \subset U$ ist.

In jedem topologischen Raum ist per Definitionem die Familie der offenen Mengen gegeben. Eine Teilmenge F eines topologischen Raumes X heißt "<u>abgeschlossen</u>", wenn ihr Komplement $X \setminus F$ eine offene Menge ist. Aus (3) folgt, daß der Durchschnitt einer beliebigen Familie von abgeschlossenen Mengen wieder eine abgeschlossene Menge ist.

Es sei A eine beliebige Teilmenge eines topologischen Raumes X. Dann bezeichnet man als "<u>Abschluß</u>" $\bar{A}$ von A die kleinste abgeschlossene Menge, die A enthält. Offensichtlich ist:

$$\bar{A} = \bigcap \{F : F \text{ ist abgeschlossen und } A \subset F\} .$$

Als "Inneres" Int A von A bezeichnet man die größte offene Menge, die in A enthalten ist. Offensichtlich ist:

$$\operatorname{Int} A = \bigcup \{G : G \text{ ist offen und } G \subset A\}$$

$$= X \setminus \overline{(X \setminus A)}$$

Die hier gegebenen Definitionen von Int A und $\bar{A}$ sind allgemeiner als die in Kapitel I, § 2 angegebenen Definitionen. Aus den dortigen Sätzen folgt, daß jeder metrische Raum auch ein topologischer Raum ist. Die zugehörige Topologie wird nämlich durch die in Kapitel I, § 2 definierten offenen Mengen gegeben. Wir bemerken noch, daß auch im Falle des metrischen Raumes das Komplement jeder offenen Menge wieder abgeschlossen ist (im Sinne der Definition von Kapitel I, § 2) und das Komplement einer abgeschlossenen Menge offen ist.

Im folgenden werden wir es nicht mit den allgemeinen topologischen Räumen, sondern mit den "HAUSDORFFschen topologischen Räumen", kurz auch "HAUSDORFF-Räume" genannt, zu tun haben. Dies sind topologische Räume, die der folgenden zusätzlichen Bedingung genügen: Zu je zwei Punkten x_1 und x_2 mit $x_1 \neq x_2$ gibt es disjunkte Umgebungen U_1 und U_2 der Punkte x_1 und x_2. Offensichtlich ist jeder metrische Raum ein HAUSDORFFscher topologischer Raum.

Es sei X ein topologischer Raum, d.h. für X ist wie oben eine Familie offener Mengen gegeben. Ist nun $Y \subset X$ eine Teilmenge von X, dann wird auf Y durch die offenen Mengen $U_Y = Y \cap U_X$ eine Topologie gegeben. Dabei ist U_X eine offene Menge von X. Der Raum Y mit dieser Topologie heißt ein "Unterraum" von X.

Ist Y eine abgeschlossene Teilmenge des topologischen Raumes X und Z eine abgeschlossene Teilmenge des Unterraumes Y, dann ist Z auch eine abgeschlossene Teilmenge von X. Denn ist Z abgeschlossen in Y, dann ist es von der Form $Z = Y \setminus G$, wobei G offen in Y ist. Da Y ein Unterraum von X ist, gilt $G = Y \cap G_o$, wobei G_o eine offene Menge von X ist. Da überdies Y eine abgeschlossene Teilmenge von X ist, erhält man $Y = X \setminus G_1$, $G_1 \subset X$ offen. Somit ist dann

$$Z = X \setminus (G_o \cup G_1),$$

also eine abgeschlossene Menge, da die Vereinigung zweier offener

Mengen eine offene Menge ist.

Es sei X ein topologischer Raum. Dann heißt eine Teilmenge $A \subset X$ "dicht" in X, wenn für alle $x \in X$ jede Umgebung U von x mit A einen nichtleeren Schnitt hat. X heißt "separabel", wenn es eine abzählbare dichte Teilmenge $A \subset X$ gibt.

Ist A eine dichte Teilmenge eines topologischen Raumes X, dann ist $\overline{A} = X$.

Satz IV.1.1.
Es seien X und Y topologische Räume und f eine Abbildung von X nach Y. Dann sind die folgenden Aussagen äquivalent:

(a) zu jeder Umgebung U von $f(x_o)$ existiert eine Umgebung V von x_o mit $f(V) \subset U$.

(b) für jede offene Teilmenge $G \subset Y$ ist das Urbild

$$f^{-1}(G) = \{x : f(x) \in G\}$$

offen.

(c) für jede abgeschlossene Teilmenge $F \subset Y$ ist das Urbild

$$f^{-1}(F) = \{x : f(x) \in F\}$$

abgeschlossen.

Beweis:
(a) => (b). Ist G eine offene Teilmenge von Y und $x \in f^{-1}(G)$, dann ist $f(x) \in G$; und da G offen ist, gibt es eine Umgebung U von f(x) mit $U \subset G$. Nach (a) existiert dann eine Umgebung V_x von x mit $f(V_x) \subset U \subset G$. Somit ist

$$f^{-1}(G) = \bigcup_{x \in f^{-1}(G)} V_x$$

als Vereinigung offener Mengen eine offene Menge.

(b) => (a) Man setze $V = f^{-1}(U)$.

(b) $\equiv$ (c) Ist F eine abgeschlossene Menge (bzw. G eine offene Menge), dann ist $Y \setminus F$ eine offene (bzw. $Y \setminus G$ ein abgeschlossene)

Menge und nach (b) (bzw. (c)) ist $f^{-1}(Y \setminus F)$ eine offene (bzw. $f^{-1}(Y \setminus G)$ eine abgeschlossene) Menge. Damit ist

$$f^{-1}(F) = X \setminus f^{-1}(Y \setminus F)$$

eine abgeschlossene (bzw. $f^{-1}(G) = X \setminus f^{-1}(Y \setminus G)$ eine offene) Menge. ∎

Eine Funktion f, die einer der drei Bedingungen (a), (b) oder (c) genügt, heißt "stetig". Bildet f den topologischen Raum X bijektiv auf den topologischen Raum Y ab und sind sowohl f und f^{-1} stetig, dann heißt f ein "Homöomorphismus". Zwei topologische Räume X und Y heißen "homöomorph", falls es einen Homöomorphismus von X auf Y gibt.

Wir stellen nun die Frage, wie man für einen topologischen Raum den Konvergenzbegriff bei Folgen definiert. Man kann dies in naheliegenderweise, wie folgt, machen:

Nämlich eine Folge $\{x_n\}$ von Elementen eines topologischen Raumes X "konvergiert" gegen ein $x_o \in X$, wenn es zu jeder Umgebung U von x_o einen Index n(U) gibt, so daß für alle $n \geq n(U)$ stets $x_n \in U$ gilt.

Wenn X ein HAUSDORFF-Raum ist, dann ist der Grenzwert x_o eindeutig bestimmt, und dann konvergiert auch jede Teilfolge einer konvergenten Folge gegen den gleichen Grenzwert.

Eine Abbildung f von einem topologischen Raum X in einen topologischen Raum Y heißt "folgenstetig", wenn sie konvergente Folgen in konvergente Folgen überführt.

Satz IV.1.2.
Jede stetige Funktion f von einem topologischen Raum X in einen topologischen Raum Y ist folgenstetig.

Beweis:
Es sei $x_o \in X$ ein beliebiges Element und $\{x_n\}$ eine gegen x_o konvergente Folge. Ferner sei U eine beliebige Umgebung von $f(x_o)$. Da nach Voraussetzung f stetig ist, gibt es eine Umgebung V von x_o mit $f(V) \subset U$. Weil $\{x_n\}$ gegen $x_o \in X$ konvergiert, gibt es einen Index N, so daß für alle $n \geq N$ stets $x_n \in V$ und somit $f(x_n) \in U$ ist. Da U beliebig war, heißt dies, daß $\{f(x_n)\}$ gegen $f(x_o)$ konvergiert. ∎

Wir bemerken, daß sich Satz IV.1.2 nicht umkehren läßt. Vielmehr werden wir in Kapitel VII folgenstetige Operatoren angeben, die nicht stetig sind.

Es sei A eine abgeschlossene Teilmenge eines topologischen Raumes X und $\{x_n\}$ eine Folge von Elementen aus A die gegen ein $x_o \in X$ konvergiert. Wir zeigen nun, daß $x_o \in A$ ist. Da A abgeschlossen ist, ist $X \setminus A$ offen. Wäre $x_o \in X \setminus A$, dann gäbe es eine zu A disjunkte Umgebung U von x_o. Dies widerspricht aber der Annahme, daß $\{x_n\}$ gegen x_o konvergiert.

Somit liegt also für eine beliebige Teilmenge $A \subset X$ die Menge

$$\tilde{A} = \{x : x = \lim_{n\to\infty} x_n \;,\; x_n \in A\}$$

im Abschluß $\bar{A}$ von A. Im Falle eines metrischen Raumes ist sogar $\tilde{A} = \bar{A}$ (siehe Satz I.2.7).

Im allgemeinen Fall ist dies jedoch nicht richtig. Es kann sogar vorkommen, daß die Menge $\tilde{\tilde{A}} = \{x \in X : x = \lim_{n\to\infty} x_n \;,\; x_n \in \tilde{A}\}$ echt größer als $\tilde{A}$ ist.

§ 2 Kompakte und folgenkompakte Räume

In Kapitel I.§11 haben wir gezeigt, daß die Eigenschaften folgenkompakt und kompakt in metrischen Räumen zusammenfallen.

Allgemein nennt man nun einen HAUSDORFFschen topologischen Raum X "folgenkompakt", wenn jede Folge von Elementen aus X eine konvergente Teilfolge enthält. Man sagt, daß X "kompakt"ist, wenn man aus jeder offenen Überdeckung von X eine endliche Überdeckung auswählen kann.

Wir bemerken, daß es folgenkompakte Räume gibt, die nicht kompakt sind (siehe z.B. ENGELKING [1], p. 135).

Sieht man sich nun genau die Beweise der in Kapitel I. §11 aufgeführten Sätze an, dann bemerkt man, daß viele dieser Sätze ohne jede Änderung auf HAUSDORFFsche topologische Räume übertragen werden können.

Satz IV.2.1.

Jede abgeschlossene Teilmenge eines folgenkompakten Raumes ist ein

folgenkompakter Raum
(vgl. Satz I.11.1.).

Satz IV.2.2.
Ist X ein folgenkompakter Raum und $\{F_n\}$ eine absteigende Folge von abgeschlossenen nichtlinearen Teilmengen von X, dann ist

$$\bigcap_{n=1}^{\infty} F_n \neq \emptyset .$$

(vgl. Satz I.11.4).

Satz IV.2.3.
Ist X ein folgenkompakter Raum, dann kann man aus jeder abzählbaren offenen Überdeckung von X eine endliche Überdeckung auswählen.

(vgl. Satz I.11.5).

Satz IV.2.4.
Ist X ein folgenkompakter Raum und f eine folgenstetige Abbildung von X auf einen HAUSDORFF-Raum Y, dann ist auch Y folgenkompakt.

(vgl. Satz I.11.12).

Satz IV.2.5.
Ist f eine reellwertige folgenstetige Funktion, die auf einem folgenkompakten Raum X definiert ist, dann nimmt f auf X seine obere und untere Grenze an.

(vgl. Satz I.11.15).

Satz IV.2.6.
Es sei f eine bijektive folgenstetige Abbildung, die den folgenkompakten Raum X auf den HAUSDORFF-Raum Y abbildet. Dann ist die Umkehrfunktion f^{-1} ebenfalls folgenstetig.

Beweis:
Es sei $\{y_n\}$ eine Folge von Elementen aus Y die gegen y_o konvergiert und es sei $x_o = f^{-1}(y_o)$ und $x_n = f^{-1}(y_n)$. Wir zeigen nun, daß die Folge $\{x_n\}$ gegen x_o konvergiert. Angenommen, dies wäre nicht der Fall, dann existiert eine Umgebung U von x_o, außerhalb derer sich unendlich viele Glieder der Folge $\{x_n\}$ befinden. Da X folgenkompakt ist, enthält diese Folge eine gegen ein $x' \notin U$ konvergente Teilfolge $\{x_{n_k}\}$.

Aus der Folgenstetigkeit von f folgt, daß $y_{n_k} = f(x_{n_k})$ gegen $f(x')$ konvergiert. Da $\{y_{n_k}\}$ eine Teilfolge von $\{y_n\}$ ist, erhält man $f(x') = f(x_o)$. Dies widerspricht aber der Injektivität von f. ■

Da, wie bereits erwähnt, die folgenkompakten und kompakten Räume nicht die gleiche Klasse bestimmen, geben wir nun für die kompakten Räume die analogen Ergebnisse von bereits gezeigten Sätzen an.

Satz IV.2.7.

Es sei X ein kompakter Raum und $\{F_t\}$, $t \in T$ eine Familie von abgeschlossenen Teilmengen von X, so daß jede endliche Unterfamilie einen nicht leeren Durchschnitt hat. Dann ist

$$\bigcap_{t \in T} F_t \neq \emptyset .$$

Beweis:

Der Beweis verläuft genau so, wie bei Satz I.11.11. ■

Satz IV.2.8.

Hat ein HAUSDORFF-Raum X die in Satz IV.2.7 angegebene Eigenschaft, dann ist er kompakt.

Beweis:

Es sei $\{G_t\}$, $t \in T$ eine offene Überdeckung von X, und man setze $F_t = X \setminus G_t$. Die F_t sind abgeschlossen und ihr gemeinsamer Schnitt ist leer. Also existieren nach Voraussetzung endlich viele $F_{t_1},\dots,F_{t_n}$ mit leerem Schnitt und dies heißt $X \subset G_{t_1} \cup \dots \cup G_{t_n}$. ■

Satz IV.2.9.

Es sei X ein kompakter topologischer Raum und $Y \subset X$ eine abgeschlossene Teilmenge. Dann ist auch Y ein kompakter topologischer Raum.

Beweis:

Es sei $\{F_t\}$, $t \in T$ eine Familie von abgeschlossenen Teilmengen von Y, so daß der Durchschnitt von je endlich vielen Mengen nicht leer ist. Da Y abgeschlossen ist, ist F_t in X ebenfalls abgeschlossen. Nach

Satz IV.2.7 ist der Schnitt der gesamten Familie nicht leer. Also ist nach Satz IV.2.8 Y ein kompakter topologischer Raum. ■

Satz IV.2.10.

Es sei X ein kompakter topologischer Raum und f eine stetige Abbildung von X in einen HAUSDORFF-Raum Y. Dann ist f(X) kompakt.

Beweis:

Es sei $\{G_t\}$ eine offene Überdeckung von f(X). Weil f stetig ist, ist $\{f^{-1}(G_t)\}$ eine offene Überdeckung von X. Da X kompakt ist, kann man hieraus eine endliche Überdeckung $f^{-1}(G_{t_1}),\ldots,f^{-1}(G_{t_n})$ auswählen. Damit ist aber $G_{t_1},\ldots,G_{t_n}$ eine endliche Überdeckung von f(X). ■

Aus diesem Satz folgt unmittelbar, daß Satz I.11.15 auch für kompakte topologische Räume gilt, daß also jede stetige reellwertige Funktion auf einem kompakten topologischen Raum ihre obere und untere Grenze annimmt.

Auf die gleiche Art, wie sich die Korollare I.11.13 und I.11.14 ergeben, erhält man:

Korollar IV.2.11.

Es sei X ein kompakter topologischer Raum und f eine stetige Abbildung von X in einen HAUSDORFF-Raum Y. Dann bildet f abgeschlossene Mengen auf abgeschlossene ab.

Korollar IV.2.12.

Es sei f eine bijektive stetige Abbildung eines kompakten topologischen Raumes auf einen HAUSDORFF-Raum. Dann ist f^{-1} stetig.

Eine Teilmenge A eines topologischen Raumes X heißt "kompakt" (bzw. "folgenkompakt"), wenn sie als Unterraum von X ein kompakter (bzw. folgenkompakter) Raum ist.

Es sei $\{X_\alpha\}$, $\alpha \in A$, eine Familie von HAUSDORFFschen topologischen Räumen. Mit $\bigtimes_{\alpha\in A} X_\alpha$ bezeichnet man dann die Menge aller Folgen der Form $\{x_\alpha\}$, $\alpha \in A$. In $\bigtimes_{\alpha\in A} X_\alpha$ führt man die folgende Topologie ein: Es sei $x^o = \{x_\alpha^o\}$ ein beliebiger Punkt und $\{U_{\alpha_\beta}\}_{\beta\in B}$ eine Umgebungsbasis von

x^{o}_{α} im Raum X_{α}. Als Umgebungsbasis von x^{o} in $\bigtimes_{\alpha\in A} X_{\alpha}$ nimmt man dann die Familie aller Mengen V der Form

$$V = \{\{x_{\alpha}\}\in \bigtimes_{\alpha\in A} X_{\alpha} \mid x_{\alpha_n} \in U_{\alpha_n,\beta_n} \text{ für } (\alpha_1,\beta_1),\ldots,(\alpha_n,\beta_n)\in A\times B\}.$$

Man weist leicht nach, daß $\bigtimes_{\alpha\in A} X_{\alpha}$ ein HAUSDORFFscher topologischer Raum ist. Er heißt das "<u>TICHONOW-Produkt</u>" von $\{X_{\alpha}\}$.

Ohne Beweis zitieren wir noch den folgenden wichtigen Satz:

<u>Satz IV.2.13.</u> (TICHONOW)
Es sei $\{X_{\alpha}\}$ eine Familie von kompakten topologischen Räumen, dann ist das TICHONOW-Produkt ebenfalls ein kompakter topologischer Raum.

Einen Beweis dieses Satzes findet man in jedem Lehrbuch der Topologie etwa bei ENGELKING [1], p. 101.

Da dieser Satz für folgenkompakte Räume nicht gilt - es gibt nämlich ein Beispiel eines Produktes von zwei folgenkompakten Räumen, das kein folgenkompakter Raum ist (siehe ENGELKING [1], p. 135) - sind die kompakten Räume vom topologischen Standpunkt wichtiger als die folgenkompakten Räume.

§ 3 Topologische lineare Räume

Es sei X ein linearer Raum über dem Körper der reellen (oder komplexen) Zahlen, der zusätzlich noch ein HAUSDORFF-Raum ist. Dann heißt X ein "<u>topologischer linearer Raum</u>", wenn die Addition und die Multiplikation mit Skalaren stetige Verknüpfungen sind. Mit anderen Worten; falls

(1) zu jeder Umgebung U_{x+y} von x+y eine Umgebung U_x von x und eine Umgebung U_y von y existiert, so daß

$$U_x + U_y \subset U_{x+y} ;$$

und

(2) zu jeder Umgebung U_{tx} von tx eine Umgebung U_x von x und ein $\varepsilon>0$ existiert, so daß für alle t' mit $|t'-t| < \varepsilon$ stets $t'U_x \subset U_{tx}$.

Aus der Stetigkeit der Addition folgt für eine Umgebungsbasis $\{U_\alpha\}$ der Null, daß $\{U_\alpha + x\}$ eine Umgebungsbasis von x ist.

Nun sei X ein linearer Raum, der zugleich ein HAUSDORFF-Raum ist. Dann nennt man die Topologie von X "translationsinvariant" falls für jede offene Teilmenge G von X und jedes $x \in X$ auch $x+G$ eine offene Teilmenge von X ist. Ist die Addition eine stetige Operation, so folgt, daß die Topologie translationsinvariant ist. In diesem Falle braucht man dann die Stetigkeit der Addition nur noch im Nullpunkt nachzuweisen. Die Bedingungen (1) und (2) für einen topologischen linearen Raum können also durch

(1') zu jeder Nullumgebung U gibt es eine Nullumgebung V mit $V+V \subset U$

und

(2') zu jeder Nullumgebung U und jedem $\varepsilon > 0$ gibt es eine Nullumgebung V, so daß für alle $|t| < \varepsilon$ stets $tV \subset U$ gilt

ersetzt werden.

Ein topologischer linearer Raum X heißt "lokal-konvex" falls jede Nullumgebung U eine konvexe Nullumgebung V enthält. X heißt dann auch kurz "lokalkonvexer Raum".

Nun sei X ein lokalkonvexer Raum über dem Körper der reellen Zahlen, U eine Nullumgebung von X und $V \subset U$ ein konvexe Nullumgebung. Aus der Stetigkeit der Multiplikation mit reellen Zahlen folgt dann, daß $W = \bigcap_{|\varepsilon|=1} \varepsilon V$ ebenfalls eine Nullumgebung ist. Nach Satz II.2.2 bestimmt W eine Pseudonorm $\|x\|$ in X. Setzt man $X_0 = \{x \in X : \|x\| = 0\}$ und $X' = X/X_0$, dann existiert nach dem Satz von HAHN-BANACH auf X' ein lineares Funktional $f \neq 0$, welches bezüglich $\|x\|$ stetig ist. Damit ist f aber auch bezüglich der ursprünglichen Topologie stetig. Diese Konstruktion kann man für jede Nullumgebung machen. Da X ein HAUSDORFF-Raum ist, gibt es zu jedem $x \neq 0$ eine Nullumgebung U mit $x \notin U$. Somit erhält man:

Satz IV.3.1.
Es sei X ein lokalkonvexer Raum über dem Körper der reellen Zahlen. Dann gibt es zu jedem $x \neq 0$ ein stetiges lineares Funktional f mit $f(x) \neq 0$.

Entsprechend dem Beweis von Satz II.5.4 erhält man:

Satz IV.3.2.
Es sei X ein lokalkonvexer Raum über dem Körper der komplexen Zahlen. Dann gibt es zu jedem $x \neq 0$ ein stetiges lineares Funktional f mit $f(x) \neq 0$.

Die Trennungssätze lassen sich ebenfalls auf lokalkonvexe Räume übertragen.

Satz IV.3.3.
Es seien A und B zwei disjunkte konvexe Mengen eines lokalkonvexen Raumes über dem Körper der reellen (bzw. komplexen) Zahlen, wobei wenigstens eine der beiden Mengen ein nicht leeres Inneres hat. Dann existiert ein stetiges lineares Funktional f, welches A und B trennt, d.h. es ist

$$\sup_{x \in A} f(x) \leq \inf_{x \in B} f(x)$$

(bzw.

$$\sup_{x \in A} \operatorname{re} f(x) \leq \inf_{x \in B} \operatorname{re} f(x))$$

Satz IV.3.4.
Es sei X ein lokalkonvexer Raum über dem Körper der reellen (bzw. komplexen) Zahlen, $U \subset X$ eine abgeschlossene konvexe Teilmenge von X und $x_0 \in X \setminus U$. Dann existiert ein stetiges lineares Funktional f(x), eine reelle Zahl c und ein positives ε, so daß

$$f(x_0) \geq c+\varepsilon, \text{ und für alle } x \in U \text{ stets } f(x) \leq c \text{ ist}$$

(bzw.

$$\operatorname{re} f(x_0) \geq c+\varepsilon, \text{ und für alle } x \in U \text{ stets } \operatorname{re} f(x) \leq c \text{ ist}).$$

Der Beweis dieser Sätze verläuft genauso wie bei normierten Räumen.

§ 4 Die schwache Topologie

Es sei X ein reeller oder komplexer linearer Raum und Γ eine Menge von auf X definierten linearen Funktionalen mit den beiden folgenden Eigenschaften:

(1) "Γ ist eine lineare Menge", d.h. für $f,g \in \Gamma$ ist auch $f+g \in \Gamma$, und für jedes $f \in \Gamma$ und jeden Skalar a ist $af \in \Gamma$

(2) "Γ ist total", d.h. ist $x \in X$ und ist für alle $f \in \Gamma$ stets $f(x) = 0$, dann gilt $x=0$.

Für X definiert man nun eine translationsvariante Γ-Topolgie mit Hilfe einer Nullumgebungsbasis, deren Elemente von der Form:

$$U = \{x \in X: \ |f_i(x)| < c_i \ , \ i=1,\dots,n, \ f_1,\dots,f_n \in \Gamma, \ c_i \in R^+\}$$

sind.

Man sieht leicht, daß die so definierten Mengen den Bedingungen einer Nullumgebungsbasis genügen. Denn der Schnitt zweier solcher Mengen enthält wieder eine Menge desselben Typs.

Durch Translation erhält man dann eine Topologie auf X, genannt die "Γ-Topologie". Da Γ total ist, ist X mit der Γ-Topologie ein HAUSDORFF-Raum. Mit Hilfe einer leichten Rechnung sieht man weiterhin, daß X mit der Γ-Topologie ein lokalkonvexer Raum ist.

Im weiteren Verlauf dieses Buches sind nur die beiden folgenden Γ-Topologien für BANACH-Räume von Interesse.

X sei ein BANACH-Raum und $\Gamma = X^*$ der konjugierte Raum von X. Dann heißt die entsprechende Γ-Topologie die "schwache Topologie" für X.

Falls $X = Y^*$ der konjugierte Raum eines gewissen BANACH-Raumes Y ist, und

$$\Gamma = \{f \in X^*: \text{ es gibt } y \in Y \text{ mit } f(x) = x(y)\},$$

dann heißt die zugehörige Γ-Topologie die "schwach-$*$-Topologie" für X. Genauer sollte man von der "schwach-$*$-Topologie bezüglich Y" sprechen, da es nämlich nicht isomorphe BANACH-Räume Y und Y_1 gibt, die isomorphe konjugierte Räume haben. Wir werden jedoch aus traditionellen Gründen immer da, wo keine Mißverständnisse entstehen können, einfach von der schwach-*-Topologie von X sprechen.

Ist eine Teilmenge eines linearen Raumes in der Γ-Topologie folgenkompakt (bzw. kompakt), dann nennen wir sie "Γ-folgenkompakt" (bzw. "Γ-kompakt"). Ist sie bezüglich der schwachen Topologie folgenkompakt (bzw. kompakt), dann heißt sie "schwach folgenkompakt" (bzw. "schwach kompakt"). Entsprechend sind die Begriffe "schwach-*-folgenkompakt" und "schwach-*-kompakt" zu verstehen.

Satz IV.4.1.
Es sei X ein reeller oder komplexer linearer Raum und $\Gamma \subset X'$ eine Menge von linearen Funktionalen, die den Bedingungen (1) und (2) genügen. Dann ist ein lineares Funktional $f \in X'$ in der Γ-Topologie genau dann stetig, wenn $f \in \Gamma$ ist.

Beweis:
"Hinreichend": Aus der Definition der Γ-Topologie folgt unmittelbar, daß jedes $f \in \Gamma$ in der Γ-Topologie ein stetiges lineares Funktional ist.

"Notwendig": Ist $f \in X'$ in der Γ-Topologie stetig, dann existiert eine Nullumgebung U der Γ-Topologie mit

$$\sup_{x \in U} |f(x)| < 1.$$

Da U von der Form

$$U = \{x \in X: \ |f_i(x)| < c_i \ , \quad i=1,2,\ldots,n\}$$

ist, enthält es den linearen Teilraum

$$X_o = \{x \in X: \ f_i(x) = 0 \ , \quad i=1,2,\ldots,n\}.$$

Nach Voraussetzung ist f auf U beschränkt. Das bedeutet wegen der Homogenität von f, daß f auf X_o verschwindet. Der Quotientenraum X/X_o ist nach Definition von X_o höchstens n-dimensional, und jedes der linearen Funktionale f_i induziert auf X/X_o ein lineares Funktional $\tilde{f}_i$. Da f auf X_o ebenfalls verschwindet, induziert es auch ein lineares Funktional $\tilde{f}$ auf X/X_o. Dies heißt, daß $\tilde{f}$ eine Linearkombination der $\tilde{f}_i$, also f eine Linearkombination der f_i ist. Aus der Linearität von Γ folgt dann, daß $f \in \Gamma$ ist.■

Satz IV.4.2.
Es seien X und Y reelle oder komplexe lineare Räume und A ein linearer Operator von X nach Y. Ferner sei X bzw. Y mit einer Γ_X- bzw. Γ_Y-Topologie versehen. Der Operator A ist genau dann ein stetiger linearer Operator von X, versehen mit der Γ_X-Topologie nach Y, versehen mit der Γ_Y-Topologie, wenn für jedes $f \in \Gamma_Y$ das lineare Funktional $f(A(x))$ in Γ_X ist (d.h. A' bildet Γ_Y in Γ_X ab).

Beweis:
"Notwendig". Es sei $f \in \Gamma_Y$. Da A nach Voraussetzung stetig ist, ist dann auch $f \circ A$ ein stetiges lineares Funktional auf X in der Γ_X-Topologie. Nach Satz IV.4.1 heißt das $f \circ A \in \Gamma_X$.

"Hinreichend". Es sei U eine beliebige Nullumgebung von Y in der Γ_Y-Topologie. Dann hat U die Form

$$U = \{y \in Y: \ |f_i(y)| < c_i \ , \quad i=1,\ldots,n, \quad f_i \in \Gamma_Y\}.$$

Da nach Voraussetzung $f_i \circ A \in \Gamma_X$ ist, ist das Urbild von U unter A, also

$$A^{-1}(U) = \{x \in X: \ |f_i(A(x))| < c_i \ , \quad i=1,2,\ldots,n\},$$

eine Nullumgebung in der Γ_X-Topologie, womit die Stetigkeit von A gezeigt ist.■

Korollar IV.4.3.
Es seien X und Y BANACH-Räume. Dann ist jeder stetige lineare Operator A von X nach Y auch schwach stetig; d.h. stetig als Operator von X,versehen mit der schwachen Topologie, nach Y versehen mit der schwachen Topologie.

Beweis:
Ist f ein stetiges lineares Funktional auf Y, dann ist auch $f(A(x))$ ein stetiges lineares Funktional auf X. Also bildet A' den Raum Y^* in den Raum X^* ab. Aus der Definition der schwachen Stetigkeit und Satz IV.4.2 folgt dann, daß A schwach stetig ist.■

Korollar IV.4.4.

Es sei X bzw. Y ein BANACH-Raum, der der konjugierte Raum von X_o bzw. Y_o ist und A ein stetiger linearer Operator von X nach Y. Dann ist A schwach-*-stetig genau dann, wenn A der konjugierte Operator eines stetigen linearen Operators A_o von Y_o nach X_o ist.

Beweis:

Der konjugierte Operator A^* eines linearen Operators A ist genau dann stetig, wenn A stetig ist. Nach Definition der schwach-*-Topologie und Satz IV.4.2 ist A genau dann stetig, wenn A^* den Raum Y_o in X_o abbildet. Dies bedeutet aber gerade, daß A' den Raum $n(Y_o)$ in $n(X_o)$ abbildet, wobei n(Z) wie üblich das kanonische Bild von Z in Z^{**} ist. Identifiziert man nun $n(Y_o)$ mit Y_o und $n(X_o)$ mit X_o und bezeichnet man die Beschränkung von A' auf Y_o mit A_o, dann ist offensichtlich $A = A_o^*$. ∎

Satz IV.4.5.

Es sei Γ ein linearer Raum und X = Γ' der Dualraum von Γ. Ferner sei X mit der Γ-Topologie versehen, und c(γ) sei eine beliebige (nicht notwendig stetige) reellwertige Funktion auf Γ. Dann ist

$$K = \{x \in X: \gamma(x) \leq c(\gamma) \text{ für alle } \gamma \in \Gamma\}$$

kompakt in der Γ-Topologie.

Beweis:

Es sei

$$I(\gamma) = \{a: a \text{ Skalar mit } |a| \leq c(\gamma)\},$$

und

$$I = \bigtimes_{\gamma \in \Gamma} I(\gamma)$$

das TICHONOW-Produkt der I(γ) (siehe § 2). Nach dem Satz von TICHONOW (Satz IV.2.13) ist I ein kompakter topologischer Raum. Nun sei T die durch

$$T(x) = \{x_\gamma\}$$

mit $x_\gamma = \gamma(x)$ definierte Abbildung von K nach I. Da aus der Definition der Γ-Topologie sofort folgt, daß T ein injektiver Homöomorphismus ist, braucht nur noch gezeigt werden, daß das Bild von K unter T, also T(K), eine abgeschlossene Menge ist.

Dazu benutzt man nun, daß Γ ein linearer Raum ist. Sei etwa für $f,g \in \Gamma$

$$A(f,g) = \{\{x_\gamma\} \in I: x_{f+g} = x_f + x_g\}$$

und für $f \in \Gamma$, a Skalar

$$B(a,f) = \{\{x_\gamma\} \in I: x_{af} = ax_f\}.$$

Da für jedes $f \in \Gamma$ die Abbildung $\{x_\gamma\} \to x_f$ in der Γ-Topologie stetig ist, sind alle Mengen $A(f,g)$ und $B(a,f)$ abgeschlossen. Damit ist aber auch

$$T(K) = \left[\bigcap_{f,g \in \Gamma} A(f,g)\right] \cap \left[\bigcap_{\substack{f \in \Gamma \\ a\text{-Skalar}}} B(a,f)\right]$$

abgeschlossen. ∎

Als Korollar erhält man:

<u>Satz IV.4.6.</u> (ALAOGLU [1])
Es sei $X = Y^*$ der konjugierte Raum eines BANACH-Raumes Y. Dann ist die abgeschlossene Einheitskugel von X kompakt in der schwach-*-Topologie.

<u>Beweis:</u>
Es ist $K = \{x \in X: \|x\| \leq 1\} = \{x \in X: |x(y)| \leq \|y\|, \text{ für jedes } y \in Y\}$. ∎

Als unmittelbare Konsequenz aus dem Satz von ALAOGLU erhält man, daß jede beschränkte schwach-*-abgeschlossene Teilmenge A eines BANACH-Raumes X, der der konjugierte Raum eines BANACH-Raumes Y^* ist, in der schwach-*-Topologie kompakt ist.

Wir haben uns bisher mit der schwachen Topologie befaßt. Jetzt wollen wir die schwache Konvergenz untersuchen. Als triviale Konsequenz des Satzes von BANACH-STEINHAUS erhält man zunächst:

<u>Satz IV.4.7.</u>
Ist der BANACH-Raum X der konjugierte Raum eines BANACH-Raumes X_o, dann ist jede in der schwach-*-Topologie konvergente Folge $\{x_n\} \subset X$ auch beschränkt.

Korollar IV.4.8.

Jede schwach konvergente Folge von Elementen eines BANACH-Raumes X ist beschränkt.

Beweis:

Man bette X in seinen zweiten konjugierten Raum X^{**} ein und wende Satz IV.4.7 an. ■

Satz IV.4.9.

Es seien X und Y BANACH-Räume und $\{A_n\}$ eine Folge von stetigen linearen Operatoren von X nach Y, die in der Norm gegen einen linearen Operator A von X nach Y konvergiert. Ferner sei X der konjugierte Raum eines BANACH-Raumes X_o. Sind dann alle Operatoren A_n folgenstetig vom Raum X mit der schwach-*-Topologie bezüglich X_o in den Raum Y mit der Norm-Topologie, dann ist auch A folgenstetig von X mit der schwach-*-Topologie nach Y mit der Norm-Topologie.

Beweis:

Es sei $\{x_n\}$ eine Folge von Elementen aus X, die in der schwach-*-Topologie gegen x_o konvergiert. Nach Satz IV.4.7 ist diese Folge dann beschränkt und wir setzen

$$M = \sup_{0 \leq n < +\infty} \|x_n\| .$$

Da die Folge $\{A_n\}$ in der Norm gegen A konvergiert, gibt es zu beliebig vorgegebenen $\varepsilon > 0$ einen Index N mit

$$\|A_N - A\| < \frac{\varepsilon}{3M} .$$

Nach Voraussetzung ist A_N folgenstetig, d.h. zu unserem vorgegebenen $\varepsilon > 0$ gibt es ein n_o, so daß für alle $n > n_o$

$$\|A_N(x_n - x_o)\| < \frac{\varepsilon}{3}$$

ist. Somit gilt für alle $n > n_o$:

$$\|Ax_n - Ax_o\| \leq \|Ax_n - A_N x_n\| + \|A_N x_n - A_N x_o\| + \|A_N x_o - Ax_o\|$$

$$\leq M \cdot \frac{\varepsilon}{3M} + \frac{\varepsilon}{3} + M \cdot \frac{\varepsilon}{3M} = \varepsilon .$$

Da $\varepsilon>0$ beliebig war, folgt hieraus, daß $Ax_n \to Ax$ in der Norm-Topologie konvergiert. ∎

Korollar IV.4.10.

Es sei $\{A_n\}$ eine Folge von stetigen linearen Operatoren, die den BANACH-Raum X in den BANACH-Raum Y abbilden, und $\{A_n\}$ konvergiere in der Norm gegen einen linearen Operator A. Transformiert jedes A_n schwach konvergente Folgen in Norm-konvergente, dann transformiert A auch schwach konvergente Folgen in Norm-konvergente.

Beweis:

Man bette die zugrundeliegende Folge des Raumes X in den zweiten konjugierten Raum X^{**} ein und wende Satz IV.4.9 an. ∎

Wir zeigen nun, daß die Einheitskugel des konjugierten Raumes X^* schwach-*-folgenkompakt ist, falls X separabel ist. Allerdings geben wir dafür nicht den üblichen Beweis an, der auf einem recht allgemeinen Satz über kompakte Räume und dem Satz von ALAOGLU (Satz IV.4.6) beruht, sondern beweisen diese Aussage hier direkt.

Satz IV.4.11.

Es sei X ein separabler BANACH-Raum. Dann ist die abgeschlossene Einheitskugel des konjugierten Raumes X^* schwach-*-folgenkompakt.

Beweis:

Es sei $\{f_n\}$ eine Folge stetiger linearer Funktionale $f_n \in X^*$ mit $\|f_n\| \leq 1$. Da X nach Voraussetzung separabel ist, existiert eine dichte Folge $\{x_n\}$ von Elementen aus X.

Zunächst kann man induktiv eine Folge von Teilmengen $\{f_k^i\}$ von $\{f_n\}$ mit

(1) $\{f_k^i\}$ ist Teilfolge von $\{f_k^{i-1}\}$

und

(2) $\{f_k^i(x_i)\}$ ist für jedes i eine konvergente Skalarfolge

konstruieren. Wir wollen diese Konstruktion, die sehr einsichtig ist, hier nicht vorführen. Aus (1) und (2) folgt nun, daß für jedes i und jedes m mit $1\leq m\leq i$ auch $\{f_k^i(x_m)\}$ eine konvergente Skalarfolge ist.

Als die gesuchte konvergente Teilfolge $\{f_{n_k}\}$ von $\{f_n\}$ wählen wir die Folge $\{f_k^k\}$. Da für alle m fast alle Glieder der Folge $\{f_{n_k}\}=\{f_k^k\}$ in $\{f_k^m\}$ liegen, ist für alle m die Folge $\{f_{n_k}(x_m)\}$ konvergent.

Wir zeigen nun, daß für alle $x\in X$ die Folge $\{f_{n_k}(x)\}$ konvergiert. Dazu sei $\varepsilon>0$ vorgegeben. Da $\{x_m\}$ dicht in X ist, gibt es zunächst ein x_{m_o} mit $\|x-x_{m_o}\| < \frac{1}{3}\varepsilon$. Weil die Folge $\{f_{n_k}\}$ in jedem der Punkte x_m, also insbesondere in x_{m_o}, konvergiert, gibt es eine natürliche Zahl K, so daß für alle $k,k'>K$

$$|f_{n_{k'}}(x_{m_o})-f_{n_k}(x_{m_o})| < \frac{1}{3}\varepsilon.$$

Da $\|f_{n_k}\|\leq 1$ ist, gilt weiterhin für alle k und für die oben gewählten Punkte x und x_{m_o}

$$|f_{n_k}(x)-f_{n_k}(x_{m_o})| \leq \|f_{n_k}\|\cdot\|x-x_{m_o}\| < \frac{1}{3}\varepsilon.$$

Zusammen ergibt sich also für alle $k,k'>K$

$$|f_{n_k}(x)-f_{n_{k'}}(x)| \leq |f_{n_k}(x)-f_{n_k}(x_{m_o})| + |f_{n_k}(x_{m_o}) - f_{n_{k'}}(x_{m_o})| + |f_{n_{k'}}(x_{m_o})- f_{n_{k'}}(x)|<\varepsilon.$$

Dies bedeutet, daß $\{f_{n_k}(x)\}$ für jedes $x\in X$ eine CAUCHY-Folge ist, die gegen ein gewisses f(x) konvergiert. Nach dem Satz von BANACH-STEINHAUS ist f(x) ein stetiges lineares Funktional auf X. Ferner ist $\|f\|\leq 1$, da

$$|f(x)| \leq \sup_k|f_{n_k}(x)| \leq \|x\|.$$

Die Konvergenz von $\{f_{n_k}(x)\}$ gegen f(x) für jedes $x\in X$ bedeutet aber gerade, daß $\{f_{n_k}\}$ gegen f in der schwach-*-Topologie konvergiert. ■

§ 5 Reflexive Räume und schwache Kompaktheit

Im folgenden sei X ein BANACH-Raum, X^* der konjugierte Raum von X und $X^{**} = (X^*)^*$ der zweite konjugierte Raum. In Kapitel II, § 5 haben wir gezeigt, daß man auf natürliche Weise jedem $x \in X$ ein $n(x) \in X^{**}$ mit $n(x)f = f(x)$ für alle $f \in X^*$ zuordnen kann. Die Zuordnung n ist die kanonische Einbettung von X in X^{**}. Sie ist, wie bereits gezeigt, eine injektive lineare Isometrie.

Ist die kanonische Einbettung n von X in X^{**} surjektiv, d.h. ist $n(X) = X^{**}$, dann heißt der Raum X "reflexiv".

Die in Kapitel II, § 6 bewiesenen Aussagen, ergeben die folgenden Beispiele für reflexive Räume:

Beispiel IV.5.1.
Der Raum ℓ^2 ist reflexiv.

Beispiel IV.5.2.
Jeder endlichdimensionale Raum ist reflexiv.

Beispiel IV.5.3.
Der Raum $L^2[0,1]$ ist reflexiv.

Beispiel IV.5.4.
Der Raum c_o ist nicht reflexiv, denn es ist $(c_o)^{**} = (\ell)^* = m \neq c_o$.

Beispiel IV.5.5.
Der Raum $L^1[0,1]$ ist nicht reflexiv. Da $(L^1[0,1])^* = M[0,1]$ nicht separabel ist, ist nach Satz II.5.13 auch $(L^1[0,1])^{**} = M[0,1]^*$ nicht separabel, und somit nicht der Raum $L^1[0,1]$, denn dieser ist separabel.

Satz IV.5.1. (GOLDSTINE [1])
Es sei X ein reeller (bzw. komplexer) BANACH-Raum und X^{**} der zweite konjugierte Raum von X. Ferner bezeichne K bzw. K^{**} die abgeschlossene Einheitskugel von X bzw. X^{**}. Dann ist n(K) bezüglich der X^*-Topologie eine dichte Teilmenge von K^{**}.

Beweis:
Es bezeichne K_1 den Abschluß von n(K) in der X^*-Topologie. Da nach

dem Satz von ALAOGLU (Satz IV.4.6) K^{**} bezüglich der X^*-Topologie abgeschlossen ist, hat man $K_1 \subset K^{**}$. K_1 ist als Abschluß einer konvexen Menge wiederum konvex. Angenommen, es sei $K_1 \neq K^{**}$. Dann existiert ein $x^{**} \in K^{**}$, welches nicht in K_1 liegt.

Nach dem Trennungssatz (Satz IV.3.4) gibt es dann ein lineares Funktional f, welches in der X^*-Topolgie stetig ist, eine reelle Zahl c und ein positives ε, so daß

für alle $x \in K_1$ stets $f(x) \leq c$ und $f(x^{**}) \geq c+\varepsilon$ (5.1)

(bzw.: für alle $x \in K_1$ stets re $f(x) \leq c$

und re $f(x^{**}) \geq c+\varepsilon$) ist. (5.2)

Da f in der X^*-Topologie stetig ist, ist es nach Satz IV.4.1 von der Form

$$f(\tilde{x}) = \tilde{x}(x^*), \text{ für } \tilde{x} \in X^{**},$$

wobei $x^* \in X^*$.

Weil $n(K) \subset K_1$, ist für jedes $x \in n(K)$ der Wert $f(x)$ (bzw. re $f(x)$) nicht größer als c. Somit gilt für alle $x \in K$ stets $|x(x^*)| \leq c$. Aus der Definition der Norm eines Funktionals folgt dann, daß $\|x^*\| \leq c$ ist im Widerspruch zur Ungleichung (5.1) (bzw. (5.2)). ∎

Satz IV.5.2.
Es sei X ein BANACH-Raum über dem Körper der reellen oder komplexen Zahlen. Der Raum X ist genau dann reflexiv, wenn die abgeschlossene Einheitskugel $K = \{x \in X: \|x\| \leq 1\}$ schwach kompakt ist (d.h. kompakt in der X^*-Topologie).

Beweis:
"Notwendig". Ist X reflexiv, dann ist $n(K) = K^{**}$. Nach dem Satz von ALAOGLU (Satz IV.4.6) ist K^{**} kompakt in der X^*-Topologie. Somit ist K kompakt in der X^*-Topologie.

"Hinreichend". Angenommen, K sei schwach-kompakt, also kompakt in der X^*-Topolgie. Dann ist n(K) als Teilmenge von X^{**} ebenfalls kompakt in der X^*-Topologie. Da aber nach Satz IV.5.1 n(K) in K^{**} auch dicht ist, folgt $n(K) = K^{**}$. ■

Korollar IV.5.3.
Ein BANACH-Raum X über dem Körper der reellen oder komplexen Zahlen ist genau dann reflexiv, wenn jede beschränkte und schwach abgeschlossene Teilmenge von X auch schwach kompakt ist.

Satz IV.5.4.
Es sei A eine abgeschlossene, beschränkte und konvexe Teilmenge eines reflexiven BANACH-Raumes X über dem Körper der reellen (bzw. komplexen) Zahlen. Dann ist A schwach kompakt.

Beweis:
Nach Korollar IV.5.3 genügt es zu zeigen, daß A schwach abgeschlossen ist. Ist etwa $p \in X \setminus A$, dann gibt es nach dem Trennungssatz (Satz IV.3.4) ein stetiges lineares Funktional $f \in X^*$, eine reelle Zahl c und ein positives ε, so daß

$$\text{für alle } x \in A,\ f(x) \leq c \text{ und } f(p) \geq c+\varepsilon$$

$$(\text{bzw. für alle } x \in A,\ \text{re } f(x) \leq c \text{ und re } f(p) \geq c+\varepsilon).$$

Hieraus folgt aber, daß p auch nicht im schwachen Abschluß von A liegt. ■

Korollar IV.5.5.
Jeder Unterraum eines reflexiven Raumes ist reflexiv.

Beweis:
Sei X_o ein Unterraum eines reflexiven Raumes X und A eine beschränkte abgeschlossene und konvexe Teilmenge von X_o. Dann ist natürlich auch A eine abgeschlossene Teilmenge von X. Also ist A schwach kompakt. Nach Korollar IV.5.3 ist somit X_o reflexiv. ■

Wir haben bereits früher gesagt, daß sich die Begriffe kompakt und folgenkompakt nicht decken. Für die schwache Topologie gilt jedoch:

Satz IV.5.6. (EBERLEIN [1], ŠMULIAN [1])
Es sei X ein BANACH-Raum. Eine Teilmenge $A \subset X$ ist genau dann schwach kompakt, wenn sie schwach folgenkompakt ist.

Einen Beweis dieses Satzes findet man in jedem Lehrbuch über Funktionalanalysis (siehe etwa DUNFORD-SCHWARZ [1], Kapitel V, § 6, oder ROLEWICZ [1], p. 130). Wir beweisen den Satz hier nicht, da wir nur den folgenden schwächeren Satz benutzen werden.

Satz IV.5.6'.
Es sei X ein reflexiver BANACH-Raum. Dann ist jede beschränkte abgeschlossene und konvexe Teilmenge A von X schwach folgenkompakt.

Beweis:
Wir bemerken zunächst, daß A in der schwachen Topologie abgeschlossen ist. Nun sei $\{x_n\}$ eine Folge von Elementen aus A und $X_o=\overline{\mathrm{lin}\{x_n\}}$ der von den $\{x_n\}$ aufgespannte Unterraum. Nach Konstruktion ist X_o separabel. Als Unterraum eines reflexiven BANACH-Raumes ist er auch reflexiv. Insbesondere ist X_o der konjugierte Raum von $(X_o)^*$. Nach Satz II.5.13 ist $(X_o)^*$ separabel. Nun kann man nach Satz IV.4.11 aus $\{x_n\}$ eine Teilfolge $\{x_{n_k}\}$ auswählen, die in der schwach-*-Topologie gegen ein gewisses $x_o \in X$ konvergiert. Da X_o reflexiv ist, fällt die schwach-* -Topologie mit der schwachen Topologie zusammen. Somit konvergiert $\{x_n\}$ schwach gegen x_o. Da A schwach abgeschlossen ist, folgt dann $x_o \in A$. ∎

§ 6 Extremalpunkte

Es sei X ein topologischer linearer Raum und $A \subset X$ eine konvexe Teilmenge von X. Dann heißt eine Teilmenge $B \subset A$ eine "Extremalmenge", wenn aus $x,y \in A$ und $tx+(1-t)y \in B$ für ein gewisses t mit $0<t<1$ stets $x,y \in B$ folgt. Eine Extremalmenge, die nur aus einem Punkt besteht, heißt "Extremalpunkt". Die Menge aller Extremalpunkte von A wird mit E(A) bezeichnet.

Eine nicht einpunktige Extremalmenge heißt auch eine "Seite". Bei dieser Sprechweise sollte man beachten, daß sich diese Redeweise nicht nur auf den intuitiven Begriff einer Seite bezieht. Z.B. sind auch die Kanten eines Polyeders im Sinne dieser Definition Seiten.

Man sagt weiterhin, daß eine Menge U "endlich (bzw. abzählbar) viele Seiten hat", wenn sie endlich (bzw. abzählbar unendlich) viele Seiten enthält.

In einem endlich-dimensionalen topologischen linearen Raum hat jede abgeschlossene und beschränkte konvexe Menge A mindestens einen Extremalpunkt, und es ist

$$A = \text{conv}E(A).$$

Dabei versteht man für eine beliebige Menge B unter convB die kleinste konvexe Menge, die B enthält also:

$$\text{conv}B = \{y : y = a_1x_1+\ldots+a_nx_n,\ x_1,\ldots,x_n \in B$$
$$a_1,\ldots,a_n \in \mathbb{R}^+,\ a_1+\ldots+a_n = 1\}.$$

Die Menge convB heißt die "<u>konvexe Hülle</u>" von B.

Im Falle eines unendlich-dimensionalen topologischen linearen Raumes hat jedoch nicht jede abgeschlossene und beschränkte konvexe Teilmenge Extremalpunkte.

<u>Beispiel:</u>
Es sei $X = L^1[0,1]$ und A die abgeschlossene Einheitskugel von X, also $A = \{x \in L^1[0,1]: \|x\| \leq 1\}$. Wir zeigen nun, daß A keine Extremalpunkte hat.

Dazu sei $x \in L^1[0,1]$ mit $\|x\| = \int_0^1 |x(t)|dt = 1$.

Man bestimme ein c mit $0<c<1$, so daß $\int_0^c |x(t)|dt = \frac{1}{2}$. Nun setze man

$$x_1(t) = \begin{cases} 2x(t) & , t \in [0,c) \\ 0 & , t \in [c,1] \end{cases}$$

und

$$x_2(t) = \begin{cases} 0 & , t \in [0,c) \\ 2x(t) & , t \in [c,1]. \end{cases}$$

Da $\|x_1\| = \|x_2\| = 1$ und $x = \frac{1}{2}(x_1+x_2)$ ist x kein Extremalpunkt. A hat also keine Extremalpunkte.

Der Hauptsatz dieses Paragraphen ist:

Satz IV.6.1. (KREIN-MILMAN [1])
Es sei X ein lokalkonvexer Raum über dem Körper der reellen oder komplexen Zahlen. $A \subset X$ sei eine kompakte konvexe Teilmenge von X. Dann hat die Menge A Extremalpunkte und es gilt weiterhin, daß A die abgeschlossene konvexe Hülle seiner Extremalpunkte ist; also:

$$A = \overline{\mathrm{conv} E(A)}.$$

Beweis:
Es bezeichne $\mathcal{E}(A)$ die Menge aller abgeschlossenen Extremalmengen von A. $\mathcal{E}(A)$ wird nun mit der durch die Inklusion gegebenen Halbordnung versehen. Man setze nämlich: $E_1 \dashv E_2$, $E_1, E_2 \in \mathcal{E}(A)$, wenn $E_1 \subset E_2$.

Wir zeigen nun, daß jede wohlgeordnete Teilmenge von $\mathcal{E}(A)$ ein minimales Element hat. Dazu sei $\mathfrak{A} \subset \mathcal{E}(A)$ eine wohlgeordnete Teilmenge. Dann setzen wir $E_o = \bigcap_{E \in \mathfrak{A}} E$. Zunächst folgt aus der Kompaktheit von A und aus der Definition der Halbordnung, daß $E_o \neq \emptyset$ ist. Wir zeigen nun, daß E_o eine Extremalmenge ist. Dazu sei $k = tk_1 + (1-t)k_2 \in E_o$, $k_1, k_2 \in A$ und $0<t<1$. Dann ist aber für jedes $E \in \mathfrak{A}$ auch $k = tk_1 + (1-t)k_2 \in E$. Da E eine Extremalmenge ist, gilt $k_1, k_2 \in E$. Dies bedeutet aber $k_1, k_2 \in E_o$. Somit ist E_o eine Extremalmenge, also $E_o \in \mathcal{E}(A)$.

Damit haben wir also gezeigt, daß für jedes $E \in \mathfrak{A}$ stets $E_o \dashv E$ gilt. Wir können also das Lemma von KURATOWSKI-ZORN anwenden und erhalten die Existenz eines minimalen Elementes von $\mathcal{E}(A)$ etwa $E_{min} \in \mathcal{E}(A)$.

Wir zeigen nun, daß E_{min} ein Extremalpunkt von A ist. Angenommen, E_{min} enthalte mindestens zwei verschiedene Punkte. Dann existiert nach dem Trennungssatz ein stetiges lineares Funktional f(x), welches auf E_{min} nicht konstant ist (bzw. re f(x) ist auf E_{min} nicht konstant).

Sei

$$E'_{min} = \{x \in E_{min}: f(x) = \min_{y \in E_{min}} f(y)\}$$

(bzw.

$$E'_{min} = \{x \in E_{min}: \mathrm{re}\, f(x) = \min_{y \in E_{min}} \mathrm{re}\, f(y)\}).$$

Aus der Kompaktheit von E_{min} folgt zunächst, daß E'_{min} nicht leer ist.

Da f (bzw. re f) auf E_{min} nicht konstant ist, ist E'_{min} eine echte abgeschlossene Teilmenge von E_{min}. Wir zeigen nun, daß E'_{min} eine Extremalmenge ist. Dazu seien $k_1, k_2 \in E_{min}$ und $k = tk_1 + (1-t)k_2 \in E'_{min}$ mit $0 < t < 1$.

Angenommen, es sei etwa $k_1 \notin E'_{min}$, d.h. es sei

$$f(k_1) > \min_{y \in E_{min}} f(y)$$

(bzw.

$$\mathrm{re}\, f(k_1) > \min_{y \in E_{min}} \mathrm{re}\, f(y)).$$

Dann ist aber auch

$$f(k) > \min_{y \in E_{min}} f(y)$$

(bzw.

$$\mathrm{re}\, f(k) > \min_{y \in E_{min}} \mathrm{re}\, f(y)),$$

im Widerspruch zur Annahme, daß $k \in E'_{min}$ ist. Somit folgt also aus $k \in E'_{min}$ auch $k_1, k_2 \in E'_{min}$. Also ist $E'_{min} \subset E_{min}$ eine weitere Extremalmenge. Das ist aber nicht möglich, denn E_{min} war minimal. Insgesamt haben wir also gezeigt, daß E_{min} einpunktig ist.

Wir beweisen nun den zweiten Teil des Satzes. Angenommen, es sei $A \neq \overline{\mathrm{conv} E(A)}$. Dann gibt es ein $x \in A \setminus \overline{\mathrm{conv} E(A)}$. Nach dem Trennungssatz gibt es dann ein stetiges lineares Funktional f(x), eine reelle Zahl c und ein positives ε, so daß

$$f(x) \leq c \text{ und für alle } y \in \overline{\mathrm{conv} E(A)} \text{ stets } f(y) > c + \varepsilon$$

$$(\text{bzw. } \mathrm{re}\, f(x) \leq c \text{ und für alle } y \in \overline{\mathrm{conv} E(A)} \text{ stets } \mathrm{re}\, f(y) > c + \varepsilon)$$

gilt.

Nun sei

$$E = \{x \in A: f(x) = \min_{y \in A} f(y)\}$$

(bzw.

$$E = \{x \in A\colon \operatorname{re} f(x) = \min_{y \in A} \operatorname{re} f(y)\}).$$

Zunächst folgt aus der Stetigkeit von f, daß E abgeschlossen ist. Weiterhin zeigt man wie oben, daß E eine Extremalmenge ist. Insbesondere enthält dann E einen Extremalpunkt x_o, für den dann $f(x_o) \leq c$ (bzw. $\operatorname{re} f(x_o) \leq c$) gilt. Hieraus folgt aber $x_o \notin E(A)$, womit sich ein Widerspruch ergibt. ∎

Kapitel V. Optimierung und Beobachtung bei linearen Systemen

§ 1 Lineare Systeme

Unter einem "linearen System" versteht man ein Tripel reeller BANACH-Räume X, □ ,Y zusammen mit zwei stetigen linearen Operatoren A und B, wobei A von X nach □ und B von □ nach Y geht. Im folgenden wird ein lineares System stets mit

$$(X \underset{A}{\longrightarrow} \square \underset{B}{\longrightarrow} Y)$$

bezeichnet.

Man nennt X den "Eingaberaum", Y den "Ausgaberaum" und □ den "Transformations- oder Trajektorenraum". Der Operator A heißt "Eingabeoperator" und B heißt "Ausgabeoperator". Bei vielen Fragestellungen interessiert man sich nur für den Ein- und Ausgaberaum und nicht für den Transformationsraum.

Beispiel V.1.1.
Bekanntlich lassen sich viele Systeme aus Technik und Physik durch eine lineare Differentialgleichung

$$\frac{dx}{dt} = A(t)x \quad , \qquad t \in [t_o,T] \tag{1.1}$$

beschreiben. Dabei ist $[t_o,T]$ das zugrundegelegte Zeitintervall, x ist eine absolut stetige Vektorfunktion und A eine lokal integrierbare (n,n)-Matrix-Funktion. Man verlangt, daß die Gleichung (1.1) fast überall erfüllt ist.

Der Eingaberaum X ist dann der n-dimensionale Raum der Anfangswerte x_o; der Transformationsraum □ ist $C_n[t_o,T]$ und als Eingabeoperator A nimmt man den linearen Operator, der jedem Anfangswert x_o die eindeutig bestimmte Lösung x von (1.1) mit $x(t_o) = x_o$ zuordnet. Bezeichnet man mit $\Phi(t)$ die Fundamentalmatrix von (1.1), wobei $\Phi(t_o) = I$ ist, dann ist A von der Form

$$(Ax_o)(t) = \Phi(t)x_o. \tag{1.2}$$

Offensichtlich ist A ein stetiger linearer Operator.

Für den Ausgaberaum Y gibt es mehrere Möglichkeiten: So kann man etwa

a) Y = □ und B = I nehmen. Dann interessiert man sich für den Verlauf der Trajektorien in $[t_o,T]$,

oder

b) man nimmt für Y den n-dimensionalen Raum und definiert B durch $B(x) = x(T)$. Dann interessiert man sich (und dies kommt häufig vor) für den Endwert der Trajektorie.

Betrachtet man etwa ein nichtisoliertes System, auf welches eine äußere Größe, hier "<u>Steuerung</u>" genannt, einwirkt, dann kann man, zumindest in einfachen Fällen, einen ähnlichen Ansatz wie (1.1) machen. Allerdings ist die zugehörige Differentialgleichung dann inhomogen:

$$\frac{dx}{dt} = A(t)x + B(t)u(t) \quad , \qquad t \in [t_o,T]. \tag{1.3}$$

Dabei sind A und x wie oben. Die Steuerung u ist eine m-dimensionale meßbare Vektorfunktion, und B ist eine meßbare (n,m)-Matrix-Funktion.

Um die Existenz einer Lösung von (1.3) zu sichern, benötigt man noch gewisse Annahmen, die die Integrierbarkeit der Vektorfunktion $B(t)u(t)$ in $[t_o,T]$ garantieren. (Dabei versteht man unter dem Integral einer Vektorfunktion den Vektor der Integrale der Komponentenfunktionen.)

Beispiele für derartige Annahmen sind etwa:

1) $B(t)$ ist beschränkt und $u(t)$ ist integrierbar.
2) $B(t)$ ist integrierbar und $u(t)$ ist beschränkt.
3) $B(t)$ und $u(t)$ sind quadrat-integrierbar.

Im Prinzip kann man als Steuerungsraum U jeden BANACH-Raum von m-dimensionalen meßbaren Vektorfunktionen u(t) auf $[t_o,T]$ nehmen, so daß für jedes $u \in U$ die Funktion B(t)u(t) integrierbar ist.

Im einzelnen sind die Annahmen 1)-3) so zu verstehen: Legt man Annahme 1) zugrunde, dann nimmt man für U den BANACH-Raum $L_m^1[t_o,T]$ aller m-dimensionalen absolut integrierbaren Vektorfunktionen $u(t) = (u_1(t),\dots,u_m(t))$, also:

$L_m^1[t_o,T] := \{u(t)\colon u=(u_1,\dots,u_m) \text{ mit } u_i \in L^1[t_o,T],\ i=1,\dots,m\}$.

$L_m^1[t_o,T]$ wird mit der Norm $\|u\| = \sum_{i=1}^{m} \int_{t_o}^{T} |u_i(t)|dt$ versehen. Die Bedingung, daß B(t) beschränkt ist, ist folgendermaßen zu verstehen. Man versehe $\mathbb{R}^n$ und $\mathbb{R}^m$ jeweils mit der Summennorm

$$\|x\| = \sum_{i=1}^{n} |x_i| \qquad (\text{bzw. } \|u\| = \sum_{i=1}^{m} |u_i|)$$

und definiere für eine (n,m)-Matrix B die Norm durch

$$\|B\| = \sup_{\|u\| \leq 1} \|Bu\|.$$

Dann heißt B(t) beschränkt, falls $\|B(t)\|$ eine beschränkte Funktion auf $[t_o,T]$ ist.

Geht man von Annahme 2) aus, dann nimmt man für U den BANACH-Raum aller m-dimensionalen wesentlich beschränkten Vektorfunktionen

$$M_m[t_o,T] = \{u(t)\colon u=(u_1,\dots,u_m) \text{ mit } u_i \in M[t_o,T],\quad i=1,\dots,m\}$$

mit der Norm

$$\|u\| = \max_{1 \leq i \leq m} \left(\operatorname*{ess\,sup}_{t \in [t_o,T]} |u_i(t)| \right).$$

Versieht man nun $\mathbb{R}^n$ und $\mathbb{R}^m$ mit der Maximum-Norm

$$\|x\| = \max_{1 \leq i \leq n} |x_i| \quad (\text{bzw. } \|u\| = \max_{1 \leq i \leq m} |u_i|)$$

und definiert für eine (n,m)-Matrix B die Norm durch

$$\|B\| = \sup_{\|u\| \leq 1} \|Bu\|,$$

dann bedeutet die Annahme, daß B(t) integrierbar ist, genau, daß $\int_{t_o}^{T} \|B(t)\| dt$ existiert.

Bei der Annahme 3) nimmt man für U den BANACH-Raum aller m-dimensionalen quadrat-integrierbaren Vektorfunktionen

$$L_m^2[t_o,T] = \{u(t): u=(u_1,\dots,u_m) \text{ mit } u_i \in L^2[t_o,T], \quad i=1,\dots,m\}$$

mit der Norm

$$\|u\| = \left(\sum_{i=1}^{m} \int_{t_o}^{T} |u_i(t)|^2 dt\right)^{1/2} .$$

Versieht man nun $\mathbb{R}^n$ und $\mathbb{R}^m$ mit der Euklidischen Norm

$$\|x\| = \left(\sum_{i=1}^{n} |x_i|^2\right)^{1/2} \qquad \left(\text{bzw. } \|u\| = \left(\sum_{i=1}^{m} |u_i|^2\right)^{1/2}\right)$$

und definiert man für eine (n,m)-Matrix B die Norm durch

$$\|B\| = \sup_{\|u\| \leq 1} \|Bu\| ,$$

dann bedeutet die Annahme, daß B(t) quadrat-integrierbar ist, genau, daß $\int_{t_o}^{T} \|B(t)\|^2 dt$ existiert.

Der Eingaberaum X ist in diesen drei Fällen das kartesische Produkt des Raumes $\mathbb{R}^n$ der Anfangswerte mit dem Steuerungsraum U. Der Transformationsraum ist wie oben $C_n[t_o,T]$. Der Eingabeoperator wird durch

$$A(x_o,u) \overset{df}{=} x(t) = \Phi(t)x_o + \Phi(t) \int_{t_o}^{t} \Phi^{-1}(s)u(s)ds \tag{1.4}$$

gegeben, wobei Φ die Fundamentalmatrix des homogenen Systems (1.1) mit $\Phi(t_o)=I$ ist. Der Ausgaberaum Y und der Operator B können wie oben definiert werden.

Im Zusammenhang mit diesen speziellen Steuerungsräumen sei folgendes bemerkt: Genau wie für m=1 läßt sich zeigen, daß $L_m^2[t_o,T]$ mit seinem konjugierten Raum übereinstimmt, daß also $L_m^2[t_o,T]$ reflexiv ist. Weiterhin ist $M_m[t_o,T]$ zu dem konjugierten Raum von $L_m^1[t_o,T]$ isometrisch isomorph. Genauer: Jedes stetige lineare Funktional F auf $L_m^2[t_o,T]$ (bzw. $L_m^1[t_o,T]$) ist von der Form

$$F(u) = \sum_{i=1}^{m} \int_{t_o}^{T} f_i(t)u_i(t)dt,$$

wobei $f = (f_1,\dots,f_m)$ $L_m^2[t_o,T]$ (bzw. $M_m[t_o,T]$) ist. Weiterhin gilt: $\|F\| = \|f\|$.

Da die Einheitskugel von $L_m^1[t_o,T]$ keine Extremalpunkte hat (siehe Beispiel IV.6.1), gibt es nach dem Satz von KREIN-MILMAN keine Topologie τ, die mit der linearen Struktur von $L_m^1[t_o,T]$ verträglich ist, und in der die Einheitskugel kompakt ist. Aus dem Satz von ALAOGLU (Satz IV.4.6) folgt weiter, daß $L_m^1[t_o,T]$ nicht isometrisch zu dem konjugierten Raum irgendeines BANACH-Raumes ist.

Beispiel V.1.2.

Wir betrachten nun ein System, welches im Zeitintervall $[t_o,T]$ durch eine Differentialgleichung mit Lag (Lag = zeitliche Verzögerung)

$$\frac{dx}{dt} = \sum_{i=1}^{m} A_i(t)x(t-h_i) \tag{1.5}$$

gegeben ist. Dabei sind $A_i(t)$ und $x(t)$ wie im Beispiel V.1.1, und für die zeitlichen Verzögerungen gelte

$$o = h_o < h_1 < \dots < h_m < T-t_o.$$

Nimmt man dann als Eingaberaum den Raum der Anfangsfunktionen $X = C_n[t_o-h_m,t_o]$, dann erhält man wie in Beispiel V.1.1 als Transformationsraum den Raum $C_n[t_o,T]$. Der Eingabeoperator A wird dann durch

$$A\varphi = x(t) = \int_{t_o-h_m}^{t_o} \varphi(s)d_sK(t,s) \tag{1.6}$$

gegeben.
Dabei ist φ eine Eingabefunktion und $K(t,s)$ eine (n,n)-Matrix, die im Argument $t \in [t_o,T]$ stetig und in $s \in [t_o-h_m,t_o]$ von beschränkter Variation ist. In der Regel ist $K(t,s)$ schwer zu bestimmen.

Der Ausgaberaum Y und der Ausgabeoperator B können etwa wie in a) und b) von Beispiel V.1.1 gewählt werden. Zusätzlich zu diesen beiden Möglichkeiten interessiert man sich auch noch für den Fall:

c) $Y = C[T-h_m,T]$ und

$$B(x) = x(t)\Big|_{[T-h_m,T]}.$$

Dabei bedeutet, wie üblich, $f(t)\Big|_A$ die Einschränkung der Funktion f auf die Menge A.

Wir nehmen nun an, daß wir ein System mit einer Steuerungsgröße u haben, welches sich durch eine Gleichung der Form

$$\frac{dx}{dt} = \sum_{i=1}^{m} A_i(t)x(t-h_i)+B(t)u(t) \tag{1.7}$$

beschreiben läßt. Dabei sollen wieder A_i und x wie oben sein, und für B und u gelte eine der drei Annahmen aus Beispiel V.1.1.

Als Eingaberaum X kann man dann das kartesiche Produkt des Raumes der Anfangsfunktionen $C_n[t_o-h_m,t_o]$ mit dem Steuerungsraum U (also einem der Räume $M_m[t_o,T]$, $L_m^1[t_o,T]$, $L_m^2[t_o,T]$) nehmen. Ferner wird der Operator A durch

$$A(\varphi,u) = x(t) = \int_{t_o-h_m}^{t_o} \varphi(s)d_sK(s,t)+\int_{t_o}^{t} M(t,s)B(s)u(s)ds \tag{1.8}$$

gegeben, wobei $M(s,t)$ eine gewisse stetige Matrix-Funktion ist, die im Falle der gewöhnlichen Differentialgleichungen der Matrix $\Phi(t)\Phi(s)^{-1}$ entspricht.

Der Ausgaberaum Y und der Operator B können wie oben gewählt werden.

Differentialgleichungen mit Lag eignen sich vor allem zur Beschreibung von Systemen, bei denen es Transportverzögerungen gibt. Zu diesen Systemen gehören insbesondere die chemischen Reaktionsprozesse.

Eine weitere wichtige Klasse von linearen Systemen sind die "Systeme mit verteilten Parametern". Sie werden durch partielle Differentialgleichungen beschrieben und werden zusammen mit geeigneten Beispielen in Kapitel VII eingeführt. Dort wird insbesondere gezeigt, wie die hier allgemein entwickelte Theorie der Optimierung linearer Systeme auf die Systeme mit verteilten Parametern anzuwenden geht. Der Leser, der sich für diese Systeme besonders interessiert, sei auch auf die Bücher von LIONS [1] und BUTKOWSKI [1] hingewiesen.

Wir kehren nun zur allgemeinen Theorie der linearen Systeme zurück. Sei etwa

$$(X \xrightarrow[A]{} \square \xrightarrow[B]{} Y)$$

ein lineares System. Dann heißt ein Element $y_o \in Y$ "steuerbar", falls $y_o \in BA(X)$ ist. Weiterhin heißt das lineare System "steuerbar",wenn $BA(X) = Y$ ist. Dies bedeutet nichts anderes, als daß der Operator BA surjektiv ist. Diese Definition der Steuerbarkeit ist jedoch nicht ausreichend. Ist etwa $y_o \in Y$ steuerbar, dann gibt es zwar ein $x_o \in X$ mit $BA(x_o) = y_o$, jedoch möchte man auch oft wissen, ob es zu einer fest vorgegebenen Linearmannigfaltigkeit $M \subset X$ bereits ein $x' \in M$ mit $BA(x') = y_o$ gibt. Eine derartige Situation hat man, wenn etwa in Beispiel V.1.1 die Anfangsbedingung oder in Beispiel V.1.2 die Anfangsfunktion fest vorgegeben ist. In beiden Fällen ist dann die Linearmannigfaltigkeit von der Form $M = (x^o,U)$, wobei x^o die Anfangsbedingung bzw. Anfangsfunktion ist und U der Steuerungsraum.

Wir führen daher noch den Begriff der "bedingten Steuerbarkeit" ein. Dazu sei

$$(X \xrightarrow[A]{} \square \xrightarrow[B]{} Y) \tag{1.9}$$

ein lineares System, wobei X das kartesische Produkt zweier BANACH-Räume X_o und X_1 ist, d.h. $X = X_o \times X_1$. Weiterhin sei $x^o \in X_o$ ein fest vorgegebener Punkt. Dann heißt $y_o \in Y$ "steuerbar unter der Nebenbedingung $x_o = x^o$", falls ein $x_1 \in X_1$ mit $BA(x^o, x_1) = y_o$ existiert.

Der Zusammenhang zwischen bedingter Steuerbarkeit und Steuerbarkeit ist einfach. Ist nämlich $y_o \in Y$ steuerbar unter der Nebenbedingung $x_o = x^o$, dann ist

$$BA(0, x_1) = y_o - BA(x^o, 0).$$

Dies heißt aber mit anderen Worten, y_o ist genau dann im System (1.9) steuerbar unter der Nebenbedingung $x_o = x^o$, wenn $y_o - BA(x^o, 0)$ steuerbar (ohne Nebenbedingung) im System

$$(X_1 \xrightarrow[A_1]{} \square \xrightarrow[B]{} Y)$$

mit $A_1(x_1) \overset{df}{=} A(0, x_1)$ ist. Damit ist der Zusammenhang zwischen beiden Begriffen geklärt.

Wir wollen uns nun noch mit der Frage befassen, wie sich eine Störung der Operatoren A und B auf die Kontrollierbarkeit des linearen Systems

$$(X \xrightarrow[A]{} \square \xrightarrow[B]{} Y)$$

auswirkt.

Zunächst gilt folgendes Ergebnis (siehe GOHBERG-KREIN [1]):

Es sei

$$(X \xrightarrow[A]{} \square \xrightarrow[B]{} Y)$$

ein kontrollierbares System. Dann existiert eine positive Zahl δ, so daß jedes lineare System

$$(X \xrightarrow[A_1]{} \square \xrightarrow[B_1]{} Y) \qquad (1.10)$$

mit

$$\| BA - B_1 A_1 \| < \delta$$

ebenfalls kontrollierbar ist.

Leider ist diese Aussage für die in den Ingenieurswissenschaften auftretenden Probleme nicht ausreichend. Wir zeigen dies an folgendem Beispiel:

Beispiel V.1.3.
Es sei $X = \square = Y = C_{o,2\pi}(\mathbb{R})$ der BANACH-Raum aller auf $\mathbb{R}$ definierten 2π-periodischen stetigen Funktionen, versehen mit der Supremum-Norm.

Weiterhin sei $A = Id$ und für jedes $t \in \mathbb{R}$ sei $(B_t x)(s) = x(s-t)$. Man sieht nun leicht, daß für alle $t_1, t_2 \in \mathbb{R}$ mit $t_1 \neq t_2$ stets $\|B_{t_1} - B_{t_2}\| = 2$ ist. Faßt man etwa den Parameter t als die Zeit auf und ist x(t) der Meßwert einer Größe x zur Zeit t, dann versteht man, daß vom Standpunkt des Ingenieurs die Operatoren B_{t_1} und B_{t_2} "benachbart" sind, falls nur die Werte t_1 und t_2 nahe genug beieinanderliegen.

Wir bemerken, daß für die Operatoren B_t aus Beispiel V.1.3 stets:

$$\lim_{t_n \to t_o} B_{t_n} x = B_{t_o} x, \quad \text{für alle } x \in X \tag{1.11}$$

gilt. Eine Familie von Operatoren B_t, für die (1.11) gilt, heißt "stetig" in der starken Operator-Topologie.

Wir zeigen nun anhand eines Beispiels, daß man für die starke Operator-Topologie keine sinnvollen "Störungssätze" beweisen kann.

Beispiel V.1.4.
Es sei $X = \square = Y = L^1[0,1]$. Ferner sei $A = Id$ und für $t \in [0,1]$ sei

$$B_t x = x \cdot \chi_{[t,1]}.$$

Man sieht leicht, daß der Operator $B_t A$ für $t=0$ kontrollierbar und für alle $t \neq 0$ nicht kontrollierbar ist.

Daher führen wir einen neuen Stetigkeitsbegriff ein, nämlich die "Bild-Stetigkeit". Dazu sei E ein topologischer linearer Raum und T ein metrischer Raum mit Metrik ρ. Dann heißt eine Familie $E(t) \subset E, t \in T$ von Teilmengen des Raumes E "stetig" im Punkte $t_o \in T$, wenn es zu jeder Nullumgebung $V \subset E$ ein positives δ gibt, so daß für alle $t \in T$ mit $\rho(t,t_o) < \delta$.

$$E(t) \subset E(t_o)+V \tag{1.12}$$

und

$$E(t_o) \subset E(t)+V \tag{1.13}$$

gilt.

Wenn nur (1.12) gilt, dann heißt die Familie $E(t) \subset E$, $t \in T$ "halbstetig von oben" im Punkte $t_o \in T$. Ist $E(t) \subset E$, $t \in T$ in jedem Punkt von T stetig (bzw. halbstetig von oben), dann heißt sie "stetig" (bzw. "halbstetig von oben").

Nun seien X und Y zwei BANACH-Räume und $C_t \in B(x \to Y)$ eine Familie von stetigen linearen Operatoren. Der Parameter t durchläuft dabei wieder den metrischen Raum T. Dann heißt die Familie der Operatoren C_t "Bild-stetig"im Punkte $t_o \in T$, wenn es eine offene beschränkte und konvexe Menge $U \subset X$ gibt, so daß die Familie $C_t(U) \subset Y$, $t \in T$ im Punkte t_o stetig ist. Wenn die Familie C_t für jedes $t \in T$ Bild-stetig ist, dann heißt sie "Bild-stetig".

Wir bemerken, daß die in Beispiel V.1.3 angegebene Familie der Operatoren B_tA Bild-stetig ist. Man nehme einfach für U die Einheitskugel des Raumes $C_{o,2\pi}(\mathbb{R})$. Nun gilt:

Satz V.1.1.
Es seien X,□ und Y BANACH-Räume, $A \in B(X \to \square)$ und $B_t \in B(\square \to Y)$, wobei der Parameter t den metrischen Raum T durchläuft. Ferner sei die Familie B_tA im Punkte $t_o \in T$ Bild-stetig. Wenn dann das lineare System

$$(X \xrightarrow[A]{} \square \xrightarrow[B_{t_o}]{} Y) \tag{1.14}$$

kontrollierbar ist, dann gibt es ein $\delta>0$, so daß für alle $t \in T$ mit $\rho(t,t_o)<\delta$ das System

$$(X \xrightarrow[A]{} \square \xrightarrow[B_t]{} Y) \tag{1.14}$$

kontrollierbar ist.

Der Beweis dieses Satzes beruht auf den folgenden Lemmata:

Lemma V.1.2. (RÅDSTRÖM [1])
Es seien A,B,C Teilmengen eines normierten Raumes X. Falls

$$A + C \subset B + C \tag{1.15}$$

und B abgeschlossen und konvex und C beschränkt ist, dann ist

$$A \subset B. \tag{1.16}$$

Beweis:
Es sei $a \in A$ ein beliebiges Element. Dann existieren nach (1.15) Elemente $c_1, c_2 \in C$ und $b_1 \in B$, so daß

$$a+c_1 = b+c_2 \tag{1.17}$$

ist. Nach (1.15) gibt es dann zu $a+c_2$ Elemente $b_2 \in B$, $c_3 \in C$ mit

$$a+c_2 = b_2+c_3 \ . \tag{1.18}$$

Auf diese Art kann man also induktiv zwei Folgen $\{b_n\} \subset B$ und $\{c_n\} \subset C$ konstruieren, so daß

$$a+c_n = b_n+c_{n+1} \quad , \quad n=1,2,\ldots \tag{1.19}$$

gilt. Summation bis m ergibt:

$$ma + \sum_{i=1}^{m} c_i = \sum_{i=1}^{m} b_i + \sum_{i=2}^{m+1} c_i \ , \tag{1.20}$$

also

$$ma = \sum_{i=1}^{m} b_i + c_{m+1} - c_1 \, . \tag{1.21}$$

Damit ist

$$a = \frac{1}{m} \sum_{i=1}^{m} b_i + \frac{c_{m+1}}{m} - \frac{c_1}{m} \, . \tag{1.22}$$

Da B konvex ist, ist $d_m = \frac{1}{m} \sum_{i=1}^{m} b_i \in B$. Weil C beschränkt ist, konvergieren die beiden Folgen $\{\frac{c_{m+1}}{m}\}$ und $\{\frac{c_1}{m}\}$ gegen Null. Also ist $a \in B$, da B abgeschlossen ist. ∎

Aus Lemma V.1.2 folgt unmittelbar:

<u>Lemma V.1.3.</u> (RÅDSTRÖM [1])
Es sei X ein normierter Raum. Ferner seien $A,B \subset X$ abgeschlossene konvexe Teilmengen und $C \subset X$ sei eine beschränkte Teilmenge. Dann folgt aus $A+C = B+C$ bereits $A=B$.

<u>Lemma V.1.4.</u>
Es sei X ein normierter Raum und $K_r(x_o) = \{x: \|x-x_o\| < r\}$ die Kugel um $x_o \in X$ mit Radius r. Weiterhin sei $\Gamma \subset X$ eine abgeschlossene konvexe Menge mit leerem Inneren. Dann ist für kein r_o mit $r_o < r$ die Kugel $K_r(x_o)$ in der Menge $\Gamma + K_{r_o}(0)$ enthalten.

<u>Beweis:</u>
Angenommen, das Lemma sei falsch. Dann gibt es ein $r_1 > r_o$ mit

$$K_{r_1}(x_o) \subset \Gamma + K_{r_o}(0).$$

Da

$$K_{r_o}(0) + \overline{K_{r_1-r_o}(x_o)} \subset \overline{K_{r_1}(x_o)} \subset \Gamma + K_{r_o}(0) \tag{1.23}$$

ist, folgt aus Lemma V.1.2, daß

$$\overline{K_{r_1-r_o}(x_o)} \subset \Gamma \tag{1.24}$$

ist. Dies ist aber ein Widerspruch zu der Annahme, daß $\mathrm{Int}\,\Gamma = \emptyset$ ist. ∎

Lemma V.1.5.

Es sei X ein normierter Raum und $E(t) \subset X$, $t \in T$, eine im Punkte $t_o \in T$ stetige Familie von abgeschlossenen konvexen Mengen. Dabei ist wieder T ein metrischer Raum mit Metrik ρ. Wenn $E(t_o)$ ein nicht leeres Inneres hat, dann gibt es ein $\eta>0$, so daß für alle $t \in T$ mit $\rho(t,t_o)<\eta$ auch die Mengen $E(t)$ ein nicht leeres Inneres haben.

Beweis:

Da $\mathrm{Int}E(t_o) \neq \emptyset$ ist, gibt es eine Kugel $K_\varepsilon(x_o)$, die ganz in $E(t_o)$ liegt. Da $E(t) \subset X$, $t \in T$ stetig in $t_o \in T$ ist, gibt es ein $\eta>0$, so daß für alle $t \in T$ mit $\rho(t,t_o)<\eta$ stets

$$E(t_o) \subset E(t) + K_{\frac{\varepsilon}{2}}(0) \qquad (1.25)$$

ist. Also hat nach Lemma V.1.4 die Menge E(t) ein nicht leeres Inneres. ∎

Beweis von Satz V.1.1:

Nach Voraussetzung ist die Familie B_tA Bild-stetig im Punkte $t_o \in T$. Also existiert eine offene beschränkte konvexe Menge $U \subset X$, so daß $B_tA(U) \subset Y$, $t \in T$, stetig in $t_o \in T$ ist. Weiterhin ist nach Voraussetzung das lineare System (1.14) kontrollierbar. Also hat die Menge $B_{t_o}A(U)$ nach dem Satz von BANACH (Satz II.2.1) ein nicht leeres Inneres. Nach Lemma V.1.5 gibt es dann ein $\eta>0$, so daß für alle $t \in T$ mit $\rho(t,t_o)<\eta$ auch $\mathrm{Int}(B_tA(U)) \neq \emptyset$ ist. Dies bedeutet aber, daß das System (1.14) für alle $t \in T$ mit $\rho(t,t_o)<\eta$ kontrollierbar ist. ∎

Zwischen der Stetigkeit in der starken Operator-Topologie und der Bild-Stetigkeit gibt es keine Beziehungen. Aus Satz V.1.1 folgt zunächst, daß die in Beispiel V.1.4 angegebene Familie von Operatoren B_tA nicht Bild-stetig ist. Nach Konstruktion ist sie aber stetig in der starken Operator-Topologie. Das folgende Beispiel zeigt, daß auch die umgekehrte Beziehung nicht gilt:

Beispiel V.1.5.

Es sei $X = Y = \mathbb{C}$ die komplexe Ebene und $C_t \in B(X \to Y)$, $t \in [0,1]$ die durch

$$C_t z = \begin{cases} z \quad , & \text{für } t=0 \\ e^{\frac{i}{t}} z \quad , & \text{für } t \in (0,1] \end{cases} \tag{1.26}$$

definierte Familie von Operatoren. Man sieht leicht, daß C_t Bild-stetig ist, aber nicht stetig ist bezüglich der starken Operator-Topologie.

Die Bild-Stetigkeit hat die folgenden Nachteile: der konjugierte Operator eines Bild-stetigen Operators, die Verknüpfung zweier Bild-stetiger Operatoren und die Summe von zwei Bild-stetigen Operatoren braucht nicht Bild-stetig zu sein.

Beispiel V.1.6.

Es sei $X=Y=\mathbb{R}^2$ und $\tilde{C}_t$ sei die von C_t aus Beispiel V.1.5 induzierte Familie von Operatoren, wenn man $\mathbb{C}$ als $\mathbb{R}^2$ auffaßt. Weiterhin sei $P_t=P$ die Orthogonalprojektion auf die erste Koordinate. Dann ist $\tilde{C}_t$ und P_t Bild-stetig, jedoch ist die Verknüpfung $\tilde{C}_t \circ P_t$ nicht Bild-stetig.

Beispiel V.1.7.

Es sei $X, Y, \tilde{C}_t, P_t = P$ wie in Beispiel V.1.6. Dann ist zwar $\tilde{C}_t \circ P_t$ nicht Bild-stetig, jedoch ist der konjugierte Operator $(C_t \circ P_t)^* = P_t \circ \tilde{C}_t^*$ Bild-stetig.

Etwas komplizierter ist es nun, zwei Bild-stetige Operatoren anzugeben, deren Summe nicht Bild-stetig ist.

Beispiel V.1.8.

Es sei $X = \mathbb{R}^4$, $Y = \mathbb{R}^2$, $A(x_1,x_2,x_3,x_4) = (x_1,x_2)$,

$B(x_1,x_2,x_3,x_4) = (x_3,0)$. Weiterhin sei

$$U = \{(x_1,x_2,x_3,x_4) \; : \; (|x_1|+|x_3|)^2+x_2^2+x_4^2 < 1\} \tag{1.27}$$

Man sieht leicht, daß $A(U) = (A+B)(U) = \{(x_1,x_2) \; : \; x_1^2+x_2^2 < 1\}$ und $B(U) = \{(x,0) : \; |x| < 1\}$ ist. Ist nun $\tilde{C}_t$ wie in Beispiel V.1.6, dann zeigt man ähnlich wie bei den beiden anderen Beispielen, daß $\tilde{C}_t A$ und $\tilde{C}_t(A+B)$ Bild-stetig sind. Dagegen ist die Familie

$C_tB = C_t(A+B)-C_tA$ nicht Bild-stetig.

Problem V.1.1.
Existiert eine Topologie τ für den Raum der linearen Operatoren von X nach Y, so daß:

1) Satz V.1.1 für τ gilt
2) die in Beispiel V.1.3 angegebene Familie von Operatoren bezüglich der Topologie τ stetig ist

und

3) Summe, Verknüpfung und Konjugierte von stetigen Familien wieder stetig ist?

§ 2 Die Optimierung linearer Systeme mit festem Ausgabeoperator

Im Folgenden sei

$$(X \xrightarrow[A]{} \square \xrightarrow[B]{} Y)$$

ein lineares System, $V \subset X \times \square \times Y$ eine Teilmenge und F ein auf V definiertes stetiges (nicht notwendig lineares) Funktional, genannt "Nutzenfunktion". Die Optimierungsaufgabe für ein lineares System besteht nun darin, ein $v_o = (x_o, \eta_o, y_o) \in V$ mit $A(x_o) = \eta_o$ und $B(\eta_o) = y_o$ zu bestimmen, für welches

$$F(v_o) = \inf\{F(u): u = (x,\eta,y) \in V, \quad Ax=\eta \text{ und } B\eta=y\}$$

gilt.

Wir bemerken, daß man sehr viele Typen von Optimierungsaufgaben für lineare Systeme als Spezialfälle der hier formulierten Optimierungsaufgabe auffassen kann. Dies gilt jedoch nicht für die Minimal-Zeit-Aufgabe, die wir in den Paragraphen 4 und 5 dieses Kapitels betrachten werden.

Da wir die Methoden der linearen Funktionalanalysis verwenden wollen, verlangen wir fortan, daß V eine konvexe Menge ist, und daß die Nutzenfunktion F ein konvexes Funktional ist. Dabei heißt ein Funktional f, welches auf einem reellen oder komplexen linearen Raum L definiert ist "konvex", wenn es reellwertig ist, und wenn für je zwei

Elemente $x,y \in L$ und jede reelle Zahl t mit $0 \leq t \leq 1$ stets

$$f(tx+(1-t)y) \leq tf(x)+(1-t)f(y)$$

gilt.

Wir leiten zunächst einige einfache Eigenschaften konvexer Funktionale her. Dazu sei F ein konvexes Funktional, das auf einem linearen Raum L definiert ist. Wir zeigen zunächst, daß die Teilmenge

$$W = \{t,x) \in \mathbb{R} \times L: t \geq F(x)\}$$

des Produktes von $\mathbb{R}$ und L konvex ist.

Sind nämlich (r_1,x_1), $(r_2,x_2) \in W$, dann ist für jedes reelle t mit $0<t<1$ stets

$$r = tr_1+(1-t)r_2 \geq tF(x_1)+(1-t)F(x_2) \geq F(tx_1+(1-t)x_2) = F(x),$$

mit $x=tx_1+(1-t)x_2$. Also ist auch $(r,x) \in W$, womit die Konvexität von W nachgewiesen ist.

Insbesondere sieht man nun, daß für jedes reelle a die Menge

$$\{(t,x) \in W: t < a\}$$

konvex ist. Da die Projektion einer konvexen Menge wieder eine konvexe Menge ist, erhält man letztlich, daß für jede reelle Zahl a auch

$$\{x \in L: F(x) < a\}$$

eine konvexe Menge ist.

Die Summe zweier konvexer Funktionale F und G ist wieder ein konvexes Funktional. Sind nämlich $x,y \in L$ und ist $t \in [0,1]$, dann ist

$$(F+G)(tx+(1-t)y) = F(tx+(1-t)y)+G(tx+(1-t)y)$$

$$\leq tF(x)+(1-t)F(y)+tG(x)+(1-t)G(y)$$

$$= t(F(x)+G(x))+(1-t)(F(y)+G(y)) = t(F+G)(x)+(1-t)(F+G)(y).$$

Im folgenden sei Z ein BANACH-Raum und F ein auf Z definiertes stetiges konvexes Funktional. Aus der Stetigkeit von F folgt insbesondere, daß die oben definierte Teilmenge $W \subset \mathbb{R} \times Z$ abgeschlossen ist.

In der Steuerungstheorie ist oft das Minimum von F auf einer gegebenen abgeschlossenen Linearmannigfaltigkeit V von Z zu bestimmen. Wir erinnern daran, daß eine Teilmenge $V \subset Z$ eine "Linearmannigfaltigkeit" heißt, wenn für alle $x,y \in V$ und alle Skalare a,b mit a+b=1 stets $ax+by \in V$ ist. Nach Satz II.3.1 ist V dann von der Form

$$V = x_o + M \,, \tag{2.1}$$

wobei $x_o \in V$ ein beliebiger Punkt ist und $M \subset Z$ eine lineare Teilmenge von Z. Da wir V als abgeschlossene Linearmannigfaltigkeit vorausgesetzt haben, ist auch M abgeschlossen, also ein Unterraum.

Weil wir im folgenden nur abgeschlossene Linearmannigfaltigkeiten betrachten, wollen wir das Wort "abgeschlossen" weglassen und einfach von Linearmannigfaltigkeiten sprechen.

Unsere Aufgabe lautet nun so: Gegeben sei eine Linearmannigfaltigkeit $V \subset Z$ der Form (2.1) und ein auf Z definiertes stetiges konvexes Funktional F. Man berechne

$$a = \inf_{v \in V} F(v).$$

Zu diesem Zweck betrachten wir den Raum $\mathbb{R} \times Z$. Dort bestimmt F die oben angegebene konvexe Menge

$$W = \{(t,x) \in \mathbb{R} \times Z\colon\ t \geq F(x)\}.$$

Da F stetig ist, gilt zunächst $\mathring{W} \neq \emptyset$. Denn sei $\varepsilon > 0$ gegeben und $(t_o, \tilde{x}_o) \in W$ mit $t_o > F(\tilde{x}_o) + 2\varepsilon$. Dann gibt es ein $\delta > 0$, so daß für alle $x \in Z$ mit $\|x - x_o\| < \delta$ stets $F(x) < F(\tilde{x}_o) + \varepsilon$ ist. Hieraus folgt nun, daß für alle $t \in \mathbb{R}$ mit $|t - t_o| < \varepsilon$ und alle $x \in Z$ mit $\|x - \tilde{x}_o\| < \delta$ stets $(t,x) \in W$ ist. Also ist $(t_o, \tilde{x}_o)$ ein innerer Punkt von W.

Nun sei $V' \subset \mathbb{R} \times Z$ die folgende Linearmannigfaltigkeit:

$$V' = \{(t,x) \subset \mathbb{R} \times Z:\ t=a,\ x \in V\}.$$

Zunächst folgt aus der Definition von a, daß V' und W disjunkte Mengen sind. Also existiert nach dem Trennungssatz ein stetiges nicht triviales lineares Funktional $\tilde{f}$ auf $\mathbb{R} \times Z$ mit

$$\sup\{\tilde{f}[(t,x)]:\ (t,x) \in V'\} \tag{2.2}$$

$$\leq \inf\{\tilde{f}[(t,x)]:\ (t,x) \in W\}.$$

Dies bedeutet insbesondere, daß $\tilde{f}$ auf der Linearmannigfaltigkeit V' beschränkt ist. Aus der Homogenität von $\tilde{f}$ folgt dann, daß $\tilde{f}$ auf V' konstant ist. Somit gibt es ein $c \in \mathbb{R}$, so daß für alle $(t,x) \in V'$ stets $\tilde{f}(t,x) = c$ ist.

Als nächstes beachte man, daß $\tilde{f}[(t,x)] = \alpha t + f_o(x)$ gilt, wobei $\alpha \in \mathbb{R}$ und $f_o \in Z^*$ ist. Wir zeigen nun, daß $\alpha > 0$ ist. Denn wäre $\alpha \leq 0$, so folgt aus der Definition von W, daß

$$\inf\{\tilde{f}[(t,x)]:\ (t,x) \in W\} = -\infty$$

ist, im Widerspruch zu Formel (2.2).

Da sich die Ungleichung (2.2) bei Multiplikationen mit einer positiven Zahl nicht ändert, kann man ohne Beschränkung der Allgemeinheit stets $\alpha=1$ annehmen. Nach Definition von V' gilt dann zunächst

$$c = a + f_o(x_o)\ , \qquad \text{für ein } x_o \in V.$$

Weiterhin folgt aus Ungleichung (2.2), daß für $t \geq F(x)$ stets

$$t + f_o(x) \geq a + f_o(x_o) = c$$

ist. Für $t=F(x)$ hat man also

$$F(x) + f_o(x) - f_o(x_o) \geq a\ . \tag{2.3}$$

Da $\tilde{f}$ auf V' konstant ist, gilt für alle $x \in M$ stets $f_o(x)=0$. Bezeichnet man die Menge dieser Funktionale mit $M^{\perp}$, also

$$M^{\perp} = \{f \in Z^{*}: f(x) = 0 \quad \text{für } x \in M\},$$

dann gilt:

Satz V.2.1. (LAGRANGEsche Multiplikatoren)
Es sei F ein stetiges konvexes Funktional, welches auf einem BANACH-Raum Z definiert ist. Ferner sei $V = x_o+M$ eine Linearmannigfaltigkeit von Z, wobei $M \subset Z$ ein Unterraum ist. Dann gilt

$$\inf_{v \in V} F(v) = \sup_{f \in M^{\perp}} \left(\inf_{x \in Z} [F(x)+f(x)-f(x_o)]\right),$$

und es existiert ein $f_o \in M^{\perp}$ mit

$$\inf_{v \in V} F(v) = \inf_{x \in Z} [F(x)+f_o(x)-f_o(x_o)]. \tag{2.4}$$

Beweis:
Da für jedes $f \in M^{\perp}$ und jedes $x \in V$ stets $f(x) = f(x_o)$ ist, folgt:

$$a = \inf_{v \in V} F(v) \geq \sup_{f \in M^{\perp}} \left(\inf_{x \in Z} [F(x)+f(x)-f(x_o)]\right).$$

Die umgekehrte Ungleichung und Formel (2.4) sind dann unmittelbare Konsequenzen von (2.3). ∎

Wir beschränken uns nun auf den folgenden, in der Optimierungstheorie wichtigen Fall, daß V von der Form

$$V = \{(x,\eta,y) \in X \times \square \times Y: Ax=\eta \text{ und } B\eta=y_o\} \tag{2.5}$$

ist. Dabei ist, wie eingangs gesagt,

$$(X \xrightarrow[A]{} \square \xrightarrow[B]{} Y)$$

ein lineares System; ferner sei $y_o \in Y$ ein fest vorgegebenes Element und F_o ein auf X definiertes stetiges konvexes Funktional. Die auf V definierte Nutzenfunktion F wird dann durch

$$F(x,\xi,y) = F_o(x)$$

gegeben. Falls $F_o(x)$ eine Norm bzw. Halbnorm auf X ist, dann sprechen wir von der "Minimal-Norm-Aufgabe". Dieser Aufgabentyp tritt in der Kontrolltheorie häufig auf.

Wir wenden auf diesen Fall die Methode der LAGRANGEschen Multiplikatoren an. Nach Formel (2.2) ist dann $V = x_o + M$, wobei $x_o \in V$ ein beliebiges Element ist und

$$M = \{(x,\xi,y): Ax = \xi \text{ und } B\xi = 0\}$$

Dazu ist eigentlich $M^{\perp}$ zu bestimmen. Zunächst hat jedes auf $X\times\square\times Y$ definierte stetige lineare Funktional $f(x,\xi,y)$ die Form

$$f(x,\xi,y) = f_1(x)+f_2(\xi)+f_3(y),$$

wobei f_1,f_2,f_3 stetige lineare Funktionale auf $X,\square$ und Y sind. Wir beschränken uns jedoch nun auf den Fall $f_2=f_3=0$, da sonst

$$\inf\{F_o(x)+f[(x,\xi,y)]-f\ (x_o)\} = -\infty$$

ist. Somit bleibt nur noch die Darstellung von f_1 übrig. Dies ist also ein Funktional, für welches aus BAx=0 folgt, daß $f_1(x)=0$ ist. Wir wollen die Menge dieser Funktionale mit V_1 bezeichnen. Ist etwa $\varphi \in Y^*$, dann ist $\tilde{f}_1(x) = \varphi(BA(x))$ ein Element aus V_1. Mit anderen Worten, es ist stets

$$A^*B^*Y^* \subset V_1 .$$

Wir fragen nun, wann

$$A^*B^*Y^* = V_1$$

gilt.

Satz V.2.2.

Es ist $A^*B^*Y^* = V_1$ genau dann, wenn BAX ein Unterraum (also eine abgeschlossene lineare Menge) von Y ist.

Beweis:

"Hinreichend": Sei $X_o = X/_{(BA)^{-1}(0)}$. Dann induziert jedes $f \in V_1$ ein stetiges lineares Funktional $\tilde{f}$ auf X_o, welches durch $\tilde{f}([x])=f(x)$ gegeben ist. Umgekehrt definiert jedes $\tilde{f}\in X_o^*$ ein stetiges lineares Funktional $f\in V_1$, nämlich $f(x)=\tilde{f}([x])$. Man zeigt leicht, daß diese beiden Zuordnungen lineare Isometrien sind.

Weiterhin induziert der lineare Operator BA, der X in Y abbildet, einen stetigen linearen Operator $\widetilde{BA}$ von X_o nach Y. Man setze nämlich

$$\widetilde{BA}([x]) = BA(x),$$

wobei $[x]$ die Restklasse ist, die x enthält. Der Operator $\widetilde{BA}$ bildet X_o bijektiv auf BAX ab, wobei BAX nach Voraussetzung ein BANACH-Raum ist. Nach dem Satz von BANACH über die Stetigkeit des inversen Operators (Korollar III.2.2) ist auch $(\widetilde{BA})^{-1}$ stetig. Mithin gibt es zu jedem $f\in X_o^*$ ein auf BAX definiertes stetiges lineares Funktional $\tilde{\varphi}$ mit $f=A^*B^*\tilde{\varphi}$. Für jede Fortsetzung φ von $\tilde{\varphi}$ auf ganz Y gilt dann ebenfalls $f=A^*B^*\varphi$. Da aber jedes $f\in V_1$ genau ein stetiges lineares Funktional auf X_o induziert, heißt dies, daß jedes $f\in V_1$ von der Form

$$f = A^*B^*\varphi \quad \text{mit} \quad \varphi\in Y^*$$

ist.

"<u>Notwendig</u>": Man zeigt zunächst, genau wie im ersten Teil des Beweises, daß X_o^* zu V_1 isomorph ist. Angenommen, nun sei $V_1 = A^*B^*Y^*$. Dann folgt, daß A^*B^* den Raum $(BAX)^\perp$ isomorph auf X_o^* abbildet. Dies bedeutet aber, daß $\widetilde{BA}$ den Raum X_o linear homöomorph auf BAX abbildet. Damit ist BAX ein Unterraum von Y. ■

<u>Korollar V.2.3.</u>
Ist X oder Y endlich-dimensional, dann gilt $A^*B^*Y^* = V_1$.

<u>Beweis:</u>
Sind X oder Y endlich-dimensionale Räume, dann ist BAX stets endlich-dimensional, also abgeschlossen. ■

<u>Korollar V.2.4.</u>
Ist X oder Y endlich-dimensional, dann existiert ein $\varphi_o\in Y^*$, so daß

$$\inf_{x\in X}\{F_o(x): BAx = y_o\} = \inf_{x\in X}\{F_o(x)+\varphi_o(BAx)-\varphi_o(y_o)\} .$$

Korollar V.2.4 kann man als eine Variante des Maximum-Prinzips für lineare Systeme ansehen.

Wenn man sich nun von der Annahme lösen möchte, daß einer der beiden Räume endlich-dimensional ist, dann kann man wie folgt vorgehen:

Sei $y_o \in Y$ und $V = (BA)^{-1}(y_o)$. Dann ist zunächst

$$\inf_{v \in V} F_o(v) = \inf_{x \in (BA)^{-1}(y_o)} F_o(x) = \tag{2.6}$$

$$\sup_{f \in [(BA)^{-1}(o)]^{\perp}} \left[\inf_{x \in X} (F_o(x) + f(x) - f(x_o))\right] ,$$

wobei $x_o \in (BA)^{-1}(y_o)$ beliebig ist.

Wir werden nun zeigen, daß man unter gewissen Voraussetzungen das Supremum nicht über die gesamte Menge $[(BA)^{-1}(o)]^{\perp}$, sondern nur über die Teilmenge $A^*B^*Y^*$ zu bilden braucht. Diese Menge ist wesentlich einfacher zu bestimmen. Da man bei der Optimierung von einem festen $y_o \in Y$ ausgeht und weiter keine Annahmen über Y benötigt, ist es manchmal auch sinnvoll, den Raum Y so umzunormieren, daß B stetig bleibt und Y^* von möglichst einfacher Gestalt ist. Dies erleichtert dann unter Umständen die Bestimmung der Menge $A^*B^*Y^*$.

Satz V.2.5.

Wenn für jedes $r \in \mathbb{R}$ die Menge

$$BA\{x \in X\colon F(x) \leq r\}$$

abgeschlossen ist, dann gilt

$$\inf_{x \in (BA)^{-1}(y_o)} F(x) = \sup_{f \in A^*B^*Y^*} \left[\inf_{x \in X}\{F(x) + f(x) - f(x_o)\}\right] .$$

Dabei ist $x_o \in (BA)^{-1}(y_o)$ ein beliebiges Element.

Beweis:

Wir setzen:

$$a = \inf_{x \in (BA)^{-1}(y_o)} F(x)$$

und

$$b = \sup_{f \in A^*B^*Y^*} \left[\inf_{x \in X}\{F(x)+f(x)-f(x_o)\}\right].$$

Da für jedes $f \in A^*B^*Y^*$ und jedes $x \in (BA)^{-1}(y_o)$ stets

$$f(x)-f(x_o) = f(y_o)-f(y_o) = 0$$

gilt, ist

$$b \leq a \ . \tag{2.7}$$

Angenommen, es sei $b < a$. Da die Menge $\Gamma_b = BA\{x \in X\colon F(x) \leq b\}$ abgeschlossen ist, folgt aus $b < a$, daß $y_o \notin \Gamma_b$ ist.

Ähnlich wie oben betrachtet man nun den Produktraum $\mathbb{R} \times Y$. Dort bildet man die Menge

$$\tilde{W} = \{(t,x)\colon x \in BAX \text{ und } t \geq \inf F((BA)^{-1}(x))\} \ .$$

Da $y_o \notin \Gamma_b$ ist, ist auch $(b,y_o) \notin \tilde{W}$. Es existiert also ein stetiges lineares Funktional $\tilde{f} \in (\mathbb{R} \times Y)^*$, welches (b,y_o) und $\tilde{W}$ trennt. Ohne Einschränkung der Allgemeinheit kann man annehmen, daß $\tilde{f}$ von der Form

$$\tilde{f}[(t,x)] = t + \varphi(x)$$

ist, wobei $\varphi \in Y^*$ ist. Hieraus folgt nun, daß man im Raum $\mathbb{R} \times X$ die Menge

$$W = \{(t,x) \in \mathbb{R} \times X;\ t \geq F(x)\}$$

von der Menge $\{b\} \times (BA)^{-1}(y_o)$ durch ein Funktional der Form $t+\tilde{f}(x)$ mit $\tilde{f} \in A^*B^*Y^*$ trennen kann. Der Rest des Beweises verläuft dann wie bei Satz V.2.1. ■

Wir kehren nun zur Methode der LAGRANGEschen Multiplikatoren zurück. Sei etwa Z ein BANACH-Raum, $f \in Z^*$, c eine reelle Zahl und

$$V = \{x \in Z: f(x) = c\}.$$

Ist F ein auf Z definiertes stetiges konvexes Funktional, dann ist nach der Methode der LAGRANGEschen Multiplikatoren

$$\inf_{v \in V} F(v) = \sup_{\alpha \in \mathbb{R}} \inf_{x \in Z} [F(x)+\alpha f(x)-\alpha c].$$

Betrachten wir nun den Spezialfall Z = X und

$$V = \{x \in X: \varphi(BAx) = \varphi(y_o)\}, \quad \varphi \in Y^*.$$

Dann erhält man:

$$\inf\{F(x): x \in X, \varphi(BAx) = \varphi(y_o)\} \tag{2.8}$$

$$= \sup_{a \in \mathbb{R}} \inf_{x \in X} [F(x)+a\varphi(BAx)-a\varphi(y_o)].$$

Nimmt man nun auf beiden Seiten von (2.8) das Supremum, dann erhält man wegen der Linearität von Y^*:

$$\sup_{\varphi \in Y^*} \inf\{F(x): x \in X, \varphi(BAx) = \varphi(y_o)\} \tag{2.9}$$

$$= \sup_{\varphi \in Y^*} \inf_{x \in X} [F(x)+\varphi(BAx)-\varphi(y_o)].$$

Hieraus und aus Satz V.2.5 folgt dann:

Satz V.2.6.
Es sei für jedes $r \in \mathbb{R}$ die Menge

$$BA\{x \in X: F(x) \leq r\}$$

abgeschlossen. Dann ist

$$\inf\{F(x):\ x \in X,\ BAx = y_o\} = \sup_{\varphi \in Y^*} \inf\{F(x):\ \varphi(BAx) = \varphi(y_o)\}. \quad (2.10)$$

Für diesen Satz gibt es auch einen direkten Beweis, den wir nun angeben wollen.

"<u>Zweiter Beweis für Satz V.2.6</u>".
Es sei

$$a = \{\inf F(x):\ BAx = y_o\}$$

und

$$b = \sup_{\varphi \in Y^*} \left[\inf_{x \in X}\{F(x):\ \varphi(BAx) = \varphi(y_o)\}\right].$$

Da aus $BAx = y_o$ stets $\varphi(BAx) = \varphi(y_o)$ folgt, ist

$$b \leq a.$$

Angenommen, es sei $b < a$. Dann ist zunächst

$y_o \notin \Gamma_b = BA\{x \in X:\ F(x) \leq b\}$. Da Γ_b nach Voraussetzung abgeschlossen ist, existiert ein stetiges lineares Funktional $\varphi_o \in Y^*$, eine reelle Zahl c und ein positives ε, so daß

$$\varphi_o(y_o) = c$$

ist und für alle $y \in \Gamma_b$

$$\varphi_o(y) < c - \varepsilon$$

ist.
Dies bedeutet aber, daß

$$\inf\{F(x):\ \varphi_o(BAx) = \varphi_o(y_o)\} > b,$$

im Widerspruch zur Definition von b. ■

An Hand eines Beispiels zeigen wir, daß Satz V.2.6 falsch ist, falls man nicht fordert, daß $\Gamma_r = BA\{x: F(x) \leq r\}$ abgeschlossen ist.

<u>Beispiel V.2.1.</u> (siehe auch SINGER [2])
Es sei $X = \ell$ und $\square = Y = c_o$ (oder auch ℓ bzw. ℓ^2). Ferner sei B die Identität und A sei wie folgt definiert: In Y wähle man eine Folge $\{y_n\}$ von "<u>stark linear</u>" unabhängigen Elementen; d.h. aus $\sum\limits_{n=o}^{\infty} t_n y_n = 0$ folgt $t_n=0$ für jedes $n=0,1,2,\ldots$. Weiterhin gelte noch $\lim\limits_n y_n = y_o$ und $\|y_o\| = 1$. Für die vorliegenden Räume kann man eine solche Folge $\{y_n\}$ einfach angeben. Man setze nämlich

$$y_o = \{1,0,0,\ldots\} \quad \text{und } y_n = \{1,\underbrace{0,\ldots,0,\tfrac{1}{n}}_{(n+1)\text{-te Stelle}},0,\ldots\}$$

für $n \geq 1$.

Man kann zeigen, daß in jedem unendlich-dimensionalen BANACH-Raum eine Folge von stark linear unabhängigen Elementen existiert. Da der Beweis dieser Aussage etwas länglich ist, lassen wir ihn fort.

Nun sei $t = \{t_n\}_1^{\infty} \in \ell$. Dann setzt man

$$A(t) = \frac{1}{2} t_1 y_o + \sum_{i=1}^{\infty} t_{i+1} y_i .$$

Da die Folge $\{y_n\}$ beschränkt ist, ist A ein wohldefinierter beschränkter linearer Operator. Weil die Folge $\{y_n\}$ aus stark linear unabhängigen Elementen besteht, ist A außerdem noch injektiv.

Nun sei $F(x) = \|x\|$ die Norm von x in ℓ. Ist nun $\Gamma_1 = BA\{x: \|x\| \leq 1\}$, dann folgt zunächst, daß $\frac{1}{2} y_o$ als Bild von y_o in Γ_1 liegt. Aus der Injektivität von A folgt weiter, daß für jedes $b > \frac{1}{2}$ stets $by_o \notin \Gamma_1$ gilt. Somit ist also:

$$\inf\{\ \|u\| : BAu = y_o\} = 2.$$

Andererseits wähle man nun ein beliebiges stetiges lineares Funktional $\varphi \in Y^*$ mit $\varphi(y_o) \neq 0$. Dann folgt zunächst aus der Stetigkeit von φ, daß die Folge $c_n = \varphi(y_n)$ gegen $c = \varphi(y_o)$ konvergiert. Es existiert also ein Index n_o, so daß für alle $n \geq n_o$ der Wert $c_n = \varphi(y_n) \neq 0$ ist. Für $n \geq n_o$ setze man:

$$y_n' = \frac{c}{c_n} y_n .$$

Dann ist zunächst $\varphi(y_n') = c$. Weiterhin gilt für

$$u_n = (0,\dots,0,\underbrace{\frac{c}{c_n}}_{(n+1)\text{-te Stelle}},0,\dots) ,$$

daß

$$y_n' = Au_n$$

ist. Aus $\|u_n\| = \frac{c}{c_n} \to 1$ folgt dann, daß für jedes $\varphi \in Y^*$

$$\inf\{\|u\|: \varphi(BAu) = \varphi(y_o)\} \leq 1$$

ist.

DOLECKI [3] hat kürzlich gezeigt, daß Formel (2.10) genau dann gilt, wenn

$$\bigcap_{\varepsilon<0} BA\{x: \|x\| < a+\varepsilon\} = \bigcap_{\varepsilon>0} \overline{BA\{x: \|x\| < a+\varepsilon\}}$$

ist. Interessant ist weiterhin, daß Formel (2.10) auch auf eine gewisse Klasse von nicht linearen Funktionalen erweitert werden kann. Dadurch werden die quadratischen Ausgleichsverfahren und die Momentenmethode auf eine gemeinsame Grundlage gestellt. (Siehe DOLECKI-KURCYUSZ [1]).

Aus Korollar V.2.4 und Satz V.2.1 folgt zusammen mit Satz V.2.6 unmittelbar:

<u>Korollar V.2.7.</u>
Ist für jedes $r \in \mathbb{R}$ die Menge

$$BA\{x \in X: F(x) \leq r\}$$

abgeschlossen und ist BAX ein Unterraum von Y (das ist etwa der Fall, wenn X oder Y endlich-dimensional ist), dann existiert ein $\varphi_o \in Y^*$ mit

$$\inf\{F(x): \varphi_o(BAx) = \varphi_o(y_o)\} = \sup_{\varphi \in Y^*} [\inf\{F(x): \varphi(BAx) = \varphi(y_o)\}]$$

Korollar V.2.7 ist das sogenannte "PONTRJAGINsche Maximum-Prinzip für lineare Systeme mit fester Ausgabe".

Der folgende Satz ist die Umkehrung von Korollar V.2.7.

Satz V.2.8.
Es sei

$$(X \xrightarrow[A]{} \square \xrightarrow[B]{} Y)$$

ein lineares System und F ein auf X definiertes stetiges konvexes Funktional. Ferner sei für jedes $r \in \mathbb{R}$ die Menge

$$\Gamma_r = BA\{x: F(x) \leq r\}$$

abgeschlossen. Wenn nun $BAX \subset Y$ kein Unterraum ist (also nicht abgeschlossen), dann existiert ein $y_o \in BAX$, so daß für jedes $\varphi \in Y^*$ die Ungleichung

$$\inf\{F(x): BAx = y_o\} > \inf\{F(x): \varphi(BAx) = \varphi(y_o)\}$$

gilt.

Der Beweis dieses Satzes beruht auf einer Reihe von Begriffen und einem fundamentalen Lemma, welches von P. WOJTASZCZYK [1] bewiesen wurde.

Es sei X ein reeller BANACH-Raum und $K \subset X$ eine abgeschlossene konvexe Teilmenge. Dann heißt $a \in K$ ein "algebraisch innerer Punkt" von K, wenn für jede durch a gehende Gerade L der Punkt a im Inneren des Intervalls $K \cap L$ liegt. Ein Punkt $a \in K$, der kein algebraisch innerer Punkt ist, heißt ein "algebraischer Randpunkt". Die Menge aller algebraischen Randpunkte von K heißt der "algebraische Rand" von K.

Nun sei $a \in K$ ein algebraisch innerer Punkt und $p \in K$ ein algebraischer Randpunkt der konvexen Menge K. Ferner sei L die durch a und p gehende Gerade. Wir zeigen nun, daß p ein Endpunkt des Intervalls $L \cap K$ ist. Angenommen, dies sei falsch. Dann ist $L \cap K = [c,d]$ ein Intervall mit den Endpunkten c und d und die Punkte a und p liegen im Inneren dieses Intervalls. Ohne Beschränkung der Allgemeinheit kann man nun annehmen, daß a im Inneren des Intervalls $[c,p]$ und p im Inneren des Intervalls $[a,d]$ liegt. Dies bedeutet, daß es reelle Zahlen t_a, t_p mit $0<t_a,\ t_p<1$ gibt, so daß

$$a = t_a p + (1-t_a)c \tag{2.11}$$

und

$$p = t_p a + (1-t_p)d \tag{2.12}$$

gilt.

Nun sei $x \in X$ ein beliebig gewählter Punkt mit $p+x \in K$. Da K konvex ist, folgt dann aus (2.11), daß

$$t_a x + a = t_a(x+p) + (1-t_a)c \in K.$$

Weil $a \in K$ ein algebraisch innerer Punkt ist, gibt es ein $\varepsilon>0$, so daß für alle $\alpha \in \mathbb{R}$ mit $|\alpha|<\varepsilon$

$$\alpha t_a x + a \in K.$$

Aus (2.12) und der Konvexität von K folgt weiter, daß auch

$$p+\alpha t_a t_p x = t_p(a+\alpha t_a x) + (1-t_p)d \in K$$

ist. Da aber $x \in X$ beliebig war, folgt, daß p ein algebraisch innerer Punkt ist, im Widerspruch zur Annahme.

Es sei wieder $K \subset X$ eine konvexe Teilmenge eines reellen BANACH-Raumes X und $f \in X^*$. Dann sagt man, daß f die Menge K im Punkte $x_o \in K$ "<u>stützt</u>", wenn $f(x_o)=1$ ist und für alle $x \in K$ stets $f(x) \leq 1$. Ein Punkt $x_o \in K$, zu dem es ein $f \in X^*$ gibt, welches K in x_o stützt, heißt auch ein "<u>Stützpunkt</u>" von K.

Lemma V.2.9. (WOJTASZCZYK [1])
Es sei X ein BANACH-Raum über dem Körper der reellen Zahlen und $K \subset X$ eine abgeschlossene konvexe Teilmenge von X, die die O als algebraisch inneren Punkt enthält. Ferner sei jeder algebraische Randpunkt von K auch ein Stützpunkt und die lineare Hülle von K, LinK, sei dicht in X. Dann hat K ein nichtleeres Inneres.

Beweis:
Wir zeigen zunächst, daß, wenn $O \in K$ kein innerer Punkt ist, stets eine Folge von algebraischen Randpunkten existiert, die gegen O konvergiert. Angenommen, so eine Folge würde nicht existieren. Dann gibt es ein $\delta > 0$, so daß für alle algebraischen Randpunkte $p \in K$ stets $\|p\| > \delta$ ist.

Nun sei $x \in X \setminus \{0\}$ mit $\|x\| \le \delta$ ein beliebiges Element. Da $\overline{\text{LinK}} = X$ ist, folgt aus der Konvexität von K, daß eine Folge $\{x_n\}$ von Elementen aus K existiert mit

$$\lim_{n\to\infty} \frac{x_n}{\|x_n\|} = \frac{x}{\|x\|} . \qquad (2.13)$$

Wir bezeichnen nun mit L_n die Gerade, die durch O und x_n geht. Weiter sei $p_n \in K$ ein algebraischer Randpunkt von K, der auf dem Teil der Geraden L_n liegt, die in Richtung x_n geht. Nach Annahme ist $\|p_n\| > \delta$ und $\|x\| \le \delta$. Also existiert nach (2.13) eine Folge $\{\alpha_n\}$ von reellen Zahlen mit $0 < \alpha_n < 1$ und

$$\lim_{n\to\infty} \alpha_n p_n = x. \qquad (2.14)$$

Da K konvex ist und $O \in K$, ist auch $\alpha_n p_n \in K$. Aus der Abgeschlossenheit von K folgt dann nach (2.14), daß auch $x \in K$ ist.

Da $x \in X \setminus \{0\}$ mit $\|x\| \le \delta$ beliebig war, ist $O \in K$ ein innerer Punkt von K im Widerspruch zur Annahme.

Damit haben wir also gezeigt, daß, wenn $O \in K$ kein innerer Punkt ist, stets eine Folge von algebraischen Randpunkten existiert, die gegen O konvergiert. Ist $a \in K$, dann kann man mit der Menge K-a entsprechend argumentieren, so daß man insgesamt zu folgendem Ergebnis kommt:
Ist $\overset{\circ}{K} = \emptyset$, dann ist die Menge $Fr_a K$ der algebraischen Randpunkte von K

dicht in K.

Als nächstes zeigen wir, daß auch die Menge $Int_a K$ der algebraisch inneren Punkte von K dicht in K ist, falls wie angenommen $Int_a U = \emptyset$ ist.

Dazu sei $x_o \in K$ ein algebraisch innerer Punkt von K und $p \in K$ ein beliebiger algebraischer Randpunkt von K. Ist dann L die Gerade durch x_o und p, dann ist, wie wir bereits gezeigt haben, p ein Endpunkt des Intervalls $K \cap L$. Daraus folgt aber, daß in jeder Umgebung von $p \in K$ noch algebraisch innere Punkte liegen.

Nach Voraussetzung sind weiterhin alle algebraischen Randpunkte von K auch Stützpunkte. Sei nun $A_n \subset K$ die Menge aller algebraischen Randpunkte von K, zu denen es ein Stützfunktional $f \in X^*$ mit $\|f\| \leq n$ gibt. Offensichtlich ist die Folge der Mengen A_n aufsteigend und es gilt

$$Fr_a K = \bigcup_{n=1}^{\infty} A_n . \qquad (2.15)$$

Wir zeigen nun, daß die Mengen A_n abgeschlossen sind. Dazu sei $\{x_m\}$ eine Folge von Elementen aus A_n mit $x_m \to x_o$. Da $x_m \in A_n$, gibt es ein $f_m \in X^*$ mit $\|f_m\| \leq n$ und $f_m(x_m) = 1$, so daß für alle $x \in K$ stets $f_m(x) \leq 1$ ist.

Nach dem Satz von ALAOGLU (Satz IV.4.6) hat die Folge $\{f_m\}$ einen Häufungspunkt f_o in der schwach-*-Topologie. Es existiert also eine Teilfolge $\{f_{m_i}\}$ von $\{f_m\}$, mit $f_{m_i}(x_o) \to f_o(x_o)$. Zunächst ist $\|f_o\| \leq n$. Weiterhin ist für jedes $x \in K$

$$f_o(x) = \lim_{i\to\infty} f_{m_i}(x) \leq 1.$$

Da auch $x_{m_i} \to x_o$ und $\|f_{m_i}\| \leq n$, gilt

$$f_o(x_o) = \lim_{i\to\infty} f_{m_i}(x_o) = \lim_{i\to\infty} [f_{m_i}(x_o - x_{m_i}) + f_{m_i}(x_{m_i})] = \qquad (2.16)$$

$$\lim_{i\to\infty} f_{m_i}(x_{m_i}) = 1.$$

Damit ist also gezeigt, daß $x_o \in A_n$ ist; d.h. A_n ist eine abgeschlossene Menge.

Insgesamt haben wir also gezeigt, daß der algebraische Rand $Fr_a K$ die abzählbare Vereinigung einer aufsteigenden Folge von abgeschlossenen Mengen A_n ist.

Setzt man

$$K_n = (1 - \frac{1}{n})K,$$

dann sieht man, daß auch das algebraisch Innere $Int_a K$ die abzählbare Vereinigung einer aufsteigenden Folge von abgeschlossenen Mengen ist. Genauer gilt:

$$Int_a K = \bigcup_{n=1}^{\infty} K_n .$$

Somit ist also

$$K = \left[\bigcup_{n=1}^{\infty} K_n\right] \cup \left[\bigcup_{n=1}^{\infty} A_n\right]. \tag{2.17}$$

Als abgeschlossene Teilmenge eines vollständigen metrischen Raumes ist auch K ein vollständiger metrischer Raum, d.h. K ist von zweiter Kategorie. Nach dem Satz von BAIRE (Satz I.7.3) ist dann auch eine der Mengen K_n oder A_n von zweiter Kategorie. Wir bezeichnen diese Menge mit B. Da B abgeschlossen und von zweiter Kategorie ist, hat sie ein nicht leeres Inneres. Es existiert also ein $x_o \in B$ und eine positive Zahl r, so daß

$$\{x \in K: \|x-x_o\| < r\} \subset B. \tag{2.18}$$

Nun sind der algebraische Rand $Fr_a K$ und das algebraische Innere $Int_a K$ disjunkte Mengen. Weiterhin ist $Int_a K$ dicht in K. Somit kann also B nicht gleich einer Menge A_n sein.

Da K nach Annahme keine inneren Punkte hat, ist $\overline{Fr_a K} = K$. Also ist B auch keine der Menge K_n. Dies ist aber ein Widerspruch. Damit ist also gezeigt, daß $IntK \neq \emptyset$ ist. ■

Mit diesem Lemma läßt sich nun Satz V.2.8 einfach beweisen.

"Beweis von Satz V.2.8.".
Es sei

$$r > \inf F(x)$$

und $x_o \in X$ mit $F(x_o) < r$. Da F stetig ist, ist dann x_o ein innerer Punkt von

$$K_r = \{x \in X: F(x) \leq r\}$$

und somit auch ein algebraisch innerer Punkt von K_r. Da die Eigenschaft, algebraisch innerer Punkt zu sein, unter linearen Abbildungen erhalten bleibt, ist auch BAx_o ein algebraisch innerer Punkt von

$$\Gamma_r = BAK_r.$$

Damit ist also O ein algebraisch innerer Punkt von $\Gamma_r' = \Gamma_r - BAx_o$.

Angenommen, für jedes $y \in BAX$ stände in der Behauptung von Satz V.2.8 die Gleichheit. Dann ist für jedes $y \in BAX$ der Punkt $y - BAx_o$ stets ein algebraischer Randpunkt von Γ_r, der zugleich Stützpunkt ist. Nach Lemma V.2.9 hat dann Γ_r in $Y_o = \overline{\text{Lin}\,\Gamma_r}$ ein nicht leeres Inneres. Dies bedeutet aber, daß $Y_o = \text{Lin}\,\Gamma_r$ ist. Daraus folgt nun

$$BAX = BA(\text{Lin}K_r) = \text{Lin}BAK_r = \text{Lin}\,\Gamma_r = Y_o,$$

also ist BAX abgeschlossen im Widerspruch zur Voraussetzung. ■

KURCYUSZ hat bemerkt, daß die Abgeschlossenheit von Γ_r eine entscheidende Voraussetzung von Satz V.2.8 ist, wie das folgende Beispiel zeigt:

Beispiel V.2.2:
Es sei $X = Y = c_o$, $A = I$ und B sei durch

$$B(\{x_n\}) = \{\tfrac{1}{n}\, x_n\}$$

gegeben. Ferner sei

$$F(\{x_n\}) = |x_1|.$$

Dann ist für jedes r>O die Menge

$$\Gamma_r = \{y \in c_o\colon |y_1| \leq r \text{ und } \lim_n ny_n = 0\}$$

nicht abgeschlossen.

Da A und B injektiv sind, gibt es zu jedem $y^o \in BAX$ genau ein x^o mit $BAx^o = y^o$.Nach Definition von F und B ist

$$F(x^o) = |x_1^o| = |y_1^o|.$$

Nun sei $\varphi_o \in Y^*$ mit $\varphi_o(\{x_n\}) = x_1$. Dann ist

$$\inf\{F(x)\colon BAx = y^o\} = F(x^o) = |x_1^o|$$

$$= |y_1^o| = \inf\{F(x)\colon \varphi_o(BAx) = \varphi_o(y^o)\},$$

also gilt das PONTRJAGINsche Maximum-Prinzip.

Dieses Beispiel ist insofern etwas unnatürlich, als F nur von der ersten Koordinate abhängt. Daher ist die folgende Frage von Interesse.

Problem V.2.1.

Ist auch die Abgeschlossenheit von Γ_r eine entscheidende Voraussetzung für Satz V.2.8, falls F die Norm auf X ist?

Satz V.2.8 zeigt, daß, falls BAX kein Unterraum ist (und dies ist leider für viele Systeme mit verteilten Parametern der Fall), man auch kein Maximum-Prinzip im Sinne von Korollar V.2.7 beweisen kann.

Daher formuliert man oft ein schwächeres Maximum-Prinzip: Man sucht nämlich nicht

$$\inf\{F(x)\colon BAx = y_o\},$$

sondern für ein gegebenes m>O bestimmt man

$$\inf\{F(x)\colon \|BAx-y_o\| \leq m\}.$$

Sei also

$$B_m = \{y \in Y: \|y-y_o\| \leq m\}$$

und

$$r = \inf\{F(x): \|BAx-y_o\| \leq m\}.$$

Die Menge B_m ist abgeschlossen und hat ein nichtleeres Inneres. Nach Definition von r ist $\Gamma_r = BAK_r$ mit $K_r = \{x \in X: F(x) \leq r\}$ zum Inneren von B_m disjunkt. Es existiert also ein stetiges lineares Funktional $\varphi_o \in Y^*$ und eine reelle Zahl c, so daß

$$\varphi_o(y) \geq c, \quad \text{für alle } y \in B_m$$

und

$$\varphi_o(y) \leq c, \quad \text{für alle } y \in \Gamma_r.$$

Dies ergibt:

Satz V.2.1o.
Es existiert ein Funktional $\varphi_o \in Y^*$, so daß

$$\inf\{F(x): \|BAx-y_o\| \leq m\} = \inf\{F(x): \varphi_o(BAx) = \varphi_o(y_o)-m\|\varphi_o\|\} .$$

Beweis:
Man beachte, daß

$$c = \inf\{\varphi_o(y): y \in B_m\} = \varphi_o(y_o)-m\|\varphi_o\|$$

ist. ■

Besonders wichtig ist dieser Satz für den Fall, daß $F(x) = \|x\|$ eine Norm bzw. eine Halbnorm ist. Dann ist nämlich

$$\inf\{\|x\|: \varphi(BAx) = \varphi(y_o)-m\|\varphi\|\} = \frac{\varphi(y_o)-m\|\varphi\|}{\|A^*B^*\varphi\|} .$$

Die Optimierungsaufgabe besteht dann nur noch darin, die Norm von $A^*B^*\varphi$ zu berechnen. Dies kann unter anderem mit den in Kapitel III.§6 angegebenen Ergebnissen geschehen.

Um Satz V.2.6 anzuwenden, benötigt man noch ein Kriterium dafür, daß Γ_b abgeschlossen ist.

Korollar V.2.11.
Es sei X ein reflexiver BANACH-Raum und F ein auf X definiertes stetiges konvexes Funktional mit $F(x) \to \infty$, falls $\|x\| \to \infty$.

Dann gilt Formel (2.10), d.h.

$$\inf\{F(x): x \in X,\ BAx = y_o\} = \sup_{\varphi \in Y^*} \inf\{F(x): \varphi(BAx) = \varphi(y_o)\}.$$

Beweis:
Da F stetig und konvex ist, sind die Mengen

$$K_b = \{x \in X: F(x) \leq b\}$$

abgeschlossen und konvex. Aus der Reflexivität von X folgt somit, daß K_b schwach kompakt ist. Wie wir schon gezeigt haben, sind die Operatoren A und B auch bezüglich der schwachen Topologie stetig. Damit ist auch Γ_b schwach abgeschlossen, also insbesondere abgeschlossen. Der Rest des Beweises folgt aus Satz V.2.6. ∎

Satz V.2.12.
Es seien $X, \square, Y$ die konjugierten Räume der Räume $X_o, \square_o, Y_o$. Ferner sei $F(x) = \|x\|$ die Funktionalnorm (bzw. Halbnorm), die zur Norm (bzw. Halbnorm) $\|x\|_o$ von X_o gehört. Die Ein- und Ausgabeoperatoren A und B seien die konjugierten Operatoren von Operatoren A_o und B_o, die $\square_o$ in X_o und Y_o in $\square_o$ abbilden. Dann gilt:

$$\inf\{\|x\|: BAx = y_o\} = \sup_{\varphi \in Y_o} \inf\{\|x\|: x(A_oB_o\varphi) = y_o(\varphi)\}.$$

Beweis:
Es sei

$$a = \inf\{\|x\|: BAx = y_o\}$$

und

$$b = \sup_{\varphi \in Y_o} \inf\{\|x\| : x(A_oB_o\varphi) = y_o(\varphi)\}.$$

Da $(A_oB_o)^* = BA$ ist, gilt für jedes $x \in X$ mit $BAx = y_o$ auch $x(A_oB_o\varphi) = y_o(\varphi)$, $\varphi \in Y^*$. Also ist $b \leq a$.

Wir zeigen nun, daß $b = a$ ist. Dazu nehmen wir an, daß $b < a$ sei. Aus dieser Annahme folgt zunächst, daß $y_o \in \Gamma_b = BAK_b$ ist. Dabei ist

$$K_b = \{x \in X: \|x\| \leq b\}.$$

Nach dem Satz von ALAOGLU (Satz IV.4.6) ist die Menge K_b schwach-*-kompakt. Da B und A die konjugierten Operatoren von B_o und A_o sind, sind B und A schwach-*-stetig. Mithin ist Γ_b schwach-*-kompakt, also insbesondere schwach-*-abgeschlossen. Nach den Trennungssätzen (Satz IV.3.2 und IV.3.3) gibt es ein in der schwach-*-Topologie stetiges lineares Funktional f, eine reelle Zahl c und ein positives ε mit

$$f(y_o) = c \tag{2.19}$$

und

$$f(x) < c - \varepsilon, \quad \text{für alle } x \in \Gamma_b . \tag{2.20}$$

Da f in der schwach-*-Topologie stetig ist, gibt es ein $\varphi_o \in Y_o$ mit $f(y) = y(\varphi_o)$ für alle $y \in Y$.

Damit folgt aus (2.19) und (2.20), daß

$$\inf\{\|x\| : x(A_oB_o\varphi_o) = y_o(\varphi_o)\} > b$$

ist, im Widerspruch zur Definition von b. ■

§ 3 Hinreichende Bedingungen für die Existenz von optimalen Eingaben

Im vorherigen Paragraphen haben wir uns mit der Berechnung von

$$\inf\{F(x,Ax,BAx):\ (x,Ax,BAx)\in V\}$$

befaßt. Dabei ist F ein stetiges konvexes Funktional auf $X\times\Box\times Y$ und $V\subset X\times\Box\times Y$ eine Linearmannigfaltigkeit.

In diesem Paragraphen untersuchen wir nun die Frage, wann das Infinum angenommen wird; wann also ein $x_o\in X$ existiert, so daß $(x_o,Ax_o,BAx_o)\in V$ ist und

$$F(x_o,Ax_o,BAx_o) = \inf\{F(x,Ax,BAx):\ (x,Ax,BAx)\in V\}$$

gilt. Solch ein $x_o\in X$ heißt dann ein "optimales Element" (bzw. eine "optimale Eingabe").

Satz V.3.1.
Es sei

$$(X \underset{A}{\longrightarrow} \Box \underset{B}{\longrightarrow} Y)$$

ein lineares System und $V\subset X\times\Box\times Y$ eine abgeschlossene konvexe Menge. Dann ist auch

$$V_o = \{(x,\xi,y)\in V:\ Ax = \xi,\ B\xi = y\}$$

eine abgeschlossene konvexe Menge.

Beweis:
Wir zeigen zunächst, daß V_o konvex ist.
Dazu seien (x_1,ξ_1,y_1), $(x_2,\xi_2,y_2)\in V_o$. Nach Definition von V_o ist dann

$$Ax_i = \xi_i,\quad B\xi_i = y_i,\qquad (i=1,2).$$

Ist nun $0<t<1$ gegeben, dann folgt hieraus, daß

$$A(tx_1+(1-t)x_2) = t\xi_1+(1-t)\xi_2 \tag{3.1}$$

und

$$B(t\xi_1+(1-t)\xi_2) = ty_1+(1-t)y_2 \tag{3.2}$$

ist. Da V konvex ist, ergibt sich

$$(tx_1+(1-t)x_2,\ t\xi_1+(1-t)\xi_2,\ ty_1+(1-t)y_2) \in V_o \quad ;$$

d.h. V_o ist ebenfalls konvex.

Zu zeigen bleibt noch, daß V_o abgeschlossen ist. Dazu sei (x_n, Ax_n, BAx_n) eine Folge von Elementen aus V_o, die gegen ein $(x_o, \xi_o, y_o) \in X \times \square \times Y$ konvergiere. Da $V_o \subset V$ und V abgeschlossen ist, gilt zunächst, daß $(x_o, \xi_o, y_o) \in V$ ist. Weiterhin folgt aus der Stetigkeit der Operatoren A und B, daß

$$\xi_o = \lim_n Ax_n = Ax_o$$

und

$$y_o = \lim_n BAx_n = BAx_o .$$

Damit ist aber $(x_o, \xi_o, y_o) \in V_o$, womit alles gezeigt ist. ■

Wir bemerken noch, daß die Menge V_o vollständig durch die Menge

$$U_o = \{x \in X:\ (x, Ax, BAx) \in V_o\}$$

bestimmt ist. Aus der Abgeschlossenheit und Konvexität von V_o folgt, daß auch U_o abgeschlossen und konvex ist. Umgekehrt folgt natürlich aus der Annahme, daß $U \subset X$ eine abgeschlossene und konvexe Menge ist, auch sofort die Abgeschlossenheit und Konvexität von

$$V = \{(x, Ax, BAx):\ x \in U\} \subset X \times \square \times Y$$

(vergl. Beweis von Satz V.3.1). Um also

$$\inf\{F(x,\xi,y):\ (x,\xi,y) \in V,\ Ax = \xi,\ B\xi = y\} =$$

$$\inf\{F(x,\xi,y):\ (x,\xi,y) \in V_o\}$$

zu bestimmen, braucht man nur das Infinum eines auf dem Eingaberaum X definierten konvexen Funktionals F zu bestimmen, also

$$\inf_{x \in U_o} F(x,Ax,BAx).$$

Satz V.3.2.

Es sei $F(x,\xi,y)$ ein auf $X\times\square\times Y$ definiertes stetiges konvexes Funktional Dann ist $F(x,Ax,BAx)$ ein auf dem Eingaberaum X definiertes stetiges konvexes Funktional.

Beweis:

Da F, A und B stetig sind, ist auch die Zusammensetzung $F(x,Ax,BAx)$ auf X stetig. Zu zeigen bleibt die Konvexität. Es ist für $0\leq t\leq 1$

$$F(tx+(1-t)x',\ A(tx+(1-t)x'),\ BA(tx+(1-t)x'))$$

$$= F(tx+(1-t)x',\ tAx+(1-t)Ax',\ tBAx+(1-t)BAx')$$

$$\leq tF(x,Ax,BAx)+(1-t)F(x',Ax',BAx'). \qquad \blacksquare$$

Satz V.3.2 zeigt also, daß man die Bestimmung eines optimalen Elementes nur im Eingaberaum X durchzuführen braucht.

Satz V.3.3.

Es sei X ein BANACH-Raum und G ein auf X definiertes stetiges konvexes Funktional. Dann ist G in der schwachen Topologie halbstetig von unten (d.h. zu jedem $x_o \in X$ und jedem $\varepsilon>0$ gibt es eine Umgebung W von x_o in der schwachen Topologie, so daß $\inf_{x\in W} G(x) \geq G(x_o) - \varepsilon$ ist).

Beweis:

Es sei $\varepsilon>0$, $b = G(x_o)-\varepsilon$ und $K_b = \{x \in X\colon G(x)\leq b\}$. Da G stetig und konvex ist, ist K_b eine abgeschlossene konvexe Menge. Weil $x_o \notin K_b$ ist, kann man x_o und K_b trennen. Es existiert also ein $f \in X^*$, eine reelle Zahl c und ein $\delta>0$, so daß

$$f(x_o) \leq c$$

und

$$f(x) \geq c + \delta,\ \text{für } x \in K_b. \tag{3.3}$$

Als Umgebung von x_o in der schwachen Topologie nehmen wir nun

$$W = \{x \in X: |f(x)-f(x_o)| < \delta\}.$$

Da nach (3.3) die Mengen W und K_b disjunkt sind, ist

$$\inf_{x \in W} G(x) \geqq b = G(x_o)-\varepsilon \ . \quad ■$$

Satz V.3.4.

Ist der Eingaberaum X reflexiv und ist $V_o \subset X \times \square \times Y$ eine abgeschlossene konvexe und beschränkte Teilmenge, dann existiert eine optimale Eingabe.

Beweis:

Da V_o abgeschlossen konvex und beschränkt ist, ist auch $U_o = \{x \in X: (x,Ax,BAx) \in V_o\}$ eine abgeschlossene konvexe und beschränkte Menge. Nun sei $b \in \mathbb{R}$ mit

$$b > a = \inf_{x \in U_o} F(x,Ax,BAx).$$

Dann ist

$$U_b = U_o \cap \{x \in X: F(x,Ax,BAx) \leq b\} \qquad (3.4)$$

ebenfalls eine abgeschlossene konvexe und beschränkte Menge; d.h. U_b ist kompakt in der schwachen Topologie. Für $b_2 > b_1 > a$ gilt $U_{b_1} \subset U_{b_2}$. Also folgt aus der Kompaktheit der Mengen U_b, daß

$$\tilde{U}_a = \bigcap_{b>a} U_b$$

nichtleer ist.

Nun sei $x_o \in \tilde{U}_a$. Dann ist für alle $b>a$ auch $x_o \in U_b$, und somit ist nach Definition von U_b auch $F(x_o,Ax_o,BAx_o) \leq b$. Dies heißt aber $F(x_o,Ax_o,BAx_o) = a$. ■

Satz V.3.5.

Ist der Eingaberaum X reflexiv und hat die Nutzenfunktion

$F(x,Ax,BAx)$ die Eigenschaft, daß für ein $b>a = \inf_{x \in U_o} F(x,Ax,BAx)$ die in (3.4) definierte Menge U_b beschränkt ist, dann existiert eine optimale Eingabe.

Diese Aussage beweist man genauso wie Satz V.3.4.

Wenn man nicht mit der schwachen Topologie, sondern mit anderen Topologien arbeitet, muß man noch weitere Annahmen über die Nutzenfunktion und die Menge U_o machen.

Satz V.3.6.

Es sei X ein BANACH-Raum und G ein auf X definiertes stetiges konvexes Funktional. Ferner sei X mit einer Γ-Topologie τ versehen und für jedes $b \in \mathbb{R}$ sei

$$K_b = \{x \in X: G(x) \leq b\}$$

in der Topologie τ abgeschlossen. Dann ist G in der Topologie τ von unten halbstetig.

Der Beweis geht genauso, wie der von Satz V.3.3. Man hat lediglich zu beachten, daß man jedes $x_o \notin K_b$ durch ein Funktional trennen kann, welches in der Topologie τ stetig ist. Da K_b Γ-abgeschlossen ist, existiert ein solches Funktional in Γ.

Satz V.3.7.

Auf dem Eingaberaum X sei eine lineare Topologie τ gegeben, so daß alle nach Formel (3.4) definierten Mengen U_b bezüglich τ kompakt (oder folgenkompakt) sind. Dann existiert eine optimale Eingabe.

Beweis:

Es sei

$$\tilde{U}_a = \bigcap_{n=1}^{\infty} U_{(a+\frac{1}{n})} .$$

Dann ist $\tilde{U}_a \neq \emptyset$, und der Rest des Beweises verläuft genauso wie bei Satz V.3.4. ■

Beispiel V.3.1.
Es sei X der konjugierte Raum eines BANACH-Raumes (bzw. eines vollständigen halbnormierten Raumes) X_o und $F(x) = \|x\|$ sei die Funktionalnorm (bzw. Funktionalhalbnorm) über dem Raum X_o. Weiterhin sei $U_o \subset X$ eine konvexe Menge, die in der schwach-*-Topologie abgeschlossen ist. Dann existiert eine optimale Eingabe.

Zunächst ist die Menge

$$K_b = \{x \in X: \|x\| \leq b\}$$

kompakt in der schwach-*-Topologie. Somit ist auch

$$U_b = U_o \cap K_b$$

kompakt in der schwach-*-Topologie. Aus Satz V.3.7 folgt dann die Existenz einer optimalen Eingabe.

Die in diesem Beispiel V.3.1 auftretenden Mengen U_o sind oft von der folgenden Form:

1) Gegeben sei eine konvexe Menge $\Xi \subset X_o$.
   Man setze

$$U_o = \{x \in X: x(\xi) = a_\xi, \ \xi \in \Xi\}$$

oder

2) Gegeben sei $y_o \in Y$. Man setze

$$U_o = \{x \in X: BAx = y_o\}.$$

Satz V.3.8.
Es sei

$$(X \xrightarrow[A]{} \square \xrightarrow[B]{} Y)$$

ein lineares System und F ein auf X definiertes stetiges konvexes Funktional. Ferner sei $y_o \in BAX$,

$$a = \inf\{F(x): BAx = y_o\},$$

und die Menge

$$\Gamma_a = BA\{x \in X:\ F(x) \leq a\}$$

sei abgeschlossen und nichtleer.

Dann existiert ein $x_o \in X$ mit $F(x_o) = a$ und $BAx_o = y_o$.

Beweis:
Nach Voraussetzung ist $\Gamma_a \neq \emptyset$. Somit ist auch

$$K_a = \{x \in X:\ F(x) \leq a\}$$

nichtleer. Für ein beliebiges Element $x_o \in K_a$ ersetze man nun F durch $F'(x) = F(x_o - x) - F(x_o)$ und y_o durch $y_o' = y_o - BAx_o$. Nach dieser Transformation kann man dann den Beweis unter den zusätzlichen Annahmen, daß $a \geq 0$ und $F(0) = 0$ ist, durchführen. Aus $F(0)=0$ folgt zunächst, daß $0 \in K_a$ ist.

Wir zeigen nun, daß $y_o \in \overline{\Gamma}_a$ ist. Angenommen, man hätte $y_o \notin \overline{\Gamma}_a$. Dann sei

$$c = \inf\{t > 0:\ \frac{y_o}{t} \in \Gamma_a\}.$$

Da $y_o \notin \overline{\Gamma}_a$ ist, erhält man, daß $c > 1$ ist.

Nun sei $d \in \mathbb{R}$ mit $1 < d < c$. Dann folgt aus der Konvexität von F, daß

$$F(x) \leq \frac{1}{d} F(dx) + (1 - \frac{1}{d}) F(0)$$

ist. Da $F(0) = 0$ ist, folgt hieraus

$$F(dx) \geq d\, F(x),$$

und somit

$$K_{da} \subset dK_a$$

und

$$\Gamma_{da} \subset d\Gamma_a \ .$$

Weil d<c ist, ist $y_o \notin d\overline{\Gamma}_a$, und damit ist auch $y_o \notin \Gamma_{da}$. Aus der Definition von Γ_{da} folgt dann

$$\inf\{F(x): BAx = y_o\} \geq da > a,$$

im Widerspruch zur Definition von a. Damit ist also gezeigt, daß $y_o \in \overline{\Gamma}_a$ ist.

Nach Voraussetzung ist nun Γ_a abgeschlossen. Somit ist auch $y_o \in \Gamma_a$. Folglich existiert ein $x_o \in X$ mit $F(x_o) = a$ und $BAx_o = y_o$. ■

<u>Satz V.3.9.</u>
Es sei

$$(X \underset{A}{\longrightarrow} \square \underset{B}{\longrightarrow} Y)$$

ein lineares System und F ein auf X definiertes stetiges konvexes Funktional. Ferner sei für jedes $r \in \mathbb{R}$ die Menge

$$\Gamma_r = BA\{x \in X: F(x) \leq r\}$$

abgeschlossen, und es existiere ein $\varphi_o \in Y^*$ mit

$$\inf\{F(x): x \in X, BAx = y_o\} = \inf\{F(x): x \in X, \varphi_o(BAx) = \varphi_o(y_o)\}. \tag{3.5}$$

Wenn es dann genau ein $x_o \in X$ mit

$$F(x_o) = \inf\{F(x): x \in X, \varphi_o(BAx) = \varphi_o(y_o)\}, \tag{3.6}$$

gibt, dann gilt für dieses x_o auch

$$BAx_o = y_o.$$

<u>Beweis:</u>
Wir setzen wieder

$$a = \inf\{F(x): BAx = y_o\}.$$

Nach Voraussetzung ist dann Γ_a abgeschlossen. Aus Satz V.3.8 folgt dann, daß es ein $x' \in X$ mit $F(x') = a$ und $BAx' = y_o$ gibt. Für dieses $x' \in X$ gilt dann auch $\varphi(BAx') = \varphi(y_o)$. Nach Voraussetzung ist aber

$x_o \in X$ das einzige Element mit $F(x_o) = a$ und $\varphi(BAx_o) = \varphi(y_o)$. Also ist $x' = x_o$, womit alles gezeigt ist. ■

Ist Γ_a nicht abgeschlossen, so ist Satz V.3.8 falsch, wie folgendes Beispiel zeigt.

Beispiel V.3.2.

Es sei $X = \square$ derjenige Teilraum von $L^1[0,1]$, der aus allen solchen Funktionen besteht, die auf dem Intervall $(\frac{1}{4},\frac{3}{4})$ konstant sind. Weiterhin sei A die Identität und Y der zweidimensionale Raum $\mathbb{R}^2$. Der Operator B wird nun durch

$$B(x) = \{F_1(x), F_2(x)\}$$

gegeben, wobei F_1, F_2 die nachstehend definierten Funktionale sind. Nämlich:

$$F_i(x) = \int_0^1 f_i(t)x(t)dt \qquad , \qquad i=1,2$$

mit

$$f_1(t) = \begin{cases} 4t & , \quad \text{für } 0 \leq t < \frac{1}{4} \\ \frac{1}{2} & , \quad \text{für } \frac{1}{4} \leq t < \frac{3}{4} \\ 0 & , \quad \text{für } \frac{3}{4} \leq t \leq 1 \end{cases}$$

und

$$f_2(t) = f_1(1-t).$$

Als Nutzenfunktion nehme man die Norm im $L^1[0,1]$, also $F(x) = \|x\|$.

Dann setzt man wieder

$$\Gamma_1 = BA\{x: F(x) \leq 1\}.$$

Wegen

$$|F_1(x)| + |F_2(x)| = \int_0^{\frac{1}{4}} 4t|x(t)|dt + 2\int_{\frac{1}{4}}^{\frac{3}{4}} \frac{1}{2}\,|x(t)|dt$$

$$+ \int_{\frac{3}{4}}^{1} 4(1-t)|x(t)|dt \ ,$$

folgt für $\|x\| \leq 1$, daß

$$|F_1(x)| + |F_2(x)| \leq 1$$

ist.

Ist also $x \in X$ mit $\|x\| \leq 1$ in $[0,\frac{1}{4}] \cup [\frac{3}{4},1]$ nicht Null, dann ist $|F_1(x)| + |F_2(x)| < 1$. Man hat nur dann Gleichheit, also $|F_1(x)| + |F_2(x)| = 1$, wenn der Träger von x das Intervall $(\frac{1}{4},\frac{3}{4})$ ist. Daraus ergibt sich

$$\Gamma_1 = \{(x,y) \in \mathbb{R}^2 : |x| + |y| < 1\} \cup \{\pm \tfrac{1}{2}, \pm \tfrac{1}{2}\}.$$

Ist nun

$$y_o = (\tfrac{1}{3}, \tfrac{2}{3}) \ ,$$

dann erfüllt das Funktional $\varphi_o \in (\mathbb{R}^2)^*$ mit

$$\varphi_o(x,y) = x+y$$

die Gleichung (3.5) und die Gleichung (3.6) hat dann genau eine Lösung $x_o = \chi_{(\frac{1}{4},\frac{3}{4})}$. Doch x_o erfüllt nicht die Operatorgleichung, denn es ist

$$BAx_o = (\tfrac{1}{2},\tfrac{1}{2}) \neq (\tfrac{1}{3},\tfrac{2}{3}).$$

§ 4 Die Minimal-Zeit Aufgabe

Wir haben uns bisher mit linearen Systemen beschäftigt, deren Ausgabeoperator konstant ist. In diesem Abschnitt wollen wir nun lineare Systeme

$$(X \xrightarrow[A]{} \square \xrightarrow[B_t]{} Y)$$

betrachten, bei denen der Ausgabeoperator B_t von einem reellen Parameter t mit $0 \leq t \leq \tau$ abhängt. Dieser Parameter t ist gewöhnlich die Zeit.

Als Beispiel hierfür kann man alle solchen linearen Systeme nehmen, die man durch gewöhnliche Differentialgleichungen ohne Steuerung (mit oder ohne Lag) beschreiben kann. (Siehe etwa Beispiele V.1.1 und V.1.2). Als Eingabe nimmt man dann die Anfangsbedingung (bzw. Anfangsfunktion) und als Ausgabe den Wert der Trajektorie zu einem Zeitpunkt t (bzw. den Verlauf der Trajektorie im Intervall $[t-h_m,t]$).

Unter der "Minimal-Zeit Aufgabe" versteht man folgendes:

Gegeben sei eine abgeschlossene konvexe Teilmenge $U \subset X \times \square$ und eine Familie von abgeschlossenen Mengen $Y(t) \subset Y$ mit $0 \leq t \leq \tau$.

Man bestimme erstens

$$T = \inf\{t \in [0,\tau]: \text{ es gibt ein } x \in X \text{ mit } (x,Ax) \in U \text{ und } B_t Ax \in Y(t)\}$$

und zweitens ein $x \in X$ mit $(x,Ax) \in U$ und $B_T Ax \in Y(T)$.

Satz V.4.1.
Für jede abgeschlossene konvexe Menge $U \subset X \times \square$ ist $U_o = \{x \in X: (x,Ax) \in U\}$ eine abgeschlossene konvexe Menge.

Der Beweis verläuft genauso, wie der von Satz V.3.1.

Satz V.4.2.
Es sei

$$(X \xrightarrow[A]{} \square \xrightarrow[B_t]{} Y) \quad , \qquad t \in [0,\tau]$$

ein lineares System mit reflexivem Eingaberaum X. Die Abbildung von $[0,\tau]$ nach $B(\square \to Y)$, die jedem t den Operator B_t zuordnet, sei stetig bezüglich der Operator-Norm in $B(\square \to Y)$. Weiterhin sei $U \subset X$ eine abgeschlossene beschränkte konvexe Menge und $Y(t) \subset Y$, $t \in [0,\tau]$, eine Familie von abgeschlossenen konvexen Mengen, die halbstetig von oben ist.

Existiert dann ein $t \in [0,\tau]$ mit $(B_t AU) \cap Y(t) \neq \emptyset$, dann gibt es ein $x \in U$ mit $B_T Ax \in Y(T)$. Dabei ist wieder

$$T = \inf\{t: (B_t AU) \cap Y(t) \neq \emptyset\}.$$

Beweis:
Für $\delta > 0$ sei

$$V_\delta = \overline{\operatorname{conv}\left[\bigcup_{T<t\leq T+\delta} (B_t A)^{-1}(Y(t))\right]} \cap U .$$

Nach Definition von T ist $V_\delta \neq \emptyset$. Da U abgeschlossen und beschränkt ist, ist V_δ schwach kompakt. Für $\delta' > \delta > 0$ gilt $V_{\delta'} \supset V_\delta$; also ist

$$V_0 = \bigcap_{\delta > 0} V_\delta$$

nicht leer. Wir zeigen nun, daß $B_T A(V_0) \subset Y(T)$.

Dazu sei $\varepsilon > 0$ beliebig. Da die Operatoren B_t in der Norm-Topologie von $B(\square \to Y)$ stetig von t abhängen und $Y(t) \subset Y$, $t \in [0,\tau]$ halbstetig von oben ist, gibt es $\delta > 0$, so daß für alle $t \in [0,\tau]$ mit $T \leq t \leq T + \delta$

$$\|(B_t - B_T)A(v)\| < \varepsilon, \quad \text{für alle } v \in U \tag{4.1}$$

und

$$Y(t) \subset Y(T) + \varepsilon K. \tag{4.2}$$

Dabei ist $K = \{y \in Y: \|y\| < 1\}$.

Nun sei $x \in V_0$ beliebig. Dann gibt es nach Definition von V_δ endlich viele Punkte $t_1,\ldots,t_n$ mit $T \leq t_i \leq T + \delta$ und nicht negative Zahlen $a_1,\ldots,a_n$ mit $a_1+\ldots+a_n = 1$ und Elemente $x_i \in (B_{t_i} A)^{-1}(Y(t_i)) \cap U$, $i=1,\ldots,n$, so daß

$$\|x-(a_1x_1+\ldots+a_nx_n)\| < \varepsilon. \qquad (4.3)$$

Da $B_{t_i}Ax_i \in Y(t_i)$ ist, folgt aus (4.1) und (4.2):

$$B_T Ax_i \in Y(t_i) + \varepsilon K \subset Y(T) + 2\varepsilon K.$$

Aus der Konvexität von Y(T) folgt dann weiter

$$B_T A(a_1x_1+\ldots+a_nx_n) \subset Y(T) + 2\varepsilon K.$$

Zusammen mit Formel (4.3) ergibt dies, daß

$$B_T Ax \in Y(T) + (2 + \|B_T\|\cdot\|A\|)\varepsilon K.$$

Da Y(T) abgeschlossen ist und $\varepsilon>0$ beliebig war, folgt hieraus, daß $B_T Ax \in Y(T)$. ∎

Satz V.4.3.
Es sei

$$(X \xrightarrow[A]{} \square \xrightarrow[B_t]{} Y), \qquad t\in[0,\tau]$$

ein lineares System mit reflexivem Ausgaberaum Y, wobei die Operatoren B_t bezüglich der Norm-Topologie von $B(\square \to Y)$ stetig von t abhängen. Ferner sei $U_o \subset X$ eine konvexe Menge und $Y(t) \subset Y$ eine Familie von abgeschlossenen konvexen Mengen, die halbstetig von oben ist. Schließlich existiere ein $t \in [0,\tau]$ und ein $x \in U_o$ mit $B_t Ax \in Y(t)$.

Ist dann $B_T A(U_o)$ mit $T = \inf\{t: B_t AU_o \cap Y(t) \neq \emptyset\}$ eine abgeschlossene beschränkte Menge, dann existiert ein $v \in U_o$ mit $B_T Av \in Y(T)$.

Beweis:
Es sei $\varepsilon>0$ beliebig. Da B_t stetig von t abhängt und Y(t) halbstetig von oben ist, gibt es ein $\delta>0$, so daß für alle $t \in [0,\tau]$ mit $|t-T|<\delta$

$$B_t A(U_o) \subset B_T A(U_o) + \varepsilon\overline{K} \qquad (4.4)$$

mit $\overline{K} = \{y \in Y: \|y\| \leq 1\}$

und

$$Y(t) \subset Y(T) + \varepsilon\overline{K}. \tag{4.5}$$

Wir setzen nun

$$W = B_T A(U_o) + \varepsilon\overline{K}.$$

Man sieht sofort, daß W konvex und beschränkt ist. Man kann sogar zeigen, daß W auch abgeschlossen ist, doch wird diese Eigenschaft im folgenden nicht benötigt.

Nun sei für $\alpha > 0$

$$V_\alpha = \overline{\mathrm{conv}\left[\bigcup_{T<t\leq T+\alpha} (Y(t) \cap B_t A U_o)\right]} \cap \overline{W} .$$

Zunächst ist V_α konvex, beschränkt und abgeschlossen. Da Y reflexiv ist, ist V_α schwach kompakt. Somit ist

$$V_o = \bigcap_{\alpha>0} V_\alpha$$

nicht leer.Wir zeigen nun, daß

$$V_o \subseteq Y(T) \cap B_T A(U_o) \tag{4.6}$$

ist.

Dazu sei $x \in V_o$ und $\delta>0$ wie zu Beginn des Beweises. Da $V_o \subset V_\delta$, folgt aus der Definition von V_o, daß es Punkte $t_1,\ldots,t_n$ mit $T<t_i\leq T+\delta$, nicht negative Zahlen $a_1,\ldots,a_n$ mit $a_1+\ldots+a_n=1$ und Elemente

$$y_i \in Y(t_i) \cap (B_{t_i} A)(U_o), \quad i=1,\ldots,n \tag{4.7}$$

gibt, so daß

$$\|x-(a_1y_1+\ldots+a_ny_n)\| < \varepsilon$$

gilt.

Aus (4.4), (4.5) und (4.7) folgt dann, daß

$$y_i \in (Y(T)+\varepsilon\overline{K}) \cap (B_T A(U_o)+\varepsilon\overline{K}), \quad i=1,\dots,n . \tag{4.8}$$

Da $(Y(T)+\varepsilon\overline{K}) \cap (B_T A(U_o)+\varepsilon\overline{K})$ konvex ist, gilt auch:

$$(a_1 y_1+\dots+a_n y_n) \in (Y(T)+\varepsilon\overline{K}) \cap (B_T A(U_o)+\varepsilon\overline{K}). \tag{4.9}$$

Daraus folgt aber, daß

$$x \in (Y(T)+\varepsilon\overline{K}) \cap (B_T A(U_o)+\varepsilon\overline{K})+\varepsilon\overline{K} , \tag{4.10}$$

d.h.

$$V_o \subseteq (Y(T)+\varepsilon\overline{K}) \cap (B_T A(U_o)+\varepsilon\overline{K})+\varepsilon\overline{K} .$$

Da $\varepsilon>0$ beliebig war und $Y(T)$ und $B_T A(U_o)$ abgeschlossene Mengen sind, erhält man Formel (4.6), womit der Satz bewiesen ist. ∎

Wir zeigen nun anhand von zwei Beispielen, daß beide Sätze V.4.2 und V.4.3 nicht gelten, falls man nicht entsprechende Annahmen macht, die die Kompaktheit von $B_T A(U)$ garantieren. Dies läßt sich auch nicht durch zusätzliche Annahmen über die Stetigkeit der Familie von Operatoren B_t kompensieren.

Beispiel V.4.1.

Es sei $X = L^1[0,1]$ und $U_o = \{x \in X: \|x\| \leq 1\}$. U_o ist also eine beschränkte, abgeschlossene und konvexe Menge. Weiterhin sei $\square = X$, $A=Id$ und $Y=\mathbb{R}$. Für $0 \leq t < 1$ sei

$$B_t x = \int_0^1 b_t(s)x(s)ds,$$

mit

$$b_o(s) = s$$

und

$$b_t(s) = \begin{cases} s \ , & \text{für } 0 \leq s < 1-t \\ 1 \ , & \text{für } 1-t \leq s \leq 1 \end{cases} .$$

Da für $t \to 0$ b_t gleichmäßig gegen b_0 konvergiert, hängen die Operatoren $B_t \in B(X \to \mathbb{R}) = X^*$ bezüglich der Norm-Topologie von X^* stetig von t ab. Für $0 \leq t < 1$ sei $Y(t) = \{1\}$ die einpunktige Menge, die nur aus $1 \in \mathbb{R}$ besteht. Da die Familie Y(t) konstant ist, ist sie auch halbstetig von oben.

Man sieht nun leicht, daß für alle t mit $0 < t < 1$ stets $B_t AU_0 = [-1,+1]$. Also gibt es zu jedem t mit $0 < t < 1$ ein $x \in U_0$ mit $B_t Ax \in Y(t)$. Daraus folgt T=0. Nun ist aber $B_0 A(U_0) = (-1,+1)$, also

$$B_0 A(U_0) \cap Y(0) = \emptyset.$$

In diesem Beispiel ist der Eingaberaum X nicht reflexiv und die Menge $B_T A(U_0)$ nicht abgeschlossen. Wir geben nun ein analoges Beispiel an, bei dem die Menge $B_T A(U_0)$ abgeschlossen und beschränkt ist. In diesem Falle darf dann der Ausgaberaum Y nicht reflexiv sein (siehe Satz V.4.3).

Beispiel V.4.2.

Es sei $X, U_0, \square$ und A wie in Beispiel V.4.1 und $Y = \mathbb{R} \times X$. Die Familie der Operatoren $\tilde{B}_t$ mit $0 \leq t < 1$ sei durch

$$\tilde{B}_t x = (B_t x, x)$$

gegeben, wobei die Operatoren B_t wie in Beispiel V.4.1 definiert sind. Da die Funktionale $B_t \in X^*$ bezüglich der Norm-Topologie von X^* stetig von t abhängen, hängt auch $\tilde{B}_t$ stetig von t ab. Wir zeigen nun, daß $\tilde{B}_0 A(U_0)$ abgeschlossen ist. Dazu sei $\{(B_0 Ax_n, Ax_n)\}$ eine Folge von Elementen aus $\tilde{B}A(U_0)$, die gegen $(r, x_0) \in \mathbb{R} \times X$ konvergiere. Da A=Id, hat man $x_n \to x_0$. Aus der Abgeschlossenheit von U_0 folgt dann, daß $x_0 \in U_0$ ist. Aus der Stetigkeit von B_0 folgt daraus, daß $r = B_0 x_0 = B_0 Ax_0$ ist. Damit ist also gezeigt, daß $(r, x_0) \in \tilde{B}_0 A(U_0)$.

Für t mit $0 \leq t < 1$ sei nun

$$Y(t) = \{(1,x) : x \in U_0\} \subset Y.$$

Wie in Beispiel V.4.1 zeigt man nun, daß für jedes t mit $0<t<1$

$$\tilde{B}_t A(U_o) \cap Y(t) \neq \emptyset .$$

Daraus folgt insbesondere, daß T=O ist. Für T=O ist jedoch

$$\tilde{B}_o A(U_o) \cap Y(0) = \emptyset.$$

In vielen praktischen Fällen, insbesondere bei Systemen mit verteilten Parametern, hängen die Operatoren B_t bezüglich der Operator-Norm nicht stetig von t ab. Auf solche linearen Systeme kann man also die Sätze V.4.2 und V.4.3 nicht anwenden. Deshalb arbeiten wir hier zunächst mit den in § 1 eingeführten Stetigkeitsbegriffen für Mengenfamilien weiter.

Als erstes zeigen wir die folgende Identität: Es sei Y ein topologischer linearer Raum und $Y(t) \subset Y$, $t \in [0,\tau]$ eine Familie von abgeschlossenen Mengen, die halbstetig von oben ist. Dann gilt für jedes $t \in (0,\tau]$ und jedes δ_o mit

$$0<\delta_o<\tau-t$$

die Beziehung:

$$Y(t) = \bigcap_{0<\delta<\delta_o} \left(\bigcup_{t\leq\tau\leq t+\delta} Y(\tau)\right) . \tag{4.11}$$

Die Inklusion

$$Y(t) \subset \bigcap_{0<\delta<\delta_o} \left(\bigcup_{t\leq\tau\leq t+\delta} Y(\tau)\right)$$

ist klar. Zu zeigen bleibt die umgekehrte Richtung. Dazu sei $V \subset Y$ eine Nullumgebung. Da $Y(t) \subset Y$, $t \in [0,\tau]$ halbstetig von oben ist, existiert ein δ mit $0<\delta<\delta_o$, so daß für alle τ mit $t\leq\tau\leq t+\delta$ die Inklusion

$$Y(\tau) \subset Y(t)+V \tag{4.12}$$

gilt. Aus (4.12) folgt dann sofort

$$\bigcap_{0<\delta<\delta_0} \Big(\bigcup_{t\leq\tau\leq t+\delta} Y(\tau)\Big) \subset Y(t)+V \; .$$

Da aber Y(t) abgeschlossen und V eine beliebige Nullumgebung ist, folgt hieraus die umgekehrte Inklusion. Damit ist (4.11) bewiesen.

Wir bemerken noch, daß die Stetigkeit stets die Halbstetigkeit von oben impliziert. Die Umkehrung gilt jedoch nicht, wie das folgende Beispiel zeigt:

Beispiel V.4.3.
Es sei $Y = \mathbb{R}$ und $Y(t) \subset Y$, $t \in [0,1]$, sei wie folgt definiert:

$$Y(t) = \begin{cases} \{0\} \quad , & \text{für } 0\leq t<\frac{1}{2} \\ [0,1] \quad , & \text{für } t = \frac{1}{2} \\ \{1\} \quad , & \text{für } \frac{1}{2}<t\leq 1 \; . \end{cases}$$

Man sieht leicht, daß diese Familie von Mengen halbstetig von oben, aber nicht stetig ist.

Satz V.4.4.
Es sei

$$(X \xrightarrow[A]{} \square \xrightarrow[B_t]{} Y) \quad , \quad t \in [0,\tau]$$

ein lineares System und $U_0 \subset X$ eine konvexe Teilmenge. Weiterhin sei $Y(t) \subset Y$, $t \in [0,\tau]$, eine Familie von Mengen. Es wird nun angenommen, daß für den Ausgaberaum Y eine Topologie σ existiert, bezüglich derer Y ein topologischer linearer Raum ist, und in der die beiden Mengenfamilien $Y(t) \subset Y$ und $B_tA(U_0) \subset Y$ halbstetig von oben sind. Schließlich sei

$$T = \inf\{t\colon B_tA(U_0) \cap Y(t) \neq \emptyset\} \in [0,\tau)$$

und $\delta_0>0$ so gewählt, daß $T+\delta_0\leq\tau$ ist.

Sind dann für alle δ mit $0<\delta<\delta_o$ die Mengen

$$Y_\delta = \bigcup_{T<t\leq T+\delta} Y(t)$$

in der Topologie σ abgeschlossen und die Mengen

$$W_{T,\delta} = \bigcup_{T\leq t\leq T+\delta} B_t A(U_o)$$

kompakt (oder folgenkompakt), dann ist

$$B_T A(U_o) \cap Y(T) \neq \emptyset .$$

Beweis:
Für jedes δ mit $0<\delta<\delta_o$ ist

$$V_\delta = W_{T,\delta} \cap Y_\delta$$

nach Voraussetzung in der Topologie σ kompakt (oder folgenkompakt). Als Durchschnitt einer absteigenden Folge von kompakten (oder folgenkompakten) Mengen ist dann

$$V_o = \bigcap_{n=1}^{\infty} V_{\frac{1}{n}}$$

nicht leer. Nach Annahme sind $B_t A(U_o) \subset Y$ und $Y(t) \subset Y$, $t \in [0,\tau]$, in der Topologie σ Familien von abgeschlossenen Mengen, die halbstetig von oben sind. Also ist nach Formel (4.11)

$$\bigcap_{n=1}^{\infty} W_{\frac{1}{n}} = B_T A(U_o)$$

und

$$\bigcap_{n=1}^{\infty} Y_{\frac{1}{n}} = Y(T) .$$

Hieraus folgt nun

$$V_o = \left(\bigcap_{n=1}^{\infty} W_{\frac{1}{n}}\right) \cap \left(\bigcap_{n=1}^{\infty} Y_{\frac{1}{n}}\right) = B_T A(U_o) \subset Y(T).$$

Da $V_o \neq \emptyset$, ist auch $B_T A(U_o) \cap Y(T) \neq \emptyset$, womit der Satz bewiesen ist. ■

Satz V.4.5.
Der Satz V.4.4 bleibt gültig, wenn man die Annahmen über Y_δ und W_δ vertauscht, d.h. wenn man Y_δ als kompakt (oder folgenkompakt) und W_δ als abgeschlossen voraussetzt.

Beweis:
Man zeigt dies mit dem gleichen Beweis wie bei Satz V.4.4. ■

Wir geben jetzt mehrere Bedingungen dafür an, daß Y eine abgeschlossene oder kompakte (bzw. folgenkompakte) Menge ist.

Satz V.4.6.
Es sei Y ein topologischer linearer Raum und $Y(t) \subset Y$, $t \in [0,\tau]$, eine aufsteigende Familie von abgeschlossenen (bzw. kompakten oder folgenkompakten) Mengen. Dann ist für jedes $T \in [0,\tau)$ und jedes δ mit $0<\delta\leq\tau-T$ die Menge

$$Y_{\delta,T} = \bigcup_{T\leq t\leq T+\delta} Y(t)$$

abgeschlossen (bzw. kompakt oder folgenkompakt).

Beweis:
Nach Voraussetzung ist $Y(t) \subset Y$, $t \in [0,\tau]$ aufsteigend. Damit ist

$$Y_{\delta,T} = Y(T+\delta)$$

also eine abgeschlossene (bzw. kompakte oder folgenkompakte) Menge. ■

Satz V.4.7.
Es sei Y ein topologischer linearer Raum und $Y(t) \subset Y$, $t \in [0,\tau]$, eine Familie von abgeschlossenen Mengen, die halbstetig von oben ist. Dann ist für jedes $T \in [0,\tau)$ und jedes δ mit $0<\delta\leq\tau-T$ die Menge

$$Y_{\delta,T} = \bigcup_{T\leq t\leq T+\delta} Y(t)$$

abgeschlossen.

Beweis:

Es sei $y \in Y$ ein Häufungspunkt von $Y_{\delta,T}$. Dies bedeutet, daß es zu jeder Nullumgebung $U \subset Y$ ein $\delta > 0$ und ein t mit $T \leq t \leq T+\delta$ gibt, so daß

$$y \in Y(t) + U \ . \tag{4.13}$$

Wir bezeichnen nun mit E_U den Abschluß aller $t \in [T, T+\delta]$, für welche (4.13) gilt. Zunächst ist E_U kompakt. Weiterhin ist für jede Nullumgebung $W \subset Y$, die im Durchschnitt von zwei Nullumgebungen U,V von Y enthalten ist, also $W \subset U \cap V$, auch $E_W \subset E_U \cap E_V$. Daraus folgt, daß für endlich viele Nullumgebungen $U_1, \ldots, U_n$ von Y mit $U_1 \cap \ldots \cap U_n \neq \emptyset$ auch $E_{U_1} \cap \ldots \cap E_{U_n} \neq \emptyset$ ist.

Nun sei $\{U_a\}$ eine Nullumgebungsbasis von Y und

$$E_o = \bigcap_\alpha E_{U_\alpha} \ .$$

Da die E_U kompakt sind, ist nach der obigen Eigenschaft ihr Durchschnitt nicht leer, also $E_o \neq \emptyset$. Sei nun $t_o \in E_o$ und $U \subset Y$ eine beliebige Nullumgebung von Y. Dann folgt aus der Halbstetigkeit von $Y(t) \subset Y$, $t \in [0,\tau]$, daß ein δ' mit $\delta > \delta' > 0$ existiert, so daß für alle $t \in [0,\tau]$ mit $|t-t_o| < \delta'$ die Inklusion

$$Y(t) \subset Y(t_o) + U$$

gilt.

Aus der Definition von E_o folgt, daß $t_o \in E_U$ ist. Daher existiert ein $t \in [0,\tau]$ mit $|t-t_o| < \delta'$ und

$$y \in Y(t) + U \ .$$

Hieraus folgt nun:

$$y \in Y(t_o) + U + U.$$

Da $U \subset Y$ eine beliebige Nullumgebung ist und $Y(t_o)$ abgeschlossen ist, folgt hieraus

$$y \in Y(t_o) \subset Y_{\delta,T} \ . \qquad ■$$

Korollar V.4.8.

Es sei Y ein BANACH-Raum (bzw. der Konjugierte eines BANACH-Raumes) und $Y(t) \subset Y$, $t \in [0,\tau]$, eine Familie von schwach- (bzw. schwach-*-) abgeschlossenen Mengen, die in der Norm-Topologie halbstetig von oben ist. Dann ist für jedes $T \in [0,\tau)$ und jedes δ mit $0<\delta\leq\tau-T$ die Menge

$$Y_{\delta,T} = \bigcup_{T\leq t\leq T+\delta} Y(t)$$

abgeschlossen in der schwachen (bzw. schwach-*-) Topologie.

Beweis:

Aus der Halbstetigkeit in der Norm-Topologie folgt die Halbstetigkeit in der schwachen (bzw. schwach-*-) Topologie. Die Behauptung folgt dann unmittelbar aus Satz V.4.7. ■

Satz V.4.9.

Es sei Y ein topologischer linearer Raum und $Y(t) \subset Y$, $t \in [0,\tau]$ eine Familie von kompakten Mengen, die halbstetig von oben ist. Dann ist für jedes $T \in [0,\tau)$ und jedes δ mit $0<\delta\leq\tau-T$ die Menge

$$Y_{\delta,T} = \bigcup_{T\leq t\leq T+\delta} Y(t)$$

kompakt.

Beweis:

Sei $\{W_\alpha\}$ eine offene Überdeckung der Menge $Y_{\alpha,T}$. Für $t \in [T,T+\delta]$ sei $\{W_\alpha^t\} = \{W \in \{W_\alpha\}: W \cap Y(t) \neq \emptyset\}$. Dann ist $\{W_\alpha^t\}$ eine offene Überdeckung von $Y(t)$. Da $Y(t)$ kompakt ist, läßt sich eine endliche Überdeckung $W_1^t,\ldots,W_{n_t}^t$ auswählen. Wir setzen nun:

$$V^t = \bigcup_{i=1}^{n_t} W_i^t \ .$$

Zunächst ist V^t offen und $Y(t)\subset V^t$. Also existiert zu jedem $y\in Y(t)$ eine Nullumgebung $U_y\subset Y$ mit $y+U_y\subset V^t$. Ist nun $M_y\subset Y$ eine weitere Nullumgebung von Y mit $M_y+M_y\subset U_y$, dann ist für jedes $y'\in y+M_y$ stets

$$y'+M_y\subset y+M_y+M_y\subset y+U\subset V^t. \tag{4.14}$$

Damit bilden die Mengen der Form $y+M_y$ eine offene Überdeckung von $Y(t)$. Man kann also eine endliche Überdeckung, etwa $y_1+M_{y_1}$, $y_2+M_{y_2},\dots,y_m+M_{y_m}$ auswählen. Setze $M=\bigcap_{i=1}^{m}M_{y_i}$. Zu jedem $y_o\in Y(t)$ existiert dann ein i mit $y_o\in y_i+M_{y_i}$. Aus (4.14) folgt dann, daß

$$y_o+M\subset y_i+M_{y_i}+M\subset y_i+M_{y_i}+M_{y_i}\subset V^t. \tag{4.15}$$

Aus (4.15) und der Halbstetigkeit von $Y(t)\subset Y$, $t\in[0,\tau)$ folgt die Existenz eines $\delta_t>0$, so daß für alle $t'\in(t-\delta_t,\ t+\delta_t)\cap[0,\tau]$ die Inklusion

$$Y(t')\subset Y(t)+M\subset V^t \tag{4.16}$$

gilt. Nun bilden die Mengen der Form

$$(t-\delta_t,\ t+\delta_t)\cap[0,\tau] \tag{4.17}$$

eine offene Überdeckung von $[0,\tau]$. Man kann also eine endliche Überdeckung etwa

$$(t_1-\delta_{t_1},t_1+\delta_{t_1})\cap[0,\tau],\dots\qquad,(t_k-\delta_{t_k},t_k+\delta_{t_k})\cap[0,\tau]$$

auswählen.und erhält dann nach (4.16)

$$Y_{\delta,T}\subset\bigcup_{n=1}^{k}V^{t_n}\subset\bigcup_{n=1}^{k}\bigcup_{i=1}^{n_t}W_i^{t_n}\quad, \tag{4.18}$$

womit die Kompaktheit von $Y_{\delta,T}$ gezeigt ist. ■

Korollar V.4.10.

Es sei Y ein metrischer linearer Raum und $Y(t)\subset Y$, $t\in[0,\tau]$, eine Familie von folgenkompakten Mengen, die halbstetig nach oben ist. Dann ist für jedes $T\in[0,\tau)$ und jedes δ mit $0<\delta\leq\tau-T$ die Menge

$$Y_{\delta,T} = \bigcup_{T \le t \le T+\delta} Y(t)$$

folgenkompakt.

Beweis:
Da für metrische Räume die Begriffe folgenkompakt und kompakt zusammenfallen, folgt die Behauptung unmittelbar aus Satz V.4.9. ■

In Satz V.4.4 haben wir die Halbstetigkeit von $B_tA(U_o)$ in der Topologie τ gefordert. Wir geben nun ein Kriterium für den Nachweis dieser Bedingung an. Dabei schreiben wir für B_tA einfach C_t.

Satz V.4.11.
Es seien X und Y BANACH-Räume, $U_o \subset X$ eine beschränkte Menge und C_t, $t \in [0,\tau]$ eine Familie von stetigen linearen Operatoren, die X in Y abbilden. Ferner sei für jedes $f \in Y^*$ die Abbildung, die jedem $t \in [0,\tau]$ das Funktional $C_t^* f \in X^*$ zuordnet, bezüglich der Norm-Topologie von X^* im Punkte $t_o \in [0,\tau]$ (bzw. in ganz $[0,\tau]$) stetig. Dann ist die Familie $C_t(U_o) \subset Y$, $t \in [0,\tau]$, im Punkte $t_o \in [0,\tau]$ (bzw. in ganz $[0,\tau]$) stetig bezüglich der schwachen Topologie.

Beweis:
Es sei

$$M = \sup\{\|x\| : x \in U_o\}$$

und

$$V = \{x \in Y: \ |f_i(x)| < \varepsilon, \quad f_i \in Y^*, \quad i=1,\dots,n\}$$

eine beliebige Nullumgebung in der schwachen Topologie. Da $C_t^* f$ in $t_o \in [0,\tau]$ stetig ist, gibt es zu $\varepsilon > 0$ ein $\delta > 0$, so daß für alle $t \in [0,\tau]$ mit $|t-t_o| < \delta$ stets

$$\|C_t^* f_i - C_{t_o}^* f_i\| < \frac{\varepsilon}{2M}, \quad i=1,2,\dots,n. \tag{4.19}$$

Für jedes $x \in U_o$ folgt dann

$$|f_i(C_t x) - f_i(C_{t_o} x)| < \varepsilon, \quad i=1,2,\dots,n. \tag{4.20}$$

Also ist für jedes $x \in U_o$

$$C_t(x) \in C_{t_o}(x) + V \tag{4.21}$$

und

$$C_{t_o}(x) \in C_t(x) + V . \tag{4.22}$$

Dies heißt aber, daß $C_t(U_o) \subset Y$, $t \in [0,\tau]$, in $t_o \in [0,\tau]$ bezüglich der schwachen Topologie stetig ist. Falls $C_t^* f$ in ganz $[0,\tau]$ stetig ist, dann ist auch $C_t(U_o)$ in ganz $[0,\tau]$ stetig. ∎

Satz V.4.12.
Es seien X und Y BANACH-Räume und C_t, $t \in [0,\tau]$, eine Familie von stetigen linearen Operatoren, die X in Y abbilden. Ferner sei für jedes $x \in X$ die Abbildung, die jedem $t \in [0,\tau]$ das Element $C_t x \in Y$ zuordnet, bezüglich der Norm-Topologie von Y in $t_o \in [0,\tau]$ (bzw. in $[0,\tau]$) stetig. Schließlich sei $U_o \subset Y^*$ eine in der schwach-$*$-Topologie abgeschlossene und beschränkte Menge von Y^*. Dann ist die Familie $C_t^*(U_o) \subset X^*$, $t \in [0,\tau]$, im Punkte $t_o \in [0,\tau]$ (bzw. in $[0,\tau]$) bezüglich der schwach-$*$-Topologie stetig.

Beweis:
Zunächst ist nach Satz IV.4.7 die Menge U_o kompakt in der schwach-$*$-Topologie. Da nach Satz IV.4.2 auch die Operatoren C_t in der schwach-$*$-Topologie stetig sind, ist auch $C_t(U_o)$ kompakt in der schwach-$*$-Topologie.

Nun sei

$$V = \{f \in X^*: \ |f(x_i)| < \varepsilon, \ x_i \in X, \quad i=1,\dots,n\}$$

eine Nullumgebung von X^* in der schwach-$*$-Topologie.

Da $C_t(x)$ in $t_o \in [0,\tau]$ stetig ist, existiert zu $x_1,\dots,x_n$ ein $\delta > 0$, so daß für alle $t \in [0,\tau]$ mit $|t-t_o| < \delta$

$$\|C_t(x_i) - C_{t_o}(x_i)\| < \frac{\varepsilon}{M} , \quad i=1,2,\dots,n \tag{4.23}$$

mit

$$M = \sup\{\|f\|: f \in U_o\}. \tag{4.24}$$

Aus (4.23) folgt dann für alle $\varphi \in U_o$

$$|\varphi(C_t(x_i)-C_{t_o}(x_i))|<\varepsilon, \quad i=1,2,\ldots,n. \tag{4.25}$$

Hieraus folgt nun, daß für alle $\varphi \in U_o$ die beiden Formeln

$$C_t^*(\varphi) \in C_{t_o}^*(\varphi) + V \tag{4.26}$$

und

$$C_{t_o}^*(\varphi) \in C_t^*(\varphi) + V \tag{4.27}$$

gelten. Da V eine beliebige Nullumgebung in der schwach-*-Topologie war, ist die Familie $C_t^*(U) \subset Y$, $t \in [0,\tau]$ im Punkte $t_o \in [0,\tau]$ stetig. Wenn $C_t x$ in ganz $[0,\tau]$ stetig ist, dann ist $C_t^*(U) \subset Y$, $t \in [0,\tau]$, ebenfalls in ganz $[0,\tau]$ stetig. ■

Wenn für jedes $x \in X$ die Funktion $C_t x$, $t \in [0,\tau]$, stetig ist, dann folgt daraus noch nicht, daß für jedes $f \in Y^*$ auch $C_t^* f$, $t \in [0,\tau]$ stetig ist. Dies zeigt das folgende Beispiel:

<u>Beispiel V.4.4.</u>
Es sei $X = C[0,1]$, $Y = \mathbb{R}$ und $C_t \in B(X \to Y)$, $t \in [0,1]$, die Familie der Funktionale $C_t x = x(t)$. Offensichtlich ist für jedes $x \in X$ die Funktion $C_t(x) \in \mathbb{R}$, $t \in [0,\tau]$, stetig. Der konjugierte Operator C_t^* bildet nun $\mathbb{R}$ in X^* ab. Für $1 \in \mathbb{R}$ gilt dann insbesondere

$$C_t^*(1)x = x(t)$$

und damit ist $C_t^*(1)$ in keinem Punkte von $[0,1]$ stetig. Wir bemerken jedoch, daß für die Einheitskugel $K \subset C[0,1]$ stets

$$C_t K = [-1,+1], \quad t \in [0,1]$$

gilt. Damit ist also die Mengenfamilie $C_t K \subset \mathbb{R}$, $t \in [0,1]$ bezüglich der Norm-Topologie stetig. Also ist die in Satz V.4.11 angegebene Bedingung über die Halbstetigkeit von $C_t(U)$ nicht notwendig.

Das sehr naheliegende Beispiel V.4.4 kann wie folgt verallgemeinert werden:

Satz V.4.13.

Es sei X ein separabler BANACH-Raum. Dann existiert eine Familie $C_t \in X^*$, $t \in [0,1]$, von stetigen linearen Funktionalen, so daß für jedes $x \in X$ die Funktion $C_t x$ in $[0,1]$ stetig ist; jedoch $C_t^*(1) \in X$, $t \in [0,1]$ ist bezüglich der Norm-Topologie von X nicht stetig.

Beweis:

Da X separabel ist, existiert eine Folge von Funktionalen $\{f_n\}$, $f_n \in X^*$ mit $\|f_n\| = 1$, die in der schwach-∗-Topologie gegen 0 konvergiert. Nun definiere man für $t \in [0,1]$ die Funktionale $C_t \in X^*$ durch:

$$C_t = \begin{cases} 2^n(\frac{1}{2^{n-1}} - t)f_{n-1} + 2^n(t - \frac{1}{2^n})f_n, & \text{für } \frac{1}{2^n} \leq t \leq \frac{1}{2^{n-1}} \\ 0 \quad , \text{für } t = 0. \end{cases}$$

Man rechnet leicht nach, daß $C_t \in X^*$ in $(0,1]$ bezüglich der Norm-Topologie von X^* stetig ist. In 0 ist C_t nicht mehr stetig bezüglich der Norm-Topologie. Jedoch ist C_t im Punkte 0 bezüglich der schwach-∗-Topologie stetig. Faßt man nun die C_t als lineare Operatoren von X nach $\mathbb{R}$ auf, dann hat man zusammenfassend, daß für jedes $x \in X$ die Funktion $C_t x$, $t \in [0,1]$ in $[0,1]$ stetig ist. Für den konjugierten Operator C_t^* gilt dann an der Stelle $1 \in \mathbb{R}$

$$C_t^*(1) = C_t.$$

Damit ist $C_t^*(1)$ in 0 nicht stetig. ■

Wenn X zusätzlich reflexiv ist, dann gilt für die in Satz V.4.13 konstruierte Familie von Funktionalen $C_t \in X^*$, $t \in [0,1]$, zusätzlich noch, daß für jedes $t \in (0,1]$

$$C_t K = [-1,+1],$$

wobei $K = \{x \in X: \|x\| \leq 1\}$ die Einheitskugel ist. Für $t=0$ ergibt sich: $C_0 K = \{0\}$. Somit ist $C_t K \subset \mathbb{R}$, $t \in [0,1]$, nicht halbstetig von oben.

Als Folgerung ergibt sich:

Korollar V.4.14.
Der Satz V.4.13 bleibt wahr, wenn man $\mathbb{R}$ durch einen beliebigen BANACH-Raum Y ersetzt.

Beweis:
Man definiere $C_t \in X^*$ wie oben und bilde für ein $y \in Y \setminus \{0\}$ den Operator $\tilde{C}_t(x) = C_t(x) \cdot y$. Dann hat $\tilde{C}_t$ die gewünschte Eigenschaft. ■

In vielen Fällen ist folgender Satz recht zweckmäßig.

Satz V.4.15.
Es seien X und Y BANACH-Räume und $K \subset X$ eine kompakte Menge. Ferner sei C_t, $t \in [0,\tau]$, eine Familie von stetigen linearen Operatoren, die X in Y abbilden, so daß für jedes $x \in X$ die Funktion $C_t x$, $t \in [0,\tau]$, bezüglich der Norm-Topologie von Y stetig ist. Dann ist die Familie $C_t(K) \subset Y$, $t \in [0,\tau]$ im gesamten Intervall $[0,\tau]$ stetig.

Beweis:
Nach dem Satz von BANACH-STEINHAUS (Satz III.1.1) ist

$$\sup_{0 \leq t \leq \tau} \|C_t\| \leq M < \infty .$$

Nun sei $\varepsilon > 0$ gegeben. Da $K \subset X$ eine kompakte Teilmenge eines metrischen Raumes ist, existiert ein $\frac{\varepsilon}{3M}$ - Netz $\{x_1,\ldots,x_n\}$ für K. Weil für jedes $x \in X$ die Funktion $C_t x$ stetig ist, existiert zu $\frac{\varepsilon}{3}$ und $x_1,\ldots,x_n$ ein $\delta > 0$, so daß für alle $t', t \in [0,\tau]$ mit $|t-t'| < \delta$ auch

$$\|C_t x_i - C_{t'} x_i\| < \frac{\varepsilon}{3} , \quad i=1,2,\ldots,n.$$

Jetzt sei $x \in K$ ein beliebiges Element. Dann existiert ein $x_i \in \{x_1,\ldots,x_n\}$ des $\frac{\varepsilon}{3M}$-Netzes mit

$$\|x - x_i\| < \frac{\varepsilon}{3M} .$$

Man erhält für $C_t x$:

$$\|C_t x - C_{t'} x\| \leq \|C_t(x-x_i)\| + \|(C_t - C_{t'})x_i\| + \|C_{t'}(x_i - x)\|$$

$$\leq \frac{\varepsilon}{3M} \cdot M + \frac{\varepsilon}{3} + \frac{\varepsilon}{3M} \cdot M = \varepsilon,$$

womit der Satz bewiesen ist. ■

Korollar V.4.16.
Es sei

$$(X \xrightarrow[A]{} \square \xrightarrow[B_t]{} Y) \qquad t \in [0,\tau]$$

ein lineares System, wobei A ein kompakter Operator und B_t, $t \in [0,\tau]$, eine Familie von stetigen linearen Operatoren ist, so daß für jedes $y \in \square$ die Abbildung $B_t y$, $t \in [0,\tau]$ bezüglich der Norm-Topologie von Y stetig ist. Dann ist für jede beschränkte Teilmenge $U_0 \subset X$ die Familie $B_t A(U_0)$, $t \in [0,\tau]$ stetig in der Norm-Topologie.

Es sei

$$(X \xrightarrow[A]{} \square \xrightarrow[B_t]{} Y) \quad , \quad 0 \leq t < +\infty \tag{4.28}$$

ein lineares System, wobei

$$X = X_1 \times X_2 \tag{4.29}$$

das Produkt von zwei BANACH-Räumen X_1 und X_2 ist. Dann heißt das System (4.28) "steuerbar" (bzw."Null-steuerbar"), wenn es zu jedem $x_1 \in X_1$ und $y \in Y$ (bzw. $x_1 \in X_1$)ein $t \geq 0$ und ein $x_2^t \in X_2$ gibt, so daß

$$B_t A(x, x_2^t) = y \tag{4.30}$$

(bzw.

$$B_t A(x, x_2^t) = 0) \tag{4.30'}$$

gilt.

Nun sei für $t \geq 0$

$$\tilde{X}_t = \{x_1 \in X_1 : 0 \in B_t A(x_1, X_2)\} . \tag{4.31}$$

Dann gilt:

<u>Satz V.4.17.</u> (ROLEWICZ [6])
Es sei

$$(X_1 \times X_2 \xrightarrow[A]{} \square \xrightarrow[B_t]{} Y) , \qquad 0 \leq t < +\infty$$

ein lineares System und für alle t, t' mit $0 \leq t < t' < \infty$ gelte

$$\tilde{X}_t \subset \tilde{X}_{t'} . \tag{4.32}$$

Ist das lineare System Null-steuerbar, dann existiert ein $t_u > 0$ (genannt: "<u>universelle Zeit</u>"), so daß es zu jedem $x_1 \in X_1$ ein $x_2 \in X_2$ mit

$$B_{t_u} A(x_1, x_2) = 0$$

gibt.

<u>Beweis:</u>
Zunächst ist für jedes $t > 0$ die Menge

$$W_t = \{(x_1, x_2) \in X_1 \times X_2 : B_t A(x_1, x_2) = 0\} \tag{4.33}$$

abgeschlossen, da sie das Urbild von 0 unter $B_t A$ ist. Nun sei P die kanonische Projektion von $X_1 \times X_2$ auf X_1, also $P(x_1, x_2) = x_1$. Dann ist für alle $t \geq 0$ stets $\tilde{X}_t = PW_t$. Nach dem Satz von BANACH (Satz V.2.1) ist dann entweder $\tilde{X}_t = X_1$ oder $\tilde{X}_t$ ist von erster Kategorie. Da das lineare System Null-steuerbar ist, folgt aus (4.33) daß

$$X_1 = \bigcup_{n=1}^{\infty} \tilde{X}_n \tag{4.34}$$

ist. Also existiert ein n_o mit $\tilde{X}_{n_o} = X_1$. Setzt man $t_u = n_o$, dann ist der Satz bewiesen. ∎

Satz V.4.18.

Es sei

$$(X_1 \times X_2 \xrightarrow[A]{} \square \xrightarrow[B_t]{} Y) \ , \qquad 0 \leq t < +\infty$$

ein lineares System. Ferner sei für alle $t \geq 0$

$$C_t = B_t A(0, X_2) \tag{4.35}$$

und für alle t, t' mit $0 \leq t < t'$ gelte

$$C_t \subset C_{t'} \ . \tag{4.36}$$

Wenn es dann zu jedem $y \in Y$ ein $t \geq 0$ und ein $x_2^t \in X_2$ mit

$$B_t A(0, x_2^t) = y \tag{4.37}$$

gibt, dann gibt es bereits ein $t_u \geq 0$, so daß zu jedem $y \in Y$ ein $x_2 \in X_2$ mit

$$B_{t_u} A(0, x_2) = y \tag{4.38}$$

existiert.

Beweis:

Dieser Satz folgt unmittelbar aus dem vorherigen, falls man $Y = X_1$ und

$$B_t(y, x) = y - B_t A(0, x)$$

setzt. ■

Korollar V.4.19. (ROLEWICZ [6]).

Ist das lineare System (4.28) steuerbar und gilt (4.36), dann existiert eine universelle Zeit t_u, so daß es zu jedem $x_1 \in X_1$ und jedem $y \in Y$ ein $x_2 \in X_2$ mit

$$B_{t_u} A(x_1, x_2) = y$$

gibt.

Beweis:
Es sei t_u wie in Satz V.4.18. Ferner sei $\tilde{y} = y-B_{t_u}A(x_1,0)$. Wendet man nun Satz V.4.18 auf $\tilde{y}$ an, dann erhält man die Behauptung. ■

Das lineare System (4.28) heißt "approximativ steuerbar" (bzw. "approximativ Null-steuerbar"), falls es zu jedem $\varepsilon>0$, jedem $x_1 \in X_1$ und jedem $y \in Y$ ein $t\geq 0$ und ein $x_2 \in X_2$ gibt, so daß

$$\|B_tA(x_1,x_2)-y\| \leq \varepsilon$$

(bzw.

$$\|B_tA(x_1,x_2)\| \leq \varepsilon)$$

ist.

Im Folgenden sei

$$X_t^o = \{x_1 \in X_1: 0 \in \overline{B_tA(x_1,X_2)}\} \qquad , \quad 0\leq t<+\infty.$$

Lemma V.4.20.
Für jedes $t\geq 0$ ist X_t^o abgeschlossen.

Beweis:
Es sei $\{x_1^n\} \subset X_t$ eine Folge, die in X_1 gegen x_1^o konvergiert. Zu zeigen ist, daß $x_1^o \in X_t^o$ gilt. Dazu sei $\varepsilon>0$ vorgegeben. Da $\lim_n x_1^n = x_1^o$ ist, gibt es einen Index N, mit

$$\|x_1^N - x_1^o\| < \frac{\varepsilon}{2\|B_t\|\cdot\|A\|} . \tag{4.39}$$

Da $x_1^N \in X_t^o$ ist, gibt es ein $x_2 \in X_2$, so daß

$$\|B_tA(x_1^N,x_2)\| < \frac{\varepsilon}{2} \tag{4.40}$$

ist. Aus (4.39) und (4.40) folgt dann:

$$\|B_t A(x_1^o,x_2)\| \leq \|B_t A(x_1^N,x_2)\| + \|B_t A(x_1^N-x_1^o,0)\| \leq \frac{\varepsilon}{2} + \frac{\varepsilon}{2} = \varepsilon. \quad (4.41)$$

Da $\varepsilon>0$ beliebig war, bedeutet dies, daß $x_1^o \in X_t^o$ ist. ■

Satz V.4.21. (siehe DOLECKI [2]).
Es sei

$$(X_1 \times X_2 \xrightarrow[A]{} \square \xrightarrow[B_t]{} Y), \qquad 0 \leq t < +\infty$$

ein approximativ steuerbares lineares System und für alle t,t' mit $0 \leq t < t' < \infty$ gelte

$$X_t^o \subset X_{t'}^o \; . \tag{4.42}$$

Dann existiert ein $t_u>0$ (universelle Zeit), so daß

$$X_{t_u}^o = X_1$$

ist.

Dieser Satz wird genauso wie Satz V.4.17 bewiesen.

Satz V.4.22. (vergl. DOLECKI [2]).
Es sei

$$(X_1 \times X_2 \xrightarrow[A]{} \square \xrightarrow[B_t]{} Y) \quad , \quad 0 \leq t < +\infty$$

ein lineares System und für alle t,t' mit $0 \leq t < t' < \infty$ gelte

$$C_t \subset C_{t'} \; . \tag{4.36}$$

Dann existiert eine universelle Zeit $t_u \geq 0$, so daß es zu jedem $\varepsilon>0$, jedem $x_1 \in X_1$ und jedem $y \in Y$ ein $x_2 \in X_2$ mit

$$\|B_{t_u} A(x_1,x_2)-y\| \leq \varepsilon \tag{4.43}$$

gibt.

Diesen Satz beweist man genauso wie Satz V.4.18 und Korollar V.4.19, wobei lediglich C_t durch $\overline{C}_t$ zu ersetzen ist.

§ 5 Die Reduktion der Minimal-Zeit Aufgabe auf die Minimal-Norm Aufgabe

Im vorherigen Paragraphen haben wir mehrere Sätze über die Existenz von Lösungen der Minimal-Zeit Aufgabe bewiesen. Dabei wurde unter geeigneten Voraussetzungen die Existenz eines Elementes $x_o \in U_o$ mit $B_T A(x_o) \in Y(T)$ hergeleitet, ohne es jedoch explizit zu konstruieren.

In diesem Paragraphen, der im wesentlichen auf den Ergebnissen der §§ 2 und 3 beruht, wollen wir nun zeigen, wie man dieses $x_o \in U_o$ konstruktiv bestimmen kann.

Dazu nehmen wir an, daß die in der Minimal-Zeit Aufgabe auftretende Menge U_o nicht nur konvex und abgeschlossen ist, sondern wir fordern zusätzlich noch, daß $U_o \subset X$ beschränkt ist und ein nichtleeres Inneres hat. Dabei kann man ohne Einschränkung der Allgemeinheit stets davon ausgehen, daß $0 \in \operatorname{Int} U_o$ ist. Ist nämlich $x_o \in \operatorname{Int} U_o$, dann kann man die Minimal-Zeit Aufgabe wie folgt transformieren: Man ersetze U_o durch $U_o' = U_o - x_o$ und $Y(t)$ durch $Y'(t) = Y(t) + B_t A x_o$. Zu bestimmen ist dann ein $x_o' \in U_o'$ mit $B_T A x_o' \in Y'(T)$. Dabei ist natürlich auch $Y'(t) \subset Y$, $t \in [0,\tau]$ eine halbstetige Familie von Mengen, sobald nur $B_t A x_o$ stetig ist.

Da nach Annahme $U_o \subset X$ eine beschränkte konvexe Menge ist, mit $0 \in \operatorname{Int} U_o$, induziert sie durch

$$\|x\| = \inf\{t>0 : \tfrac{x}{t} \in U_o\}$$

eine Halbnorm auf X. Insbesondere ist also $x_o \in U_o$ genau dann, wenn $\|x_o\| \leq 1$ ist.

Nun sei

$$\varphi(t) = \inf\{\|x\| : x \in X,\ B_t A x \in Y(t)\},$$

und

$$\tilde{T} = \inf\{t>0: \ \varphi(t) \leq 1\}. \tag{5.1}$$

Setzt man wieder

$$T = \inf\{t>0: B_t A(U_o) \cap Y(t) \neq \emptyset\} ,$$

dann ist offensichtlich $\tilde{T} \leq T$.

Nimmt man jedoch an, daß für jedes $t \in [0,\tau]$ ein $x_t \in U_o$ mit $B_t A x_t \in Y(t)$ und $\|x_t\| = \varphi(t)$ existiert, dann gilt $T = \tilde{T}$.

Bei den folgenden Überlegungen wollen wir von dieser Annahme ausgehen: d.h. wir setzen voraus, daß es zu jedem $t \in [0,\tau]$ ein $x_t \in U_o$ mit $B_t A x_t \in Y(t)$ und $\|x_t\| = \varphi(t)$ gibt. Dann kann man die Minimal-Zeit Aufgabe nach der folgenden Methode bearbeiten:

1) Man bestimme die Funktion $\varphi(t)$ und berechne $\tilde{T}$.

2) Für jedes $t \in [0,\tau]$ bestimme man ein $x_t \in U_o$ mit $B_t A x_t \in Y(t)$ und $\|x_t\| = \varphi(t)$.

3) Man prüfe, ob $\varphi(T) \leq 1$ ist.

Man nennt dieses Verfahren auch die "Reduktion der Minimal-Zeit Aufgabe auf die Minimal-Norm Aufgabe".

Wie man die Punkte 1) und 2) bearbeitet, haben wir in den Paragraphen 2 und 3 dieses Kapitels gezeigt. Im Folgenden befassen wir uns mit der Frage der Stetigkeit von φ und zeigen, daß φ stets halbstetig von unten ist.

Satz V.5.1.

Es sei

$$(X \xrightarrow[A]{} \square \xrightarrow[B_t]{} Y) , \qquad t \in [0,\tau],$$

ein lineares System, $U_o \subset X$ eine beschränkte konvexe Menge und $Y(t) \subset Y$, $t \in [0,\tau]$, eine in $t_o \in [0,\tau]$ stetige Familie von Mengen. Ferner sei auch $B_t A(U_o) \subset Y$, $t \in [0,\tau]$ eine in $t_o \in [0,\tau]$ stetige Mengenfamilie und $\mathrm{Int} B_{t_o} A(U_o) \neq \emptyset$. Dann ist die Funktion φ im Punkte $t_o \in [0,\tau]$ stetig.

Beweis:

Nach Lemma V.1.5 existiert ein $\eta>0$, so daß für alle $t \in [0,\tau]$ mit $|t-t_o|<\eta$ $\operatorname{Int} B_t A(U_o) \neq \emptyset$ ist. Also ist

$$\overline{B_t A(U_o)} \subset \operatorname{Int}(1+\varepsilon) B_t A(U_o) \tag{5.2}$$

für jedes $\varepsilon>0$.

Da $B_t A(U_o) \subset Y$, $t \in [0,\tau]$, bezüglich t stetig ist, folgt aus (5.2), daß es ein δ_o mit $0<\delta_o \leq \eta$ gibt, so daß für alle $t' \in [0,\tau]$ mit $|t'-t| < \delta_o$ auch

$$\overline{B_{t'} A(U_o)} \subset \operatorname{Int}(1+\varepsilon) B_t\, A(U_o). \tag{5.3}$$

Aus der Definition von φ folgt weiter, daß

$$\overline{Y(t')} \cap \overline{\varphi(t') B_{t'} A(U_o)} \neq \emptyset. \tag{5.4}$$

Zusammen mit (5.3) ergibt dies

$$Y(t') \cap \operatorname{Int}(1+\varepsilon)\, \varphi(t') B_t A(U_o) \neq \emptyset. \tag{5.5}$$

Bislang haben wir nicht benutzt, daß $Y(t)$ in t_o stetig ist. Nun sei $t'=t_o$. Dann folgt aus (5.5) und der Stetigkeit von $Y(t)$, daß es ein δ_1 mit $0<\delta_1 \leq \delta_o$ gibt, so daß für alle $t \in [0,\tau]$ mit $|t-t_o|<\delta_1$

$$Y(t) \cap \operatorname{Int}(1+\varepsilon)\, \varphi(t') B_t A(U_o) \neq \emptyset \tag{5.6}$$

ist.

Hieraus folgt nach Definition von φ

$$\varphi(t) \leq (1+\varepsilon)\, \varphi(t_o). \tag{5.7}$$

Durch entsprechende Argumentation erhält man auch

$$\varphi(t_o) \leq (1+\varepsilon)\, \varphi(t). \tag{5.8}$$

Da $\varepsilon>0$ beliebig war, heißt dies, daß φ in $t_o \in [0,\tau]$ stetig ist. ∎

Wir bemerken noch folgendes: Wenn ein $x_o \in U_o$ mit $B_T A x_o \in Y(T)$ und $\|x_o\| = \varphi(T)$ existiert und φ im Punkte $T \in [0,\tau]$ stetig ist, dann ist wegen

$$\|x_o\| = \varphi(T) = \lim_{t\to T} \varphi(t) = 1$$

x_o ein Randpunkt von U_o.

Anhand eines Beispiels zeigen wir nun, daß die Stetigkeit von φ noch nicht daraus folgt, daß die Operatoren B_t bezüglich der Operator-Norm stetig von t abhängen.

Beispiel V.5.1.
Es sei $X = \square = Y = \mathbb{R}^2$ der zweidimensionale Raum, $U_o = \{(x_1,x_2): x_1^2 + x_2^2 \leq 1\}$ die Einheitskreisscheibe und A = Id die Identität. Ferner seien die Operatoren B_t, $t \in [0,1]$, durch die Matrizen

$$B_t = \begin{pmatrix} t & 0 \\ 0 & 1 \end{pmatrix}$$

definiert und $Y(t) \subset \mathbb{R}^2$, $t \in [0,1]$, sei durch

$$Y(t) = \{(t,1)\}$$

gegeben. Dann ist B_t und $Y(t)$ stetig und man sieht leicht, daß T=0 und $\varphi(T)=1$ ist.

Dagegen ist für alle $t \in (0,1]$ stets $\varphi(t) = \sqrt{2}$. Dies sieht man etwa so: Zunächst ist $\varphi(1) = \sqrt{2}$ und für jedes $t \in (0,1]$ ist $B_t AY(1)=Y(t)$. Daraus folgt aber, daß genau dann $B_t Ax \in Y(t)$ ist, wenn $B_1 Ax = Y(1)$ ist.

Es sei f eine auf $[a,b]$ definierte reellwertige Funktion. Dann heißt f in $t_o \in [a,b)$ "<u>rechtsseitig halbstetig von unten</u>", wenn

$$f(t_o) \leq \liminf_{\substack{t\to t_o \\ t>t_o}} f(t)$$

ist.

Wir bemerken, daß die in Beispiel V.2.1 definierte Funktion φ in 0 rechtsseitig halbstetig von unten ist.

Satz V.5.2.

Wenn die Voraussetzungen einer der Sätze V.4.2-V.4.4 erfüllt sind, dann ist φ rechtsseitig halbstetig von unten.

Beweis:

Es sei $t_o \in [0,\tau]$,

$$a = \liminf_{\substack{t \to t_o \\ t > t_o}} \varphi(t)$$

und $U_a = aU_o$. Aus jeder der Voraussetzungen der Sätze V.4.2-V.4.4 folgt dann, daß ein $x_a \in U_a$ mit

$$B_{t_o} Ax_a \in Y(t_o)$$

existiert. Damit ist also $\varphi(t_o) \leq a$, d.h. φ ist rechtsseitig halbstetig von unten. ■

Ist jedoch keine der Voraussetzungen der Sätze V.4.2-V.4.4 erfüllt, dann braucht φ nicht rechtsseitig halbstetig von unten zu sein, wie das folgende Beispiel zeigt.

Beispiel V.5.2.

Wie in Beispiel V.2.1 sei $X = \ell$, $\square = Y = c_o$ (bzw. ℓ oder ℓ^2), B=Id und

$$A(t) = \frac{1}{2} t_1 y_o + \sum_{i=1}^{\infty} t_{i+1} y_i$$

gegeben. Dabei ist $\{y_i\}$ eine Folge von stark linear unabhängigen Elementen aus $\square$, die gegen y_o konvergiert. Wir definieren nun eine stetige Funktion $y(t)$, $t \in [0,1]$ mit Werten in Y wie folgt:

$$y(t) = \begin{cases} y_o & , \text{ für } t = 0 \\ (n(n+1)t-n)y_n + (n+1-n(n+1)t)y_{n+1}, & \text{für } \frac{1}{n+1} \leq t \leq \frac{1}{n}, \\ & n=1,2,\dots . \end{cases}$$

Mit anderen Worten: Es ist $y(\frac{1}{n}) = y_n$ und auf den Intervallen $\left[\frac{1}{n+1}, \frac{1}{n}\right]$ ist y linear. Definiert man nun $Y(t) \subset Y$, $t \in [0,1]$ durch $Y(t) = \{y(t)\}$, dann ist die Mengenfamilie stetig.

Aus Beispiel V.2.1 kann man zunächst entnehmen, daß $\varphi(0) = 2$ ist. Da für jedes n=1,2,... das Element y_n aus $\Gamma_1 = BAU_o$ ist, hat man $\varphi(\frac{1}{n}) = 1$. Damit ist φ im Punkte 0 nicht rechtsseitig halbstetig von unten. Beachtet man noch, daß die Einheitskugel in ℓ die abgeschlossene konvexe Hülle der Punkte $e_n = \{0,\dots,0,\underbrace{1}_{\text{n-te Stelle}},0,\dots\}$ ist und daß $Ae_n = y_{n-1}$ gilt, dann sieht man auch, daß für jedes $t \in (0,1]$ stets $\varphi(t) = 1$ ist.

Aus diesem Beispiel kann man nun leicht andere Beispiele mit einer variablen Familie von Operatoren B_t und einer konstanten Mengenfunktion $Y(t) = \{y_o\}$ herleiten.

§ 6 Die Beobachtbarkeit in linearen Systemen

Bevor wir mit den eigentlichen Überlegungen dieses Paragraphen beginnen, wollen wir noch einige Bemerkungen zur Terminologie machen.

Die Begriffe "Wahrnehmung", "Beobachtung" etc. werden in der Literatur nicht einheitlich verstanden. Wir zeigen dies an folgenden Beispiel.

Es sei

$$(X \xrightarrow[A]{} \square \xrightarrow[B]{} Y)$$

das in Beispiel V.1.1 angegebene lineare System. Der Eingaberaum X ist der Raum der Anfangswerte und der Transformationsraum $\square$ ist der Raum aller auf $[t_o,T]$ definierten stetigen Funktionen mit Werten in X, also

$$\square = C_X[t_o,T].$$

Nun nennt eine Gruppe von Autoren (zu denen z.B. LIONS [1] zählt), solch ein lineares System "steuerbar", wenn X=Y ist und B die spezielle Gestalt $Bx = x(T)$ hat. In allen Fällen nennen diese Autoren das lineare System "beobachtbar".

Die zweite Gruppe von Autoren (zu denen etwa KALMAN [1], [2], FALB, ARIB [1] und KRASOWSKI [1] zählen), spricht immer dann von "Beobachtbarkeit", wenn man aus den Eigenschaften der Ausgabe auf die Eigenschaften der Eingabe schließen kann.

Wir schließen uns diesem Begriff der Beobachtbarkeit an, für den wir jetzt eine geeignete mathematische Formulierung angeben werden.

Dazu sei

$$(X \xrightarrow[A]{} \square \xrightarrow[B]{} Y)$$

ein lineares System. Die im System auftretenden physikalischen Größen (wie etwa Impuls oder Geschwindigkeit im Falle von Bewegungsvorgängen, die man bei einem Versuch messen kann), hängen offensichtlich stetig von der Eingabe ab, sind also stetige Funktionen auf X. Da wir uns hier nur mit linearen Systemen befassen, wollen wir im Folgenden nur solche physikalischen Größen betrachten, die durch stetige lineare Funktionale gegeben sind.

Angenommen, man kann eine physikalische Größe $f \in X^*$ nur aus der Kenntnis des Eingaberaumes X nicht explizit berechnen. Man denke etwa an eine Kugel, deren Lage bekannt ist und auf die einmalig eine feste unbekannte Kraft wirkt. Nimmt man nun als Eingaberaum X den Raum der Anfangswerte (also Ruhelage und Anfangsgeschwindigkeit, wobei aber nur die Ruhelage explizit bekannt ist), dann kann man die Anfangsgeschwindigkeit der Kugel durch Messungen im Transformationsraum bestimmen. (Vgl. auch Beispiel VI.7.1.) In solchen Fällen besteht die Beobachtungsaufgabe darin, das Funktional $f \in X^*$ durch ein geeignetes $\varphi \in Y^*$ und die Ein- und Ausgabeoperatoren A und B auszudrücken.

Nach dem bislang Gesagten liegt die mathematische Formulierung des Beobachtbarkeitsbegriffes auf der Hand: Für ein lineares System

$$(X \xrightarrow[A]{} \square \xrightarrow[B]{} Y)$$

heißt ein stetiges lineares Funktional $f \in X^*$ genau dann "beobachtbar", wenn es ein $\varphi \in Y^*$ gibt, so daß für alle $x \in X$

$$f(x) = \varphi(BAx). \tag{6.1}$$

Das Funktional $\varphi \in Y^*$ heißt dann eine "Beobachtungsmethode". (Siehe etwa KRASOWSKI [1]).

Geht man zum konjugierten Operator über, dann hat Gleichung (6.1) die Form

$$f = A^*B^*\varphi . \tag{6.2}$$

Satz V.6.1.
Es sei

$$(X \xrightarrow[A]{} \square \xrightarrow[B]{} Y)$$

ein lineares System. Ein stetiges lineares Funktional $f \in X^*$ ist genau dann beobachtbar, wenn

$$0 \notin \overline{BA\{x \in X: \; f(x) = 1\}}. \tag{6.3}$$

Beweis:
"Notwendig": Angenommen, (6.3) gelte nicht. Dann existiert eine Folge $\{x_n\}$, $x_n \in X$, mit $f(x_n) = 1$ und $BAx_n \to 0$. Dies bedeutet aber, daß für jedes $\varphi \in Y^*$ auch $\varphi(BAx_n) \to 0$. Da $f \in X^*$ beobachtbar ist, gibt es ein $\varphi_o \in Y^*$ mit $A^*B^*\varphi_o = f$. Für die Folge $\{x_n\}$ gilt dann $1 = f(x_n) = \varphi_o(BAx_n) \to 0$, womit ein Widerspruch hergeleitet ist.

"Hinreichend": Angenommen, es gelte (6.3). Dann existiert nach dem Trennungssatz (Satz II.5.7) ein $\varphi \in Y^*$ und eine Konstante $c \neq 0$, so daß für alle $y \in BA\{x \in X: \; f(x) = 1\}$ stets

$$\varphi(y) > c$$

gilt. Da $BA\{x \in X: \; f(x) = 1\}$ eine Linearmannigfaltigkeit ist, folgt wie bei früheren Beweisen, daß φ auf $BA\{x \in X: \; f(x) = 1\}$ konstant, etwa gleich c' ist. Ohne Beschränkung der Allgemeinheit kann man c'=1 annehmen. (Man trenne sonst mit $\frac{1}{c'}\varphi$.) Dann folgt aus $f(x)=1$ auch $\varphi(BAx) = 1$. Aus der Homogenität der Funktionale folgt (6.1). ∎

Zu einem beobachtbaren Funktional $f \in X^*$ können unter Umständen mehrere Funktionale $\varphi \in Y^*$ existieren, die der Gleichung (6.2) genügen. Wir stellen uns nun die Aufgabe unter den möglichen Lösungen von $A^*B^*\varphi = f$ eine "optimale" Lösung zu bestimmen. Dazu betrachten wir die folgende Situation. Es sei

$$(X \xrightarrow[A]{} \Box \xrightarrow[B]{} Y)$$

ein lineares System. Ferner sei $f \in X^*$ eine physikalische Größe und $x_r \in X$ eine Eingabe, zu der die Ausgabe $y_r \in Y$ gehört.

Bei vielen praktischen Aufgaben kann man aber y_r nicht genau bestimmen, sondern nur eine Näherung $y_o \in Y$ angeben, mit der Eigenschaft $y_o - y_r \in W$, wobei W eine abgeschlossene beschränkte und konvexe Menge ist mit $0 \in \operatorname{Int} W$. Diese Menge W bestimmt die zulässige Höchstabweichung. Gesucht ist nun eine Beobachtungsmethode $\varphi \in Y^*$ für $f \in X^*$ mit möglichst kleinem Fehler $|\varphi(y_r - y_o)|$.

Wir wollen zunächst an einigen Beispielen erläutern, wie man sich aus vorgegebenen Genauigkeitsschranken eine abgeschlossene beschränkte und konvexe Menge $W \subset Y$ mit $0 \in \operatorname{Int} W$ konstruieren kann, so daß für die exakte Ausgabe y_r und deren Näherung y_o die Beziehung $y_r - y_o \in W$ gilt.

Beispiel V.6.1.

Es sei $Y = C_n[a,b]$, d.h. die Ausgabe sei eine n-dimensionale Vektorfunktion $y = (y_1,\dots,y_n) \in C_n[a,b]$. Angenommen, die Messungen können koordinatenweise unabhängig von der Zeit durchgeführt werden. Bezeichnet dann $a_i > 0$ die zulässige Höchstabweichung in der i-ten Koordinate, dann nimmt man für die gesuchte Menge $W \subset Y$ einfach:

$$W = \{y \in C_n[a,b]: \sup_{t \in [a,b]} |y_i(t)| \le a_i, \quad i=1,2,\dots,n\}.$$

Beispiel V.6.2.

Wie im vorherigen Beispiel nehmen wir wieder an, daß $Y = C_n[a,b]$ ist und daß die Messungen koordinatenweise mit der Genauigkeit $a_i > 0$, $i=1,2,\dots,n$, unabhängig von der Zeit durchgeführt werden können. Weiterhin nehmen wir an, daß man die Summe der Abweichungen in den einzelnen Koordinaten mit einer Genauigkeit

$$b < a_1 + \ldots + a_n$$

messen kann. Dann wird die gesuchte Menge durch

$$W_1 = \{y \in C_n[a,b] : \sup_{t \in [a,b]} |y_i(t)| \leq a_i, \quad i=1,2,\ldots,n$$
$$\text{und} \quad \sup_{t \in [a,b]} |y_1(t) + \ldots + y_n(t)| \leq b\}$$

gegeben. Wegen $b < a_1 + \ldots + a_n$ ist W_1 eine echte Teilmenge von W (d.h. $W_1 \subset W$ und $W_1 \neq W$).

Beispiel V.6.3.

Gegeben seien zwei Stromkreise, die durch einen Widerstand verbunden sind. Dabei sei der erste Stromkreis vom zweiten Stromkreis aus steuerbar und der Steuerungsparameter sei die Spannung. Als Maß für die Kopplung der beiden Stromkreise wird die im Beobachtungszeitraum $[0,T]$ am Widerstand erzeugte Wärmemenge M^2 (vergl. Beispiel I.8.2) genommen. Dann setzt man $Y = L^2[0,T]$ und

$$W = \{y \in L^2[0,T] : \int_0^T |y(t)|^2 dt \leq M^2\}.$$

Wie wir bereits gesehen haben, induziert jede abgeschlossene beschränkte und konvexe Teilmenge $W \subset Y$ mit $0 \in \operatorname{Int} W$ eine Halbnorm

$$\|y\| = \inf\{t>0: \tfrac{x}{t} \in W\}$$

für Y. Da die Menge W in der Regel symmetrisch ist, wollen wir im Folgenden stets annehmen, daß $\| \ \|$ eine Norm für Y ist. Dann ist für jedes $y \in Y$ die Bedingung $\|y\| \leq 1$ äquivalent zu $y \in W$. Dies bedeutet, daß durch die Meßtechnik und die Genauigkeitsschranken eine Halbnorm (bzw. Norm) $\|y\|$ auf Y bestimmt wird, so daß man für den exakten Wert y_r und dessen Näherung y_0 stets $\|y_r - y_0\| \leq 1$ hat. Dabei ist die Zahl 1 natürlich unerheblich. Man kann es stets so einrichten, daß zu gegebenen $\varepsilon > 0$ für die Abweichung stets

$$\|y_r - y_0\| \leq \varepsilon$$

gilt.

Die eingangs gestellte Frage nach der Existenz einer optimalen Beobachtungsmethode für $f \in X^*$ besteht nun darin, ein $\varphi_o \in Y^*$ mit $f = B^*A^* \varphi_o$ zu bestimmen, so daß $|\varphi_o(y_r-y_o)|$ möglichst klein ist. Wegen $\|y_r-y_o\| \leq 1$ bedeutet dies, daß man ein $\varphi_o \in Y^*$ mit

$$A^*B^* \varphi_o = f$$

und minimaler Norm, d.h.

$$\|\varphi_o\| = \inf\{\|\varphi\|: \varphi \in Y^* \text{ und } A^*B^*\varphi = f\}$$

zu bestimmen hat. Man hat also die Minimal-Norm Aufgabe für das konjugierte System

$$(Y^* \xrightarrow[B^*]{} \square^* \xrightarrow[A^*]{} X^*)$$

zu lösen. Ein Funktional $f \in X^*$ heißt dann "optimal beobachtbar", wenn es ein $\varphi_o \in Y^*$ mit $A^*B^* \varphi_o = f$ und minimaler Norm gibt.

Dieser hier geschilderte Zusammenhang wird auch als die "Dualität" zwischen Steuerung und Beobachtung bezeichnet.

Da man im konjugierten System stets mit der schwach-*-Topologie arbeiten kann, ist die Bestimmung einer optimalen Beobachtungsmethode wesentlich einfacher als die Lösung der Minimal-Norm Aufgabe. Es gilt nämlich:

Satz V.6.2.
Es sei

$$(X \xrightarrow[A]{} \square \xrightarrow[B]{} Y)$$

ein lineares System. Dann ist jedes beobachtbare Funktional $f \in X^*$ auch optimal beobachtbar.

Beweis:
Es sei

$$r = \inf\{\|\varphi\|: \varphi \in Y^* \text{ und } A^*B^*\varphi = f\}$$

und

$$V = \{\varphi \in Y^*: A^*B^*\varphi = f\}.$$

Bezüglich der schwach-*-Topologie ist dann die Menge V abgeschlossen und die Menge

$$M_n = \{\varphi \in V: \|\varphi\| \leq r + \frac{1}{n}\}$$

für jedes n=1,2,... kompakt. Die Folge der Mengen M_n ist absteigend. Nach Definition von r ist jedes M_n nichtleer. Damit ist dann auch $V_o = \bigcap_n M_n$ nichtleer. Nach Definition von M_n ist zunächst für jedes $\varphi \in V_o$ stets $\|\varphi\| \leq r$. Wegen $V_o \subset V$ gilt aber auch $\|\varphi\| \leq r$, d.h. $\|\varphi\| = r$. Wegen $V_o \subset V$ ist auch Gleichung (6.2) erfüllt, womit alles gezeigt ist.

■

Nach dem Satz von HAHN-BANACH hängt das Minimum der Norm von $\varphi \in Y^*$ nicht von Y ab. Genauer: ist $Y_1 \subset Y$ ein Unterraum des BANACH-Raumes Y, dann ist, falls $BAX \subset Y_1 \subset Y$,

$$\inf\{\|\varphi\|: \varphi \in Y^* \text{ und } f = A^*B^*\varphi\} = \tag{6.4}$$

$$\inf\{\|\varphi\|: \varphi \in Y_1^* \text{ und } f = A^*B^*\varphi\}.$$

Hat man also zwei BANACH-Räume Y_1 und Y_2, deren Normen auf dem gemeinsamen Schnitt $Y = Y_1 \cap Y_2$ äquivalent sind, dann folgt aus (6.4), daß die Minimal-Norm Lösungen die gleiche Norm haben.

Für die Beobachtungsaufgabe gilt ein zu Satz V.2.4 analoges Ergebnis:

Satz V.6.3.

Es sei

$$(X \xrightarrow[A]{} \square \xrightarrow[B]{} Y)$$

ein lineares System und $f \in X^*$ ein beobachtbares Funktional. Dann ist

$$\inf\{\|\varphi\|: f = A^*B^*\varphi\} = \sup_{x \in X} \inf\{\|\varphi\|: f(x) = \varphi(BAx)\}.$$

Beweis:
Setze

$$a = \inf\{\|\varphi\| : \varphi \in Y^* \text{ und } f = A^*B^*\varphi\}$$

und

$$b = \sup_{x \in X} \inf\{\|\varphi\| : \varphi \in Y^* \text{ und } f(x) = \varphi(BAx)\}.$$

Da für jedes $\varphi \in Y^*$ mit $f = A^*B^*\varphi$ auch $f(x) = \varphi(BAx)$ für jedes $x \in X$ gilt, hat man zunächst

$$b \leq a.$$

Um die Gleichheit zu zeigen, nehmen wir nun an, daß $b < a$ ist. Setzt man

$$\Gamma_b = \{g : g = A^*B^*\varphi,\ \|\varphi\| \leq b\} \subset X^*,$$

dann folgt aus $b < a$, daß $f \notin \Gamma_b$ ist. Weil Γ_b in der schwach-*-Topologie kompakt, also insbesondere abgeschlossen ist, existiert eine Konstante c, ein positives ε und ein $x_o \in X$, so daß

$$f(x_o) \geq c$$

und

$$g(x_o) < c - \varepsilon, \quad \text{für alle } g \in \Gamma_b.$$

Dies bedeutet aber, daß für alle $\varphi \in Y^*$ mit $\|\varphi\| \leq b$ stets im Widerspruch zur Definition von b die Ungleichung $\varphi(BAx_o) < f(x_o) - \varepsilon$ gilt.

■

Im Anschluß an diesen Beweis bemerken wir noch, daß f stets auf dem Rande von Γ_a liegt. Nehmen wir zusätzlich noch an, daß X endlich-dimensional ist, dann folgt aus der Reflexivität von X, daß X der konjugierte Raum von X^* ist. Da Γ_a abgeschlossen ist, folgt dann aus Satz V.6.3, daß ein $x_o \in X$ mit

$$f(x_o) = \sup\{g(x_o) : g \in \Gamma_a\}$$

existiert. Somit gilt:

Korollar V.6.4.
Ist X endlich-dimensional, dann existiert ein $x_o \in X$ mit

$$\inf\{\|\varphi\|: f = A^*B^*\varphi\} = \inf\{\|\varphi\|: f(x_o) = \varphi(BAx_o)\}.$$

Bislang haben wir uns nur mit der Aufgabe befaßt, ein einziges $f \in X^*$ zu beobachten. Wir wollen nun dazu übergehen, ein endliches System $F = (f_1,\dots,f_n)$ von auf X definierten stetigen linearen Funktionalen zu beobachten. Ohne Beschränkung der Allgemeinheit kann man annehmen, daß diese Funktionale $f_1,\dots,f_n \in X^*$ linear unabhängig sind. In naheliegender Weise nennen wir nun ein System $F = (f_1,\dots,f_n)$, $f_i \in X^*$, $i=1,2,\dots,n$ "beobachtbar", wenn alle f_i, $i=1,2,\dots,n$ beobachtbar sind.

Satz V.6.5.
Das System $F = (f_1,\dots,f_n)$ ist genau dann beobachtbar, wenn jede Linearkombination

$$a_1 f_1 + \dots + a_n f_n$$

beobachtbar ist.

Beweis:
"Hinreichend": Wenn jede Linearkombination beobachtbar ist, dann sind auch die einzelnen Funktionale $f_1,\dots,f_n$ beobachtbar.

"Notwendig": Angenommen, jedes $f_i \in X^*$, $i=1,2,\dots,n$, sei beobachtbar. Dann existieren Funktionale $\varphi_1,\dots,\varphi_n \in Y^*$ mit

$$f_i = A^*B^*\varphi_i, \quad i=1,2,\dots,n. \tag{6.5}$$

Für jede Linearkombination $a_1 f_1 + \dots + a_n f_n \in X^*$ gilt dann natürlich

$$a_1 f_1 + \dots + a_n f_n = A^*B^*(a_1\varphi_1 + \dots + a_n\varphi_n).$$

Dies heißt aber, daß $a_1 f_1 + \dots + a_n f_n$ beobachtbar ist. ∎

Offensichtlich kann es zu einem System $F = (f_1,...,f_n)$ wieder mehrere Systeme $\Phi = (\varphi_1,...,\varphi_n)$ geben, die die Gleichungen (6.5) erfüllen. Man kann also wieder nach der Existenz eines optimalen Systems fragen. Allerdings muß man dazu auf dem $\mathbb{R}^n$ eine Norm einführen.

Wenn man an der maximalen Abweichung in den einzelnen Koordinaten interessiert ist, dann wird man den $\mathbb{R}^n$ mit der Norm $\|y\| = \sup_{1\le i\le n} |y_i|$ versehen. Entsprechend wird man die euklidische Norm nehmen, wenn man am euklidischen Abstand interessiert ist. Allgemein wird man wieder annehmen, daß die Differenz zwischen dem exakten Vektor $y_r \in \mathbb{R}^n$ und seiner Näherung $y_o \in \mathbb{R}^n$ in einer beschränkten abgeschlossenen symmetrischen und konvexen Menge $W \subset \mathbb{R}^n$ mit $0 \in \operatorname{Int} W$ liegt, entsprechend der Meßgenauigkeit. Diese Menge W induziert dann auf $\mathbb{R}^n$ die entsprechende Norm.

Im Folgenden bezeichnen wir mit E den n-dimensionalen Raum $\mathbb{R}^n$, versehen mit eben dieser durch die Meßtechnik und Genauigkeitsschranken gegebenen Norm $\|y\|$.

Faßt man nun das System $F = (f_1,...,f_n)$ als lineare Abbildung von X nach E auf, die jedem $x \in X$ das n-Tupel $F(x) = (f_1(x),...,f_n(x)) \in E$ zuordnet, dann bedeutet die Beobachtbarkeit von F gerade, daß ein stetiger linearer Operator Φ von Y nach E mit

$$F = \Phi BA \qquad (6.6)$$

existiert. In der Notation der Diagramme heißt dies: Es existiert ein Φ, so daß das Diagramm

"kommutativ" ist. Gleichbedeutend sagt man auch, daß der Operator F durch den Operator BA "faktorisiert" wird.

Es sei

$$(X \xrightarrow[A]{} \square \xrightarrow[B]{} Y)$$

ein lineares System und $F = (f_1,\dots,f_n)$, $f_i \in X^*$, $i=1,2,\dots,n$. Dann versteht man unter der "optimalen Beobachtungsaufgabe" die Bestimmung eines $\Phi_o \in B(Y \to E)$ mit

$$F = \Phi_o BA$$

und

$$\|\Phi_o\| = \inf\{\|\Phi\|: \Phi \in B(Y \to E), \quad F = \Phi BA\}. \qquad (6.8)$$

Falls solch ein Φ_o existiert, so heißt das System F "optimal beobachtbar".

Satz V.6.6.
Jedes beobachtbare System ist optimal beobachtbar.

Der Beweis dieses Satzes beruht auf einer Verallgemeinerung des Satzes von ALAOGLU (Satz IV.4.6), die wir jetzt formulieren:

Es seien E_1 und E BANACH-Räume. Für den Raum E_1 existiere eine Topologie τ, bezüglich derer er ein topologischer linearer Raum ist. Weiterhin sei in dieser Topologie τ für jedes $r>0$ die abgeschlossene Kugel $K_r = \{x \in E_1: \|x\| \leq r\}$ kompakt. Auf $B(E \to E_1)$ führen wir nun mittels τ eine Topologie $\tilde{\tau}$ wie folgt ein: Als die Umgebungen $U \subset B(E \to E_1)$ eines Operators $A_o \in B(E \to E_1)$ nehme man die Mengen der Form

$$U = \{A \in B(E \to E_1): Ax_i - A_o x_i \in V_i, \quad i=1,2,\dots,n\} , \qquad (6.9)$$

wobei $x_1,\dots,x_n \in E$ irgend ein endliches System von Punkten aus E ist und $V_1,\dots,V_n \subset E$ endlich viele Nullumgebungen in der Topologie τ sind.

Wir bemerken noch, daß $B(E \to E_1)$ mit der Topologie $\tilde{\tau}$ ein topologischer linearer Raum ist; $\tilde{\tau}$ heißt die zu τ gehörende "Operator-Topologie".

<u>Satz V.6.7.</u>
Die Menge

$$K_M = \{A: A \in B(E \to E_1),\ \|A\| \leq M\} \subset B(E \to E_1) \tag{6.10}$$

ist bezüglich der Topologie $\tilde{\tau}$ kompakt.

<u>Beweis:</u>
Für jedes $x \in E$ sei

$$I(x) = \{y \in E_1: \|y\| \leq M\|x\|\} \tag{6.11}$$

und

$$I = \mathop{\times}_{x \in E} I(x)$$

das TICHONOFF-Produkt der Mengen $I(x)$. Nach dem Satz von TICHONOFF ist I kompakt. Offensichtlich kann man I auch als die Menge aller Abbildungen f von E nach E_1 auffassen, für die $\|f(x)\| \leq M\|x\|$ gilt. Damit ist K_M eine Teilmenge von I. Da $\tilde{\tau}$ und die Produkt-Topologie auf K_M übereinstimmen, ist K_M homöomorph in I eingebettet.

Wir zeigen nun genauso wie beim Beweis des Satzes von ALAOGLU (Satz IV.4.6), daß K_M eine abgeschlossene Teilmenge von I ist.

Da für jedes $x \in E$ die kanonische Projektion von I auf $I(x)$ stetig ist, ist für alle $x, y \in E$ die Menge

$$A(x,y) = \{T \in I: T(x+y) = T(x)+T(y)\}$$

abgeschlossen. Ebenso ist für alle $x \in E$ und alle Skalare a die Menge

$$B(a,x) = \{T \in I: T(ax) = aT(x)\}$$

abgeschlossen. Wegen

$$K_M = \left[\bigcap_{x,y \in E} A(x,y)\right] \cap \left[\bigcap_{\substack{x \in E \\ a \text{ Skalar}}} B(a,x)\right]$$

ist auch K_M eine abgeschlossene Teilmenge von I. ■

"Beweis von Satz V.6.6".
Es sei

$$r = \inf\{\|\Phi\| : F = \Phi BA\}.$$

Da E endlich-dimensional ist, sind in der Norm-Topologie τ alle Kugeln kompakt, also sind nach Satz V.6.7 die Mengen

$$K_{r+\frac{1}{m}} = \{A \in B(Y \to E) : \|A\| \leq r + \tfrac{1}{m}\}$$

in der zugehörigen Operator-Topologie $\tilde{\tau}$ kompakt. Da

$$V = \{\Phi \in B(Y \to E) : F = \Phi BA\}$$

bezüglich $\tilde{\tau}$ abgeschlossen ist, bilden die Mengen

$$V_m = V \cap K_{r+\frac{1}{m}}$$

eine absteigende Folge von kompakten Mengen. Somit ist

$$V_o = \bigcap_{m=1}^{\infty} V_m$$

nichtleer. Nun sei $\Phi_o \in V$. Dann ist einerseits $\|\Phi_o\| \geq r$, andererseits ist wegen $\Phi_o \in K_{r+\frac{1}{m}}$ für jedes m $\|\Phi_o\| \leq r$, also $\|\Phi_o\| = r$. ■

Im Unterschied zum eindimensionalen Fall hängt nun das Minimum der Norm von Φ tatsächlich von Y ab.

Wenn auf E die Norm durch

$$\|(t_1,\ldots,t_n)\| = \sup_{1\leq i\leq n} a_i|t_i| , \qquad a_i > 0,$$

gegeben ist, dann folgt aus dieser speziellen Definition der Norm und dem Satz von HAHN-BANACH, daß man jeden Operator von Y nach E unter Erhaltung der Norm auf einen Raum Y_1 fortsetzen kann, der Y als Unterraum enthält. In diesem Fall gilt ein zu (6.4) analoger Sachverhalt.

Falls jedoch ein endlich-dimensionaler normierter Raum E_1 nicht linear isometrisch zu dem oben angegebenen Raum E ist, dann existiert stets ein BANACH-Raum Y_1, ein Unterraum Y von Y_1 und ein Operator T von Y nach E_1, so daß für jede Fortsetzung T_1 von T auf Y_1 stets $\|T_1\| > \|T\|$ gilt. (Siehe GOODNER [1], KELLEY [1], NACHBIN [1]).

Für den Fall X = E und F = Id folgt aus Satz V.6.4 die Existenz eines stetigen linearen Operators Φ_o mit minimaler Norm und

$$x = \Phi_o(BAx) \quad , \qquad x \in X.$$

Bei der Beobachtung von Systemen mit verteilten Parametern tritt oft die Frage auf, ob man die Identität auf einem unendlich-dimensionalen BANACH-Raum beobachten kann. Man sucht also ein Φ vom Ausgaberaum in den unendlich-dimensionalen Eingaberaum, so daß $x = \Phi(BAx)$ gilt.

Zu diesem Zweck erweitern wir nun das Diagramm (6.7) auf den Fall, wo E ein unendlich-dimensionaler BANACH-Raum ist.

Sei

$$(X \xrightarrow[A]{} \square \xrightarrow[B]{} Y)$$

ein lineares System und F ein stetiger linearer Operator von X in einen BANACH-Raum E. Dann heißt F "beobachtbar", falls es einen stetigen linearen Operator Φ von Y nach E mit

$$F = \Phi BA \tag{6.6'}$$

gibt. Der Operator Φ heißt "Beobachtungsmethode". Ein beobachtbarer Operator F heißt "optimal beobachtbar", wenn es ein $\Phi_o \in B(Y \to E)$ mit

$$F = \Phi_o BA$$

und

$$\|\Phi_o\| = \inf\{\|\Phi\| : \Phi \in B(Y \to E) \text{ und } F = \Phi BA\}$$

gibt.

Ein stetiger linearer Operator P von einem BANACH-Raum Z in sich mit $P^2 = P$ heißt eine "Projektion". Setzt man $Z_o = PZ$, dann ist für jedes $z \in Z_o$ stets $Pz = z$; d.h. auf Z_o ist P die Identität. Ein Unterraum Z_1 von Z heißt "komplementierbar", wenn es eine Projektion P mit $PZ = Z_1$ gibt. Wir bemerken, daß es BANACH-Räume Z gibt, bei denen nicht jeder Unterraum komplementierbar ist. Ein Beispiel für einen solchen Raum geben wir nicht an.

Satz V.6.9.

Jeder endlich-dimensionale Unterraum Z_1 eines BANACH-Raumes Z ist komplementierbar.

Beweis:

Es sei $e_1,\ldots,e_n \in Z_1$ eine Basis. Dann gibt es stetige lineare Funktionale $f_1,\ldots,f_n \in Z_1^*$, so daß sich jedes $x \in Z_1$ in der Form

$$x = f_1(x)e_1+\ldots+f_n(x)e_n$$

schreiben läßt. Nach dem Satz von HAHN-BANACH lassen sich nun die $f_1,\ldots,f_n$ zu stetigen linearen Funktionalen $\tilde{f}_1,\ldots,\tilde{f}_n$ auf ganz Z fortsetzen. Der stetige lineare Operator P mit

$$P(x) = \tilde{f}_1(x)e_1+\ldots+\tilde{f}_n(x)e_n$$

ist dann die gewünschte Projektion von Z auf Z_1. ∎

Satz V.6.10.

Es sei

$$(X \xrightarrow[A]{} \square \xrightarrow[B]{} Y)$$

ein lineares System und E ein BANACH-Raum. Wenn

(I) BAX ein komplementierbarer Unterraum von Y

und

(II) BA auf BAX invertierbar ist,

dann ist jeder Operator $F \in B(X \to E)$ beobachtbar.

Beweis:
Nach Voraussetzung (I) existiert eine Projektion Q von Y auf BAX. Nach (II) ist $(BA)^{-1}$ auf BAX wohldefiniert. Da BAX ein Unterraum von Y ist, folgt aus dem Satz von BANACH (Korollar III.2.2), daß $(BA)^{-1}$ ein stetiger Operator ist. Also ist auch $\Phi = F(BA)^{-1}Q$ ein stetiger linearer Operator von Y nach E für den

$$F = \Phi BA$$

gilt. ■

Satz V.6.11.
Wenn E = X und F = Id ist, dann sind die Bedingungen (I) und (II) von Satz V.6.10 auch notwendig.

Beweis:
Es sei $\Phi \in B(Y \to X)$ mit $Id = \Phi BA$. Dann ist zunächst BA auf BAX invertierbar, und weiterhin ist $BA\Phi$ eine Projektion von Y auf BAX. ■

Wir zeigen nun anhand eines Beispiels, daß ein beobachtbarer Operator $F \in B(X \to E)$ nicht optimal beobachtbar zu sein braucht, wenn E ein unendlich-dimensionaler BANACH-Raum ist.

Beispiel V.6.1. (Vgl. ISBELL, SEMADENI [1])
Es sei

$$\square = Y = L^1[0,1],$$

B = Id die Identität und $f \in Y^*$ das durch

$$f(x) = \int_0^1 tx(t)dt \tag{6.12}$$

definierte stetige lineare Funktional. Ferner sei

$$X = E = \{x \in L^1[0,1]: f(x) = 0\} ,$$

A die natürliche Einbettung von X nach $\square$ und F die Identität.

Wir zeigen nun, daß F beobachtbar ist. Dazu zeigen wir zunächst, daß eine Projektion P von Y auf X existiert. Diese Projektion konstruiert man so: Es sei $x_o \in Y \setminus X$. Dann ist für das in (6.12) definierte Funktional $f \in Y^*$ stets $f(x_o) \neq 0$, und man setze

$$P(x) = x - \frac{f(x)}{f(x_o)} x_o . \tag{6.13}$$

Man sieht leicht, daß P eine Projektion von Y auf X ist.

Für die Norm von P hat man zunächst:

$$\|P(x)\| \leq \|x\| + \frac{\|x\|}{|f(x_o)|} \|f\| \cdot \|x_o\|$$

und wegen $\|f\| = 1$ folgt hieraus

$$\|P\| \leq 1 + \frac{\|x_o\|}{|f(x_o)|} .$$

Wir zeigen nun, daß die Gleichheit gilt:

Dazu sei $\{x_n\}$ die durch

$$x_n(t) = \begin{cases} 0 , & \text{für } 0 \leq t < 1-\frac{1}{n} \\ n , & \text{für } 1-\frac{1}{n} \leq t \leq 1 \end{cases}$$

definierte Folge von Elementen aus $L^1[0,1]$. Für jedes n=1,2,... ist dann $\|x_n\| = 1$. Nun schätzen wir $\|P(x_n)\|$ nach unten ab; dabei ergibt sich

$$\|P(x_n)\| = \int_0^1 \left| x_n(t) - \frac{f(x_n)}{f(x_o)} x_o(t) \right| dt \geq$$

$$\left| \int_0^{1-\frac{1}{n}} \frac{f(x_n)}{f(x_o)} x_o(t)dt \right| + \left(\int_{1-\frac{1}{n}}^1 |x_n(t)|dt - \left| \int_{1-\frac{1}{n}}^1 \frac{f(x_n)}{f(x_o)} x_o(t)dt \right| \right) \to$$

$$\frac{1}{|f(x_o)|}\|x_o\| + 1 .$$

Also ist

$$\|P\| = 1 + \frac{\|x_o\|}{|f(x_o)|} .$$

Da F = Id und BA die Einbettung von X nach Y ist, ist jedes $\Phi \in B(Y \to X)$ mit Id = ΦBA eine Projektion von Y auf X. Nun sind die Projektionen von Y auf X alle von der Form (6.13).

Gibt man sich nun ein $\varepsilon > 0$ vor, dann existiert stets ein $x_o \in Y$ mit $\|x_o\| = 1$ und $\frac{1}{|f(x_o)|} < 1 + \varepsilon$.

Also gilt für die zugehörige Projektion

$$\Phi(x) = x - \frac{f(x)}{f(x_o)} x_o$$

stets $\|\Phi\| < 2 + \varepsilon$. Da aber kein $x_o \in Y$ mit $\|x_o\| = 1$ und $|f(x_o)| = 1$ existiert, folgt hieraus, daß es kein $\Phi_o \in B(Y \to X)$ mit Id = Φ_oBA und $\|\Phi_o\| = 2$ gibt.

Aus Satz V.6.7 ergibt sich die folgende Verallgemeinerung von Satz V.6.6.

Satz V.6.12.
Es sei

$$(X \xrightarrow[A]{} \square \xrightarrow[B]{} Y)$$

ein lineares System und E ein BANACH-Raum. Ferner existiere eine Topologie τ für E, so daß E bezüglich τ ein topologischer linearer Raum ist. Für alle $r > 0$ seien die Kugeln $K_r = \{x \in E: \|x\| \leq r\}$ bezüglich der Topologie τ kompakt. Dann ist jeder beobachtbare Operator $F \in B(X \to E)$ auch optimal beobachtbar.

Beweis:
Wir zeigen zunächst, daß die Menge

$$V = \{\Phi \in B(Y \to E): F = \Phi BA\}$$

in der zu τ gehörenden Operator-Topologie $\tilde{\tau}$ abgeschlossen ist. Sei nämlich $T \notin V$. Dann gibt es ein $x_o \in X$ mit $F(x_o) \neq T(BAx_o)$. Nun wähle man zu $y = (BAx_o)$ eine Umgebung U in der τ-Topologie, so daß $F(x_o) \notin U$ ist.

Dann ist die Menge

$$\tilde{U} = \{S \in B(Y \to E): Sy \in U\}$$

eine zu V disjunkte Umgebung des Operators T in der Topologie $\tilde{\tau}$. Dies heißt aber, daß V abgeschlossen ist.

Der Rest des Beweises verläuft dann genauso wie bei Satz V.6.6. ■

Korollar V.6.11.
Ist E ein reflexiver BANACH-Raum oder der konjugierte Raum eines BANACH-Raumes E_o, dann ist jeder beobachtbare Operator $F \in B(X \to E)$ auch optimal beobachtbar.

Beweis:
In der schwachen Topologie (bzw. schwach-*-Topologie) sind die durch die Norm definierten Kugeln K_r kompakt. ■

§ 7 Die Minimal-Zeit Aufgabe in der Beobachtungstheorie

Genau wie in der Kontrolltheorie kann man auch in der Beobachtungstheorie die Minimal-Zeit Aufgabe formulieren. Sie entsteht aus der Frage, welche Mindestzeit man benötigt, um eine Beobachtung mit einer vorgegebenen Genauigkeit durchzuführen. Wir beginnen zunächst mit einigen Beispielen für solche Situationen:

Beispiel V.7.1.
Gegeben ist ein Materiepunkt, der sich im Raum geradlinig gleichförmig bewegt. Man möchte nun aus der Beobachtung seiner Lage zu zwei verschiedenen Zeitpunkten seine Geschwindigkeit bestimmen. Es ist dann klar, daß man auf diese Art seine Geschwindigkeit umso genauer bestimmt, je weiter die beiden Zeitpunkte auseinander liegen.

Beispiel V.7.2.
Wir werden in diesem Buch noch zeigen, daß man die Temperaturverteilung eines Stabes zum Zeitpunkt 0 dadurch bestimmen kann, daß man in

gewissen festen Punkten während eines Zeitintervalls die Temperatur mißt. Auch hier stellt sich dann die Frage, ob man durch Verlängerung des Beobachtungszeitraumes den Fehler verkleinern kann.

Formal hat man wieder, wie in der Kontrolltheorie, eine Familie von linearen Systemen

$$(X \xrightarrow[A]{} \square \xrightarrow[B_t]{} Y), \qquad t \in [0,\tau], \tag{7.1}$$

wobei die Ausgabeoperatoren von einem reellen Parameter t, gewöhnlich der Zeit, abhängen. Ferner ist auf dem Eingaberaum X ein stetiges lineares Funktional f gegeben. Dann existiert, wie wir im vorherigen Paragraphen gesehen haben, für jedes $t \in [0,\tau]$ ein stetiges lineares Funktional $\varphi_t \in Y^*$ (optimale Beobachtungsmethode) mit

$$f = A^*B_t^*\varphi_t$$

und

$$\|\varphi_t\| = \inf\{\|\varphi\|: \ \varphi \in Y^* \text{ und } f = A^*B_t^*\varphi\}.$$

Wir erinnern daran, daß man die Norm der Beobachtungsmethode $\varphi_t \in Y^*$, also $\|\varphi_t\|$, als die Genauigkeit interpretieren kann, mit der bei gegebenem Meßgerät und Meßtechnik die physikalische Größe $f \in X^*$ beobachtet wird. Daher stellt sich die Minimal-Zeit Aufgabe in der Beobachtungstheorie wie folgt: Gegeben ist eine reelle Zahl M>0 (genannt: Genauigkeitsschranke). Man bestimme zunächst das Infinum T aller $t \in [0,\tau]$, zu denen es eine optimale Beobachtungsmethode $\varphi_t \in Y^*$ für $f \in X^*$ mit $\|\varphi_t\| \leq M$ gibt, also

$$T = \inf\{t>0: \ \|\varphi_t\| \leq M\}.$$

Weiter wird dann nach der Existenz einer optimalen Beobachtungsmethode $\varphi_T \in Y^*$ für $f \in X^*$ mit $\|\varphi_T\| \leq M$ gefragt.

Die Minimal-Zeit Aufgabe in der Beobachtungstheorie heißt "<u>lösbar</u>", falls es ein $\varphi_0 \in Y^*$ mit $\|\varphi_0\| \leq M$ und $f = A^*B_T^*\varphi_0$ gibt.

Mit anderen Worten: Man hat die Minimal-Zeit Aufgabe für das konjugierte System

$$(Y^* \xrightarrow[B_t^*]{} \square^* \xrightarrow[A^*]{} X^*)$$

zu lösen. Auf dieses Problem kann man die in den Paragraphen 4 und 5 hergeleiteten Ergebnisse anwenden. Der einzige Unterschied besteht darin, daß dort immer die Operatoren B_tA auftreten, während wir es hier mit Operatoren der Form $A^*B_t^*$ zu tun haben. Dies ist jedoch unerheblich, da wir nie mit den einzelnen Operatoren, sondern stets mit deren Komposition gearbeitet haben und der Raum $\square^*$ niemals benutzt wurde. Da die Nutzenfunktion durch die Norm auf Y^* gegeben ist, kann man vor allem die in Paragraph 5 angegebene Technik verwenden.

Für jedes $t \in [0,\tau]$ setzen wir nun wie oben

$$\varphi(t) = \inf\{\|y^*\| : y^* \in Y^* \text{ und } f = A^*B_t^*y^*\}, \qquad (7.2)$$

wobei $f \in X^*$ ist.

Satz V.7.1.
Es sei

$$(X \xrightarrow[A]{} \square \xrightarrow[B_t]{} Y) \quad , \qquad t \in [0,\tau],$$

ein lineares System und $f \in X^*$ ein für jedes $t \in [0,\tau]$ beobachtbares Funktional. Ferner sei für jedes $x \in X$ die Funktion B_tAx, $t \in [0,\tau]$, bezüglich der Norm-Topologie von Y stetig. Dann ist die Funktion $\varphi(t)$, $t \in [0,\tau)$ rechtsseitig halbstetig von unten.

Beweis:
Es sei $t_0 \in [0,\tau)$, $0<\delta<\tau-t_0$ und

$$M = \liminf_{\substack{t\to t_0 \\ t>t_0}} \varphi(t).$$

Dann ist die Kugel

$$K_M = \{y^* \in Y^* : \|y^*\| \leq M\}$$

nach dem Satz von ALAOGLU (Satz IV.4.6) kompakt in der schwach-*-Topologie. Damit ist dann nach Satz V.4.12 die Familie der Mengen $A^*B_t^*(K_M) \subset Y^*$, $t \in [0,\tau)$ stetig in der schwach-*-Topologie. Also folgt aus Satz IV.4.6, daß

$$W_{\delta,t_o} = \bigcup_{t_o \leq t \leq t_o+\delta} A^*B_t^*(K_M)$$

in der schwach-*-Topologie kompakt ist. Somit existiert nach Satz V.4.4 eine Lösung der Minimal-Zeit Aufgabe. Es ist also $\varphi(t_o) \leq M$, d.h.

$$\varphi(t_o) \leq \liminf_{\substack{t \to t_o \\ t > t_o}} \varphi(t).$$

Damit ist die Halbstetigkeit von φ gezeigt. ■

Dieser Satz läßt sich verhältnismäßig leicht auf die allgemeinere Beobachtungsaufgabe für ein endliches System $F = (f_1,\ldots,f_n)$ von Funktionalen übertragen.

Dazu sei

$$(X \xrightarrow[A]{} \square \xrightarrow[B_t]{} Y), \qquad t \in [0,\tau],$$

ein lineares System, E ein BANACH-Raum und $F \in B(X \to E)$. Wir nehmen nun an, daß F beobachtbar ist, daß also für jedes $t \in [0,\tau]$ ein $\Phi \in B(Y \to E)$ existiert, so daß das Diagramm

(7.3)

kommutativ ist. Ferner setzen wir wieder:

$$\varphi(t) = \inf\{\|\Phi\|: \Phi \in B(Y \to E) \text{ und } F = \Phi B_t A\}. \tag{7.4}$$

Dann gilt:

Satz V.7.2.

Für den BANACH-Raum E sei eine Topologie τ gegeben, bezüglich der E ein topologischer linearer Raum ist. Ferner sei für jedes $r>0$ die Kugel $K_r = \{x \in E: \|x\| \leq r\}$ in der Topologie τ kompakt. Wenn dann für jedes $x \in X$ die Funktion $B_t Ax$, $t \in [0,\tau]$ bezüglich der Norm-Topologie von Y stetig ist, dann ist $\varphi(t)$, $t \in [0,\tau)$ rechtsseitig halbstetig von unten.

Beweis:

Es sei $t_0 \in [0,\tau)$, $0<\delta<\tau-t_0$

und

$$M = \liminf_{\substack{t \to t_0 \\ t > t_0}} \varphi(t).$$

Nach Satz V.6.7 ist dann die Menge $K_M = \{\Phi \in B(Y \to E): \|\Phi\| \leq M\}$ in der zu τ gehörenden Operator-Topologie $\tilde{\tau}_Y$ kompakt.

Nun sei $\tilde{\tau}_X$ die zu τ auf $B(X \to E)$ gehörende Operator-Topologie.

Wir zeigen jetzt, daß für jedes $t \in [0,\tau]$ die Abbildung

$\mathcal{B}_t\mathcal{A}$ mit

$$\mathcal{B}_t\mathcal{A}\Phi = \Phi B_t A$$

von $B(Y \to E)$ mit der Topologie $\tilde{\tau}_Y$ nach $B(X \to E)$ mit der Topologie $\tilde{\tau}_X$ stetig ist.

Dazu sei $\Phi_0 \in B(Y \to E)$ ein beliebiges Element und $F_0 = \Phi_0 B_t A$. Wir wählen nun eine Umgebung U von F_0 der Form

$$U = \{F \in B(X \to E): Fx_i - F_0 x_i \in V_i, \quad i=1,2,\dots,n\},$$

wobei $x_1,\dots,x_n \in X$ und $V_1,\dots,V_n$ Nullumgebungen von E in der Topologie τ sind. Setzt man $y_i = B_t A x_i$, $i=1,2,\dots,n$ und

$$W = \{\Phi \in B(Y \to E): \Phi y_i - \Phi_o y_i \in V_i \ , \quad i=1,2,\dots,n\},$$

dann gilt offensichtlich $\mathcal{B}_t\mathcal{A}(W) = U$. Dies bedeutet aber, daß $\mathcal{B}_t\mathcal{A}$ stetig ist. Daher ist $\mathcal{B}_t\mathcal{A}(K_M)$ eine kompakte Menge in der Topologie $\tilde{\tau}_X$.

Als nächstes zeigen wir nun, daß die Familie $\mathcal{B}_t\mathcal{A}(K_M) \subset B(X \to E)$, $t \in [0,\tau]$, in der Topologie $\tilde{\tau}_X$ stetig ist.

Dazu sei $t_1 \in [0,\tau]$ und U eine Nullumgebung der Form:

$$U = \{\psi \in B(X \to E): \ \psi(x_i) \in V_i, \quad i=1,2,\dots,n\},$$

wobei $x_1,\dots,x_n \in X$ und $V_1,\dots,V_n$ Nullumgebungen von E in der Topologie τ sind. Da τ schwächer als die Norm-Topologie ist, existieren positive Zahlen $\varepsilon_1,\dots,\varepsilon_n$, so daß

$$U \supset U_o = \{\psi \in B(X \to E): \|\psi(x_i)\| \leq \varepsilon_i, \quad i=1,2,\dots,n\} .$$

Da $B_t Ax$ für jedes $x \in X$ stetig ist, existiert auch ein $\delta>0$, so daß für alle $t \in [0,\tau]$ mit $|t-t_1|<\delta$ stets

$$\|B_t Ax_i - B_{t_1} Ax_i\| \leq \frac{\varepsilon}{2M} \ , \qquad i=1,2,\dots,n.$$

Also ist für jedes $\psi \in K_M$

$$\|\psi(B_t Ax_i) - \psi(B_{t_1} Yx_i)\| \leq \varepsilon_i .$$

Das heißt:

$$\psi(B_t Ax_i) - \psi(B_{t_1} Yx_i) \in V_i \ , \quad i=1,2,\dots,n.$$

Dies bedeutet also, daß für jedes $\psi \in K_M$

$$\mathcal{B}_t\mathcal{A}\psi - \mathcal{B}_{t_1}\mathcal{A}\psi \in U$$

ist, mit anderen Worten, daß die Familie $\mathcal{B}_t\mathcal{A}(K_M) \subset B(X \to E)$, $t \in [0,\tau]$

in der Topologie $\tilde{\tau}_X$ stetig ist.

Der Rest des Beweises verläuft dann so wie in Satz V.7.1. Aus Satz V.4.6 folgt nun, daß die Menge

$$W_{\delta,t_o} = \bigcup_{t_o \leq t \leq t_o+\delta} \mathcal{B}_t \mathcal{A}(K_M)$$

bezüglich der Topologie $\tilde{\tau}_X$ kompakt ist. Weiterhin ist die einelementige Menge $\{F\}$ ebenfalls kompakt. Also existiert nach Satz V.4.4 eine Lösung der Minimal-Norm Aufgabe. Daraus folgt dann die Halbstetigkeit von φ. ∎

Korollar V.7.3.

Wenn E endlich-dimensional oder reflexiv oder der konjugierte Raum eines BANACH-Raumes ist, dann ist die durch Formel (7.4) definierte Funktion φ rechtsseitig halbstetig von unten.

Kapitel VI. Lineare Systeme, die durch gewöhnliche Differentialgleichungen beschrieben werden

§ 1 Die Minimierung von konvexen Funktionalen für Systeme, die durch gewöhnliche Differentialgleichungen beschrieben werden

Bekanntlich führen viele Optimierungsaufgaben aus Physik und Technik auf die Optimierung von linearen Systemen, die durch gewöhnliche Differentialgleichungen gegeben sind.

Im folgenden wollen wir von der Differentialgleichung

$$\frac{dx}{dt} = A(t)x+S(t)u(t), \quad t \in [0,\tau], \tag{1.1}$$

ausgehen. Dabei ist x eine n-dimensionale und u eine m-dimensionale Vektorfunktion; ferner sind A und S matrixwertige Funktionen der Dimensionen $n\times n$ und $n\times m$.

Üblicherweise wird die Stetigkeit von A, S und u gefordert; darüberhinaus wird angenommen, daß für eine Lösung x beide Seiten der Differentialgleichung stetige Funktionen sind, die punktweise übereinstimmen. Diese Forderungen haben zwei Nachteile:

Der erste Nachteil ist mathematischer Art: Die Lösung x wäre dann aus $C_n[0,\tau]$, und dieser BANACH-Raum ist kein konjugierter Raum. Somit existiert für $C_n[0,\tau]$ keine schwach-*-Topologie. Der zweite Nachteil besteht darin, daß bei vielen Kontrollproblemen die Steuerungsfunktion u unstetig ist.

Daher machen wir über x, u, A und S die folgenden Annahmen:

a) für fast alle $t \in [0,\tau]$ hat x eine Ableitung $x'(t)$ und es gilt:

$$x(t) = x(0) + \int_0^t x'(\sigma)d\sigma$$

b) die Funktion A(t) ist integrierbar, d.h. jedes Element a_{ik} der Matrix A ist integrierbar, also $a_{ik} \in L^1[0,\tau]$

c) S und u sind meßbar und S u ist integrierbar.

Unter den Annahmen a), b) und c) existiert dann eine Lösung x der Gleichung (1.1), die für fast alle $t \in [0,\tau]$ erfüllt ist (d.h. bis auf eine Menge vom Maß 0).

Wir machen noch einige Bemerkungen zur analytischen Form der Lösung. Zunächst existiert eine stetige (n,n)-Matrix-Funktion $\Phi(t)$, $t \in [0,\tau]$, die fast überall eine Ableitung $\Phi'(t)$ hat und der Gleichung

$$\frac{d\Phi}{dt} = A(t)\Phi(t) \tag{1.2}$$

fast überall genügt. Weiterhin ist $\Phi(0) = Id$ die Einheitsmatrix, und für jedes $t \in [0,\tau]$ gilt:

$$\Phi(t) = \Phi(0) + \int_0^t \Phi'(\sigma)d\sigma.$$

Ferner ist für jedes $t \in [0,\tau]$ die Matrix $\Phi(t)$ invertierbar. Für den Fall, daß A eine stetige Matrix-Funktion ist, gehört die Existenz von Φ zu den Standard-Aussagen über Differentialgleichungen. In manchen Lehrbüchern über Differentialgleichungen wird auch die Existenz von Φ für integrierbare Matrix-Funktionen gezeigt. Die Matrix Φ aus der Gleichung (1.2) heißt die "Fundamentalmatrix" des homogenen Gleichungssystems

$$\frac{dx}{dt} = A(t)x(t). \tag{1.3}$$

Obwohl man stets die Existenz einer Fundamentalmatrix zeigen kann, ist es im allgemeinen recht schwer, sie explizit zu bestimmen. Ausgenommen ist lediglich der Fall, daß A eine konstante Matrix-Funktion ist, d.h. A(t) ist unabhängig von $t \in [0,\tau]$. Bei den folgenden Überlegungen werden wir jedoch stets davon ausgehen, daß wir die Fundamentalmatrix Φ kennen. In diesem Fall kann man jede Lösung x von (1.1) in der Form

$$x(t) = \Phi(t)x(0) + \Phi(t)\int_0^t (\Phi(s))^{-1} S(s)u(s)ds \tag{1.4}$$

schreiben.

Als Steuerungsraum U nimmt man im allgemeinen einen der folgenden Räume:

1) $U = L_m^1[0,\tau]$, den BANACH-Raum aller m-dimensionalen absolut integrierbaren Vektorfunktionen,

2) $U = M_m[0,\tau]$, den BANACH-Raum aller m-dimensionalen wesentlich beschränkten Vektorfunktionen

und

3) $U = L_m^2[0,\tau]$, den BANACH-Raum aller m-dimensionalen quadrat-integrierbaren Vektorfunktionen.

Der Eingaberaum X ist dann das kartesische Produkt des n-dimensionalen Raumes $\mathbb{R}^n$ der Anfangswerte mit dem Steuerungsraum U. Für den Transformationsraum nimmt man $\square = C_n[0,\tau]$ und für den Ausgaberaum $Y = \mathbb{R}^n$.

Der Eingabeoperator A wird durch die Gleichung (1.4) gegeben, nämlich:

$$A(x_0,u) = x(t) = \Phi(t)x_0 + \Phi(t)\int_0^t \Phi^{-1}(\sigma)S(\sigma)u(\sigma)d\sigma.$$

Als Ausgabeoperator B nimmt man gewöhnlich den Operator $Bx = x(\tau)$ (vergl. auch Beispiel V.1.1).

Satz VI.1.1.

Es sei $U = L_m^2[0,\tau]$ und $U_1 \subset X \times \square \times Y$ eine abgeschlossene konvexe Menge, so daß

$$U_0 = \{x \in X\colon \ (x, Ax, BAx) \in U_1\} \tag{1.5}$$

beschränkt ist. Ferner sei $F(x,y,z)$ ein auf $X\times\square\times Y$ definiertes stetiges konvexes Funktional.

Dann existiert ein $x_o \in X$ mit

$$(x_o, Ax_o, BAx_o) \in U_1$$

und

$$F(x_o, Ax_o, BAx_o) = \inf\{F(x,Ax,BAx):\ (x,Ax,BAx) \in U_1\}. \tag{1.6}$$

Beweis:
Dieser Satz ist eine unmittelbare Konsequenz von Satz V.3.4. ∎

Wir geben nun noch einige Beispiele für die in der Praxis vorkommenden Mengen U_1 und Funktionale F an.

Die Mengen U_1 werden oft wie folgt konstruiert:

Es seien $V_o, W_o \subset \mathbb{R}^n$ und $\hat{U} \subset U$ abgeschlossene konvexe Mengen, wobei $\hat{U}$ und V_o noch zusätzlich beschränkt sind. Ferner sei $\tilde{U}(t) \subset C_n[0,\tau]$, $t \in [0,\tau]$, eine Familie von abgeschlossenen konvexen und beschränkten Mengen, die in $[0,\tau]$ halbstetig ist. Dann läßt man solche abgeschlossenen konvexen Mengen $U_1 \subset X\times\square\times Y$ zu, für die

$$x_o \in V_o,\quad u \in \hat{U},\quad A(x_o,u)(t) \in \tilde{U}(t),\quad t \in [0,\tau],$$

und $BA(x_o,u) = x(\tau) \in W_o$ ist.

Man kann dies noch weiter spezialisieren, indem man etwa annimmt, daß eine der Mengen V_o oder W_o einelementig ist, oder daß die Menge $\hat{U}$ von der Form

$$\hat{U} = \{u:\ u(t) \in U(t)\}$$

ist. Dabei ist dann wieder $U(t) \subset U$, $t \in [0,\tau]$, eine Familie von Mengen, die halbstetig ist.

Das Funktional F ist oft von der Form

1) $F(u) = \|u\|$

oder

2) $F(u) = \int_0^\tau [u(t),x(t)]K(t)\begin{bmatrix} u(t) \\ x(t) \end{bmatrix} dt + \langle x(\tau),f\rangle^2.$

Dabei ist $K(t)$, $t \in [0,\tau]$, eine meßbare beschränkte und positiv semidefinite $(n+m)\times(n+m)$ Matrix-Funktion, $[u,x]$ ist ein $(n+m)$-dimensionaler Zeilenvektor und $\begin{bmatrix} u \\ x \end{bmatrix}$ ein $(n+m)$-dimensionaler Spaltenvektor.

Ferner ist $f \in \mathbb{R}^n$ ein beliebiges Element und $\langle , \rangle$ bezeichnet das kanonische Skalarprodukt im $\mathbb{R}^n$.

Die Funktionale vom Typ 2) heißen "quadratische Kostenfunktionale".

§ 2 Die Steuerung von endlich-dimensionalen Systemen

Gegeben sei ein lineares System, daß durch die Gleichung (1.1)

$$\frac{dx}{dt} = A(t)x(t) + S(t)u(t), \quad t \in [0,T], \tag{1.1}$$

beschrieben wird. Dabei genüge wieder x, u, A und S den in § 1 angegebenen Bedingungen.

Dann heißt das System (1.1) "steuerbar", wenn es zu je zwei Vektoren x_o, $x_1 \in \mathbb{R}^n$ eine Steuerung u gibt, so daß die zu dieser Steuerung gehörende Lösung mit der Anfangsbedingung $x(0) = x_o$ die Endbedingung $x(T) = x_1$ erfüllt.

Nach Formel (1.4) ist dies genau dann der Fall, wenn es ein $u \in U$ mit

$$K(u) = \int_0^T \Phi^{-1}(s)S(s)u(s)ds = y_o \tag{2.1}$$

gibt. Dabei ist $\Phi(s)$ die Fundamentalmatrix der Gleichung (1.3) und

$$y_o = \Phi(T)^{-1}x_1 - x_o. \tag{2.2}$$

Das System (1.1) ist also genau dann steuerbar, wenn der Operator K von U nach $Y=\mathbb{R}^n$ surjektiv ist. Da der Operator K durch die Matrix $\Phi^{-1}(s)S(s)$ mit n Zeilen und m Spalten bestimmt wird, ergibt sich weiter, daß K genau dann surjektiv ist, wenn die Zeilenvektoren $K_1(s),\ldots,K_n(s)$ der Matrix $\Phi^{-1}(s)S(s)$ als Funktionen auf dem Intervall $[0,T]$ linear unabhängig sind.

Hieraus sieht man zunächst, daß die Steuerbarkeit des Systems (1.1) von der Intervallgröße abhängt. So ist es zum Beispiel möglich, daß für $0<T_o<T$ das System (1.1) in $[0,T]$ steuerbar und in $[0,T_o]$ nicht steuerbar ist. Ist (1.1) in $[0,T_o]$ steuerbar, dann ist für jedes T_1 mit $0<T_1\leq T_o$ (1.1) auch in $[0,T_1]$ steuerbar.

Wir beschränken uns jetzt auf den Fall, daß $A(t) = A$ und $S(t) = S$ konstante Matrizen sind. Dann ist für jedes $t\in\mathbb{R}$

$$\Phi(t) = e^{tA} = \sum_{i=0}^{\infty} \frac{1}{i!} t^i A^i$$

und somit $\Phi^{-1}(t)S = e^{-tA}S$.

Nun gilt:

<u>Satz VI.2.1.</u> (KALMAN[1])
Das System (1.1) ist genau dann steuerbar, wenn die Matrix

$$[S, AS, \ldots, A^{n-1}S] \tag{2.3}$$

mit m Zeilen und mn Spalten den Rang n hat.

<u>Beweis:</u>
"Notwendig": Angenommen, der Rang der Matrix (2.3) sei kleiner als n. Dann existiert ein n-dimensionaler Zeilenvektor v mit

$$vS = vAS = \ldots = vA^{n-1}S = 0. \tag{2.4}$$

Ist nun $p(z) = z^n - \sum_{i=0}^{n-1} c_i z^i$ das charakteristische Polynom von A, dann gilt wegen $p(A)=0$

$$A^n = \sum_{i=0}^{n-1} c_i A^i. \tag{2.5}$$

Aus (2.4) folgt dann

$$vA^n S = 0. \tag{2.6}$$

Multipliziert man nun beide Seiten von (2.5) mit A, dann folgt aus (2.6)

$$vA^{n+1} S = 0. \tag{2.7}$$

So fortfahrend erhält man durch Induktion

$$vA^m S = 0, \quad m=0,1,2,\ldots . \tag{2.8}$$

Daraus folgt nun

$$v\Phi(t)S = ve^{-tA}S = v \sum_{i=1}^{\infty} \frac{(-t)^i}{i!} A^i S = 0.$$

Dies bedeutet gerade, daß (1.1) nicht steuerbar ist.

"Hinreichend": Angenommen, das System (1.1) sei nicht steuerbar. Dann gibt es einen n-dimensionalen Zeilenvektor $v \neq 0$, so daß für alle $u \in U$

$$v \int_0^T e^{-tA} Su(t)\,dt = 0. \tag{2.10}$$

Da $u \in U$ beliebig ist, bedeutet dies, daß für alle $t \in [0,T]$

$$ve^{-tA}S = 0. \tag{2.11}$$

Durch n-malige Differentiation von (2.11) an der Stelle $t=0$ folgt dann

$$vS = vAS = \ldots = vA^{n-1}S = 0. \qquad (2.19)$$

Da $v \neq 0$ ist, bedeutet dies, daß die Matrix (2.3) einen Rang kleiner als n hat. ∎

Korollar VI.2.2.
Ist das System (1.1) mit konstanten Koeffizienten in einem Intervall $[0,T_o]$ steuerbar, dann ist es in jedem Intervall $[0,T]$ steuerbar.

§ 3 Die Minimal-Norm-Aufgabe für Supremumsnormen

Gegeben sei das System (1.1)

$$\frac{dx}{dt} = A(t)x(t) + S(t)u(t), \quad t \in [0,T],$$

wobei x, u, A, S den in Paragraph 1 angegebenen Bedingungen genügen. Ferner gelte für die Lösung x: $x(0) = x_o$ und $x(T) = x_1$.

Wir nehmen nun an, daß $u \in M_m[0,T]$ ist. Jedoch werden wir diesen Raum nicht mit seiner ursprünglichen Norm (vergl. Kapitel V § 1), sondern mit einer hierzu äquivalenten Norm versehen. Diese definieren wir wie folgt: Es sei $\| \ \|_E$ eine Norm auf dem m-dimensionalen Raum $\mathbb{R}^m$ Wie schon früher bezeichne E den $\mathbb{R}^m$ mit der Norm $\| \ \|_E$. Für $M_m[0,T]$ definieren wir dann

$$\|u\| = \operatorname*{ess\,sup}_{t\in[0,T]} \|u(t)\|_E. \qquad (3.1)$$

Diese Norm ist zur ursprünglichen Norm von $M_m[0,T]$ offensichtlich äquivalent. Der Raum $M_m[0,T]$ mit der Norm (3.1) wird mit $M_E[0,T]$ bezeichnet. Normen dieses Typs treten bei sehr vielen praktischen Problemen auf. Man denke etwa an folgendes:
Es sei $U \subset \mathbb{R}^m$ eine abgeschlossene beschränkte symmetrische konvexe Menge mit $0 \in \operatorname{Int} U$. Man kann die Minimal-Zeit-Aufgabe für $u(t) \in U$, $t \in [0,T]$, nach der in Kapitel V § 5 angegebenen Methode lösen. Zweckmäßigerweise versieht man dazu den $\mathbb{R}^m$ mit der Norm

$$\|x\|_E = \inf\{t>0\colon \tfrac{x}{t} \in U\}.$$

Dann geht die Bedingung, daß $u(t) \in U$, $t \in [0,T]$, ist, in die äquivalente Bedingung

$$\|u\| = \operatorname*{ess\,sup}_{t\in[0,T]} \|u(t)\|_E \leq 1$$

über.

Wie im Paragraphen 2 führt man die zu (1.1) gehörende Minimal-Zeit-Aufgabe in die Minimal-Norm-Aufgabe (2.1)

$$K(u) = \int_0^T \Phi^{-1}(s)S(s)u(s)ds = y_0$$

über. Dabei ist wieder $\Phi(t)$ die Fundamentalmatrix der Gleichung (1.3) und $y_0 = \Phi(T)^{-1}x_1 - x_0$.

Da der Ausgaberaum Y endlich-dimensional ist, existiert nach Korollar V.2.7 ein $\varphi_0 \in Y^*$, so daß

$$\inf\{\|u\|:\ K(u)=y_0\} = \inf\{\|u\|:\ \varphi_0(Ku)=\varphi_0(y_0)\}. \tag{3.2}$$

Wir berechnen nun den Ausdruck $\varphi_0(Ku)$ explizit:
Da $Y=\mathbb{R}^n$, läßt sich φ_0 als Zeilenvektor interpretieren, d.h.

$$\varphi_0(Ku) = \int_0^T \varphi_0\Phi^{-1}(s)S(s)u(s)ds = \int_0^T \tilde{\psi}_0(s)S(s)u(s)ds \tag{3.3}$$

mit $\tilde{\psi}_0(s) = \varphi_0\Phi^{-1}(s)$. Ist $\psi_0(s)$ der transponierte Vektor des Zeilenvektors $\tilde{\psi}_0(s)$, dann läßt sich (3.3) in der Form

$$\varphi_0(Ku) = \int_0^T \langle \psi_0(s),\ S(s)u(s) \rangle ds \tag{3.4}$$

schreiben. Dabei bedeutet $\langle\, ,\, \rangle$ das Skalarprodukt im $\mathbb{R}^n$. Nach Definition ist

$$\psi_0(s) = \left(\Phi^{-1}(s)\right)^{tr} \varphi_0^{tr},$$

wo C^{tr} die transponierte Matrix (Vektor) bedeutet.

Wir zeigen nun, daß $\psi_o(s)$ der zu (1.3) konjugierten Differentialgleichung

$$\frac{d\psi}{ds} = -(A(s))^{tr}\psi(s) \tag{3.5}$$

genügt.

Dazu hat man zu zeigen, daß $(\Phi^{-1}(s))^{tr}$ die Fundamentalmatrix der Differentialgleichung (3.5) ist. Differenzieren von $\Phi^{-1}(s)$ ergibt:

$$\frac{d\Phi^{-1}(s)}{ds} = \lim_{h\to 0} \frac{\Phi^{-1}(s+h)-\Phi^{-1}(s)}{h} = \tag{3.6}$$

$$= \lim_{h\to 0} \Phi^{-1}(s+h)\left(\frac{\Phi(s)-\Phi(s+h)}{h}\right)\Phi^{-1}(s)$$

$$= -\Phi^{-1}(s)\frac{d\Phi}{ds}\Phi^{-1}(s) = -\Phi^{-1}(s)A\Phi(s)\Phi^{-1}(s) = -\Phi^{-1}(s)A.$$

Durch Transponieren erhält man dann:

$$\frac{d(\Phi^{-1}(s))^{tr}}{ds} = -(A(s))^{tr}(\Phi^{-1}(s))^{tr}. \tag{3.7}$$

Damit ist gezeigt, daß $\psi_o(s)$ eine Lösung von (3.3) ist.

Wir wenden uns nun der Frage zu, ob ein $u_o \in M_E[0,T]$ mit $Ku_o = y_o$ und

$$\|u_o\| = \inf\{\|u\| : K(u)=y_o\} \tag{3.8}$$

existiert.

Dazu benutzen wir Satz V.3.8. Um diesen Satz anwenden zu können, muß man zeigen, daß die dort angegebene Menge Γ_a abgeschlossen ist. Dazu zeigen wir, daß es auf $M_E[0,1]$ eine schwach-*-Topologie gibt. Dies ist aber klar, da der konjugierte Raum von $L^1_E*[0,T]$ isometrisch isomorph zu $M_E[0,T]$ ist, wie wir zeigen werden.

$L^1_E*[0,T]$ ist der Raum aller auf $[0,T]$ definierten m-dimensionalen absolut integrierbaren Vektorfunktionen mit der Norm

$$\|x\| = \int_0^T \|x(t)\|_{E^*} dt. \tag{3.9}$$

Hier ist wieder E^* der konjugierte Raum von E und $\| \|_{E^*}$ die zugehörige Norm des konjugierten Raumes. Da E endlich dimensional ist, hat man $E^{**}=E$, d.h. man kann E als den konjugierten Raum von E^* auffassen.

Bezeichnet nun $\langle , \rangle$ das Skalarprodukt im $\mathbb{R}^m$, dann wird durch jedes $f \in M_E[0,T]$ mittels

$$\tilde{f}(x) = \int_0^T \langle f(t), x(t) \rangle dt \tag{3.10}$$

ein stetiges lineares Funktional auf $L^1_{E^*}[0,T]$ gegeben.

Aus

$$|\tilde{f}(x)| \leq \int_0^T \|f(t)\|_E \|x(t)\|_{E^*} dt \leq \|f\| \cdot \|x\|$$

folgt zunächst, daß $\|\tilde{f}\| \leq \|f\|$ ist.

Da jedes auf $L^1_{E^*}[0,T]$ definierte stetige lineare Funktional von der Form (3.10) ist, und da es zu jedem $f \in M_E[0,T]$ ein $x \in L^1_{E^*}[0,T]$ mit

$$\langle f(t), x(t) \rangle = \|f(t)\|_E \|x(t)\|_{E^*}$$

gibt, folgt wie im klassischen Falle der Räume $L^1[0,T]$ und $M[0,T]$, daß $(L^1_{E^*}[0,T])^* = M_E[0,T]$ ist.

Nun ist der Operator K durch die Zeilenvektoren der Matrix $\Phi^{-1}(s)S(s)$ gegeben. Da nach Voraussetzung für jedes $u \in M_E[0,T]$ die Funktion $S(s)u(s)$ integrierbar ist und $\Phi^{-1}(s)$ stetig ist, folgt aus dem obigen, daß K bezüglich der schwach-$*$-Topologie auf $M_E[0,T]$ stetig ist. Dabei ist zu bemerken, daß auf dem Ausgaberaum Y die Norm- und schwach-$*$-Topologie zusammenfallen. Somit existiert dann nach Satz V.3.8 ein $u_o \in M_E[0,T]$ mit

$$Ku_o = y_o$$

und

$$\|u_o\| = \inf\{\|u\|: Ku = y_o\}.$$

Nun sei $u_o \in M_E[0,T]$ ein derartiges Element mit minimaler Norm. Dann gibt es nach (3.2) und (3.4) eine Lösung $\psi_o(t)$ der konjugierten Gleichung (3.5), so daß

$$\int_0^T \langle\psi_o(s), S(s)u(s)\rangle ds \leq \int_0^T \langle\psi_o(s), S(s)u_o(s)\rangle ds \tag{3.11}$$

für alle $u \in M_E[0,T]$ mit $\|u\| \leq \|u_o\|$. Nach Definition der Norm von $M_E[0,T]$ heißt dies, daß (3.11) für alle solche $u \in M_E[0,T]$ gilt, die für fast alle $t \in [0,T]$ die Ungleichung $\|u(t)\|_E \leq \|u_o\|$ erfüllen. Dies bedeutet, daß u_o genau dann (3.11) erfüllt, wenn für fast alle $t \in [0,T]$

$$\langle\psi_o(t), S(t)u_o(t)\rangle = \sup\{\langle\psi_o(t), S(t)u\rangle: \|u\|_E \leq \|u_o\|\} \tag{3.12}$$

gilt.

<u>Satz VI.3.1.</u>
(Maximum-Prinzip für die Minimal-Norm-Aufgabe)
Ist $u_o \in M_E[0,T]$ eine Lösung der Minimal-Norm-Aufgabe, dann existiert eine Lösung $\psi_o \neq 0$ der konjugierten Gleichung (3.5), so daß für fast alle $t \in [0,T]$

$$\langle\psi_o(t), S(t)u_o(t)\rangle = \sup\{\langle\psi_o(t), S(t)u\rangle: \|u\|_E \leq \|u_o\|\}.$$

Wir untersuchen nun noch die Minimal-Zeit-Aufgabe. Gegeben sei also eine beschränkte, abgeschlossene und konvexe Menge $U \subset \mathbb{R}^m$ mit $\operatorname{Int} U \neq \emptyset$ und eine Familie $Y(t) \subset \mathbb{R}^n$, $t \in [0,T]$, von abgeschlossenen Mengen, die halbstetig von oben ist. Gesucht wird die Minimal-Zeit $T_1 \in [0,T]$, zu der eine Steuerung $u_o \in M_E[0,T]$ mit $u_o(t) \in U$, $t \in [0,T_1]$, und

$$K(u_o) = K_{T_1}(u_o) \in Y(T_1) \tag{3.13}$$

existiert.

Dazu setzen wir:

$$T_1 = \inf\{t>0:\ K_t\{u:\ u(\tau)\in U, \tau\in[0,T]\} \cap Y(t) \neq \emptyset\} \tag{3.14}$$

mit

$$K_t(u) = \int_0^t \Phi^{-1}(s)S(s)u(s)ds.$$

Da die Mengen $K_t\{u:\ u(\tau)\in U, \tau\in[0,T]\}$ kompakt sind, existiert nach Satz V.4.4 ein $u_0 \in M_E[0,T]$, welches (3.13) erfüllt.

Setzt man nun $y_0 = K(u_0)$, dann hat man dieses Problem wieder auf die Aufgabe (2.1) zurückgeführt. Man hat also ein $u_0 \in M_E[0,T_1]$ mit $u_0(t) \in U$, $t \in [0,T_1]$, zu bestimmen, für welches

$$y_0 = K(u_0)$$

gilt. Ist nun $v_0 \in \text{Int } U$, dann bestimmt die Menge $V = U-v_0$ eine Halbnorm $\|\ \|_E$ auf $\mathbb{R}^m$ (bzw. eine Norm, wenn V symmetrisch ist). Zu lösen ist also die Minimal-Norm-Aufgabe

$$\inf\{\|v\|:\ K(v) = y_0-K(v_0)\} \tag{3.15}$$

in $M_E[0,T_1]$. Formel (3.15) folgt aus (3.13) mit Hilfe des Ansatzes $u = v+v_0$. Erfüllt nämlich u_0 die Gleichung (3.13), dann minimiert $v^0 = u_0-v_0$ die Formel (3.15).

Damit existiert also eine Lösung ψ_0 der konjugierten Gleichung, so daß

$$\langle\psi_0(t), Sv^0(t)\rangle = \sup_{v\in V} \langle\psi_0(t), Sv\rangle.$$

Addiert man auf beiden Seiten noch $\langle\psi_0(t), v_0\rangle$, dann erhält man:

Satz VI.3.1.'

(Das Maximum-Prinzip für die Minimal-Zeit-Aufgabe)

Ist u_o eine Lösung der Minimal-Zeit-Aufgabe, dann existiert eine Lösung $\psi_o \neq 0$ der konjugierten Gleichung, so daß für fast alle t

$$\langle \psi_o(t), S(t)u_o(t) \rangle = \sup_{u \in U} \langle \psi_o(t), S(t)u \rangle \tag{3.16}$$

gilt.

§ 4 Kriterien für die Eindeutigkeit der optimalen Steuerung

Im folgenden untersuchen wir die zum System (1.1) gehörende Minimal-Zeit- und Minimal-Norm-Aufgabe.

Zunächst ergibt sich aus den im vorigen Paragraphen angegebenen Maximum-Prinzipien stets das Folgende.

Angenommen, die Lösung ψ_o der konjugierten Gleichung (3.5), für die die Gleichung (3.12) bzw. (3.16) gilt, habe zusätzlich noch die Eigenschaft, daß $\langle \psi(t), S(t)u \rangle$ sein Maximum für fast alle t in genau einem $u_o(t) \in U$ annimmt, dann folgt aus dem Maximum-Prinzip die Eindeutigkeit der optimalen Steuerung.

Wir bemerken noch, daß $u_o(t) \in U$ für fast alle t ein Extremalpunkt von U ist. Zunächst ist nämlich für jedes t

$$V_t = \{u' : u' \in U, \langle \psi(t), S(t)u' \rangle = \sup_{u \in U} \langle \psi(t), S(t)u \rangle \}$$

eine Extremalmenge von U. Da aber nach Annahme genau ein $u_o(t) \in U$ existiert, in dem $\langle \psi(t), S(t)u \rangle$ sein Maximum annimmt, ist V_t einelementig und damit ein Extremalpunkt. Also ist $u_o(t) \in U$ für fast alle t ein Extremalpunkt von U.

Eine konvexe Teilmenge $U \subseteq \mathbb{R}^m$ mit nichtleerem Inneren heißt "strikt konvex", falls jeder Randpunkt von U ein Extremalpunkt ist. Da dann alle Extremalmengen einpunktig sind, ist in diesem Falle die optimale Steuerung u_o stets eindeutig bestimmt.

Wir gehen nun zu einer etwas spezielleren Situation über: Angenommen $U \subset \mathbb{R}^m$ sei ein Polyeder und die Matrizen A und S des Systems (1.1) seien konstant. Dann sagt man, daß U bezüglich A und S in "<u>allgemeiner Lage</u>" ist, falls für jeden Vektor $w \in \mathbb{R}^m \setminus \{0\}$, der parallel zu irgendeiner Kante des Polyeders U ist, die Matrix

$$[Sw, ASw, \dots, A^{n-1}Sw]$$

den Rang n hat.

Es gilt nun:

<u>Satz VI.4.1.</u> (PONTRIAGIN, BOLTIANSKI, GAMKRELIDZE, MISZCZENKO [1]) Es seien A und S konstante Matrizen und $U \subset \mathbb{R}^m$ sei bezüglich A und S in allgemeiner Lage. Dann ist die optimale Steuerung des Systems

$$\frac{dx}{dt} = Ax+Su$$

eindeutig bestimmt.

<u>Beweis:</u>
Nach dem Maximum-Prinzip existiert eine Lösung ψ_o der konjugierten Gleichung, für die (3.16)

$$\langle \psi_o(t), Su_o(t) \rangle = \sup_{u \in U} \langle \psi_o(t), Su \rangle$$

gilt. Angenommen, es gäbe neben u_o noch eine weitere optimale Steuerung $u_1 \neq u_o$. Dann ist auch für diese die Gleichung (3.16) erfüllt, d.h. es gilt

$$\langle \psi_o(t), S[u_o(t)-u_1(t)] \rangle = 0. \tag{4.1}$$

Nun sei für jedes t

$$W_t = \{u \in U: \langle \psi_o(t), Su \rangle = \sup_{v \in U} \langle \psi_o(t), Sv \rangle \}.$$

Dann ist W_t offensichtlich eine gewisse k-dimensionale Seite des Polyeders U.

Ist nun $D \subset \mathbb{R}$ eine Menge mit positivem Maß, so daß für jedes $t \in D$ stets $u_1(t) \neq u_o(t)$ ist, dann ist nach (4.1) für jedes $t \in D$ stets $\dim W_t \geq 1$.

Da das Polyeder U nur endlich viele Seiten hat, existiert eine Menge $D_1 \subseteq D$ mit positivem Maß und ein Vektor $w \in \mathbb{R}^m \setminus \{0\}$, der parallel zu einer gewissen Kante von U ist, so daß für alle $t \in D_1$

$$\langle \psi_o(t), Sw \rangle = 0 \tag{4.2}$$

gilt. Da ψ_o stetig ist, gilt dann (4.2) auch auf dem Abschluß von D_1.

Nun ist aber ψ_o als Lösung einer Differentialgleichung mit konstanten Koeffizienten eine analytische Funktion. Also folgt aus dem Verschwinden von $\langle \psi_o(t), Sw \rangle$ auf D_1, daß für alle $t \in \mathbb{R}$

$$\langle \psi_o(t), Sw \rangle = 0. \tag{4.3}$$

Differenziert man nun (4.3) (n-1)-mal und beachtet, daß ψ_o eine Lösung der konjugierten Gleichung (3.5) ist, so erhält man:

$$- \langle A^{tr} \psi_o(t), Sw \rangle = 0$$
$$\vdots$$
$$(-1)^{n-1} \langle (A^{tr})^{n-1} \psi_o(t), Sw \rangle = 0.$$

Hieraus folgt dann zusammen mit (4.3)

$$\langle \psi_o(t), Sw \rangle = 0$$
$$\langle \psi_o(t), ASw \rangle = 0$$
$$\vdots$$
$$\langle \psi_o(t), A^{n-1}Sw \rangle = 0.$$

Da U in allgemeiner Lage ist, folgt hieraus $\psi_o = 0$, womit ein Widerspruch hergeleitet ist. ■

Im folgenden wollen wir uns auf einen speziellen Typ von konvexen Mengen $U \subset \mathbb{R}^m$ mit endlich (bzw. abzählbar unendlich) vielen Seiten beschränken (vergl. S. 157). Diese konvexen Mengen U seien von der folgenden Gestalt:
Es existiere eine strikt konvexe beschränkte Menge $U_o \subset \mathbb{R}^m$ und Funktionale $f_1,\ldots,f_n \in (\mathbb{R}^m)^*$ (bzw. eine Folge $\{f_i\}$ von Funktionalen $f_i \in (\mathbb{R}^m)^*$), so daß

$$U = U_o \cap \{x\colon\ f_i(x) \leq a_i,\quad i=1,2,\ldots,n\}$$

(bzw.

$$U = U_o \cap \{x\colon\ f_i(x) \leq a_i,\quad i=1,2,\ldots\ \}).$$

Dabei wollen wir im folgenden stets davon ausgehen, daß das System der Funktionale f_i minimal gewählt ist, d.h. keine der Beschränkungen $f_i(x) \leq a_i$ ist zur Beschreibung von U überflüssig.

Nun seien wie oben wieder A und S konstante Matrizen. Dann heißt eine konvexe Menge $U \subset \mathbb{R}^m$ mit endlich oder abzählbar unendlich vielen Seiten bezüglich A und S in "<u>allgemeiner Lage</u>", wenn für jeden Index i und jedes $w \in \mathbb{R}^m \setminus \{0\}$ mit $f_i(w) = 0$ die Matrix

$$[Sw, ASw,\ \ldots,\ A^{n-1}Sw]$$

den Rang n hat.

Man sieht leicht, daß Satz VI.4.1 auch für konvexe Mengen mit endlich oder abzählbar unendlich vielen Seiten gilt. Am Beweis ändert sich nichts.

Ist jedoch die Anzahl der Seiten überabzählbar, dann gilt Satz VI.4.1 nicht mehr, wie das folgende Beispiel zeigt:

<u>Beispiel VI.4.1.</u>
Als Steuerungsraum nehme man

$$U = M_3[0,T],\quad T>0,$$

ferner sei S=Id die (3,3)-Einheitsmatrix und

$$A = \begin{pmatrix} a_1 & 0 & 0 \\ 0 & a_2 & 0 \\ 0 & 0 & a_3 \end{pmatrix} ,$$

wobei in der Diagonalen paarweise verschiedene reelle Zahlen stehen. Dann hat für jedes $w \in \mathbb{R}^3$, dessen sämtliche Komponenten ungleich Null sind, die Matrix

$$[Sw, ASw, A^2Sw]$$

den Rang 3. Wir fordern noch, daß $e^{(\max\{a_1,a_2,a_3\})T} < 2$ ist.

Nun sei

$$\psi(t) = \begin{pmatrix} \alpha_1 \; e^{-a_1 t} \\ \alpha_2 \; e^{-a_2 t} \\ \alpha_3 \; e^{-a_3 t} \end{pmatrix}$$

eine Lösung der konjugierten Differentialgleichung. Dann ist für ein $t_o \in \mathbb{R}$ der Wert $\psi(t_o) = 0$ genau dann, wenn $\alpha_1=\alpha_2=\alpha_3 = 0$ ist, d.h. wenn $\psi=0$ ist.

Jetzt sei

$$U = \{(x_1,x_2,x_3)\colon \; x_1^2 + x_2^2 + x_3^2 \leq 4 \quad \text{und}$$

$$\langle\psi(t),x\rangle \leq \sqrt{\alpha_1^2 + \alpha_2^2 + \alpha_3^2} \, , \quad t \in [0,T]\}.$$

Dann enthält für jedes $t \in [0,T]$ der Schnitt der Hyperebene

$$H_t = \{(x_1,x_2,x_3)\colon \; \langle\psi(t),x\rangle = \sqrt{\alpha_1^2 + \alpha_2^2 + \alpha_3^2}\}$$

mit der Kugel

$$\{(x_2,x_2,x_2)\colon \; x_1^2 + x_2^2 + x_3^2 \leq 4\}$$

stets ein Geradenstück, das zu einem Vektor $w \in \mathbb{R}^3$ parallel ist, dessen sämtliche Koordinaten ungleich Null sind. Also liegt die konvexe Menge U, die überabzählbar viele Seiten hat, in allgemeiner Lage bezüglich A und S.

Andererseits kann man nun leicht zwei verschiedene Funktionen $u_o, u_1 \in M_3[0,T]$ wählen, für die beide das Maximum-Prinzip (3.16) gilt, also

$$\langle \psi_o(t), S(u_o(t) - u_1(t)) \rangle = 0.$$

Falls dann $K(u_o) = K(u_1)$ ist, dann ist die optimale Steuerung nicht eindeutig bestimmt. Ist jedoch $K(u_o) \neq K(u_1)$, dann liegt die Verbindungsstrecke dieser beiden Punkte auf dem Rand von $K(u)$. Wir zeigen im nächsten Paragraphen, daß auch in diesem Falle die optimale Steuerung nicht eindeutig bestimmt ist.

§ 5 Das Bang-Bang-Prinzip

Wir gehen wieder von dem linearen Differentialgleichungssystem aus

$$\frac{dx}{dt} = A(t)x + S(t)u, \quad t \in [0,T],$$

mit der Anfangsbedingung $x(0) = x_o$. Es sei $x(T) = x_1$.

Ferner sei wieder $U \subset \mathbb{R}^m$ eine abgeschlossene beschränkte konvexe Menge mit $0 \in \operatorname{Int} U$ und $\| \ \|_E$ bezeichne die von U auf $\mathbb{R}^m$ induzierte Halbnorm. Als Steuerungsraum nehmen wir wieder $M_E[0,T]$, wobei wir nur solche Steuerungen $u \in M_E[0,T]$ zulassen wollen, für die $u(t) \in U$, $t \in [0,T]$, gilt.

Da $\left(L_E^1{*}[0,T]\right)^* = M_E[0,T]$ (siehe § 3), ist die Einheitskugel

$$K = \{u \in M_E[0,T]: \|u\| \leq 1\} = \{u: u(t) \in U, \quad t \in [0,T]\}$$

in der schwach-$*$-Topologie kompakt.

Weiter folgt aus Paragraph 4, daß für jede Minimal-Norm- (bzw. Minimal-Zeit-) Steuerung u_o und fast alle $t \in [0,T]$ der Punkt $u_o(t)$ ein Randpunkt von U ist. Wenn U insbesondere strikt konvex ist, dann ist für fast alle $t \in [0,T]$ der Punkt $u_o(t)$ ein Extremalpunkt von U.

Eine Steuerung u, bei der für fast alle $t \in [0,T]$ der Punkt u(t) ein Extremalpunkt von U ist, heißt eine "Bang-Bang-Steuerung". Im Moment wissen wir nur, daß im Falle einer strikt konvexen Menge U jede Minimal-Norm- (bzw. Minimal-Zeit-) Steuerung eine Bang-Bang-Steuerung ist. Wenn U jedoch nicht strikt konvex ist, dann gibt es auch andere optimale Steuerungen. Dennoch gilt der folgende Satz:

Satz VI.5.1. (Bang-Bang-Prinzip)
Es existiert stets eine Minimal-Norm- (bzw. Minimal-Zeit-) Steuerung u_o, so daß für fast alle t der Punkt $u_o(t)$ (bzw. $\frac{u_o(t)}{\|u_o(t)\|_E}$) ein Extremalpunkt von U (bzw. der Einheitskugel) ist.

Beim Beweis dieses Satzes darf man ohne Beschränkung der Allgemeinheit annehmen, daß

$$\inf\{\|u\|: K(u) = y_o\} = 1$$

ist. Allerdings werden wir diesen Satz zunächst nicht in voller Allgemeinheit beweisen. Wir werden uns zunächst auf solche konvexe Mengen U beschränken, die höchstens abzählbar unendlich viele Seiten haben. Dies ist bereits eine sehr umfassende Klasse, die zur Bearbeitung der praktischen Aufgaben durchaus ausreicht. Um den Satz jedoch in voller Allgemeinheit zu beweisen, benötigen wir noch einige Hilfsmittel aus der Topologie, die wir erst im nächsten Paragraphen kennenlernen werden.

Der Beweis von Satz VI.5.1 beruht auf einer Reihe von Sätzen:

Satz VI.5.2.
Es sei U eine konvexe Menge mit höchstens abzählbar unendlich vielen Seiten. Dann ist u_o genau dann ein Extremalpunkt von

$$\tilde{U} = \{u: u(t) \in U \quad \text{für fast alle } t \in [0,T]\},$$

wenn für fast alle $t \in [0,T]$ $u_o(t)$ auch ein Extremalpunkt von U ist.

Beweis:

"Hinreichend": Es sei $u_o \in M_E[0,T]$ und für fast alle $t \in [0,T]$ sei $u_o(t)$ ein Extremalpunkt von U. Angenommen, es existierten $u_1, u_2 \in \tilde{U}$ und $0<k<1$ mit

$$u_o = ku_1 + (1-k)u_2.$$

Dann heißt dies, daß für fast alle $t \in [0,T]$

$$u_o(t) = ku_1(t) + (1-k)u_2(t).$$

Da $u_o(t)$ ein Extremalpunkt ist, folgt hieraus $u_1(t) = u_2(t) = u_o(t)$. Also ist u_o ein Extremalpunkt von $\tilde{U}$.

"Notwendig": Angenommen, es existiere eine Teilmenge $D \subset [0,T]$ mit positivem Maß, so daß $u_o(t)$ für $t \in D$ kein Extremalpunkt ist. Da U nach Voraussetzung höchstens abzählbar unendlich viele Seiten hat, existiert eine Menge $D_1 \subset D$ mit positivem Maß und eine Seite W von U, so daß für alle $t \in D_1$ der Punkt $u_o(t)$ kein Extremalpunkt von W ist. Dabei kann man stets annehmen, daß die Dimension von W minimal ist. Insbesondere existiert also ein $r \in \mathbb{R}^m \setminus \{0\}$ und eine Menge $D_2 \subset D_1$ mit positivem Maß und $u_o(t) \pm r \in W$ für alle $t \in D_2$.

Wir setzen nun

$$u_1(t) = \begin{cases} u_o(t) & , \text{ für } t \notin D_2 \\ u_o(t)+r, & \text{für } t \in D_2 \end{cases}$$

$$u_2(t) = \begin{cases} u_o(t) & , \text{ für } t \notin D_2 \\ u_o(t)-r, & \text{für } t \in D_2. \end{cases}$$

Dann ist $u_1, u_2 \in \tilde{U}$ und $u_1 \neq u_2$.

Ferner gilt

$$u_o = \frac{1}{2}(u_1+u_2),$$

d.h. u_o ist kein Extremalpunkt von $\tilde{U}$. ■

Satz VI.5.3.

Es seien X und Y lineare Räume und T eine lineare Abbildung von X nach Y. Ferner sei $U \subseteq X$ eine konvexe Menge und $y_o \in \Gamma = T(u)$ ein Extremalpunkt von Γ. Dann ist $U \cap T^{-1}(y_o)$ eine Extremalmenge von U.

Beweis:

Für $u_o \in U \cap T^{-1}(y_o)$ existiere eine Darstellung der Form

$$u_o = ku_1+(1-k)u_2$$

mit $0<k<1$ und $u_1, u_2 \in U$. Dann ist

$$y_o = T(u_o) = kTu_1+(1-k)Tu_2.$$

Aus der Definition von Γ folgt zunächst $Tu_1, Tu_2 \in \Gamma$. Da y_o ein Extremalpunkt von Γ ist, folgt weiter, daß $T(u_1) = T(u_2) = T(u_o) = y_o$ ist. Dies bedeutet aber $u_1, u_2 \in U \cap T^{-1}(y_o)$. ■

Satz VI.5.4.

Es sei $U \subset \mathbb{R}^m$ eine beschränkte konvexe Menge mit höchstens abzählbar unendlich vielen Seiten. Wie oben sei

$$\tilde{U} = \{u \in M_E[0,T]: u(t) \in U \quad \text{für fast alle } t \in [0,T]\}$$

Ferner sei $\Gamma = K(\tilde{U})$, wobei K der durch (2.1) definierte Operator

$$K(u) = \int_0^T \Phi^{-1}(s)S(s)u(s)ds$$

ist.

Ist dann $y_o = \Phi^{-1}(T)x_1-x_o$ ein Extremalpunkt von Γ, dann existiert eine Steuerung u_o, so daß für fast alle $t \in [0,T]$ der Punkt $u_o(t)$ ein Extremalpunkt von U ist.

Beweis:
Nach Satz VI.5.3 ist $U \cap K^{-1}(y_o)$ eine Extremalmenge von U. Da K bezüglich der schwach-*-Topologie stetig ist (vergl. § 3) ist $K^{-1}(y_o)$ in der schwach-*-Topologie abgeschlossen. Weiterhin ist $\tilde{U}$ bezüglich der schwach-*-Topologie kompakt (vergl. § 3). Daher ist $\tilde{U} \cap K^{-1}(y_o)$ bezüglich der schwach-*-Topologie kompakt. Also hat $\tilde{U} \cap K^{-1}(y_o)$ nach dem Satz von KREIN-MILMAN (Satz IV.6.1) mindestens einen Extremalpunkt. Da die Extremalpunkte einer Extremalmenge selbst Extremalpunkte der Gesamtmenge sind, existiert ein Extremalpunkt $u_o \in \tilde{U}$ mit $K(u_o) = y_o$. Nach Satz VI.5.2 ist dann für fast alle $t \in [0,T]$ auch $u_o(t)$ ein Extremalpunkt von U. ■

Wir beweisen nun Satz VI.5.1 zunächst für den Fall m=1. Dann ist U eine eindimensionale konvexe Menge, also ein Intervall, und der Steuerungsraum ist $M[0,T]$. Für diesen Spezialfall ist Satz VI.5.1 eine unmittelbare Konsequenz des folgenden Satzes:

Satz VI.5.5.
Es sei

$$U = \{x:\ 0 \leq x \leq 1\} \subset \mathbb{R}^1,$$

$$\tilde{U} = \{u \in M[0,T]:\quad \text{für fast alle } t \text{ ist } 0 \leq u(t) \leq 1\}$$

und

$$\tilde{U}_o = \{u \in M[0,T]:\quad \text{für fast alle } t \text{ ist } u(t) \in \{0,1\}\}.$$

Ferner seien $\psi_1,\ldots,\psi_n \in L^1[0,T]$, und durch

$$\psi(u) = \{\int_0^T \psi_i(t)u(t)dt\} \tag{5.1}$$

sei ein linearer Operator von $M[0,T]$ in $\mathbb{R}^n$ gegeben.

Dann ist

$$\psi(\tilde{U}_o) = \psi(\tilde{U}).$$

Beweis:
Setzt man $u_o = \frac{1}{2}\chi_{[0,T]}$, dann ist $\tilde{U}-u_o$ eine Kugel in $M[0,T]$. Wegen $(L^1[0,T])^* = M[0,T]$ folgt aus dem Satz von ALAOGLU (Satz IV.4.6), daß $\tilde{U}-u_o$ bezüglich der schwach-*-Topologie kompakt ist. Weiterhin ist für jedes $y \in \psi(\tilde{U})$ auch $\psi^{-1}(y)$ bezüglich der schwach-*-Topologie abgeschlossen. Also ist $\tilde{U} \cap \psi^{-1}(y)$ schwach-*-kompakt und besitzt daher nach dem Satz von KREIN-MILMAN (Satz IV.6.1) mindestens einen Extremalpunkt u.

Wir zeigen nun, daß u auch ein Extremalpunkt von $\tilde{U}$ ist. Dazu nehmen wir an, daß $u \in \tilde{U} \cap \psi^{-1}(y)$ kein Extremalpunkt von $\tilde{U}$ ist und zeigen dann durch Induktion über die Dimension n, daß u auch kein Extremalpunkt von $\tilde{U} \cap \psi^{-1}(y)$ ist.

Aus der Annahme, daß u kein Extremalpunkt von $\tilde{U}$ ist, folgt zunächst die Existenz eines $\varepsilon > 0$ und einer Menge $D \subset [0,T]$ mit positivem Maß, so daß für alle $t \in D$

$$\varepsilon < u(t) < 1-\varepsilon.$$

Den Induktionsanfang für n=1 führen wir jetzt nicht vor, da alle diese Schlüsse auch beim Induktionsschluß von (n-1) auf n vorkommen.

Angenommen, für alle (n-1)-Tupel von Funktionen $\psi_1,\dots,\psi_{n-1} \in L^1[0,T]$ gelte für den durch (5.1) definierten Operator ψ die Gleichheit $\psi(\tilde{U}) = \psi(\tilde{U}_o)$. Dann wählen wir in D zwei disjunkte Teilmengen D_1 und D_2 mit positivem Maß aus, und benutzen die Induktionsannahme für die beiden (n-1)-Tupel $(\psi_1\chi_{D_1},\dots,\psi_{n-1}\chi_{D_1})$ und $(\psi_1\chi_{D_2},\dots,\psi_{n-1}\chi_{D_2})$. Hieraus folgt dann die Existenz von zwei Mengen $F_1 \subset D_1$ und $F_2 \subset D_2$ mit positivem Maß, für die

$$\int_0^T \psi_i(t)\chi_{F_j}dt = \frac{1}{2}\int_0^T \psi_i(t)\chi_{D_j}dt \qquad \begin{array}{l} i = 1,2,\dots,(n-1) \\ j = 1,2 \end{array} \qquad (5.2)$$

gilt.

Setzt man nun

$$h_j = 2\chi_{F_j} - \chi_{D_j}, \qquad j = 1,2$$

dann ist nach (5.2)

$$\int_0^T \psi_i(t)h_j(t)dt = 0 \qquad \begin{array}{l} i = 1,2,\dots,(n-1) \\ j = 1,2. \end{array} \tag{5.3}$$

Wir bemerken noch, daß die Funktionen h_1 und h_2 disjunkte Träger haben.

Nun sei $\psi_n \in L^1[0,T]$ eine weitere Funktion. Wir wählen nun reelle Zahlen a,b, die ungleich Null und vom Betrage kleiner als $\varepsilon>0$ sind, so daß für

$$h = ah_1 + bh_2$$

die Gleichung

$$\int_0^T \psi_n(t)h(t)dt = 0 \tag{5.4}$$

gilt.

Aus $|a| \leq \varepsilon$ und $|b| \leq \varepsilon$ folgt zunächst, daß $u \pm h \in \tilde{U}$ ist. Weiter folgt aus (5.3) und (5.4), daß $\psi(h) = 0$ ist, also $\psi(u\pm h) = \psi(u) = y$. Dies heißt aber, daß u kein Extremalpunkt von $\tilde{U}_0 \cap \psi^{-1}(y)$ ist.

Damit ist also gezeigt, daß für jedes $y \in \psi(\tilde{U})$ stets $E(\tilde{U} \cap \psi^{-1}(y)) \subset \tilde{U}_0$ ist. Dies bedeutet gerade: $\psi(\tilde{U}) = \psi(\tilde{U}_0)$. ■

Jedes n-Tupel $\psi_1,\dots,\psi_n \in L^1[0,T]$ induziert in kanonischer Weise eine abzählbar additive Mengenfunktion $\mu(E)$ auf den meßbaren Teilmengen E des Intervalls $[0,T]$ mit Werten im $\mathbb{R}^n$. Man setze nämlich

$$\mu(E) = \{\mu_i(E)\} \tag{5.5}$$

mit

$$\mu_i(E) = \int_E \psi_i(t)dt, \qquad i = 1,2,\dots,n.$$

Jede abzählbar additive Mengenfunktion $\mu(E)$ mit Werten im $\mathbb{R}^n$ heißt ein "Vektormaß". Wenn alle Komponentenmaße μ_i bezüglich des LEBESGUEschen Maßes absolut stetig sind, dann heißt μ "absolut stetig" bezüglich des LEBESGUEschen Maßes. Nach dem Satz von RADON-NIKODYM ist jedes absolut stetige Vektormaß von der Form (5.5).

Satz VI.5.5 gilt übrigens auch, wenn man das Intervall $[0,T]$ durch eine meßbare Teilmenge E mit positivem LEBESGUEschen Maß ersetzt. Dann kann man den Satz wie folgt formulieren:

Satz VI.5.5.'
Es sei $E \subset [0,T]$ eine meßbare Menge mit positivem Maß und μ ein auf den meßbaren Teilmengen von E definiertes Vektormaß mit Werten im $\mathbb{R}^n$, das bezüglich des LEBESGUEschen Maßes absolut stetig ist. Dann ist der Wertebereich

$$H = \{\mu(\tilde{E}) : \tilde{E} \subset E \text{ meßbare Teilmenge}\}$$

eine kompakte konvexe Menge des $\mathbb{R}^n$.

Beweis:
Nach dem Satz von RADON-NIKODYM ist

$$\mu(\tilde{E}) = \{\int_E \psi_i(t)\chi_{\tilde{E}}dt\}. \qquad (5.6)$$

Nun sei ψ der nach (5.1) von den $\psi_1,\dots,\psi_n \in L^1(E)$ definierte Operator. Dann ist zunächst $H = \psi(\tilde{U}_o)$. Da nach Satz V.5.5 auch $H = \psi(\tilde{U})$ gilt, ist H eine kompakte konvexe Teilmenge des $\mathbb{R}^n$. ∎

Dieser Satz ist eine abgeschwächte Version des Satzes von LIAPUNOW (siehe LIAPUNOW [1], HALMOS [1]), welcher besagt, daß der Wertebereich eines nicht atomaren beschränkten n-dimensionalen Vektormaßes stets eine kompakte konvexe Menge ist. Wir beweisen nun diesen Satz nach einer Methode von LINDENSTRAUSS [1].

Satz VI.5.6. (DVORETZKI, WALD, WOLFOWITZ [1])
Auf der Menge der meßbaren Teilmengen von $[0,T]$ seien m Vektormaße $\mu_1,\ldots,\mu_m$ mit Werten im $\mathbb{R}^n$ gegeben, die alle bezüglich des LEBESGUEschen Maßes absolut stetig sind. Ferner seien $a_1,\ldots,a_m$ nicht negative reelle Zahlen mit

$$a_1+\ldots+a_m = 1. \tag{5.7}$$

Dann kann man jede meßbare Teilmenge E als Vereinigung von paarweise disjunkten meßbaren Mengen E_i schreiben, also $E = E_1 \cup \ldots \cup E_m$, so daß

$$\mu_i(E_i) = a_i\mu_i(E) \qquad i = 1,\ldots,m \tag{5.8}$$

gilt.

Beweis:
Der Beweis wird durch Induktion über die Anzahl der Maße geführt. Wir beginnen mit m=2. Es sei a_1 eine beliebige Zahl mit $0\le a_1\le 1$. Dann ist $a_2 = 1-a_1$. Wir konstruieren nun ein 2n-dimensionales Vektormaß $\hat{\mu}(E) = (\mu_1(E),\mu_2(E))$, wobei wir als erste Komponente das Maß μ_1, als zweite das Maß μ_2 nehmen. Nach Satz VI.5.5' existiert dann eine Menge E_1 mit $\hat{\mu}(E_1) = a_1\hat{\mu}(E)$. Dies bedeutet, daß

$$\mu_1(E_1) = a_1\mu_1(E) \text{ und } \mu_2(E_1) = a_1\mu_2(E) \tag{5.9}$$

ist. Setzt man nun $E_2 = E \setminus E_1$, dann erhält man die gewünschte Zerlegung.

Angenommen, die Induktionsannahme sei für jedes (m-1)-Tupel von absolut stetigen Vektormaßen erfüllt, und $\mu_1,\ldots,\mu_m$ seien m Vektormaße mit Werten im $\mathbb{R}^n$. Dann konstruieren wir ein nm-dimensionales Vektormaß

$$\hat{\mu}(E) = (\mu_1(E),\ldots,\mu_m(E)).$$

Nach Satz VI.5.5' existiert dann eine meßbare Teilmenge E_1 von E mit $\hat{\mu}(E_1) = a_1\hat{\mu}(E)$, d.h.

$$\mu_i(E_1) = a_1\mu_i(E), \qquad i = 1,2,\ldots,m. \tag{5.10}$$

Man setze nun $E' = E\setminus E_1$. Dann kann man nach Induktionsvoraussetzung über die Maße $\mu_2,\ldots,\mu_m$ die Menge E' als Vereinigung von paarweise disjunkten Mengen $E_2,\ldots,E_m$ so schreiben, daß

$$\mu_i(E_i) = \frac{a_i}{1-a_1}\,\mu_i(E') \tag{5.11}$$

ist. Daraus folgt aber

$$\mu_i(E_i) = \frac{a_i}{(1-a_1)}\,(1-a_1)\mu_i(E) = a_i\mu_i(E),$$

denn

$$\frac{a_2}{1-a_1} + \ldots + \frac{a_m}{1-a_1} = \frac{1-a_1}{1-a_1} = 1. \;\blacksquare \tag{5.12}$$

Lemma VI.5.7.

Es sei U eine kompakte konvexe Teilmenge des n-dimensionalen Raumes $\mathbb{R}^n$. Dann läßt sich jedes Element $u\in U$ in der Form

$$u = a_o e_o + \ldots + a_n e_n \tag{5.13}$$

darstellen, wobei die $e_o,\ldots,e_n$ Extremalpunkte der Menge U und $a_o,\ldots,a_n$ nicht negative reelle Zahlen mit $a_o+\ldots+a_n = 1$ sind.

Beweis:

Der Beweis beruht auf Induktion. Für n=1 ist das Lemma trivial. Angenommen, das Lemma gilt für alle $k = 1,2,\ldots,n-1$ mit $n\geq 2$. Nun sei $u\in U$ ein beliebiges Element, welches kein Extremalpunkt ist, und $e_o\in U$ irgendein Extremalpunkt von U. Der Schnitt der Geraden durch e_o und u mit der Menge U ist dann ein abgeschlossenes Intervall mit den Endpunkten e_o und w, d.h. u läßt sich in der Form

$$u = a_o e_o + (1-a_o)w$$

mit $0\leq a_o\leq 1$ darstellen.

Nun sei H eine Stützhyperebene an U in w. Dann ist $W = H\cap U$ eine höchstens (n-1)-dimensionale Seite von U. Nach Induktionsvoraussetzung läßt sich daher w in der Form

$$w = b_1e_1+\ldots+b_ne_n$$

mit $0\leq b_i\leq 1$ und $b_1+\ldots+b_n = 1$ darstellen. Dabei sind $e_1,\ldots,e_n$ Extremalpunkt von W. Da W eine Extremalmenge von U ist, sind auch die $e_1,\ldots,e_n$ Extremalpunkte von U. Setzt man nun

$$a_i = (1-a_o)b_i\ , \qquad i = 1,\ldots,n, \tag{5.14}$$

dann erhält man die in (5.13) geforderte Darstellung. ■

Satz VI.5.1'

Es sei $U\subset\mathbb{R}^m$ eine kompakte konvexe Teilmenge mit höchstens abzählbar unendlich vielen Seiten. Existiert dann zu einem $y_o\in\mathbb{R}^n$ eine Minimal-Zeit-Steuerung, dann existiert auch eine Minimal-Zeit-Steuerung u^*, so daß für fast alle $t\in[0,T]$ der Punkt $u^*(t)$ ein Extremalpunkt von U ist.

Beweis:

Wir setzen wieder

$$\tilde{U} = \{u\in M_m[0,T]:\ u(t)\in U \quad \text{für fast alle } t\}$$

und $\Gamma = K(\tilde{U})$, wobei K der durch (2.1) definierte Operator

$$K(u) = \int_0^T \Phi^{-1}(s)S(s)u(s)ds$$

ist.

Nun sei $y_o\in\mathbb{R}^n$ ein Punkt, zu dem eine Minimal-Zeit-Steuerung existiert, d.h. $y_o\in\Gamma$. Nach Lemma VI.5.7 läßt sich dann y_o in der Form

$$y_o = a_oe_o+\ldots+a_ne_n \tag{5.15}$$

darstellen. Dabei sind die $e_o,\ldots,e_n$ Extremalpunkte von Γ und $a_o,\ldots,a_n$ nicht negative Zahlen mit $a_o+\ldots+a_n = 1$.

Nach Satz VI.5.4 existieren Steuerungen $u_o,\ldots,u_n$ mit $K(u_i) = e_i$, $i = 0,1,\ldots,n$, so daß für fast alle $t\in[0,T]$ die Elemente $u_i(t)$ Extremalpunkte von U sind.

Wir betrachten nun die (n+1) Vektormaße $\mu_o,\dots,\mu_n$, die durch

$$\mu_i(E) = \int_E \Phi^{-1}(s)S(s)u(s)ds \qquad i = 0,1,\dots,n \tag{5.16}$$

definiert sind. Per Definitionem ist stets $\mu_i([0,T]) = e_i$, $i = 0,1,\dots,n$. Nun folgt aus dem Satz von DVORETZKI-WALD-WOLFOWITZ (Satz VI.5.6), daß man das Intervall $[0,T]$ als Vereinigung von (n+1) paarweise disjunkten meßbaren Mengen $E_o,\dots,E_n$ darstellen kann, also $[0,T] = E_o \cup \dots \cup E_n$, so daß

$$\mu_i(E_i) = a_i\mu_i([0,T]) = a_i e_i \qquad i = 0,1,\dots,n \tag{5.17}$$

gilt.

Jetzt setze man:

$$u^*(t) = u_o(t)\chi_{E_o} + \dots + u_n(t)\chi_{E_n}.$$

Da die Mengen $E_o,\dots,E_n$ paarweise disjunkt sind und ihre Vereinigung das gesamte Intervall $[0,T]$ ergibt, sieht man, daß für jedes $t \in [0,T]$ auch $u^*(t)$ ein Extremalpunkt von U ist. Weiterhin ist nach (5.17) und (5.15)

$$K(u^*) = \int_0^T \Phi^{-1}(s)S(s)u^*(s)ds$$

$$= \sum_{i=0}^{n} \int_{E_i} \Phi^{-1}(s)S(s)u_i(s)ds = \sum_{i=0}^{n} \mu_i(E_i) = \sum_{i=0}^{n} a_i e_i = y_o. \blacksquare$$

§ 6 Meßbare Mengenfamilien

Im vorherigen Paragraphen ist Satz VI.5.1 unter der zusätzlichen Annahme bewiesen worden, daß U höchstens abzählbar unendlich viele Seiten hat. Um den Satz nun in voller Allgemeinheit zu zeigen, müssen wir noch den Begriff der meßbaren mengenwertigen Funktion einführen und einige grundlegende Eigenschaften hierüber beweisen.

Dazu sei E eine Menge, auf der ein σ-Körper Σ von Mengen definiert ist. Wir erinnern daran, daß man unter einem σ-Körper eine Familie Σ von Teilmengen von E mit den folgenden Eigenschaften versteht: Die Grundmenge E gehört zu Σ und für jedes $E_o \in \Sigma$ ist auch $E \setminus E_o \in \Sigma$. Ist $\{E_n\}$ eine Folge von Elementen aus Σ, dann ist auch $\bigcup_n E_n$, $\bigcap_n E_n \in \Sigma$.

In unserem Fall ist stets $E = [0,T]$ und Σ die Menge der LEBESGUE-meßbaren Teilmengen von E.

Nun sei H eine beliebige Menge. Dann versteht man unter einer "mengenwertigen Funktion" F eine Abbildung, die jedem $e \in E$ eine Teilmenge $F(e) \subset H$ zuordnet. Das "Urbild" einer Menge B unter F wird durch

$$F^{-1}(B) = \{e \in E: F(e) \cap B \neq \emptyset\}$$

definiert. Man weist nun leicht nach, daß für jedes System $\{B_\alpha\}$ von Teilmengen von H stets

$$F^{-1}\left(\bigcup_\alpha B_\alpha\right) = \bigcup_\alpha F^{-1}(B_\alpha) \tag{6.1}$$

gilt.

Es sei H ein metrischer Raum. Eine mengenwertige Funktion F, die E in die Teilmengen von H abbildet, heißt "punkt-abgeschlossen", wenn für jedes $e \in E$ die Menge F(e) abgeschlossen ist; sie heißt "meßbar", falls für jede offene Menge $B \subset H$ die Menge

$$F^{-1}(B) = \{e \in E: F(e) \cap B \neq \emptyset\} \in \Sigma \tag{6.2}$$

ist.

Wir bemerken noch, daß eine mengenwertige Funktion F genau dann meßbar ist, wenn für jede abgeschlossene Menge K die Menge

$$F^{-1}(K) \in \Sigma$$

ist.

Dies folgt unmittelbar daraus, daß Σ ein σ-Körper ist und einerseits jede abgeschlossene Teilmenge K der Durchschnitt einer absteigenden Familie von offenen Mengen B_n (etwa $B_n = \{x \in H\colon \rho(x,K) < \frac{1}{n}\}$) und andererseits jede offene Menge B die Vereinigung einer aufsteigenden Familie von abgeschlossenen Mengen K_n (etwa $K_n = \{x \in B\colon \rho(x,H \setminus B) > \frac{1}{n}\}$) ist.

Wenn der metrische Raum H "abzählbar kompakt" ist, d.h. wenn H die Vereinigung von abzählbar vielen kompakten Mengen H_n ist, dann ist eine mengenwertige Funktion F genau dann meßbar, wenn für jede kompakte Menge $K \subset H$

$$F^{-1}(K) \in \Sigma$$

ist.

Da jede kompakte Menge K auch abgeschlossen ist, folgt aus dem obigen, daß für eine mengenwertige meßbare Abbildung F stets $F^{-1}(K) \in \Sigma$ gilt. Andererseits ist jede offene Menge $B \subset H$ die Vereinigung von abzählbar vielen kompakten Mengen, also $B = \bigcup_{n=1}^{\infty} (K_n \cap \tilde{H}_n)$. Dabei ist K_n wie oben und $\tilde{H}_n = \bigcup_{i=1}^{n} H_i$.

Beispiel VI.6.1.
Es sei $H = \mathbb{R}^m$ der m-dimensionale Raum und $U \subset \mathbb{R}^m$ eine abgeschlossene Teilmenge. Ferner sei u eine (einwertige) meßbare Funktion von $[0,T]$ nach $\mathbb{R}^m$. Dann ist $F(t) = u(t)+U$ eine mengenwertige meßbare Funktion.

Um dies einzusehen, sei etwa $B \subset \mathbb{R}^m$ eine offene Menge. Dann ist zunächst

$$F^{-1}(B) = \{t\colon F(t) \cap B \neq \emptyset\} = \{t\colon u(t) \in B - U\}.$$

Da $B-U = \bigcup_{x \in U} B-\{x\}$ als Vereinigung von offenen Mengen wieder offen ist, folgt aus der Meßbarkeit von u, daß $F^{-1}(B) \in \Sigma$ ist.

Sind nun F und G zwei mengenwertige meßbare Funktionen, dann ist die mengenwertige Funktion $F \cap G$ mit $(F \cap G)(e) = (F(e)) \cap (G(e))$ ebenfalls wieder meßbar. Dies folgt unmittelbar aus:

$$(F \cap G)^{-1}(B) = \{e \in E: F(e) \cap G(e) \cap B \neq \emptyset\} \tag{6.3}$$

$$= \{e \in E: F(e) \cap B \neq \emptyset\} \cap \{e \in E: G(e) \cap B \neq \emptyset\}.$$

Beispiel VI.6.2.

Es sei $H = \mathbb{R}^m$, $U \subset H$ eine abgeschlossene Teilmenge und u eine (einwertige) meßbare Funktion von $[0,T]$ nach $\mathbb{R}^m$. Dann ist $F(t) = U \cap (2n(t)-U)$ eine mengenwertige meßbare Funktion.

Beispiel VI.6.3.

Es seien H, U, u und F wie im vorherigen Beispiel. Ferner sei $\varepsilon > 0$ und

$$G_\varepsilon(t) = \{x \in F(t): |x-u(t)| \geq \varepsilon\}.$$

Dann ist G_ε eine mengenwertige meßbare Funktion.

Dies sieht man folgendermaßen ein: Es sei $r_U = \sup_{x \in U} \|x\|$ und

$$W = \{x \in \mathbb{R}^m: \varepsilon \leq \|x\| \leq r_U\}.$$

Dann ist zunächst

$$W(t) = u(t)+W$$

meßbar. Da $G_\varepsilon(t) = F(t) \cap W(t)$ ist, folgt auch, daß G_ε meßbar ist.

Ist $U \subset \mathbb{R}^m$ und $u \in U$, dann ist die Menge 2u-U punktsymmetrisch zu U bezüglich u. Insbesondere ist also u der symmetrische Mittelpunkt von $U \cap (2u-U)$.

Aus dieser geometrischen Interpretation folgt nun sofort:

Lemma VI.6.1.

Es sei X ein linearer Raum und $U \subset X$ eine konvexe Menge. Ein Element $u \in U$ ist genau dann ein Extremalpunkt von U, wenn die Menge $U \cap (2u-U)$ genau aus dem Punkt u besteht.

Beweis:

Da $u \in U$ ist, gilt auch $u = 2u-u \in (2u-U)$, also $u \in U \cap (2u-U)$.

Angenommen, die Menge $U \cap (2u-U)$ sei nicht einelementig. Dann existiert noch ein $u_1 \neq u$ mit $u_1 \in U \cap (2u-U)$. Insbesondere ist dann $u_1 \in U$ und $v_1 = 2u-u_1 \in U$. Da U konvex ist, ist wegen $u = \frac{1}{2}(u_1+v_1)$ der Punkt u kein Extremalpunkt von U.

Um die umgekehrte Richtung zu beweisen, nehmen wir an, daß $u \in U$ kein Extremalpunkt von U ist. Dann existieren also zwei Punkte $u_1, u_2 \in U$ und eine reelle Zahl a mit $0<a<1$, so daß $u = a\,u_1+(1-a)u_2$. Ohne Beschränkung der Allgemeinheit darf man annehmen, daß $a > \frac{1}{2}$ ist. Dann ist

$$u_3 = (2a-1)u_1+2(1-a)u_2 \in U.$$

Wegen $u = \frac{1}{2}(u_1+u_3)$ ist dann $u_3 = 2u-u_1$ und $u_1 = 2u-u_3$, also $u_1, u_3 \in U \cap (2u-U)$. Da $u_1 \neq u_3$, ist $U \cap (2u-U)$ nicht einelementig. ∎

Zum Beweis von Satz VI.5.2 benötigt man noch den "allgemeinen Selektionssatz" von KURATOWSKI und RYLL-NARDZEWSKI [1].

Zum Beweis dieses Satzes benötigt man das folgende Lemma:

Lemma VI.6.2.

Es sei E eine beliebige Menge und Σ ein σ-Körper von Teilmengen von E. Ferner sei H ein metrischer Raum und $\{f_n\}$ eine auf E definierte Folge von meßbaren Funktionen mit Werten in H, die gleichmäßig gegen eine Funktion f konvergiert. Dann ist die Funktion f meßbar.

Beweis:

Es sei $K \subset H$ eine beliebige abgeschlossene Teilmenge von H und

$$K_n = \{x \in H: \rho(x,K) < \frac{1}{n}\}.$$

Da $\{f_n\}$ nach Voraussetzung gleichmäßig konvergiert, existiert eine Teilfolge $\{f_{m_n}\}$, so daß für alle $x \in E$

$$\rho(f_{m_n}(x), f(x)) < \frac{1}{n}.$$

Wir zeigen nun

$$f^{-1}(K) = \bigcap_{n=1}^{\infty} f_{m_n}^{-1}(K_n). \tag{6.4}$$

Dazu sei $x \in f^{-1}(K)$, also $f(x) \in K$. Nach Wahl von $\{f_{m_n}\}$ ist dann stets $f_{m_n}(x) \in K_n$, $n=1,2,\ldots$, und das heißt:

$$f^{-1}(K) \subset \bigcap_{n=1}^{\infty} f_{m_n}^{-1}(K_n). \tag{6.5}$$

Wir beweisen nun die umgekehrte Inklusion. Dazu sei $x \in \bigcap_{n=1}^{\infty} f_{m_n}^{-1}(K_n)$, d.h. für jedes $n = 1,2,\ldots$ ist $f_{m_n}(x) \in K_n$. Nach Wahl von $\{f_{m_n}\}$ bedeutet dies, daß $\rho(f(x),K) \leq \frac{2}{n}$ für alle $n = 1,2,\ldots$. Da K abgeschlossen ist, folgt hieraus $f(x) \in K$ und somit

$$f^{-1}(K) \supset \bigcap_{n=1}^{\infty} f_{m_n}^{-1}(K_n), \tag{6.6}$$

womit (6.4) bewiesen ist.

Da die Funktionen f_{m_n} meßbar sind, ist für jedes $n = 1,2,\ldots$ auch $f_{m_n}^{-1}(K_n) \in \Sigma$. Daher ist nach (6.4) auch $f^{-1}(K) \in \Sigma$. ∎

<u>Satz VI.6.3.</u> (KURATOWSKI, RYLL-NARDZEWSKI [1])
Es sei E eine beliebige Menge und Σ ein σ-Körper von Teilmengen aus E. Ferner sei H ein separabler vollständiger metrischer Raum und F eine mengenwertige meßbare Funktion, die jedem $e \in E$ eine abgeschlossene Teilmenge $F(e) \subset H$ zuordnet.

Dann existiert eine (einwertige) meßbare Funktion f von E nach H mit $f(e) \in F(e)$ für alle $e \in E$.

<u>Beweis:</u>
Wir nehmen zunächst an, daß der Durchmesser von H, also

$$\delta(H) = \sup\{\rho(x,y): x,y \in H\}$$

kleiner als 1 ist. Dies kann man ohne Einschränkung der Allgemeinheit tun, da zur Metrik $\rho(x,y)$ stets die Metrik

$$\rho'(x,y) = \frac{1}{2}\,\frac{\rho(x,y)}{1+\rho(x,y)}$$

äquivalent ist.

Nun sei $\{r_i\}$ eine dichte Punktfolge in H. Dann definieren wir induktiv eine Folge von meßbaren Funktionen f_n mit den beiden Eigenschaften:

$$\rho(f_n(x),F(x)) < \frac{1}{2^n} \qquad n=0,1,\ldots \qquad (6.7)n$$

und

$$\rho(f_n(x),f_{n-1}(x)) < \frac{1}{2^{n-1}}, \quad n=1,2,\ldots \quad \text{für alle } x \in E. \qquad (6.8)n$$

Da der Durchmesser von H kleiner als 1 ist, kann man für f_o eine beliebige meßbare Funktion wählen. Die Bedingung $(6.7)_n$ ist dann erfüllt.

Wir nehmen nun an, daß wir die Funktion f_{n-1} bereits konstruiert haben. Dann setzen wir:

$$C_i^n = \{x \in E: \rho(r_i,F(x)) < \frac{1}{2^n}\} \qquad (6.9)$$

$$= \{x \in E: F(x) \cap \{y \in H: \rho(r_i,y) < \frac{1}{2^n}\} \neq \emptyset\},$$

und

$$D_i^n = \{x \in E: \rho(r_i, f_{n-1}(x)) < \frac{1}{2^{n-1}}\}. \qquad (6.10)$$

Aus der Meßbarkeit von F und f_{n-1} folgt zunächst $C_i^n, D_i^n \in \Sigma$, $i=1,2,\ldots$. Also ist auch

$$A_i^n = C_i^n \cap D_i^n \in \Sigma, \qquad i = 1,2,\ldots . \qquad (6.11)$$

Wir zeigen nun

$$E = \bigcup_{i=1}^{\infty} A_i^n. \qquad (6.12)$$

Dazu sei $x \in E$. Nach Induktionsannahme ist dann zunächst

$$\rho(f_{n-1}(x), F(x)) < \frac{1}{2^{n-1}} . \qquad (6.13)$$

Da die Folge $\{r_i\}$ dicht ist, gibt es ein r_{i_o} mit

$$\rho(f_{n-1}(x), r_{i_o}) < \frac{1}{2^{n-1}} \qquad (6.14)$$

und auch

$$\rho(F(x), r_{i_o}) < \frac{1}{2^n} . \qquad (6.15)$$

Aus (6.14) und (6.15) folgt dann, daß $x \in A_{i_o}^n$ ist, womit wir (6.12) gezeigt haben.

Die Funktion f_n definieren wir nun wie folgt:

Man setze

$$f_n(x) = r_i, \qquad \text{für } x \in A_i^n \setminus (A_1^n \cup \ldots \cup A_{i-1}^n).$$

Aus (6.11) folgt dann zunächst, daß f_n meßbar ist. Weiter folgt aus (6.15) die Bedingung (6.7)n und aus (6.14) die Bedingung (6.8)n.

Die Bedingung (6.8)n impliziert die gleichmäßige Konvergenz von $\{f_n\}$. Da H vollständig ist, konvergiert dann $\{f_n\}$ gegen eine gewisse Funktion f, die nach Lemma VI.6.2 meßbar ist. Da für jedes $x \in E$ die Menge $F(x) \subset H$ abgeschlossen ist, folgt aus (6.7)n, daß $f(x) \in F(x)$ ist. ∎

Man nennt die in Satz VI.6.3 konstruierte einwertige Funktion f eine "Selektion" der mengenwertigen Funktion F.

Wir beweisen nun Satz VI.5.2 ohne weitere Annahmen über die Anzahl der Seiten der Menge U.

Satz VI.6.4.
Es sei $U \subset \mathbb{R}^m$ eine kompakte konvexe Menge und

$$\tilde{U} = \{u \in M_m[0,T]: u(t) \in U\}.$$

Die Funktion $u_o \in U$ ist genau dann ein Extremalpunkt von $\tilde{U}$, wenn für fast alle $t \in [0,T]$ der Punkt $u_o(t) \in U$ ein Extremalpunkt von U ist.

Beweis:
"Hinreichend": Angenommen, $u_o \in \tilde{U}$ sei kein Extremalpunkt von $\tilde{U}$. Dann gibt es ein a mit $0<a<1$ und $u_1, u_2 \in \tilde{U}$ mit $u_1 \neq u_2$, so daß

$$u_o = a\, u_1 + (1-a) u_2. \tag{6.16}$$

Da $u_1 \neq u_2$ ist, gibt es eine Teilmenge $D \subset [0,T]$ mit positivem Maß, so daß für alle $t \in D$ stets $u_1(t) \neq u_2(t)$. Aus (6.16) folgt dann, daß für alle $t \in D$ der Punkt $u_o(t)$ kein Extremalpunkt von U ist.

"Notwendig": Angenommen, es existiere eine Menge $D \subset [0,T]$ mit positivem Maß, so daß für alle $t \in D$ der Punkt $u_o(t) \in U$ kein Extremalpunkt von U ist. Nach Lemma VI.6.1 ist dann für alle $t \in D$ die Menge $W(t) = U \cap (2u_o(t) - U)$ nicht einpunktig. Es existiert also ein $\varepsilon > 0$ und eine Teilmenge $D_1 \subset D$ mit positivem Maß, so daß für alle $t \in D_1$ die Menge

$$G_\varepsilon(t) = \{x \in W(t): \|x - u_o(t)\| \geq \varepsilon\}$$

nicht leer ist. Nach Beispiel VI.6.3 ist $G_\varepsilon(t)$, $t \in D_1$, eine meßbare mengenwertige Funktion. Also existiert nach Satz VI.6.3 eine meßbare Funktion $\tilde{u}_1$ mit $\tilde{u}_1(t) \in G_\varepsilon(t)$, für alle $t \in D_1$. Aus der Definition von $G_\varepsilon(t)$ folgt nun, daß für alle $t \in D_1$ auch $2u_o(t)-\tilde{u}_1(t) \in G_\varepsilon(t)$ ist. Also gehören die beiden Funktionen u_1, u_2 mit

$$u_1(t) = \begin{cases} u_o(t), & \text{für } t \notin D_1 \\ \tilde{u}_1(t), & \text{für } t \in D_1 \end{cases}$$

und

$$u_2(t) = 2u_o(t)-u_1$$

zu $\tilde{U}$. Da $u_o = \frac{1}{2}(u_1+u_2)$ ist, hat man somit gezeigt, daß u_o kein Extremalpunkt von $\tilde{U}$ ist. ■

Aus Satz VI.6.4 folgt nun unmittelbar Satz VI.5.1. Wir bemerken noch, daß nur zum Beweis von Satz VI.5.2 die Annahme benötigt wurde, daß U höchstens abzählbar unendlich viele Seiten hat.

Bemerkung VI.6.5.
Es sei $U \subset \mathbb{R}^m$ eine abgeschlossene beschränkte Menge. Dann sind die Extremalpunkte der konvexen Hülle convU von U stets Punkte von U. Dies bedeutet aber, daß man stets die Existenz einer Minimal-Zeit-Steuerung in U beweisen kann, ohne dabei anzunehmen, daß U konvex ist. Nehmen wir nämlich irgendeine Steuerung aus convU, die stets existiert, dann gibt es nach Satz VI.5.1 auch stets eine Steuerung u_o, so daß für fast alle $t \in [0,T]$ der Punkt $u_o(t)$ ein Extremalpunkt von convU ist, d.h. $u_o(t) \in U$. Dies kann man übrigens auch noch auf den Fall erweitern, wo die Menge U durch eine mengenwertige Funktion U(t) von abgeschlossenen und beschränkten Mengen des $\mathbb{R}^n$ ersetzt wird.

Wir formulieren nun dazu die entsprechende Minimal-Zeit-Aufgabe. Es sei $U(t) \subset \mathbb{R}^m$, $t \in [0,\tau]$, eine meßbare mengenwertige Funktion von abgeschlossenen und konvexen Mengen, die wesentlich beschränkt ist, d.h.

$$\operatorname*{ess\,sup}_{t \in [0,\tau]} \left(\sup\{\|x\| : x \in U(t)\}\right) < \infty.$$

Ferner sei $y_o \in \mathbb{R}^n$ und $\psi(t)$ eine lokal-integrierbare Matrix-Funktion mit n Zeilen und m Spalten. Gesucht ist die Minimal-Zeit $T \in [0,\tau]$, zu der eine Steuerung $u \in M_m[0,\tau]$ mit $u(t) \in U(t)$ für fast alle t existiert, so daß

$$\overline{\psi}(u) = \int_0^T \psi(t)u(t)dt = y_o \tag{2.1}$$

gilt.

Die Existenz einer solchen Steuerung folgt unmittelbar aus der allgemeinen Theorie über lineare Systeme und dem folgenden Satz:

Satz VI.6.6.
Es sei $U(t) \subset \mathbb{R}^m$, $t \in [0,\tau]$, eine meßbare wesentlich beschränkte mengenwertige Funktion von abgeschlossenen und konvexen Mengen. Ferner sei

$$\tilde{U} = \{u \in M_m[0,T]: u(t) \in U(t), \text{ für fast alle } t\}$$

Dann ist $\tilde{U} \subset M_m[0,T]$ kompakt in der schwach-*-Topologie.

Beweis:
Da die mengenwertige Funktion U wesentlich beschränkt ist, folgt zunächst aus dem Satz von ALAOGLU (Satz IV.4.6), daß $\tilde{U}$ in einer schwach-*-kompakten Menge enthalten ist. Zu zeigen bleibt noch, daß $\tilde{U}$ in der schwach-*-Topologie abgeschlossen ist. Dazu sei $u \in M_m[0,T] \setminus \tilde{U}$. Da für alle $t \in [0,\tau]$ die Menge $U(t)$ abgeschlossen ist, existiert eine Menge $D \subset [0,\tau]$ mit positivem Maß und ein $\varepsilon > 0$, so daß für alle $t \in D$

$$\rho(u(t),U(T)) > \varepsilon. \tag{6.17}$$

Dabei bezeichnet ρ den von einer Norm des $\mathbb{R}^m$ induzierten Abstand. Nun sei

$$h_i = (0,\ldots,0,\underbrace{\chi_D}_{\text{i-te Stelle}},0,\ldots,0)$$

Dann ist $h_i \in L_m^1[0,T]$, und die Menge

$$V = \{v \in M_m[0,T]: |\int_0^T \langle h_i(t), v(t)+u(t)\rangle \, dt| < \frac{\varepsilon}{n}\lambda(D)\}$$

ist eine Umgebung von u in der schwach-*-Topologie, die nach (6.17) zu $\tilde{U}$ disjunkt ist. Mit $\lambda(D)$ ist dabei das LEBESGUEsche Maß von D gemeint. ■

Um das Bang-Bang-Prinzip genauso wie bei einer konstanten Menge U zu beweisen, benötigt man noch:

<u>Satz VI.6.7.</u>
Es sei $U(t) \subset \mathbb{R}^m$, $t \in [0,T]$, eine mengenwertige meßbare Funktion und u eine einwertige meßbare Funktion. Dann ist $V(t) = u(t)+U(t)$, $t \in [0,T]$, eine mengenwertige meßbare Funktion.

<u>Beweis:</u>
Da u meßbar ist, ist u der gleichmäßige Limes einer Folge von Treppenfunktionen u_n. Man kann ohne Beschränkung der Allgemeinheit annehmen, daß für alle $t \in [0,T]$

$$|u(t)-u_n(t)| < \frac{1}{n}. \tag{6.18}$$

Offensichtlich sind die mengenwertigen Funktionen $V_n(t) = u_n(t)+U(t)$ meßbar.

Nun sei $K \subset \mathbb{R}^m$ eine beliebige kompakte Menge und

$$K_n = \{x \in \mathbb{R}^m: \rho(x,K) \leq \frac{1}{n}\}.$$

Wir zeigen nun, daß

$$V^{-1}(K) = \bigcap_{n=1}^{\infty} V_n^{-1}(K_n). \tag{6.19}$$

Dazu sei $t \in V^{-1}(K)$. Nach Definition des Urbildes heißt dies, daß $V(t) \cap K \neq \emptyset$ ist. Formel (6.18) impliziert dann, daß für alle $n = 1,2,\ldots$ auch $V_n(t) \cap K_n \neq \emptyset$ ist, d.h. $t \in V_n^{-1}(K_n)$.

Nun sei für alle $n = 1,2,...$ stets $t \in V_n^{-1}(K_n)$. Dann ist für alle $n = 1,2,...$ stets $V_n(t) \cap K_n \neq \emptyset$. Sei etwa $x_n \in V_n(t) \cap K_n$. Da K kompakt ist, enthält $\{x_n\}$ eine Teilfolge $\{x_{n_k}\}$, die gegen ein gewisses $x_o \in K$ konvergiert. Da $x_{n_k} \in V_{n_k}(t)$ ist, folgt aus der Abgeschlossenheit von U(t) und der gleichmäßigen Konvergenz von u_n gegen u, daß $x_o \in V(t)$ ist. Dies bedeutet aber, daß $t \in V^{-1}(K)$ ist, womit wir (6.19) gezeigt haben. Aus (6.19) folgt nun die Meßbarkeit von V. ∎

Mit diesem Satz kann man ohne Abänderung der Beweise sämtliche Ergebnisse der Paragraphen 5 und 6 auch auf den Fall übertragen, wo die Menge U durch eine mengenwertige meßbare Funktion ersetzt wird.

§ 7 Die Beobachtung bei Systemen, welche durch gewöhnliche Differentialgleichungen beschrieben werden

Wir gehen wieder von einem linearen System

$$\frac{dx}{dt} = A(t)x, \qquad 0 \leq t \leq T \tag{7.1}$$

aus, wobei wie üblich x eine n-dimensionale absolut stetige Vektorfunktion ist und A eine lokal integrierbare $n \times n$-Matrix-Funktion. Weiter verlangen wir, daß (7.1) für fast alle Punkte $t \in [0,T]$ erfüllt ist. Die Fundamentalmatrix von (7.1) bezeichnen wir mit $\Phi(t)$.

Zusätzlich sei nun eine stetige Matrix-Funktion $G(t)$, $t \in [0,T]$, mit n Spalten und m Zeilen gegeben, die wir die "Ablesematrix" nennen. Ferner setze man:

$$y(t) = G(t)x(t). \tag{7.2}$$

Wir stellen uns nun die Aufgabe, ein auf dem n-dimensionalen Raum der Endwerte (bzw. Anfangswerte) definiertes stetiges lineares Funktional möglichst genau zu bestimmen.

Dazu gehen wir wie üblich zu einem linearen System mit Eingabe-Ausgabe- und Trajektorienraum über. Als Eingaberaum X nehmen wir den n-dimensionalen Raum $\mathbb{R}^n$ der Endwerte. Der Trajektorienraum $\square$ ist dann der Raum aller stetigen n-dimensionalen Vektorfunktionen, also

$\square = C_n[0,T]$. Der Ausgaberaum Y ist entsprechend der Raum aller stetigen m-dimensionalen Vektorfunktionen $C_m[0,T]$.

Den Operator A definieren wir durch

$$Ax_T = \Phi(t)\Phi^{-1}(T)x_T, \tag{7.3}$$

mit $x_T \in \mathbb{R}^n$, und B wird durch

$$Bx(t) = G(t)x(t) \tag{7.4}$$

gegeben. Damit erhält man also ein lineares System

$$(X \xrightarrow[A]{} \square \xrightarrow[B]{} Y) \tag{7.5}$$

Angenommen, auf dem Raum der Endwerte X sei ein stetiges lineares Funktional f gegeben. Die Aufgabe der optimalen Beobachtung besteht nun darin, ein $\varphi \in Y^*$ mit minimaler Norm zu bestimmen, für welches

$$f = A^*B^*\varphi \tag{7.6}$$

gilt. Dabei kann man die Norm im Ausgaberaum Y irgendwie wählen. Sinnvoll ist etwa, auf $Y = C_m[0,T]$ die folgende Norm einzuführen:

Es sei $\| \ \|_E$ eine Norm für den $\mathbb{R}^m$. Wie bereits früher bezeichnen wir wieder mit E den $\mathbb{R}^m$ versehen mit der Norm $\| \ \|_E$. Auf $C_m\ [0,T]$ definieren wir dann eine Norm durch

$$\|x\| = \sup_{0 \le t \le T} \|x(t)\|_E. \tag{7.7}$$

Der Raum $C_m\ [0,T]$, versehen mit dieser Norm, wird dann mit $C_E[0,T]$ bezeichnet.

Normen dieses Typs (7.7) treten bei Beobachtungsaufgaben häufig auf. Insbesondere treten diese Normen immer dann auf, wenn man x(t) bis auf eine fest vorgegebene Genauigkeit zu messen hat. Wir haben darauf bereits in Kapitel V § 6 hingewiesen. Wenn zum Beispiel die Meßgenauigkeiten in den einzelnen Koordinaten voneinander unabhängig sind und a_i die Ablesegenauigkeit in der i-ten Koordinate ist, dann erhält man als entsprechende Norm im $\mathbb{R}^m$

$$\|x\|_E = \sup_{1\leq i\leq m} \frac{1}{a_i} |x_i| . \tag{7.8}$$

Zur Lösung der Minimal-Norm-Aufgabe (7.6) ist zunächst der Raum $C_E[0,T]^*$ und dessen Norm zu bestimmen.

Aus der allgemeinen Form der auf $C[0,T]$ definierten stetigen linearen Funktionale folgt zunächst, daß jedes auf $C_m[0,T]$ (der topologisch natürlich gleich $C_E[0,T]$ ist) definierte stetige lineare Funktional F von der Form

$$F(x) = \int_0^T \langle x(t), dg(t)\rangle = \sum_{i=1}^{m} \int_0^T x_i(t)dg_i(t) \tag{7.9}$$

ist. Dabei ist $(x_1,...,x_m) \in C_m[0,T]$, und die $g_1,...,g_m$ sind Funktionen von beschränkter Variation.

Für die m-dimensionale Vektorfunktion $g = (g_1,...,g_m)$ von beschränkter Variation definieren wir nun eine Variation $Var_{E^*}g$ durch

$$Var_{E^*}g = \sup \sum_{j=1}^{n} \|g(t_j)-g(t_{j-1})\|_{E^*} , \tag{7.10}$$

wobei das Supremum über alle Zerlegungen

$$0 = t_0<t_1<...<t_n = T$$

des Intervalls $[0,T]$ zu nehmen ist und $\|x\|_{E^*}$ die Norm in dem zu E konjugierten Raum E^* ist.

Satz VI.7.1.

Für die Norm des durch (7.9) definierten Funktionals F gilt:

$$\|F\| = Var_{E^*}g .$$

Beweis:
Es ist

$$F(x) = \int_0^T \sum_{i=1}^m x_i(t)dg_i(t) \tag{7.11}$$

$$= \lim_{\Delta} \sum_{j=1}^n (\langle x(t_j'), g(t_j)-g(t_{j-1})\rangle).$$

Dabei bezeichnet wieder $\langle\, ,\, \rangle$ das Skalarprodukt im $\mathbb{R}^m$. Der Limes ist über eine Normalfolge Δ von Zerlegungen $0=t_0<t_1<\ldots<t_n = T$ zu nehmen. Die t_j' sind Zwischenwerte, also $t_{j-1} \leq t_j' \leq t_j$.

Man erhält nun die folgende Abschätzung:

$$\sum_{j=1}^n \langle x(t_j'), g(t_j)-g(t_{j-1})\rangle \tag{7.12}$$

$$\leq \sum_{j=1}^n \|x(t_j')\|_E \, \|g(t_j)-g(t_{j-1})\|_{E^*}$$

$$\leq \sup_{0\leq t\leq T} \|x(t)\|_E \sum_{j=1}^n \|g(t_j)-g(t_{j-1})\|_{E^*}$$

$$\leq \|x\| \, \mathrm{Var}_{E^*} g \ ,$$

also letztlich

$$\|F\| \leq \mathrm{Var}_{E^*} g \ . \tag{7.13}$$

Um die umgekehrte Abschätzung herzuleiten, beweisen wir zunächst, daß jede Vektorfunktion von beschränkter Variation bis auf abzählbar viele Punkte überall stetig ist.

Dazu setzen wir:

$$W(t) = \limsup_{\substack{t_1<t<t_2 \\ t_1,t_2\to t}} \|g(t_2)-g(t_1)\|_{E^*} \ .$$

Die Funktion g ist im Punkte $t_o \in [0,T]$ genau dann stetig, wenn $w(t_o) = 0$ ist. Nun ist aber stets

$$\sum_{i=0}^{n} w(t_i) \leq \operatorname{Var}_0^T \|g(t)\|_{E^*} ,$$

wobei $0 = t_o < t_1 < \ldots < t_n = T$ eine beliebige Zerlegung von $[0,T]$ ist. Also kann höchstens für abzählbar viele verschiedene $t_j \in [0,T]$ der Wert $w(t_j) \neq 0$ sein, womit die obige Behauptung gezeigt ist.

Nun sei $t' \in [0,T]$ ein Stetigkeitspunkt von g. Dann gibt es zu jedem $\varepsilon>0$ ein $\delta>0$, so daß die Variation von g im Intervall $[t'-\delta, t'+\delta]$ kleiner als ε ist. Zu diesem $\varepsilon>0$ existiert also eine Zerlegung

$$0 = t_o < t_1 < \ldots < t_n = T , \tag{7.14}$$

wobei $t_1, \ldots, t_{n-1}$ Stetigkeitspunkte von g sind, so daß

$$\sum_{j=1}^{n} \|g(t_j) - g(t_{j-1})\|_{E^*} > \operatorname{Var}_{E^*} g - \varepsilon. \tag{7.15}$$

Um dies zu zeigen, hat man zu $\frac{\varepsilon}{n}$ ein $\delta>0$ zu wählen, so daß die Variation von g in $[t_j-\delta, t_j+\delta]$ kleiner als $\frac{\varepsilon}{n}$ ist.

Nun sei $x_j \in \mathbb{R}^m$ mit $\|x_j\|_E = 1$ so gewählt, daß

$$\langle x_j, g(t_j) - g(t_{j-1}) \rangle = \|g(t_j) - g(t_{j-1})\|_{E^*} \tag{7.16}$$

gilt. Ferner sei $x \in C_m[0,T]$ mit $\|x\|_E \leq 1$ so, daß für alle $j=1,\ldots,n-1$ und alle $t \in (t_{j-1}, t_j)$ mit $|t-t_j| > \delta$ stets $x(t) = x_j$. Dann folgt aus (7.15), (7.16) und der Definition von δ, daß

$$\int_0^T \langle x(t), dg(t) \rangle \geq \operatorname{Var}_{E^*} g - 2\varepsilon \tag{7.17}$$

ist. Da $\varepsilon>0$ beliebig ist, folgt hieraus

$$\|F\| \geq \operatorname{Var}_{E^*} g , \tag{7.18}$$

womit wegen (7.13) der Satz bewiesen ist. ■

Im folgenden wird der Raum aller m-dimensionalen Vektorfunktionen von beschränkter Variation, versehen mit der durch (7.10) definierten Norm, mit $Var_{E^*}[0,T]$ bezeichnet.

Wir benötigen noch den folgenden Satz:

Satz VI.7.2.
Die Extremalpunkte der Einheitskugel von $Var_{E^*}[0,T]$ sind genau die durch (7.9) bestimmten Funktionale von $C_E[0,T]$, zu denen ein $t_0 \in [0,T]$ und eine Funktion g von beschränkter Variation gehört, die auf den Intervallen $[0,t_0)$ und $(t_0,T]$ konstant ist und für die $g(t_0)-g(t_0-0)$ ein Extremalpunkt der Einheitskugel K von E^* ist.

Beweis:
Es sei $g \in Var_{E^*}[0,T]$ mit $Var_{E^*}g = 1$. Angenommen, es existiere kein $t_0 \in [0,T]$, so daß g auf den Intervallen $[0,t_0)$ und $(t_0,T]$ konstant ist. Dann gibt es ein $t_1 \in [0,T]$, so daß g auf keinem der Intervalle $[0,t_1)$, $(t_1,T]$ konstant ist. Wir können annehmen, daß t_1 ein Stetigkeitspunkt von g ist.

Wir setzen nun

$$g_1(t) = \begin{cases} g(t) & \text{für } 0 \le t \le t_1 \\ g(t_1) & \text{für } t_1 \le t \le T \end{cases}$$
$$g_2(t) = \begin{cases} g(t_1) & \text{für } 0 \le t \le t_1 \\ g(t) & \text{für } t_1 \le t \le T \end{cases} \qquad (7.19)$$

Man sieht nun leicht, daß für alle $x \in C_E[0,T]$

$$\int_0^T \langle x(t), dg(t) \rangle = \int_0^T \langle x(t), dg_1(t) \rangle + \int_0^T \langle x(t), dg_2(t) \rangle \qquad (7.20)$$

gilt. Setzt man nun $F(x) = \int_0^T \langle x(t), dg(t) \rangle$ und

$$F_i(x) = \int_0^T \langle x(t), dg_i(t) \rangle \quad , \quad i = 1,2, \qquad (7.21)$$

dann folgt aus (7.20)

$$F = F_1+F_2 \tag{7.22}$$

und

$$1 = \|F\| = \|F_1\|+\|F_2\| . \tag{7.23}$$

Aus (7.22) und (7.23) folgt dann

$$F = \|F_1\| \cdot \frac{F_1}{\|F_1\|} + \|F_2\| \cdot \frac{F_2}{\|F_2\|} . \tag{7.24}$$

Wegen

$$\left\|\frac{F_1}{\|F_1\|}\right\| = \left\|\frac{F_2}{\|F_2\|}\right\| = 1$$

und (7.23) kann F kein Extremalpunkt sein.

Wir haben also gezeigt, daß es zu einem Extremalpunkt F stets ein $t_o \in [0,T]$ gibt, so daß die zugehörige Funktion g auf den Intervallen $[0,t_o)$ und $(t_o,T]$ konstant ist.

Wir nehmen nun an, daß g auf den Intervallen $[0,t_o),(t_o,T]$ konstant ist, daß aber $g(t_o+0)-g(t_o-0)$ kein Extremalpunkt der Einheitskugel von E^* ist. Dann existieren $g_1,g_2 \in E^*$ mit $\|g_1\|_{E^*} = \|g_2\|_{E^*} = 1$ und reelle Zahlen $a,b \geq 0$ mit $a+b = 1$, so daß

$$g(t_o+0)-g(t_o-0) = ag_1 + bg_2 . \tag{7.25}$$

Nun sei

$$g_1(t) = \begin{cases} 0 , & \text{für } 0\leq t<t_o \\ g_1 , & \text{für } t_o\leq t\leq T \end{cases} \tag{7.26}$$

und

$$g_2(t) = \begin{cases} -g_2 , & \text{für } 0\leq t<t_o \\ 0 , & \text{für } t_o\leq t\leq T . \end{cases} \tag{7.27}$$

Offensichtlich liefern $g(t)$ und $ag_1(t)+bg_2(t)$ die gleichen Funktionale. Da $\|g_1\| = \|g_2\| = 1$, ist g kein Extremalpunkt der Einheitskugel von $Var_{E^*}[0,T]$.

Zu zeigen bleibt noch die umgekehrte Richtung. Dazu sei $g \in Var_{E^*}[0,T]$ von der im Satz angegebenen Form. Angenommen, g ließe sich in der Form

$$g = ag_1 + bg_2 \qquad (7.28)$$

mit $\|g_1\| = \|g_2\| = 1$ und $a,b \geq 0$ mit $a+b = 1$ darstellen. Dann haben insbesondere die Funktionen g_1 und g_2 im Punkte t_o Sprünge der Größe v_1 und v_2. Da $\|g_1\| = \|g_2\| = 1$ folgt hieraus $\max(\|v_1\|_{E^*}, \|v_2\|_{E^*}) \leq 1$.

Nach Voraussetzung hat g in t_o einen Sprung der Größe v. Dabei ist v ein Extremalpunkt der Einheitskugel von E^*. Nach (7.28) ist nun

$$v = av_1 + bv_2. \qquad (7.29)$$

Da v ein Extremalpunkt ist, gilt $v = v_1 = v_2$. Mithin ist auch $\|v_1\|_{E^*} = \|v_2\|_{E^*} = 1$. Da $\|g_1\| = \|g_2\| = 1$ ist, sind die Funktionen g_1 und g_2 auf den Intervallen $[0,t_o)$ und $(t_o,T]$ ebenfalls konstant. Daraus folgt dann, daß $g = g_1 = g_2$ ist. ∎

Aus Satz VI.7.2 folgt nun

Satz VI.7.3.
Gegeben sei das lineare System

$$(X \xrightarrow[A]{} \square \xrightarrow[B]{} Y) ,$$

wobei X der Raum der Endwerte $x(T)$, $\square = C_n[0,T]$ und $Y = C_E[0,T]$ ist. Die Operatoren A und B seien durch die Formeln (7.3) und (7.4) definiert. Weiter sei f ein auf dem Eingaberaum X definiertes stetiges beobachtbares lineares Funktional.

Dann existiert eine Minimal-Norm-Lösung $\varphi \in Y^*$ der Gleichung

$$f = A^*B^*\varphi ,$$

die von der Form

$$(y(t)) = \sum_{i=1}^{n} \langle v_i, y(t_i) \rangle \tag{7.30}$$

ist. Dabei ist n die Dimension von X, die $t_1,\dots,t_n$ sind Punkte des Intervalls $[0,T]$, die $v_1,\dots,v_n$ sind Vektoren des $\mathbb{R}^m$ und $\langle , \rangle$ bezeichnet das übliche Skalarprodukt im $\mathbb{R}^m$.

Beweis:
Es sei K_r^* die abgeschlossene Kugel in Y^* mit Radius r und $\Gamma_r^* = A^*B^*K_r^*$. Nach dem Satz von ALAOGLU ist K_r^* schwach-*-kompakt. Da B^* und A^* in der schwach-*-Topologie stetig sind, ist $\Gamma_r^* \subset X^*$ kompakt (man beachte, daß X endlich-dimensional ist).

Nun sei

$$a = \inf\{\| \varphi \| : \ \varphi \in Y^* \text{ und } f = A^*B^* \varphi\} \ . \tag{7.31}$$

Aus Satz V.6.2 folgt zunächst die Existenz eines $\varphi \in Y^*$ mit $\| \varphi \| = a$ und $f = A^*B^*\varphi$. Dies bedeutet, daß $f \in \Gamma_a^*$ ist. Nach Definition von a ist f ein algebraischer Randpunkt von Γ_a^*; mit anderen Worten, f ist in einer Extremalmenge $M \subset \Gamma_a^*$ enthalten, deren Dimension nicht größer als (n-1) ist. Also existieren nach Lemma VI.5.7 n Extremalpunkte $e_1,\dots,e_n$ von M (die auch Extremalpunkte von Γ_a^* sind), so daß sich f in der Form

$$f = a_1e_1 + \dots + a_ne_n \tag{7.32}$$

schreiben läßt. Dabei sind die $a_1,\dots,a_n$ nichtnegative Zahlen mit $a_1 + \dots + a_n = 1$.

Nach Satz VI.5.3 existieren nun Funktionale $\varphi_1,\dots,\varphi_n \in Y^*$ mit $\| \varphi_1\| = \dots = \| \varphi_n\| = a$, so daß für jedes $i = 1,2,\dots,n$ das φ_i ein Extremalpunkt von K_a^* ist und

$$e_i = A^*B^*\varphi_i \tag{7.33}$$

gilt.

Setze

$$\varphi = a_1 \varphi_1 + \dots + a_n \varphi_n . \qquad (7.34)$$

Dann ist zunächst

$$\| \varphi \| \leq a_1 \| \varphi_1 \| + \dots + a_n \| \varphi_n \| = a \qquad (7.35)$$

und wegen (7.32) und (7.33) gilt noch

$$f = A^* B^* \varphi .$$

Nach Definition von a ist somit $\| \varphi \| = a$.

Die Form der Funktionale φ_i kann man nun nach Satz VI.7.2 bestimmen. Zu φ_i existiert nämlich eine Funktion g_i und ein $t_i \in [0,T]$, so daß g_i auf den Intervallen $[0,t_i)$ und $(t_i,T]$ konstant ist und in t_i einen Sprung der Größe $\hat{v}_i$ hat. Dann ist also

$$\varphi_i(x) = \int_0^T \langle x(t), dg_i(t) \rangle = \langle x(t_i), \hat{v}_i \rangle . \qquad (7.36)$$

Setzt man nun $v_i = a_i \hat{v}_i$, dann folgt aus (7.34) und (7.35) die Behauptung des Satzes. ■

Für den Fall m=1 erhält man insbesondere, daß stets eine Minimal-Norm-Lösung der Form

$$\varphi(y(t)) = \sum_{i=1}^{n} v_i y(t_i) \qquad (7.30')$$

existiert. Ein Funktional der Form (7.30) bzw. (7.30') heißt "gequantelt". Wir bemerken, daß man Satz VI.7.3 auch mit einem Ergebnis von PTÁK [1] beweisen kann.

Satz VI.7.3 hat eine wichtige physikalische Interpretation: Gegeben sei ein lineares System, welches durch eine lineare Differentialgleichung der Ordnung n beschrieben wird. Dann kann man jede physikalische Größe, die durch ein lineares Funktional gegeben wird, bereits mit höchstens n Messungen bestimmen, die zu geeigneten Zeitpunkten durchzuführen sind. Dabei sollte man natürlich erwähnen, daß man bei einer m-dimensionalen Ausgabe unter einer Messung stets eine Messung aller m Parameter versteht.

Wir geben nun noch eine Verallgemeinerung dieses Satzes auf endliche Systeme von linear unabhängigen physikalischen Größen $f_1,\dots,f_k \in X^*$ an. Wie wir bereits erwähnt haben, faßt man das k-Tupel $(f_1,\dots,f_k)$ als lineare Abbildung von X in einen k-dimensionalen BANACH-Raum H auf. Gesucht wird dann ein stetiger linearer Operator $\Phi \in B(Y \longrightarrow H)$ mit minimaler Norm, der das Diagramm

(7.37)

kommutativ macht (siehe Kap. V, § 6).

Da H endlich-dimensional ist, existiert nach Satz V.6.6 stets eine Minimal-Norm-Lösung für beobachtbares F. Unser Ziel ist es, die allgemeine Form einer solchen Lösung zu bestimmen, wobei nur der Ausgaberaum $C_E[0,T]$ benutzt werden soll. Da jeder stetige lineare Operator von $C_E[0,T]$ in einen k-dimensionalen BANACH-Raum als ein k-Tupel von stetigen linearen Funktionalen auf $C_E[0,T]$ aufgefaßt werden kann, erhält man unmittelbar die allgemeine Form eines Operators $\tilde{G} \in B(C_E[0,T] \to H)$. Es gibt nämlich zu jedem $\tilde{G} \in B(C_E[0,T] \to H)$ ein k-Tupel $\{g_1,\dots,g_k\}$ von m-dimensionalen Vektorfunktionen g_i, die von beschränkter Variation sind, so daß

$$\tilde{G}(x) = \{\int_0^T \langle x(t), dg_i(t)\rangle\}. \tag{7.38}$$

Ist $G(t) = [g_1(t),\dots,g_k(t)]^{tr}$, dann kann man (7.38) auch in der Form

$$\tilde{G}(x) = \int_0^T (dG(t))x(t) \tag{7.39}$$

schreiben. G(t) heißt dann eine "<u>Matrix-Funktion von beschränkter Variation</u>".

Offensichtlich gilt wieder

$$\int_0^T (dG(t))x(t) = \lim_{\Delta} \sum_{i=1}^{n} [G(t_i)-G(t_{i-1})]x(t_i'), \tag{7.40}$$

wobei der Limes über eine beliebige Normalfolge Δ von Zerlegungen

$$0 = t_0<t_1<\ldots<t_n = T \tag{7.41}$$

zu nehmen ist und die t_i' Zwischenwerte mit $t_{i-1}<t_i' \leq t_i$ sind.

Für $G \in B(E \longrightarrow H)$ bezeichnen wir mit $\|G\|_{E,H}$ die zugehörige Operator-Norm (siehe Kapitel III, § 1, Formel (1.1)). Ferner setzt man für die Menge aller (m×k)-Matrizen-Funktionen $G(t)$, die von beschränkter Variation sind,

$$\mathrm{Var}_{B(E\to H)} G(t) = \sup \sum_{i=1}^{n} \|G(t_i)-G(t_{i-1})\|_{E,H}, \tag{7.42}$$

wobei das Supremum über alle Zerlegungen (7.41) von $[0,T]$ zu nehmen ist.

Aus den Formeln (7.39) und (7.40) folgt nun unmittelbar

$$\|\tilde{G}\| \leq \mathrm{Var}_{B(E\to H)} G(t). \tag{7.43}$$

Mit genau dem gleichen Beweis wie zu Satz VI.7.1 erhält man auch die umgekehrte Ungleichung, so daß sich insgesamt der folgende Satz ergibt:

<u>Satz VI.7.4.</u>
Die allgemeine Form eines Operators $\tilde{G} \in B(C_E[0,T] \to H)$ wird durch

$$\tilde{G}(x) = \int_0^T (dG(t))x(t)$$

gegeben, wobei $G(t)$ eine Matrix-Funktion von beschränkter Variation ist. Für die Normen gilt:

$$\|\tilde{G}\| = \mathrm{Var}_{B(E\to H)} G(t). \tag{7.44}$$

Da die Menge der (m×k)-Matrizen einen m•k-dimensionalen linearen Raum bilden, kann man die Operator-Norm $\|G\|_{E,H}$ auch als Norm auf dem $\mathbb{R}^{m\cdot k}$ auffassen. Man kann also auf $Var_{B(E\to H)}[0,T]$, versehen mit der Norm (7.44), Satz VI.7.2 anwenden und erhält:

Satz VI.7.2.'

Die Extremalpunkte der Einheitskugel des Raumes $Var_{B(E\to H)}[0,T]$ sind genau diejenigen Matrix-Funktionen G, zu denen es ein $t_0 \in [0,T]$ gibt, so daß G(t) auf den Intervallen $[0,t_0)$ und $(t_0,T]$ konstant ist, und der Operator

$$V = G(t_0+0) - G(t_0-0)$$

ein Extremalpunkt der Einheitskugel des Raumes $B(E \to H)$ ist.

Der Operator V heißt dann wieder der "Sprung" der Matrixfunktion G(t) an der Stelle t_0. Aus Satz VI.7.2' folgt nun:

Satz VI.7.5.

Gegeben sei das eingangs definierte lineare System

$$(X \xrightarrow[A]{} \square \xrightarrow[B]{} Y)$$

Ferner sei $F \in B(X \to H)$ ein beobachtbarer Operator von X in einem k-dimensionalen BANACH-Raum H.

Dann existiert ein Operator $\Phi \in B(Y \to H)$ mit minimaler Norm, der das Diagramm

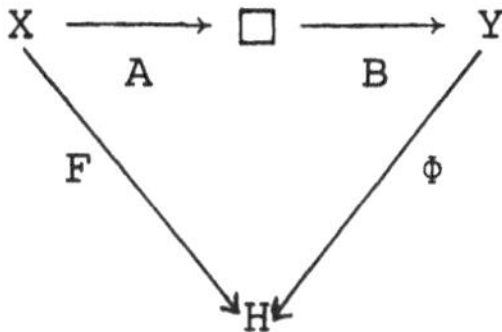

kommutativ macht, und der von der Form

$$\Phi(y) = \sum_{i=1}^{nk} V_i\, y(t_i) \tag{7.45}$$

ist. Dabei ist n die Dimension von X, die $t_1,\dots,t_{nk}$ sind Punkte des Intervalls $[0,T]$ und die $V_1,\dots,V_{nk}$ sind Matrizen mit k Zeilen und n Spalten.

Beweis:
Der Beweis dieses Satzes verläuft genau so wie der von Satz VI.7.3. Man setze wieder

$$a = \inf\{\|\Phi\|: \Phi \in B(Y \to H) \text{ und } F = \Phi BA\}.$$

Dann beachte man wieder, daß $B(X \to H)$ $n\cdot k$-dimensional ist und daß F auf dem Rande der Kugel um 0 mit Radius a in $\mathrm{Var}_{B(E\to H)}[0,T]$ liegt. Wie beim Beweis von Satz VI.7.3 folgt dann, daß Φ in der Form

$$\Phi = \sum_{i=1}^{nk} a_i \Phi_i \tag{7.46}$$

dargestellt werden kann, wobei die $\Phi_1,\dots,\Phi_{nk}$ Extremalpunkte der Kugel in $\mathrm{Var}_{B(E\to H)}[0,T]$ um 0 mit Radius a sind.

Nach Satz VI.7.2' ist

$$\Phi_i(y) = \int_0^T (dG_i(t))y(t) = \hat{V}_i\, y(t_i) \quad , \tag{7.47}$$

wobei $\hat{V}_i$ der Sprung von G_i an der Stelle t_i ist. Setzt man noch $V_i = a_i\, \hat{V}_i$, $i=1,\dots,n\cdot k$, dann folgt aus (7.46) und (7.47) die Behauptung. ■

Beispiel VI.7.1.
Gegeben sei ein Materiepunkt, der sich im eindimensionalen Raum in der Zeit von 0 bis T geradlinig gleichförmig bewegt. Die Geschwindigkeit dieses Materiepunktes soll nun dadurch beobachtet werden, daß man seine Lage zu mehreren verschiedenen Zeitpunkten bestimmt.

Bezeichnet man mit x(t) die Lage des Materiepunktes zur Zeit t, dann wird seine Bewegungsgleichung durch

$$\frac{d^2x}{dt^2} = 0, \qquad t \in [0,T], \tag{7.48}$$

gegeben. Der Raum der Anfangs- (bzw. End-) Werte ist also zweidimensional. Damit existiert nach Satz VI.7.3 eine optimale Beobachtungsmethode φ, die höchstens zwei Messungen benötigt. In der Bezeichnungsweise von (7.5) und (7.6) ist also $X = \mathbb{R}^2$, wobei für $x = (x_1, x_2) \in X$ die erste Komponente die Anfangsgeschwindigkeit und die zweite Komponente die Ausgangslage des Materiepunktes ist. Ferner ist $\square = C_2[0,T]$, und der Operator A ordnet dem Vektor $\begin{pmatrix} x_1 \\ x_2 \end{pmatrix}$ die Vektorfunktion $\begin{pmatrix} x_1 \\ tx_1+x_2 \end{pmatrix}$ zu. Im Ausgaberaum interessieren wir uns nur noch für den zeitlichen Ablauf der Bewegung. Also ist $Y = C[0,T]$ und der Ausgabeoperator B ordnet dem Vektor $\begin{pmatrix} x_1 \\ tx_1+x_2 \end{pmatrix}$ die zweite Komponente zu.

Mithin ist

$$(BA)x\big|_t = tx_1+x_2 , \qquad t \in [0,T].$$

Das Funktional $f \in X^*$ ist durch $f(x) := x_1$ gegeben, und $\varphi \in C[0,T]^*$ ist von der Form

$$\varphi(x) = ax(t_1)+bx(t_2). \tag{7.49}$$

Löst man mit dem Ansatz (7.49) die Gleichung

$$f = A^*B^*\varphi ,$$

dann ergeben sich die Beziehungen

$$a = \frac{1}{t_1-t_2} \quad \text{und } b = -a = \frac{1}{t_2-t_1} \tag{7.50}$$

Mithin ist

$$\|\varphi\| = \frac{2}{|t_1-t_2|} . \tag{7.51}$$

Offensichtlich ist die Norm von φ genau dann minimal, wenn $t_1=0$ und $t_2=T$ ist. Dieses Ergebnis stimmt also mit der Intuition (vergl. auch Beispiel V.7.1) überein.

Beispiel VI.7.2.
Gegeben sei der harmonische Oszillator, der durch die Differentialgleichung

$$\frac{d^2x}{dt^2} + x = 0 \qquad 0 \le t \le T \tag{7.52}$$

beschrieben wird, wobei x eine skalare Funktion ist. Wie bei der vorherigen Aufgabe soll nun aus der Lagebestimmung zu verschiedenen Zeitpunkten die Geschwindigkeit in einem festen Zeitpunkt $t_o \in [0,T]$ ermittelt werden.

Dazu nehmen wir an, daß entweder $T-t_o \ge \frac{1}{2}\pi$ oder aber $t_o \ge \frac{1}{2}\pi$ ist. Dann existiert nach Satz VI.7.3 eine Minimal-Norm-Lösung φ der Gleichung (7.6), die sich in der Form (7.49) darstellen läßt. Bezeichnen wir mit d die Lage und mit c die Geschwindigkeit im Zeitpunkt t_o, dann ist die Lösung x von (7.52) mit diesen Anfangswerten von der Form

$$x(t) = c \sin(t-t_o)+d \cos(t-t_o). \tag{7.53}$$

Die Koeffizienten a,b in (7.49) sind so zu wählen, daß für jedes x der Form (7.53) stets $\varphi(x) = c$ gilt. Dies heißt also:
Es ist

$$\begin{aligned} &a(c \sin(t_1-t_o)+d \cos(t_1-t_o)) + \\ &b(c \sin(t_2-t_o)+d \cos(t_2-t_o)) = c, \end{aligned} \tag{7.54}$$

für alle $c,d \in \mathbb{R}$.

Hieraus folgt nun

$$\begin{aligned} &a \sin(t_1-t_o) + b \sin(t_2-t_o) = 1 \\ &a \cos(t_1-t_o) + b \cos(t_2-t_o) = 0. \end{aligned} \tag{7.55}$$

Als Lösung von (7.55) erhält man:

$$a = \frac{\cos(t_2-t_o)}{\sin(t_1-t_o)\cos(t_2-t_o)-\sin(t_2-t_o)\cos(t_1-t_o)}$$

$$b = \frac{-\cos(t_1-t_o)}{\sin(t_1-t_o)\cos(t_2-t_o)-\sin(t_2-t_o)\cos(t_1-t_o)} \qquad (7.56)$$

Man zeigt leicht, daß die Norm des durch (7.49) gegebenen Funktionals φ genau durch

$$\|\varphi\| = |a|+|b|$$

gegeben wird.

Nun ist

$$|a|+|b| = \qquad (7.57)$$

$$\frac{|\cos(t_2-t_o)|+|\cos(t_1-t_o)|}{|\sin(t_1-t_o)\cos(t_2-t_o)-\sin(t_2-t_o)\cos(t_1-t_o)|} \geq$$

$$\frac{|\cos(t_2-t_o)|+|\cos(t_1-t_o)|}{|\sin(t_2-t_o)\cos(t_2-t_o)|+|\sin(t_2-t_o)\cos(t_1-t_o)|} \geq$$

$$\frac{|\cos(t_2-t_o)| + |\cos(t_1-t_o)|}{|\cos(t_2-t_o)| + |\cos(t_1-t_o)|} = 1.$$

Für $t_1 = t_o \pm \frac{1}{2}\pi$ ist aber $\cos(t_1-t_o) = 0$. Somit ist $a = \pm 1$ und $b=0$. Daher ist das Funktional (7.49) von der Form

$$\varphi(x) = \pm x(t_o \pm \tfrac{1}{2}\pi) \qquad (7.58)$$

Da $\|\varphi\| = 1$ ist, folgt aus (7.57), daß (7.58) eine Minimal-Norm-Lösung der Gleichung (7.6) ist.

Die Ergebnisse dieses Paragraphen gelten auch für den Fall, daß sich die Meßgenauigkeit mit der Zeit stetig ändert. In diesem Fall ist der BANACH-Raum E durch eine Familie von BANACH-Räumen E(t) zu ersetzen, die wie folgt konstruiert wird. Wir nehmen an, daß zum Zeitpunkt $t \in [0,T]$ die Meßgenauigkeit durch eine offene symmetrische beschränkte und konvexe Menge $U(t) \subset \mathbb{R}^m$ gegeben wird und daß diese Mengenfamilie $U(t) \subset \mathbb{R}^m$, $t \in [0,T]$ stetig ist. Der $\mathbb{R}^m$ wird nun mit einer Norm $\| \ \|_{E(t)}$ versehen, so daß U(t) bezüglich dieser Norm die Einheitskugel ist. Den so umnormierten $\mathbb{R}^m$ bezeichnet man dann mit E(t). Weiterhin führt man auf $C_m[0,T]$ eine zur üblichen Norm äquivalente Norm

$$\|x\| = \sup_{0 \le t \le T} \|x(t)\|_{E(t)}$$

ein und bezeichnet den $C_m[0,T]$ mit dieser Norm auch mit $C_{E(t)}[0,T]$. Damit ist $\left(C_{E(t)}[0,T]\right)^* = Var_m[0,T]$ mit der Norm

$$\|\tilde{G}\| = Var_{E(t)} G(t) = \sup \sum_{i=1}^{n} \|G(t_i) - G(t_{i-1})\|_{E(t_i')}, \qquad (7.59)$$

wobei das Supremum über alle Zerlegungen

$$0 = t_0 < t_1 < \ldots < t_n = T$$

von $[0,T]$ zu nehmen ist und die $t_i' \in [t_{i-1}, t_i]$ beliebige Zwischenpunkte sind.

Für Räume von Vektorfunktionen von beschränkter Variation, deren Norm durch (7.5.9) gegeben ist, kann man dann wieder Satz VI.7.2 beweisen, aus dem die Sätze VI.7.3 und VI.7.4 folgen.

§ 8 Die optimale Beobachtung bei stationären Systemen

Wir nehmen nun an, daß die in Gleichung (7.1) auftretende Matrix A und die in Gleichung (7.2) auftretende Matrix G konstant sind.

Nun sei $U \subseteq \mathbb{R}^m$ mit $m \geq 2$ ein Polyeder mit dim U=m. Man sagt dann, daß U bezüglich A und G in "<u>allgemeiner dualer Lage</u>" ist, falls für jeden Vektor $w \in \mathbb{R}^m \setminus \{0\}$ der orthogonal zu einer (m-1)-dimensionalen Seite von U ist, die Matrix

$$[G^*w,\ A^*G^*w, \ldots, (A^*)^{n-1}G^*w] \tag{8.1}$$

den Rang n hat. (rgA = n nach Voraussetzung)

Wir erweitern diese Definition nun noch auf die Dimension m=1. In diesem Falle ist U ein Intervall. Somit ist der Rand von U nulldimensional. Man sagt dann, daß $U \subset \mathbb{R}^1$ bezüglich A und G in "allgemeiner dualer Lage" ist, wenn für den Einheitsvektor $1 \in \mathbb{R}^1$ die Matrix (8.1) den Rang n hat.

Satz VI.8.1.

Es sei A eine konstante (n×n)-Matrix und G eine konstante (n×m)-Matrix. Ferner sei $\frac{dx}{dt} = Ax$ und $y(t) = Gx(t)$ ein stationäres System und $U \subseteq \mathbb{R}^n$ ein Polyeder, das bezüglich A und G in allgemeiner dualer Lage ist. Bezeichnet man nun mit E den $\mathbb{R}^n$ versehen mit der von U induzierten Norm

$$\|x\|_E = \inf\{t>0:\ \frac{x}{t} \in U\},$$

dann ist jede Minimal-Norm-Lösung φ der Gleichung

$$f = A^*B^*\varphi \tag{7.6}$$

gequantelt, also von der Form (7.30).

Beweis:

Es sei $\varphi \in (C_E[0,T])^*$ eine Lösung mit minimaler Norm von

$$f = A^*B^*\varphi .$$

Dann gibt es ein $g \in Var_{E^*}[0,T]$ mit

$$\varphi(x) = \int_0^T \langle x(t), dg(t) \rangle .$$

Weiter existiert nach Korollar V.6.4 ein $x_o \in \mathbb{R}^n \setminus \{0\}$ mit

$$\inf\{\|\varphi\|: \varphi \in Y^*,\ f = A^*B^*\varphi\} \qquad (8.2)$$
$$= \inf\{\|\varphi\|: f(x_o) = \varphi(BAx_o)\}$$

Setze

$$D = \{t: \|x(t)\|_E = \sup_{t\in[0,T]} \|x(t)\|_E\},$$

wobei $x(t) = Ge^{At}x_o$ ist. Offensichtlich ist D abgeschlossen und aus (8.2) folgt weiter, daß g auf $[0,T] \setminus D$ konstant ist.

Wir zeigen nun, daß D nur aus endlich vielen Punkten besteht. Angenommen, dies ist nicht der Fall. Da die Oberfläche von U die endliche Vereinigung von (m-1)-dimensionalen Seiten ist, existiert eine (m-1)-dimensionale Seite W von U und eine Folge $\{t_i\}$ von Elementen aus $[0,T]$ mit $x(t_i) \in \alpha W$, $\alpha = \|x\|_E$.

Nun sei $w \in \mathbb{R}^m \setminus \{0\}$ orthogonal zu W. Dann ist nach Definition von x:

$$\langle w, Ge^{At_i}x_o\rangle = 0, \qquad i=1,2,\dots .$$

Aus der Analytisität dieser Funktion folgt dann, daß für alle $t \in [0,T]$

$$\langle w, Ge^{At}x_o\rangle = 0. \qquad (8.3)$$

Differenziert man nun (8.3) (n-1)-mal nach t an der Stelle t=0, dann erhält man:

$$\begin{aligned} \langle w, Gx_o\rangle &= \langle G^*w, x_o\rangle = 0 \\ \langle w, GAx_o\rangle &= \langle A^*G^*w, x_o\rangle = 0 \\ &\vdots \\ \langle w, GA^{n-1}x_o\rangle &= \langle (A^*)^{n-1}G^*w, x_o\rangle = 0 \end{aligned} \qquad (8.4)$$

Da U in allgemeiner dualer Lage bezüglich A und G ist, folgt hieraus, daß $x_o=0$ ist, im Widerspruch zur Annahme. ∎

Aus der Annahme, daß jede Lösung φ mit minimaler Norm der Gleichung (7.6) gequantelt ist, folgt noch nicht, daß sie eindeutig bestimmt ist. Dies zeigt insbesondere das Beispiel VI.7.2, in dem unter der zusätzlichen Annahme

$$\frac{1}{2}\pi < t_o < T - \frac{1}{2}\pi$$

für jedes a mit $0 \leq a \leq 1$ das Funktional

$$\varphi(y) = ay(t_o+\frac{1}{2}\pi)+(a-1)y(t_o-\frac{1}{2}\pi)$$

eine Minimal-Norm-Lösung von (7.6) ist.

Satz VI.8.1 läßt sich wie folgt verallgemeinern:

<u>Satz VI.8.2.</u>
Angenommen, der Rand von U lasse sich als abzählbare Vereinigung von Seiten W_n der Dimension 1 bis (m-1) darstellen. Ferner existiere zu jeder Seite W_n ein Vektor $w_n \in \mathbb{R}^m \setminus \{0\}$, der orthogonal zu W_n ist, so daß die Matrix

$$[G^*w_n, A^*G^*w_n, \ldots, (A^*)^{n-1}G^*w_n]$$

den Rang n hat.

Dann läßt sich jede Minimal-Norm-Lösung φ von (7.6) in der Form

$$\varphi(y) = \sum_{i=1}^{\infty} \langle a_i, y(t_i) \rangle \tag{8.5}$$

darstellen, wobei $\{t_i\}$ eine Punktfolge in $[0,T]$ ist und $\{a_i\}$ eine Folge von Vektoren des $\mathbb{R}^m$.

Beweis:

Man zeigt nun genau wie beim Beweis von Satz VI.8.1, daß ein $x_o \in \mathbb{R}^m \setminus \{0\}$ existiert, welches der Gleichung (8.2) genügt. Dann definiert man die Menge D entsprechend. Zu zeigen bleibt nun noch, daß D höchstens abzählbar ist. Dies folgt daraus, daß der Rand von U die abzählbare Vereinigung von Seiten ist. Weiter gilt für jede Seite W, daß $x(t) \in \alpha W$ nur für endlich viele t gilt. ∎

Kapitel VII. Systeme mit verteilten Parametern

"Systeme mit verteilten Parametern" heißen in den Ingenieurwissenschaften alle solche Systeme, die durch partielle Differentialgleichungen beschrieben werden, wie etwa durch die "Wärmeleitungsgleichung"

$$\frac{\partial Q}{\partial t} = a \left(\frac{\partial^2 Q}{\partial x_1^2} + \dots + \frac{\partial^2 Q}{\partial x_n^2}\right) \tag{O.1}$$

oder die "Wellengleichung"

$$\frac{\partial^2 Q}{\partial t^2} = a \left(\frac{\partial^2 Q}{\partial x_1^2} + \dots + \frac{\partial^2 Q}{\partial x_n^2}\right). \tag{O.2}$$

Dabei liegt in den Beispielen (O.1) und (O.2) t in dem Intervall $[0,T]$ und $x=(x_1,\dots,x_n)$ in einem gegebenen Gebiet $D \subset \mathbb{R}^n$. Weiterhin gehören zu den Gleichungen noch gewisse Rand- und Anfangsbedingungen.

In diesem Kapitel zeigen wir, wie man die in Kapitel V entwickelte Theorie der linearen Systeme auf die Systeme mit verteilten Parametern anwenden kann.

Wir benutzen dabei eine Lösungsmethode für partielle Differentialgleichungen, die man als verallgemeinerte FOURIER-Methode bezeichnen kann. Sie hat den Vorteil, besonders einfach zu sein und liefert in einfachen Fällen recht schnell die explizite Lösung. Weiterhin beschränken wir uns hier nur auf den Fall, wo auf der rechten Seite der Gleichungen (O.1) und (O.2) nur eine Veränderliche x auftritt.

Man sollte jedoch bemerken, daß man selbst in diesen einfachen Fällen mit der verallgemeinerten FOURIER-Methode schwächere Ergebnisse erhält als die, die aus der allgemeinen Theorie der partiellen Differentialgleichungen bekannt sind. So folgt mit der FOURIER-Methode etwa nur die Existenz einer verallgemeinerten Lösung für die eindimensionale Gleichung (0.2), wenn die Randbedingungen unstetig sind, obwohl auch klassische Lösungen existieren. Weiterhin folgt auch nicht unmittelbar, daß die Lösung, aufgefaßt als Funktion des Arguments t mit Werten in L^2, stetig ist. Dazu benötigt man bereits einen Satz aus der allgemeinen Theorie der partiellen Differentialgleichungen (siehe LIONS [1] und LIONS-MAGENES [1]). Daher empfehlen wir also dem Leser, der sich besonders für Systeme mit verteilten Parametern interessiert, das äußerst interessante Buch von LIONS [1].

Die verallgemeinerte FOURIER-Methode läuft darauf hinaus, daß man eine partielle Differentialgleichung als gewöhnliche Differentialgleichung in einem BANACH-Raum X auffaßt. Im Falle der Gleichungen (0.1) und (0.2) ergäbe dies etwa:

$$\frac{dx}{dt} \text{ (oder } \frac{d^2x}{dt^2}) = Ax \text{ mit } A = a(\frac{\partial^2}{\partial x_1^2} + \dots + \frac{\partial^2}{\partial x_n^2}). \qquad (0.3)$$

Nach der FOURIER-Methode wird dann der BANACH-Raum X in die Eigenräume des Operators A zerlegt.

Unter der "<u>Ableitung</u>" der Funktion x(t) einer reellen Veränderlichen t mit Werten in einem BANACH-Raum X versteht man wie üblich den Grenzwert

$$\frac{dx}{dt} = \lim_{h \to o} \frac{x(t+h)-x(t)}{h} \qquad (0.4)$$

Die in (0.3) auftretenden Operatoren A sind zwar stets linear, aber im allgemeinen nicht stetig. Sie sind auch nur auf einem dichten linearen Teilraum $\mathcal{D}$ von X definiert, den sie nach X abbilden. Im Falle der Differentialgleichungen (0.1) und (0.2) werden die verschiedenen Räume $\mathcal{D}$ und X aus den Randbedingungen bestimmt. Dabei wird es hier immer so sein, daß die Lösung x in einer gewissen Linearmannigfaltigkeit $V \subset X$ verläuft, die sich in naheliegender Weise aus den Randbedingungen bestimmt.

§ 1 Basen in BANACH-Räumen

Es sei X ein BANACH-Raum. Dann heißt eine Folge $\{e_n\} \subset X$ von Elementen aus X eine "<u>SCHAUDER-Basis</u>" (kurz "<u>Basis</u>") für X, wenn sich jedes $x \in X$ eindeutig in Form einer Reihe

$$x = \sum_{i=1}^{\infty} t_i e_i \tag{1.1}$$

darstellen läßt.

Offensichtlich ist jede Basis eines endlich-dimensionalen BANACH-Raumes auch eine SCHAUDER-Basis.

Beispiel VII.1.1.
In den Räumen ℓ, ℓ^2 und c_o ist die Folge $\{e_n\}$ mit

$$e_n = \{0,\dots,0\ \underbrace{0,0,1,0\dots\ 0}_{n\text{-te Stelle}},\dots\}$$

eine Basis.

Beispiel VII.1.2.
Im Raum $L^2[-\pi,+\pi]$ ist $\{e_n\}$, n=0, +1, -1, +2, -2,... eine Basis, wobei

(a) für den Skalarenkörper der komplexen Zahlen

$$e_n = e^{int}$$

(b) für den Skalarenkörper der reellen Zahlen

$$e_n = \begin{cases} \cos nt & , \text{ für } n \leq 0 \\ \sin nt & , \text{ für } n > 0 \end{cases} \quad \text{ist.}$$

Wir beweisen nun einige grundlegende Ergebnisse über Basen.

Dazu sei X ein BANACH-Raum und $\{e_n\} \subset X$ eine Basis für X. Für jedes n=1,2,... setzt man dann

$$P_n(x) = \sum_{i=1}^{n} t_i e_i, \quad \text{wobei } x = \sum_{i=1}^{\infty} t_i e_i .$$

Für die Operatoren P_n gilt nun:

Satz VII.1.1. (SCHAUDER [1])
Die Operatoren P_n sind stetig, und ihre Normen sind gleichmäßig be-

schränkt.

<u>Beweis:</u>
Es bezeichne $X_1 = \mathrm{Lin}_\infty\{e_n\}$ den Raum aller solcher Folgen $y = \{\eta_n\}$, für die die Reihe $\sum_{i=1}^{\infty} \eta_i e_i$ konvergiert. Aus der Linearität des Limes folgt zunächst, daß X_1 ein linearer Raum ist. Wir führen nun auf X_1 die Norm

$$\|y\|^* = \sup_n \|\sum_{i=1}^{n} \eta_i e_i\| \tag{1.2}$$

ein. X_1 ist dann bezüglich dieser Norm ein normierter Raum. Wir zeigen, daß er auch vollständig ist, also daß X_1 ein BANACH-Raum ist.

Dazu sei $y^k = \{\eta_n^k\}$ eine CAUCHY-Folge aus X_1. Dann existiert zu jedem $\varepsilon>0$ eine natürliche Zahl m_o, so daß für alle $m,k\geq m_o$

$$\|y^m - y^k\|^* = \sup_n \|\sum_{i=1}^{n} (\eta_i^m - \eta_i^k)e_i\| \leq \varepsilon \tag{1.3}$$

Dies heißt, daß für alle $n=1,2,\ldots$

$$\|(\eta_n^m - \eta_n^k)e_n\| \leq \|\sum_{i=1}^{n} (\eta_i^m - \eta_i^k)e_i\| + \|\sum_{i=1}^{n-1} \eta_i^m - \eta_i^k)e_i\| \leq 2\varepsilon. \tag{1.4}$$

Da $\varepsilon>0$ beliebig ist, folgt hieraus, daß für jedes $n=1,2,\ldots$ die Skalarenfolge $\{\eta_n^m\}$ eine CAUCHY-Folge ist. Da der Skalarenkörper vollständig ist, existiert also

$$\eta_n = \lim_{m\to\infty} \eta_n^m \, . \tag{1.5}$$

Geht man nun in (1.3) bezüglich k zum Limes über, dann erhält man für alle $m\geq m_o$:

$$\sup_n \|\sum_{i=1}^{n} (\eta_i^m - \eta_i)e_i\| \leq \varepsilon. \tag{1.6}$$

Setzt man also

$$S_n^m = \sum_{i=1}^{n} \eta_i^m e_i \text{ und } S_n = \sum_{i=1}^{n} \eta_i e_i,$$

dann hat man nach (1.6) für alle n,r und alle $m\geq m_o$

Also ist für alle $m_1 \geq m_o$ $\{S_n^{m_1}\}$ eine CAUCHY-Folge in X. Es existiert daher ein N, so daß für alle $n,r \geq N$

$$\|S_n^{m_1} - S_r^{m_1}\| \leq \varepsilon \tag{1.8}$$

ist. Zusammen mit (1.7) ergibt dies

$$\|S_n - S_r\| \leq 3\varepsilon. \tag{1.9}$$

Damit ist gezeigt, daß $\sum_{i=1}^{\infty} \eta_i e_i$ konvergiert, d.h. $y = \{\eta_i\} \in X_1$.

Aus (1.6) folgt nun für alle $m \geq m_o$:

$$\|y^m - y\|^* \leq \varepsilon,$$

d.h. X_1 ist vollständig.

Nun sei A der durch

$$A(y) = \sum_{i=1}^{\infty} \eta_i e_i \tag{1.10}$$

definierte Operator von X_1 nach X.

Nach Definition von X_1 ist A auf ganz X_1 erklärt. Weiterhin ist A linear und wegen

$$\|Ay\| = \|\sum_{i=1}^{\infty} \eta_i e_i\| \leq \sup_n \|\sum_{i=1}^{n} \eta_i e_i\| = \|y\|^* \tag{1.11}$$

auch stetig. Aus der Definition der Basis folgt noch, daß A bijektiv ist.

Also ist nach dem Satz von BANACH (Korollar III.2.2) auch der inverse Operator A^{-1} stetig.

Aus (1.11) folgt nun, daß für jedes n=1,2,... und jedes

$$x = \sum_{i=1}^{\infty} \eta_i e_i \in X$$

$$\|P_n(x)\| = \|\sum_{i=1}^{n} \eta_i e_i\| \leq \|y\|^* = \|A^{-1}(x)\|^* \leq \|A^{-1}\| \cdot \|x\| \tag{1.12}$$

Daraus folgt aber

$$\|P_n\| \leq \|A^{-1}\| \qquad (1.13)$$

■

Korollar VII.1.2.

Die Entwicklungskoeffizienten bezüglich der Basis $\{e_i\}$ sind stetige lineare Funktionale auf X. Sie heißen "Basisfunktionale".

Der folgende Satz kann als Umkehrung von Satz VII.1.1 angesehen werden.

Satz VII.1.3.

Es sei X ein BANACH-Raum und $\{e_n\}$ eine Folge linear unabhängiger Elemente von X. Ferner sei $X_o = \mathrm{Lin}\{e_n\}$, und für jedes n=1,2,... sei P_n der durch

$$P_n(x) = \begin{cases} x & \text{, falls } m \leq n \\ \sum\limits_{i=1}^{n} t_i e_i, & \text{falls } m > n \end{cases} \qquad (1.14)$$

mit $x = \sum\limits_{i=1}^{m} t_i e_i \in X_o$ definierte lineare Operator von X_o nach X_o. Nun versehe man X_o mit der von X induzierten Norm. Wenn es dann ein M>O gibt, so daß für alle n=1,2,... stets $\|P_n\| \leq M$ ist, dann ist $\{e_n\}$ eine Basis im Abschluß von X_o, also in $\overline{X_o}$.

Beweis:

Es sei wieder $X_1 = \mathrm{Lin}_\infty\{e_n\}$ der lineare Raum aller solcher Elemente von X, die sich als konvergente Reihe der Form

$$x = \sum_{i=1}^{\infty} t_i e_i \qquad (1.15)$$

schreiben lassen.

Angenommen, es gibt ein M>O, so daß für alle n=1,2,... stets $\|P_n\| \leq M$ ist. Dann zeigen wir, daß die Folge $\{e_n\}$ aus stark linear unabhängigen Elementen besteht. Dabei heißt stark linear unabhängig, daß aus $\sum\limits_{i=1}^{\infty} t_i e_i = O$ stets $t_i = O$, i=1,2,... folgt.

Angenommen, die Elemente der Folge $\{e_n\}$ seien nicht stark linear unabhängig. Dann existiert eine Skalarfolge $\{t_i^o\}$, deren Elemente nicht sämtlich Null sind, mit $\sum_{i=1}^{\infty} t_i^o e_i = 0$. Da nicht alle t_i^o verschwinden, gibt es ein n, so daß für alle $m \geq n$

$$a = P_n\left(\sum_{i=1}^{m} t_i^o e_i\right) \neq 0.$$

Wegen $\lim_{m} \sum_{i=1}^{m} t_i^o e_i = 0$ widerspricht dies jedoch der Stetigkeit von P_n. Damit ist gezeigt, daß unter der Voraussetzung $\|P_n\| \leq M$ die Elemente e_n stark linear unabhängig sind.

Die Operatoren P_n lassen sich also auf X_1 durch

$$P_n\left(\sum_{i=1}^{\infty} t_i e_i\right) = \sum_{i=1}^{n} t_i e_i$$

fortsetzen.

Wir führen nun auf X_1 eine weitere Norm

$$\|x\|^* = \sup_n \left\| \sum_{i=1}^{n} t_i e_i \right\| \tag{1.16}$$

ein. Dabei ist wieder $x = \sum_{i=1}^{\infty} t_i e_i$.

Den Raum X_1, versehen mit der Norm (1.16) bezeichnen wir mit X_2.

Nach Definition von $\|x\|^*$ gilt zunächst

$$\|x\| \leq \|x\|^*$$

Da für alle n=1,2,... aber $\|P_n\| \leq M$ ist, gilt

$$\|x\|^* \leq M \cdot \|x\|. \tag{1.17}$$

Also sind die Normen $\| \;\|$ und $\| \;\|^*$ äquivalent und somit die Räume X_1 und X_2 isomorph.

Aus dem Beweis von Satz VII.1.1 folgt nun, daß X_2 vollständig ist. Damit ist auch X_1 vollständig, d.h. es ist $X_1 = \overline{X_o}$. Weiter folgt nun aus der Definition von X_1 und der starken linearen Unabhänigkeit der

Elemente e_n, daß $\{e_n\}$ eine Basis für X_1 ist. ∎

Eine Folge $\{e_n\}$ von Elementen eines BANACH-Raumes X heißt eine "<u>Basisfolge</u>" genau dann, wenn sie eine Basis in dem von ihr erzeugten Raum $X_1 = \overline{\text{Lin}\{e_n\}}$ ist.

In dieser Terminologie lautet dann Satz VII.1.3 folgendermaßen:

<u>Satz VII.1.3'.</u>
Wenn für die Normen der Operatoren P_n eine gemeinsame Schranke existiert, dann ist $\{e_n\}$ eine Basisfolge.

<u>Korollar VII.1.4.</u>
Es sei X ein BANACH-Raum und $\{e_n\}$ eine Folge von Elementen aus X. Die Folge $\{e_n\}$ ist genau dann eine Basis für X, wenn

(a) $\text{Lin}\{e_n\}$ dicht in X ist

und

(b) eine Konstante $M>0$ existiert, so daß für alle m,n mit $m>n$ die Ungleichung

$$\left\| \sum_{i=1}^{n} t_i e_i \right\| \leq M \cdot \left\| \sum_{i=1}^{m} t_i e_i \right\|$$

gilt.

<u>Beispiel VII.1.3.</u>
Es sei H ein HILBERT-Raum und $\{e_n\}$ eine Folge von paarweise orthogonalen Elementen aus H, also $\langle e_n, e_m \rangle = 0$, für $m \neq n$. Wir zeigen nun, daß $\{e_n\}$ eine Basisfolge ist. Da $\{e_n\}$ eine Orthogonalfolge ist, gilt für jedes $n=1,2,\ldots$

$$\left\| \sum_{i=1}^{n} t_i e_i \right\| = \sqrt{\left\langle \sum_{i=1}^{n} t_i e_i , \sum_{i=1}^{n} t_i e_i \right\rangle} = \sqrt{\sum_{i=1}^{n} |t_i|^2 \|e_i\|^2}$$

Also ist für alle $m>n$

$$\left\| \sum_{i=1}^{n} t_i e_i \right\| \leq \left\| \sum_{i=1}^{m} t_i e_i \right\| .$$

Ist also $\text{Lin}\{e_n\}$ dicht in H, dann ist $\{e_n\}$ eine Basis für H, die auch "<u>Orthogonalbasis</u>" genannt wird.

Eine Orthogonalbasis heißt "<u>Orthonormalbasis</u>", wenn zusätzlich noch $\|e_n\| = 1$ gilt für alle $n=1,2,\ldots$. Existiert für einen HILBERT-Raum H eine Orthonormalbasis $\{e_n\}$, dann liegt für jedes $x \in H$ die Folge der Entwicklungskoeffizienten $\{c_n\}$ in ℓ^2; dabei ist $c_n = \langle x, e_n\rangle$. Offensichtlich gilt dann $\|x\|_H = \|\{c_n\}\|_{\ell^2}$.

Nun seien X und Y BANACH-Räume. Ferner sei $\{e_n\}$ eine Basis für X und $\{f_n\}$ eine Basis für Y. Dann heißen die Basen $\{e_n\}$ und $\{f_n\}$ "<u>äquivalent</u>", falls die Reihe $\sum_{i=1}^{\infty} t_i e_i$ genau dann konvergiert, wenn die Reihe $\sum_{i=1}^{\infty} t_i f_i$ konvergiert.

<u>Satz VII.1.5.</u>
Es sei $\{e_n\}$ eine Basis des BANACH-Raumes X, die äquivalent zu einer Basis $\{f_n\}$ des BANACH-Raumes Y ist. Dann ist X isomorph zu Y.

<u>Beweis:</u>
Es bezeichne X_1 (bzw. Y_1) die Menge aller solchen Folgen $\xi=\{\xi_i\}$ (bzw. $\eta=\{\eta_i\}$), für die die Reihe $\sum_{i=1}^{\infty} \xi_i e_i$ (bzw. $\sum_{i=1}^{\infty} \eta_i e_i$) konvergiert. Wir versehen nun X_1 (bzw. Y_1) mit der Norm

$$\|\xi\|_X = \sup_n \|\sum_{i=1}^{n} \xi_i e_i\| \tag{1.18}$$

(bzw.

$$\|\eta\|_Y = \sup_n \|\sum_{i=1}^{n} \eta_i f_i\|) \tag{1.18'}$$

Dann folgt aus dem Beweis von Satz VII.1.1, daß die Räume X und X_1 und die Räume Y und Y_1 zueinander isomorph sind.

Da die Basen $\{e_n\}$ und $\{f_n\}$ äquivalent sind, bestehen die beiden Räume X_1 und Y_1 aus der gleichen Menge von Skalarenfolgen. Weiterhin folgt aus Korollar VII.1.2, daß die Basisfunktionale ξ_i, bzw. η_i, in beiden Topologien stetig sind. Da diese jedoch auf X_1 und Y_1 eine totale Familie sind, folgt aus Korollar III.2.4', daß X_1 und Y_1 isomorph sind. ∎

Satz VII.1.6. (KREIN-MILMAN-RUTMAN [1])
Es sei X ein BANACH-Raum, und $\{e_n\}$ mit $\|e_n\|=1$ sei eine Basis für X. Ferner sei $\{f_n\}$ eine Folge von stark linear unabhängigen Elementen von X, so daß die Reihe

$$\sum_{i=1}^{\infty} \|e_i - f_i\| \tag{1.19}$$

konvergiert. Dann ist auch $\{f_n\}$ eine Basis für X.

Beweis:
Es sei $M = \sup_n \|P_n\|$. Da nach Voraussetzung die Reihe (1.19) konvergiert, existiert ein N, so daß

$$K_N = \sum_{i=N}^{\infty} \|f_i - e_i\| < \frac{1}{2M} . \tag{1.20}$$

Nun sei

$$X_1 = \overline{\mathrm{Lin}\{e_N, e_{N+1}, \dots\}}$$

und

$$Y_1 = \overline{\mathrm{Lin}\{f_N, f_{N+1}, \dots\}} .$$

Wir zeigen nun, daß $\{f_N, f_{N+1}, \dots\}$ eine Basis für Y_1 ist, die äquivalent zur Basis $\{e_N, e_{N+1}, \dots\}$ von X_1 ist.

Dazu beachte man zunächst, daß nach der Dreiecksungleichung für alle n,n' mit $n' \geq n \geq N$

$$\begin{aligned} \Big\| \sum_{i=n}^{n'} t_i e_i \Big\| - \sum_{i=n}^{n'} |t_i| \|f_i - e_i\| &\leq \Big\| \sum_{i=n}^{n'} t_i f_i \Big\| \\ &\leq \Big\| \sum_{i=n}^{n'} t_i e_i \Big\| + \sum_{i=n}^{n'} |t_i| \|f_i - e_i\| . \end{aligned} \tag{1.21}$$

Da für alle $i=1,2,\dots$ stets $\|e_i\|=1$ ist, folgt aus (1.4)

$$|t_i| \leq 2M \cdot \Big\| \sum_{i=n}^{n'} t_i e_i \Big\| \quad , \quad i = n, n+1, \dots, n'. \tag{1.22}$$

Also:

$$\sum_{i=n}^{n'} |t_i| \cdot \|f_i - e_i\| \leq 2M \cdot K_N \cdot \Big\| \sum_{i=n}^{n'} t_i e_i \Big\| \tag{1.23}$$

Für $\delta=K_N\cdot 2M<1$ folgt dann aus (1.21)

$$(1-\delta)\|\sum_{i=n}^{n'} t_i e_i\| < \|\sum_{i=n}^{n'} t_i f_i\| \leq (1+\delta)\|\sum_{i=n}^{n'} t_i e_i\| \tag{1.24}$$

Dies bedeutet aber, daß die Reihe $\sum_{i=N}^{\infty} t_i f_i$ genau dann konvergiert, wenn die Reihe $\sum_{i=N}^{\infty} t_i e_i$ konvergiert. Weiterhin folgt noch aus (1.24), daß für alle n,m mit $N\leq n\leq m$

$$\begin{aligned}\|\sum_{i=N}^{n} t_i f_i\| &\leq (1+\delta)\|\sum_{i=N}^{n} t_i e_i\| \leq M(1+\delta)\|\sum_{i=N}^{m} t_i e_i\| \\ &\leq \frac{M(1+\delta)}{1-\delta}\|\sum_{i=N}^{m} t_i f_i\|\end{aligned} \tag{1.25}$$

Dies bedeutet, daß $\{f_N, f_{N+1},\ldots\}$ eine Basis für Y_1 ist.

Da nach Voraussetzung die f_n stark linear unabhängig sind, gilt für alle $i=1,\ldots,N-1$ $f_i \notin Y_1$. Da $Y_1 \subseteq Y$ abgeschlossen ist, existieren also $F_i \in Y^*$, $i=1,\ldots,N-1$ mit

$$F_i(f_j) = \begin{cases} 1 , & \text{für } i = j \\ 0 , & \text{für } i \neq j \text{ und } j = 1,\ldots,N-1 \end{cases} \tag{1.26}$$

und

$$F_i(y) = 0 , \quad \text{für } y \in Y_1. \tag{1.27}$$

Nun sei Y_2 der Raum aller $y \in Y$, die sich als konvergente Reihe der Form $y = \sum_{i=1}^{\infty} t_i f_i$ darstellen lassen. Ferner sei Q_n von Y_2 nach Y_2 durch

$$Q_n(\sum_{i=1}^{\infty} t_i f_i) = \sum_{i=1}^{n} t_i f_i$$

definiert.

Dann folgt zunächst aus (1.26) und (1.27), daß für alle $n=1,2,\ldots,N-1$ die Operatoren Q_n stetig sind. Weiter folgt aus (1.25), daß für alle $n\geq N$ stets

$$\|Q_n\| \leq \|Q_{N-1}\| + \frac{2M(1+\delta)}{(1-\delta)} . \tag{1.28}$$

Also existiert für die Normen der Operatoren Q_n eine gemeinsame Schranke. Damit ist nach Korollar VII.1.4 die Folge $\{f_n\}$ eine Basis für Y_2.

Um zu zeigen, daß $\{f_n\}$ auch eine Basis von X ist, genügt es zu zeigen, daß Y_2 gleich Y ist. Dann ist nämlich $\mathrm{Lin}\{f_n\}$ dicht in X, und nach Korollar VII.1.4, ist $\{f_n\}$ eine Basis von X.

Angenommen, die Kodimension von Y_1 sei nicht (N-1). Dann ist $Y_o = \overline{\mathrm{Lin}\{e_1,\ldots,e_{N-1}, Y_1\}}$ nicht der gesamte Raum X. Es existiert also ein $x_o \in X$ mit $\|x_o\|=1$ und

$$\inf\{\|x_o - y\| : y \in Y_o\} > \delta. \tag{1.29}$$

Nun stellen wir x_o als konvergente Reihe bezüglich der Basis $\{e_n\}$ dar, also

$$x_o = \sum_{i=1}^{\infty} t_i^o e_i .$$

Setzt man nun

$$y_o = t_1^o e_1 + \ldots + t_{N-1}^o e_{N-1} + \sum_{i=N}^{\infty} t_i^o f_i , \tag{1.30}$$

dann ist offensichtlich

$$\|x_o - y_o\| = \|\sum_{i=N}^{\infty} t_i^o (e_i - f_i)\| \leq \delta \|x_o\| \leq \delta , \tag{1.31}$$

im Widerspruch zu (1.29). ∎

Aus Formel (1.24) folgt übrigends immer, daß die Elemente $\{f_N, f_{N+1},\ldots\}$ stark linear unabhängig sind. Ohne näher darauf einzugehen, bemerken wir noch folgendes: Man kann zeigen, daß $\{f_n\}$ bereits eine Basisfolge ist, wenn nur die Summe (1.19) hinreichend klein ist. Dazu benötigt man nicht die Annahme, daß die f_n stark linear unabhängig sind.

Für HILBERT-Räume läßt sich noch ein zum Satz von KREIN-MILMAN-RUTMAN verwandter Satz herleiten:

Satz VII.1.7. (SINGER [1])
Es sei H ein HILBERT-Raum und $\{e_n\}$ eine Orthonormalbasis von H. Ferner sei $\{f_n\}$ eine Folge von stark linear unabhängigen Elementen von H mit

$$\sum_{i=1}^{\infty} \|e_n - f_n\|^2 < +\infty . \tag{1.32}$$

Dann ist $\{f_n\}$ eine Basis von H, die zur Basis $\{e_n\}$ äquivalent ist.

Beweis:
Wir zeigen zunächst, daß die Folge $\{f_n\}$ eine Basisfolge ist, falls die Summe (1.32) kleiner als 1 ist.

Dazu sei

$$r_i = f_i - e_i \quad , \quad i = 1,2,\ldots$$

und

$$\sum_{i=1}^{\infty} \|r_i\|^2 = c^2 < 1. \tag{1.33}$$

Aus der SCHWARZschen Ungleichung und Formel (1.33) folgt dann

$$\begin{aligned} \Big\|\sum_{i=1}^{n} t_i r_i\Big\| &\le \sum_{i=1}^{n} |t_i|\,\|r_i\| \le \Big(\sum_{i=1}^{n} |t_i|^2\Big)^{1/2} \cdot \Big(\sum_{i=1}^{n} \|r_i\|^2\Big)^{1/2} \\ &\le c\cdot\Big(\sum_{i=1}^{n} |t_i|^2\Big)^{1/2} = c\cdot\Big\|\sum_{i=1}^{n} t_i e_i\Big\| . \end{aligned} \tag{1.34}$$

Aus (1.34) und der Dreiecksungleichung folgt dann für alle n und alle n-Tupel $\{t_1,\ldots,t_n\}$ von Skalaren:

$$(1-c)\Big\|\sum_{i=1}^{n} t_i e_i\Big\| \le \Big\|\sum_{i=1}^{n} t_i f_i\Big\| \le (1+c)\Big\|\sum_{i=1}^{n} t_i e_i\Big\| . \tag{1.35}$$

Hieraus erhält man, daß für alle n,m mit $m \ge n$

$$\Big\|\sum_{i=1}^{n} t_i f_i\Big\| \le (1+c)\Big\|\sum_{i=1}^{n} t_i e_i\Big\| \le (1+c)\Big\|\sum_{i=1}^{m} t_i e_i\Big\| \le \frac{1+c}{1-c}\Big\|\sum_{i=1}^{m} t_i f_i\Big\|.$$

Nach Satz VII.1.3 heißt dies, daß $\{f_n\}$ eine Basisfolge ist.

Nun sehen wir uns den allgemeinen Fall an. Zunächst existiert nach (1.32) ein N mit

$$c_N = \sum_{i=N}^{\infty} \|r_i\|^2 < \frac{1}{2} . \qquad (1.36)$$

Aus dem eben Gezeigten folgt dann, daß $\{f_N, f_{N+1}, \ldots\}$ eine Basisfolge ist. Genauso wie beim Beweis von Satz VII.1.6 zeigt man dann noch, daß $\mathrm{Lin}\{f_n\}$ in H dicht ist. ■

§ 2 Eigenwerte und Eigenvektoren

Es sei X ein BANACH-Raum über dem Körper der reellen oder komplexen Zahlen und $D_A \subset X$ eine lineare Teilmenge von X. Ferner sei A ein linearer Operator von D_A nach X. Man bezeichnet dann D_A als den "Definitionsbereich" von A. (Wir bemerken ausdrücklich, daß wir weder die Abgeschlossenheit von D_A noch die Stetigkeit von A fordern.) Dann heißt jede Zahl λ des Skalarenkörpers, zu der es ein $x_\lambda \in D_A \setminus \{0\}$ mit

$$Ax_\lambda = \lambda x_\lambda \qquad (2.1)$$

gibt, ein "Eigenwert" von A. Das Element x_λ wird als "Eigenvektor" von A zum Eigenwert λ bezeichnet.

Beispiel VII.2.1.
Es sei $X = C[0,T]$ der BANACH-Raum aller auf $[0,T]$ definierten stetigen reellwertigen (bzw. komplex-wertigen) Funktionen und $A = \frac{d}{dt}$. Dann besteht der Definitionsbereich D_A von A aus allen solchen Funktionen von X, die stetig differenzierbar sind. Man sieht leicht, daß sowohl im reellen, wie im komplexen Fall jeder Skalar λ ein Eigenwert von A ist. Ein zugehöriger Eigenvektor wird durch $x_\lambda = e^{\lambda t}$ gegeben.

Beispiel VII.2.2.
Wie im vorigen Beispiel sei wieder $X = C[0,T]$; jedoch sei jetzt $A = \frac{d^2}{dt^2}$. Dann besteht der Definitionsbereich D_A von A aus allen solchen Funktionen von X, die zweimal stetig differenzierbar sind. Auch in diesem Fall ist wieder jeder Skalar λ ein Eigenwert, zu dem allerdings bis auf $\lambda=0$ stets zwei linear unabhängige Eigenvektoren existieren. Im komplexen Fall sind es die Funktionen $e^{\pm\sqrt{\lambda}t}$. Im reellen Fall gehören zu $\lambda \geq 0$ die Eigenvektoren $e^{\pm\sqrt{\lambda}t}$ und zu $\lambda<0$ die Eigenvektoren $\sin\sqrt{|\lambda|}t$ und $\cos\sqrt{|\lambda|}t$.

Beispiel VII.2.3.
Nun sei $X \subset C[0,T]$ der Teilraum aller stetig differenzierbaren reellwertigen Funktionen x mit $x(0) = x(T)$ und $x'(0) = x'(T)$. Man sieht sofort, daß X mit der induzierten Norm ein BANACH-Raum ist. Wie im obigen Beispiel sei $A = \frac{d^2}{dt^2}$ und D_A der lineare Raum aller zweimal stetig differenzierbaren Funktionen aus X. Mit Hilfe einer leichten Rechnung sieht man dann, daß die Eigenwerte von A genau die Zahlen

$$\lambda_n = -\left(\frac{2n\pi}{T}\right)^2 , \quad n = 1,2,\ldots$$

sind. Zu jedem Eigenwert λ_n gehören zwei linear unabhängige Eigenvektoren, nämlich

$$\sin \frac{2n\pi}{T} t \text{ und } \cos \frac{2n\pi}{T} t$$

Für $T = 2\pi$ ist $\lambda_n = -n^2$, und die Eigenvektoren sind die Funktionen sin nt und cos nt.

Nun sei wieder X ein BANACH-Raum und A ein linearer Operator mit Werten in X und Definitionsbereich $D_A \subset X$. Weiter nehmen wir an, daß die Eigenvektoren $\{e_n\}$ von A eine Basis im Raum X bilden. Dann läßt sich jedes $x \in X$ in der Form $x = \sum_{i=1}^{\infty} t_i e_i$ schreiben, und für den Operator A gilt:

$$A\left(\sum_{i=1}^{\infty} t_i e_i\right) = \sum_{i=1}^{\infty} \lambda_i t_i e_i \ . \qquad (2.2)$$

Dabei ist wieder λ_i der Eigenwert von A zum Eigenvektor e_i. Die Darstellung des Operators A in der Form (2.2) heißt die "Diagonalgestalt" von A.

Auf dieser Darstellung des Opearotors A in Diagonalgestalt beruht nun ein Lösungsverfahren für die Differentialgleichung (0.3).

Dazu setzen wir voraus, daß überhaupt eine Lösung von (0.3) existiert, und daß sich der Operator A in Diagonalgestalt darstellen läßt.

Es existiert also für X eine Basis $\{e_n\}$, die genau aus den Eigenvektoren von A besteht. Die Folge der zugehörigen Basisfunktionale sei $\{f_n\}$. Dann läßt sich jedes $x \in X$ in der Form

$$x = \sum_{i=1}^{\infty} f_i(x)e_i$$

darstellen. Wir haben nun vorausgesetzt, daß die Differentialgleichungen (0.3)

$$\frac{dx}{dt} = Ax \quad (\text{bzw. } \frac{d^2x}{dt^2} = Ax)$$

mit der Anfangsbedingung

$$x(0) = x_o \quad (\text{bzw. } x(0) = x_o \text{ und } \left.\frac{dx}{dt}\right|_o = x_1) \tag{2.3}$$

eine Lösung φ hat. Wendet man nun auf beide Seiten der Differentialgleichung (0.3) das Funktional f_i an und setzt $\varphi_i = f_i(\varphi)$, dann erhält man eine unendliche Folge von Differentialgleichungen

$$\frac{d\varphi_i}{dt} = \lambda_i \varphi_i \quad (\text{bzw. } \frac{d^2\varphi_i}{dt^2} = \lambda_i \varphi_i) \tag{2.4}$$

mit den Anfangsbedingungen

$$\varphi_i(0) = f_i(x_o) \quad (\text{bzw. } \varphi_i(0) = f_i(x_o) \text{ und } \left.\frac{d\varphi_i}{dt}\right|_o = f_i(x_1)),\ i=1,2,\ldots$$

Jede dieser Differentialgleichungen kann einzeln gelöst werden. Die Lösung sei etwa $\varphi_i(t)$.

Als mögliche Lösung von (0.3) bietet sich dann die Funktion

$$\varphi(t) = \sum_{i=1}^{\infty} \varphi_i(t)e_i \tag{2.5}$$

an.

Wir werden in diesem Kapitel keinen allgemeinen Satz über die Existenz einer Lösung der Form (2.5) für die Differentialgleichung (0.3) beweisen. Vielmehr werden wir uns stets nach (2.5) einen Lösungsansatz verschaffen, von dem wir dann im konkreten Fall nachweisen werden, daß er auch eine Lösung ist. Dabei treten jedoch noch einige prinzipielle Schwierigkeiten auf.

Zunächst ist bei vielen Differentialgleichungen der Form (0.3), die von praktischen Problemen herkommen, die Situation komplizierter als wir es eben geschildert haben. Oft bilden nämlich die Eigenvektoren des Operators A keine Basis für X, sondern eine Basis in einem BANACH-Raum Y, der X als lineare Teilmenge enthält. Darüberhinaus ist die von Y auf X induzierte Topologie schwächer als die Topologie von X.

Beispiel VII.2.4.

Es seien X und A wie in Beispiel VII.2.3. Der Einfachheit halber sei noch $T = 2\pi$. Dann ist die Folge der Eigenvektoren $\{e_n\}$ des Operators A also

$$e_n = \begin{cases} \cos \frac{n}{2} t \;, & \text{für } n = 2k, \; k = 0,1,\ldots \\ \sin \frac{n-1}{2} t, & \text{für } n = 2k+1, \; k = 1,2,\ldots \end{cases}$$

keine Basis im Raum $C[0,2\pi]$, wohl aber eine Orthogonalbasis im Raum $L^2[0,2\pi]$. Weiterhin ist $C[0,2\pi]$ eine lineare Teilmenge von $L^2[0,2\pi]$, und die von $L^2[0,2\pi]$ auf $C[0,2\pi]$ induzierte Topologie ist schwächer als die ursprüngliche Topologie von $C[0,2\pi]$.

In diesem Fall kann man dann so vorgehen. Zunächst beachte man, daß die Basisfunktionale $f_i \in Y^*$ auch auf dem Raum X stetig sind. Man kann also wieder auf beiden Seiten von (0.3) die Funktionale f_i anwenden, und erhält somit die unendliche Folge von Differentialgleichungen (2.4) mit den entsprechenden Anfangsbedingungen.

Den Nachweis, daß (2.5) eine Lösung von (0.3) ist, erbringt man dann wie folgt:

Wenn für jedes $t \in [0,T]$ die Reihe (2.5) in X konvergiert und ihre Summe aus D_A ist und überdies die Reihe

$$\sum_{i=1}^{\infty} \varphi'_i(t) e_i \quad (\text{bzw. } \sum_{i=1}^{\infty} \varphi'_i(t) e_i \text{ und } \sum_{i=1}^{\infty} \varphi''_i(t) e_i) \tag{2.6}$$

in X konvergiert, dann ist (2.5) eine Lösung von (0.3) mit der Anfangsbedingung (2.3).

Konvergiert jedoch eine der Reihen (2.5) oder (2.6) nicht in X, sondern nur in Y, dann erhält man eine "verallgemeinerte Lösung" von (0.3). Genauer: Der Grenzwert der Reihe (2.5) in der Topologie von Y heißt dann eine "verallgemeinerte Lösung" von (0.3).

Wir wenden uns nun der inhomogenen Differentialgleichung

$$\frac{dx}{dt} = Ax + h(t) \quad (\text{bzw. } \frac{d^2x}{dt^2} = Ax + h(t)), \quad t \in [0,T], \tag{2.7}$$

mit der Anfangsbedingung (2.3) zu. Differentialgleichungen dieses Typs treten bei der Bearbeitung von vielen praktischen Problemen auf.

Zunächst nehmen wir an, daß $h \in X$ ist. Dann kann man h (t) bezüglich der Basis $\{e_n\}$ in der Form

$$h(t) = \sum_{n=1}^{\infty} h_n(t) e_n \tag{2.8}$$

darstellen.

Angenommen, φ sei eine Lösung von (2.7). Wendet man dann auf beide Seiten von (2.7) die Basisfunktionale f_i an und setzt $\varphi_i = f_i(\varphi)$, dann erhält man wieder eine unendliche Folge von Differentialgleichungen

$$\frac{d\varphi_i}{dt} = \lambda_i \varphi_i + h_i(t) \quad (\text{bzw. } \frac{d^2\varphi_i}{dt^2} = \lambda_i \varphi_i + h(t)) \tag{2.9}$$

mit den Anfangsbedingungen

$$\varphi_i(0) = f_i(x_o) \quad (\text{bzw. } \varphi_i(0) = f_i(x_o) \text{ und } \varphi_i'(0) = f_i(x_1)). \ i=1,2,...$$

Wie im Falle der homogenen Differentialgleichung prüft man dann wieder nach, ob die Reihe (2.5) eine Lösung ist.

In vielen konkreten Fällen ist h(t) nicht aus X, sondern aus Y. Dann kann man die ganzen Überlegungen in Y durchführen und erhält höchstens eine verallgemeinerte Lösung von (2.7). Wir werden uns im folgenden fast nur für verallgemeinerte Lösungen interessieren.

Die Frage nach der Eindeutigkeit der Lösung wollen wir hier nicht diskutieren, sondern auf die einschlägigen Lehrbücher über Differentialgleichungen verweisen.

§ 3 Die Temperaturverteilung eines Stabes bei homogenen Randbedingungen

Gegeben sei ein homogener Stab der Länge S, der an den Seiten gegen Wärmeaustausch mit seiner Umgebung isoliert ist. Es soll also lediglich an den beiden Enden des Stabes ein Wärmeaustausch stattfinden.

Nun sei x die Ortskoordinate im Stab. Mit Q(t,x) bezeichnen wir dann die Temperatur zur Zeit t im Punkte x. Sie genügt der Wärmeleitungsgleichung

$$\frac{\partial Q}{\partial t} = a\,\frac{\partial^2 Q}{\partial x^2}, \quad 0 \leq x \leq S. \tag{3.1}$$

Dabei ist $a \geq 0$ ein Koeffizient, der von der Wärmeleitfähigkeit des Stabes abhängt (siehe etwa TICHONOW und SAMARSKI [1]).

Man kann jedoch ohne Beschränkung der Allgemeinheit a=1 annehmen, da unter der Transformation $x' = \sqrt{a}\,x$ die Gleichung (3.1) in

$$\frac{\partial Q}{\partial t} = \frac{\partial^2 Q}{\partial x'^2}, \quad 0 \leq x' \leq \sqrt{a}\,S \tag{3.1'}$$

übergeht.

Wir nehmen im folgenden stets an, daß a=1 ist. Für $a \neq 1$ erhält man dann die entsprechenden Formeln dadurch, daß man S durch $\sqrt{a}\,S$ ersetzt.

Wir beschreiben nun den Wärmeaustausch an den Enden des Stabes. Dieser wird, sobald die Temperatur in der Umgebung des Stabes konstant Null ist, durch die Randbedingungen:

$$\left.\frac{\partial Q}{\partial x}\right|_{(t,0)} = \alpha_0 Q(t,0) \text{ bzw. } \left.\frac{\partial Q}{\partial x}\right|_{(t,S)} = \alpha_S Q(t,S) \tag{3.2}$$

gegeben. Dabei sind α_0 für x=0 und α_S für x=S Austauschkoeffizienten, für die aufgrund der physikalischen Interpretation stets $\alpha_0 \geq 0$ und $\alpha_S \leq 0$ gilt.

Ist etwa $\alpha_0 = 0$ (bzw. $\alpha_S = 0$), dann geht (3.2) in

$$\left.\frac{\partial Q}{\partial x}\right|_{(t,0)} = 0 \text{ (bzw. } \left.\frac{\partial Q}{\partial x}\right|_{(t,S)} = 0) \tag{3.3}$$

über. Ist dagegen $\alpha_0 = +\infty$ (bzw. $\alpha_S = -\infty$), dann erhält man aus (3.2) die

Beziehung

$$Q(t,0) = 0 \text{ (bzw. } Q(t,S)=0\text{)}. \tag{3.4}$$

Durch (3.3) wird die vollständige Isolierung und durch (3.4) der vollständige Wärmeaustausch beschrieben.

Die Randbedingungen (3.2) (und daraus folgend auch (3.3) und (3.4)) heißen "<u>homogene Randbedingungen</u>".

Unsere Aufgabe besteht nun darin, für a=1 die Differentialgleichung (3.1) unter der Anfangsbedingung

$$Q(0,x) = Q_0(x) \tag{3.5}$$

und den homogenen Randbedingungen zu lösen. Dabei wollen wir auch den Fall der gemischten Randbedingungen betrachten, genauer: An einem Ende des Stabes gelte z.B. Bedingung (3.3) am anderen Ende Bedingung (3.4).

Gemäß den im vorherigen Paragraphen angegebenen Lösungsmethoden stellen wir daher (3.1) als Differentialgleichung in einem BANACH-Raum dar, und konstruieren uns zunächst aus den Randbedingungen den entsprechenden BANACH-Raum X .

Wir beginnen mit dem einfachsten Fall: An beiden Enden des Stabes sei die Randbedingung (3.4) erfüllt. Dann nimmt man für X den Raum

$$C_0[0,S] = \{F \in C[0,S]: F(0) = F(S) = 0\}$$

aller stetigen Funktionen, die an den Endpunkten verschwinden, versehen mit der Supremumnorm

$$\|F\| = \sup_{x \in [0,S]} |F(x)|.$$

Man sieht sofort, daß $C_0[0,S]$ ein BANACH-Raum ist.

Komplizierter ist die Situation schon, wenn etwa im Punkte x=0 die Bedingung (3.3) und im Punkte x=S die Bedingung (3.4) erfüllt ist. Dann nimmt man für X den Raum

$$X = \{f \in C[0,S] : f(S) = 0 \text{ und } \lim_{\substack{h\to 0\\ h>0}} \frac{f(h)-f(0)}{h} = 0\}$$

aller stetigen Funktionen, die im Punkte S verschwinden und im Punkte 0 eine verschwindende rechtsseitige Ableitung haben. X ist offensichtlich ein linearer Raum. Bezüglich der üblichen Supremum-Norm ist X nicht vollständig. Führt man jedoch die Norm

$$\|f\| = \max \Big(\sup_{0\le x\le S} |f(x)|,\ \sup_{0<x\le S} \frac{|f(x)-f(0)|}{x}\Big) \tag{3.6}$$

ein, dann erhält man einen BANACH-Raum.

Zunächst ist X bezüglich dieser Norm ein normierter Raum. Wir zeigen, daß er auch vollständig ist. Dazu sei $\{f_n\}$ eine CAUCHY-Folge von Elementen aus X. Nach (3.6) ist dann $\{f_n\}$ auch eine CAUCHY-Folge in der Supremum-Norm und konvergiert daher gegen ein $f \in C[0,S]$.

Zunächst ist $f(S)=0$. Wir zeigen nun, daß f in 0 eine verschwindende rechtsseitige Ableitung hat.

Nach Voraussetzung ist $\{f_n\}$ eine CAUCHY-Folge in der Norm (3.6). Zu $\varepsilon>0$ existiert also ein n_0, so daß für alle n,m mit $n>m\ge n_0$

$$\|f_n - f_m\| < \varepsilon . \tag{3.7}$$

Hieraus folgt für alle $x \in [0,S]$

$$\left| \frac{(f_n(x)-f_m(x)) - (f_n(0)-f_m(0))}{x} \right| \tag{3.8}$$

$$= \left| \frac{(f_n(x)-f(0)) - (f_m(x)-f_m(0))}{x} \right| < \varepsilon.$$

Da f_m eine in 0 verschwindende rechtsseitige Ableitung hat, gibt es ein $\delta>0$, so daß für alle x mit $0<x\le\delta$

$$\left| \frac{f_m(x)-f_m(0)}{x} \right| < \varepsilon . \tag{3.9}$$

Geht nun in (3.8) $n\to\infty$, dann folgt aus (3.9) für alle x mit $0<x\le\delta$

$$\left| \frac{f(x)-f(0)}{x} \right| < 2\varepsilon \tag{3.10}$$

ist. Dies bedeutet aber, daß f im Punkte 0 eine verschwindende rechtsseitige Ableitung hat. Damit haben wir gezeigt, daß $f \in X$ ist.

Zu zeigen bleibt noch, daß $\{f_n\}$ gegen f in der Norm (3.6) konvergiert.

Aus (3.7) folgt zunächst, daß für alle $m \geq n_0$ und alle $x \in [0,S]$

$$|f(x) - f_m(x)| \leq \varepsilon. \tag{3.11}$$

Aus (3.8) und (3.11) folgt dann, daß bezüglich der Norm (3.6) für alle $m \geq n_0$

$$\|f - f_m\| \leq \varepsilon. \tag{3.12}$$

Damit ist die Vollständigkeit gezeigt.

Angenommen, an beiden Enden des Stabes sei die Randbedingung (3.3) erfüllt. Dann nimmt man für X den Raum

$$X = \{f \in C[0,S]: \lim_{\substack{h\to 0 \\ h \geq 0}} \frac{f(h)-f(0)}{h} = 0 \text{ und } \lim_{\substack{h\to 0 \\ h \geq 0}} \frac{f(S-h)-f(S)}{h} = 0\}$$

aller stetigen Funktionen, deren einseitige Ableitungen an den Endpunkten verschwinden. Als Norm nimmt man:

$$\|f\| = \max \Big(\sup_{0 \leq x \leq S} |f(x)| \,,\, \sup_{0<x<S} \left| \frac{f(x)-f(0)}{x} \right| \,, \tag{3.13}$$

$$\sup_{0<x<S} \frac{|f(x)-f(S)|}{|x-S|} \Big)$$

Man zeigt leicht, daß X mit dieser Norm ein BANACH-Raum ist.

Ist weiterhin an beiden Enden des Stabes die Randbedingung (3.2) erfüllt, dann nimmt man für X den Raum

$$X = \{f \in C[0,S]: \lim_{\substack{h\to 0\\ h\geq 0}} \frac{f(h)-f(0)}{h} = \alpha_0 f(0) \text{ und } \lim_{\substack{h\to 0\\ h\geq 0}} \frac{f(S)-f(S-h)}{h} = \alpha_S f(S)\}$$

aller stetigen Funktionen, deren einseitige Ableitungen an den Endpunkten die Randbedingungen (3.2) erfüllen.

Als Norm nimmt man:

$$\|f\| = \max\left(\sup_{0\leq x\leq S} |f(x)|,\ \sup_{0<x<S}\left|\frac{f(x)-f(0)}{x} - f(0)\right|,\ \sup_{0<x<S}\left|\frac{f(x)-f(S)}{x-S} - f(S)\right|\right) . \tag{3.14}$$

Man zeigt wieder leicht, daß X mit dieser Norm ein BANACH-Raum ist.

Zu den restlichen Kombinationen der Randbedingungen konstruiert man die BANACH-Räume X entsprechend. Der Operator A ist in jedem Fall die zweite Ableitung. Der Definitionsbereich $D_A \subset X$ von A ist der lineare Raum aller zweimal stetig differenzierbaren Funktionen von X, deren zweite Ableitung zu X gehört.

Obwohl formal jedesmal derselbe Operator A benutzt wird, hat man es de facto doch mit verschiedenen Operatoren zu tun, da die Definitionsbereiche jeweils verschieden sind. Man erhält daher auch für die verschiedenen Räume X verschiedene Folgen von Eigenwerten und Eigenvektoren von A.

Beispiel VII.3.1.

An beiden Seiten des Stabes seien die Randbedingungen (3.4) erfüllt. Dann ist $X = C_0[0,S]$. Eigenwerte und Eigenvektoren von A findet man nun so: Man bestimme alle solche λ, für die die Differentialgleichung

$$\frac{d^2f}{dx^2} = \lambda x \tag{3.15}$$

mit den Randbedingungen

$$f(0) = f(S) = 0$$

eine nicht verschwindende Lösung hat.

Die allgemeine Form einer Lösung von (3.15) ist für $\lambda>0$

$$f(x) = ae^{\sqrt{\lambda}\,x} + be^{-\sqrt{\lambda}\,x} = 0 \tag{3.16}$$

und für $\lambda<0$

$$f(x) = a\cos\sqrt{|\lambda|}x + b\sin\sqrt{|\lambda|}x. \tag{3.17}$$

Die Bedingung $f(0) = f(S) = 0$ liefert für (3.16)

$$a+b = 0, \quad ae^{\sqrt{\lambda}S} + be^{-\sqrt{\lambda}S} = 0 \tag{3.18}$$

und für (3.17)

$$a = 0, \qquad b\sin\sqrt{|\lambda|}S = 0. \tag{3.19}$$

Nicht-triviale Lösungen existieren also nur, wenn $\lambda<0$ ist und $\sin\sqrt{|\lambda|}S = 0$. Dies ist genau für die Werte

$$\lambda_n = -\left(\frac{n\pi}{S}\right)^2 \quad ,n=1,2,...$$

und $\lambda_0 = 0$ der Fall. Zu λ_n gehört als nicht-triviale Lösung

$$e_n(x) = \sin\frac{n\pi x}{S} \quad ,n=1,2,...$$

zu $\lambda_0 = 0$ gehört die Lösung $e_0(t) = at+b$.

Da e_0 nicht die Randbedingungen erfüllt, sind e_n, $n=1,2,...$, die Eigenvektoren zu den Eigenwerten λ_n, $n=1,2,...$ von A.

Beispiel VII.3.2.

An beiden Enden des Stabes seien die Bedingungen (3.3) erfüllt, es gelte also:

$$f'(0) = f'(S) = 0.$$

Dann folgt aus (3.16) und (3.17), daß die Werte

$$\lambda_n = -\left(\frac{n\pi}{S}\right)^2 \quad ,n=0,1,2,...$$

Eigenwerte sind, zu denen anders als im Beispiel VII.3.1 die Eigenvektoren

$$e_n(x) = \cos \frac{n\,x}{S} \quad , \; n=0,1,2,\ldots$$

gehören.

Beispiel VII.3.3.

Angenommen, an einem Ende des Stabes, etwa bei x=0 sei Bedingung (3.4) erfüllt und am Ende bei x=S gelte Bedingung (3.3). Dann folgt für $\lambda \geq 0$ aus (3.16) und (3.17)

$$a+b = 0, \quad a\sqrt{\lambda}e^{\sqrt{\lambda}S} - b\sqrt{\lambda}e^{-\sqrt{\lambda}S} = 0.$$

Da dieses Gleichungssystem nur die triviale Lösung hat, gibt es keine nicht negativen Eigenwerte von A. Für $\lambda<0$ erhält man

$$a = 0, \quad b\sqrt{|\lambda|} \cos \sqrt{|\lambda|}S = 0.$$

Also sind die Eigenwerte

$$\lambda_n = -\left(\frac{\pi}{S}\left(n-\frac{1}{2}\right)\right)^2 \quad n=1,2,\ldots$$

und die entsprechenden Eigenvektoren

$$e_n(x) = \sin \frac{\pi\left(n-\frac{1}{2}\right)}{S}\,x.$$

Beispiel VII.3.4.

Angenommen, an einem Ende des Stabes, etwa bei x=0 sei Bedingung (3.4) erfüllt und am anderen Ende bei x=S gelte Bedingung (3.2) mit $\alpha_S<0$.

Setzt man in Formel (3.16) x=0 und differenziert (3.17) an der Stelle x=S, dann erhält man für $\lambda>0$

$$a+b = 0, \quad a(\sqrt{\lambda}-\alpha_S)e^{\sqrt{\lambda}S} - b(\sqrt{\lambda}+\alpha_S)e^{-\sqrt{\lambda}S} = 0 \tag{3.20}$$

Zusammenfassend ergibt sich

$$(\sqrt{\lambda}-\alpha_S)e^{\sqrt{\lambda}S} + (\sqrt{\lambda}+\alpha_S)e^{-\sqrt{\lambda}S} = 0. \tag{3.21}$$

Da $\alpha_S<0$ ist, ist der erste Summand in (3.21) stets betragsmäßig größer als der zweite, so daß für alle $\lambda>0$ die Gleichung (3.21) keine Lösung hat.

Für $\lambda\leq 0$ erhält man

$$a = 0, \quad b\sqrt{|\lambda|} \cos \sqrt{|\lambda|}S = \alpha_S\, b \sin \sqrt{|\lambda|}S.$$

Also ergeben sich die Eigenwerte

$$\lambda_n = - \mu_n^2, \quad n=1,2,\ldots \quad ,$$

wobei die μ_n genau die positiven Lösungen der Gleichung

$$\mu \operatorname{ctg} \mu S = \alpha_S$$

sind. Die Eigenvektoren sind die Funktionen

$$e_n = \sin \mu_n x.$$

Da man für $\lambda=0$ als Lösung $at+b$ erhält, ist $\lambda_o=0$ kein Eigenwert.

Beispiel VII.3.5.

Angenommen, an einem Ende des Stabes, etwa bei $x=0$ sei die Randbedingung (3.3) erfüllt und am anderen Ende bei $x=S$ gelte (3.2) mit $\alpha_S<0$.

Aus (3.16) und (3.17) folgt dann wieder durch Differenzieren an den Stellen $x=0$ und $x=S$ für $\lambda>0$

$$a\sqrt{\lambda} - b\sqrt{\lambda} = 0, \quad a(\sqrt{\lambda}-\alpha_S)e^{\sqrt{\lambda}S} - b(\sqrt{\lambda}-\alpha_S)e^{-\sqrt{\lambda}S} = 0. \qquad (3.22)$$

Für $a\neq 0$ folgt hieraus:

$$(\sqrt{\lambda}-\alpha_S)e^{\sqrt{\lambda}S} - (\sqrt{\lambda}+\alpha_S)e^{-\sqrt{\lambda}S} = 0.$$

Wegen $\alpha_S<0$, ist der erste Summand größer als der zweite. Also existieren keine positiven Eigenwerte.

Für $\lambda\leq 0$ erhält man

$$b = 0$$

$$-\ a\sqrt{|\lambda|}\ \sin\sqrt{|\lambda|}S = \alpha_S\ a\ \cos\sqrt{|\lambda|}S.$$

Daraus folgt, daß die Zahlen

$$\lambda_n = -\ \mu_n^2 \qquad ,\ n=1,2,...$$

Eigenwerte sind, wobei die μ_n die positiven Lösungen von

$$\mu\,\mathrm{tg}\,\mu S = |\alpha_S| \tag{3.23}$$

sind. Die zu λ_n gehörenden Eigenvektoren sind dann

$$e_n(x) = \cos\mu_n x.$$

Wie oben zeigt man wieder, daß $\lambda=0$ kein Eigenwert ist.

<u>Beispiel VII.3.6.</u>
An beiden Enden des Stabes sei die Bedingung (3.2) mit $\alpha_O>0$ und $\alpha_S<0$ erfüllt.

Für $\lambda>0$ erhält man durch Differentiation von (3.16) an den Stellen $x=0$ und $x=S$ und Einsetzen in (3.2) das Gleichungssystem

$$\begin{aligned} &a(\sqrt{\lambda}-\alpha_O) - b(\sqrt{\lambda}+\alpha_O) = 0 \\ &a(\sqrt{\lambda}-\alpha_S)e^{\sqrt{\lambda}S} - b(\sqrt{\lambda}+\alpha_S)e^{-\sqrt{\lambda}S} = 0. \end{aligned} \tag{3.24}$$

Die Determinante ist gleich

$$(\sqrt{\lambda}+\alpha_O)(\sqrt{\lambda}-\alpha_S)e^{\sqrt{\lambda}S} - (\sqrt{\lambda}-\alpha_O)(\sqrt{\lambda}+\alpha_S)e^{-\sqrt{\lambda}S}\ .$$

Wegen $\alpha_O>0$ und $\alpha_S<0$ ist der erste Summand wieder größer als der zweite. Mithin existiert für (3.24) nur die triviale Lösung. Es gibt also keine positiven Eigenwerte.

Für $\lambda\leq 0$ erhält man die Gleichung

$$a\alpha_O - b\sqrt{|\lambda|} = 0$$

$$a(\sqrt{|\lambda|}\sin\sqrt{|\lambda|}S+\alpha_S\cos\sqrt{|\lambda|}S)-b(\sqrt{|\lambda|}\cos\sqrt{|\lambda|}S-\alpha_S\sin\sqrt{|\lambda|}S)=0.$$

Die Derterminante dieses Systems ist dann:

$$\Delta = \sqrt{|\lambda|}(\sqrt{|\lambda|}\sin\sqrt{|\lambda|}S + \alpha_S\cos\sqrt{|\lambda|}S)$$

$$- \alpha_o(\sqrt{|\lambda|}\cos\sqrt{|\lambda|}S-\alpha_S\sin\sqrt{|\lambda|}S).$$

Teilt man nun die Gleichung

$$\Delta = 0$$

durch $\cos\sqrt{|\lambda|}S$ und setzt $\mu=\sqrt{|\lambda|}$, dann erhält man

$$(\mu^2+\alpha_o\cdot\alpha_S)\operatorname{tg}\mu S = (\alpha_o-\alpha_S)\mu. \tag{3.25}$$

Die Eigenwerte sind dann $\lambda_n=-\mu_n^2$, wobei die μ_n die Lösungen von (3.25) sind. Für die zugehörigen Eigenvektoren ergibt sich

$$e_n(x) = \frac{\alpha_o}{\mu_n}\sin\mu_n x + \cos\mu_n x.$$

In den Beispielen VII.3.1 - VII.3.3 konnte man die Eigenwerte λ_n explizit bestimmen. Bei den restlichen Beispielen traten in der Bestimmungsgleichung für μ sowohl μ als auch $\operatorname{tg}\mu$ auf. Da man nun diese Gleichungen nicht explizit lösen kann, wollen wir uns mit dem asymptotischen Verhalten der μ_n beschäftigen.

Dazu bemerken wir zunächst, daß die Gleichung

$$\mu\cdot\operatorname{tg}\mu S = |\alpha_S|$$

äquivalent zu der Gleichung

$$\frac{\mu}{|\alpha_S|} = \operatorname{ctg}\mu S$$

ist. Deren Lösungen μ_n sind aber genau die Schnittpunkte des Cotangens mit der Geraden $y = \frac{x}{S\cdot|\alpha_S|}$. Hieraus folgt, wie Abb. VII.3.1 zeigt, daß

$$\lim_{n\to\infty}(\mu_n S-(n-1)\pi) = 0 \tag{3.26}$$

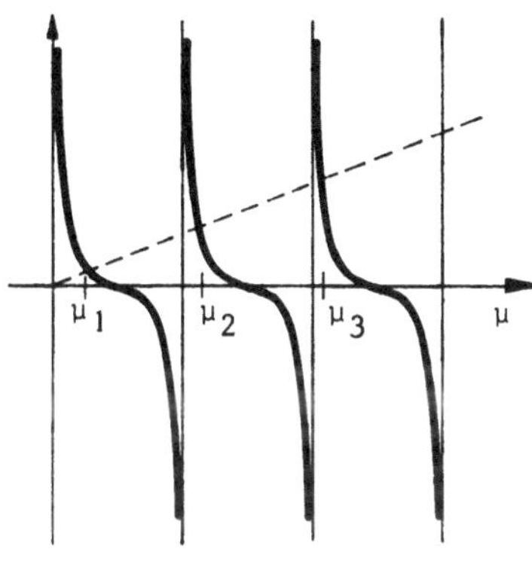

Abb. VII.3.1

Verfährt man mit der Gleichung

$$\mu \operatorname{ctg} \mu S = \alpha_S$$

entsprechend, dann erhält man für das asymptotische Verhalten der Wurzeln

$$\lim_{n\to\infty}(\mu_n S-(n-\frac{1}{2})\pi) = 0 \tag{3.27}$$

(siehe Abbildung VII.3.2)

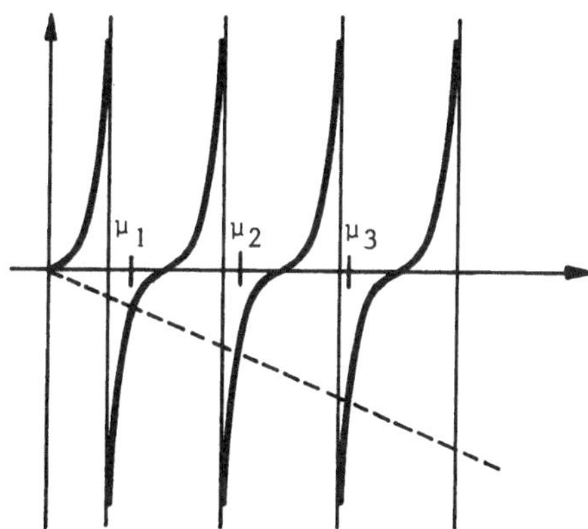

Abb. VII.3.2

Die Gleichung (3.25) läßt sich äquivalent zu

$$\operatorname{ctg}\mu S = \frac{\mu}{\alpha_O - \alpha_S} + \frac{\alpha_O \cdot \alpha_S}{\mu(\alpha_O - \alpha_S)}$$

umformen. Da $\alpha_O - \alpha_S > O$ und $\alpha_S < O$ ist, strebt für $\mu \to O$ die rechte Seite gegen $-\infty$. (Siehe Abbildung VII.3.3). Man erhält also auch in diesem Falle für die Wurzeln ein entsprechendes asymptotisches Verhalten.

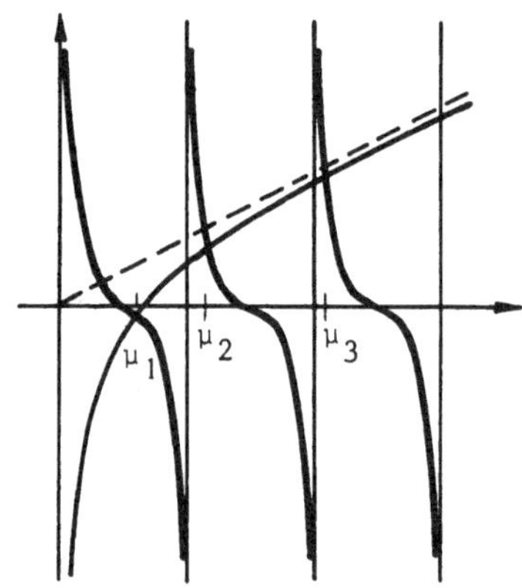

Abb. VII.3.3

Wir gehen nun zur Lösung der Differentialgleichung

$$\frac{dx}{dt} = Ax$$

im BANACH-Raum X über. Dabei ist X der zu den Beispielen VII.3.1-VII.3.6 eingangs konstruierte BANACH-Raum. Um diese Gleichung mit der verallgemeinerten FOURIER-Methode zu lösen, hat man noch einen BANACH-Raum Y zu bestimmen, der X als lineare Menge enthält und für den die Folge der Eigenvektoren $\{e_n\}$ eine Basis ist.

Wir zeigen nun, daß man für alle Räume X, die in den Beispielen VII.3.1 - VII.3.6 auftreten, als Y stets den Raum $L^2[0,S]$ nehmen kann.

Für die Beispiele VII.3.1-VII.3.3 ist das klar, denn die Folgen

$$e_n(x) = \sin\frac{n\pi x}{S}, \quad n=1,2,\ldots \qquad \text{(Beispiel VII.3.1)}$$

und

$$e_n(x) = \cos \frac{n\pi x}{S}, \quad n=0,1,2,\ldots \qquad \text{(Beispiel VII.3.2)}$$

sind Orthogonalbasen im Raum $L^2[0,S]$.

Ebenfalls zeigt man leicht, daß auch die Folge

$$e_n(x) = \sin \frac{(n-\frac{1}{2})\pi x}{S}, \quad n=1,2,\ldots \qquad \text{(Beispiel VII.3.3)}$$

eine Orthogonalbasis im Raum $L^2[0,S]$ ist.

Wir zeigen nun, daß auch die Folgen der Eigenvektoren $\{e_n\}$ aus den Beispielen VII.3.4-VII.3.6 eine Orthogonalbasis im Raum $L^2[0,S]$ bilden. Dazu benötigt man einige einfache Fakten: Seien $f,g \in X$ zweimal stetig differenzierbare Funktionen, wobei X einer der Räume aus den Beispielen VII.3.4-VII.3.6 ist. Dann ist zunächst

$$\int_0^S f''(x)g(x)dx = f'(x)g(x)\Big|_0^S - \int_0^S f'(x)g'(x)dx$$

$$= f'(x)g(x)\Big|_0^S - f(x)g'(x)\Big|_0^S + \int_0^S f(x)g''(x)dx.$$

Wir zeigen nun, daß

$$f'(x)g(x)\Big|_0^S - f(x)g'(x)\Big|_0^S = 0$$

gilt.

Zunächst beweisen wir es für die Randwertbedingungen (3.2). In diesem Fall ist nämlich:

$$f'(x)g(x)\Big|_0^S - f(x)g'(x)\Big|_0^S = f'(S)g(S) - f'(0)g(0)$$

$$- f(S)g'(S) + f(0)g'(0) =$$

$$\alpha_S f(S)g(S) - \alpha_0 f(0)g(0) - \alpha_S f(S)g(S) + \alpha_0 f(0)g(0) = 0.$$

Die restlichen Fälle ergeben sich genauso. Man beachte dazu noch, daß (3.3) ein Spezialfall von (3.2) ist. Für Bedingung (3.4) erhält man das Ergebnis ebenfalls sehr einfach. Folglich gilt also für alle

Räume X

$$\int_0^S f''(x)g(x)dx = \int_0^S f(x)g''(x)dx.$$

Faßt man nun X als lineare Teilmenge von $L^2[0,S]$ auf und ist $D_A \subset X$ der Definitionsbereich von A, dann kann man die obige Beziehung auch in der Form

$$\langle Af,g\rangle = \langle f,Ag\rangle \qquad (*)$$

schreiben.

Allgemein nennt man einen Operator A der auf einer linearen Teilmenge D_A eines HILBERT-Raumes H definiert ist und die Eigenschaft (*) besitzt "<u>symmetrisch</u>".

Nun sei A ein symmetrischer Operator. Ferner seien e_n und e_m Eigenvektoren von A, die zu verschiedenen Eigenwerten λ_n und λ_m gehören. Dann sind die Eigenvektoren e_n und e_m zueinander orthogonal. Es ist nämlich:

$$\lambda_n \langle e_n,e_m\rangle = \langle Ae_n,e_m\rangle = \langle e_n,Ae_m\rangle = \lambda_m \langle e_n,e_m\rangle,$$

und wegen $\lambda_n \neq \lambda_m$ folgt hieraus $\langle e_n,e_m\rangle = 0$.

Da wir gezeigt haben, daß der Operator A für alle in den Beispielen VII.3.4-VII.3.6 auftretenden Räume symmetrisch ist, ergibt sich aus der obigen Bemerkung, daß die zugehörigen Eigenvektoren $\{e_n(x)\}$ stets eine Basisfolge in $L^2[0,S]$ sind.

Wir zeigen nun, daß die Eigenvektoren von A auch eine Basis im $L^2[0,S]$ sind. Dazu benutzen wir Satz VII.1.7.

Wir beginnen mit Beispiel VII.3.5.

<u>Lemma VII.3.1.</u>
Die positiven Lösungen μ_n der Gleichung $\mu \operatorname{tg} \mu S = |\alpha_S|$ seien der Größe nach angeordnet. Dann existiert eine positive Konstante C, so daß für alle n=1,2,...

$$n\pi < \mu_n S < n\pi + \frac{C}{n} \tag{3.29}$$

gilt.

Beweis:
Der erste Teil der Ungleichung folgt aus Abbildung VII.3.1. Wir zeigen nun den zweiten Teil.

Zunächst liegt die n-te Wurzel μ_n im Intervall $[n\pi, (n+\frac{1}{2})\pi]$. Für alle $\mu\cdot S \in [n\pi, (n+\frac{1}{2})\pi]$ ist offensichtlich

$$\mathrm{tg}\mu S \geq (\mu S - n\pi).$$

Daher ist μ_n kleiner als diejenige Wurzel der quadratischen Gleichung

$$\mu(\mu S - n\pi) = |\alpha_S|, \tag{3.30}$$

die in $[n\pi, (n+\frac{1}{2})\pi]$ liegt. Diese Wurzel ist aber

$$a_n = \frac{n\pi + \sqrt{(n\pi)^2 + 4|\alpha_S|S}}{2S}$$

Aus $\mu_n \leq a_n$ folgt nun:

$$\mu_n S - n\pi \leq a_n S - n\pi = \frac{n\pi + \sqrt{(n\pi)^2 + 4|\alpha_S|S}}{2} - n\pi$$

$$= \frac{\sqrt{(n\pi)^2 + 4|\alpha_S|S} - n\pi}{2} = \frac{1}{2}\;\frac{4|\alpha_S|S}{\sqrt{(\pi n)^2 + 4|\alpha_S|S} + \pi n} < \frac{|a_S|S}{n\pi}$$

■

Lemma VII.3.2.
Die positiven Lösungen μ_n der Gleichung $\mu\mathrm{ctg}\mu S = \alpha_S$ seien der Größe nach angeordnet. Dann existiert eine positive Konstante C, so daß für alle n=1,2,... .

$$(n-\frac{1}{2})\pi < \mu_n S < (n-\frac{1}{2})\pi + \frac{C}{n} \tag{3.31}$$

gilt.

Der erste Teil dieses Lemmas folgt aus Abbildung VII.3.2. Der zweite Teil der Ungleichung wird genauso wie Lemma VII.3.1 gezeigt.

Lemma VII.3.3.

Die positiven Lösungen μ_n der Gleichung

$$(\mathrm{tg}\mu S)(\mu^2+\alpha_o\alpha_S) = (\alpha_o-\alpha_S)\mu \tag{3.25}$$

seien der Größe nach angeordnet. Dann existiert eine positive Konstante C, und ein Index n_o, so daß für alle $n \geq n_o$

$$n\pi < \mu_n S < n\pi + \frac{C}{n} \tag{3.32}$$

gilt.

Beweis:

Die Gleichung (3.25) ist äquivalent zur Gleichung

$$\mathrm{ctg}\mu S = \frac{\mu}{\alpha_o-\alpha_S} + \frac{\alpha_o\cdot\alpha_S}{\alpha_o-\alpha_S}\cdot\frac{1}{\mu} \tag{3.28}$$

Da $(\alpha_o-\alpha_S)>0$ und $\alpha_S<0$ ist, ist die rechte Seite dieser Gleichung eine monoton wachsende Funktion, die sich asymptotisch der Geraden $\frac{\mu}{\alpha_o-\alpha_S}$ nähert. Man kann also für hinreichend große μ die rechte Seite von (3.28) durch $\frac{\mu}{\alpha_o-\alpha_S}$ ersetzen und erhält dann wie in Lemma VII.3.1 die Ungleichung (3.32). ∎

Aus dem Lemmata VII.3.1-VII.3.3 folgt nun:

Lemma VII.3.4.

Die positiven Lösungen μ_n der Gleichung

$$\mu\mathrm{tg}\mu S = |\alpha_S| \tag{3.23}$$

seien der Größe nach geordnet. Dann existiert eine Konstante $\tilde{C}>0$, so daß für alle $n=1,2,\ldots$.

$$\|\cos\mu_n x - \cos\frac{n\pi x}{S}\| \leq \frac{\tilde{C}}{n} .$$

Dabei ist $\|\ \|$ die Norm im HILBERT-Raum $L^2[0,S]$.

Beweis:
Zunächst ist

$$\cos \mu_n x - \cos \frac{n\pi x}{S} = 2\cos \frac{1}{2}\left(\mu_n+\frac{n\pi}{S}\right) x\cdot\sin \frac{1}{2}\left(\mu_n-\frac{n\pi}{S}\right) x.$$

Also ist nach Lemma VII.3.1 für genügend große μ

$$|\cos \mu_n x - \cos \frac{nx}{S}| \leq 2|\sin \frac{1}{2}\left(\mu_n-\frac{n\pi}{S}\right) x| \leq$$

$$< 2\cdot\frac{1}{2}|\mu_n-\frac{n\pi}{S}|\cdot S \leq |\mu_n S-n\pi| < \frac{C}{n}.$$

Hieraus folgt nun sofort die Behauptung. ■

Lemma VII.3.5.
Die positiven Lösungen μ_n der Gleichung

$$\mu \mathrm{ctg}\, \mu S = \alpha_s$$

seien der Größe nach angeordnet. Dann existiert eine Konstante $\tilde{C}>0$, so daß für alle $n=1,2,...$

$$\|\sin \mu_n x - \sin \frac{(n-\frac{1}{2})\pi x}{S}\| < \frac{\tilde{C}}{n}.$$

Dabei ist $\| \ \|$ die Norm im Hilbert-Raum $L^2[0,S]$.

Der Beweis dieses Lemmas verläuft genauso wie der von Lemma VII.3.4. Hierbei ist der Sinus an Stelle des Cosinus abzuschätzen und statt Lemma VII.3.1 benötigt man Lemma VII.3.2.

Lemma VII.3.6.
Die positiven Lösungen μ_n der Gleichung

$$(\mathrm{tg}\mu S)(\mu^2+\alpha_s) = (\alpha_o-\alpha_s)\mu$$

seien der Größe nach angeordnet. Dann existiert eine Konstante $\tilde{C}>0$ und ein Index n_o, so daß für alle $n \geq n_o$

$$\|e_n(x) - \cos \frac{n\pi x}{S}\| < \frac{\tilde{C}}{n}.$$

Dabei ist

$$e_n(x) = \frac{\alpha_o}{\mu_n} \sin \mu_n x + \cos \mu_n x$$

und $\| \ \|$ ist die Norm im Hilbert-Raum $L^2[O,S]$.

Beweis:
Aus $\lim\limits_n(\pi n-\mu n) = O$ und der Definition von e_n folgt die Existenz einer Konstante $\tilde{C}_1$ mit

$$\|e_n(x) - \cos \mu_n x\| = \|\frac{\alpha_o}{\mu_n} \sin \mu_n x\| < \frac{\tilde{C}_1}{n} . \tag{3.33}$$

Weiterhin folgt mit der Beweismethode von Lemma VII.3.4 aus Lemma VII.3.3 die Existenz einer Konstanten $C_2>O$ mit

$$\|\cos \mu_n x - \cos \frac{n\pi x}{S}\| < \frac{C_2}{n}. \tag{3.34}$$

Aus den Formeln (3.33) und (3.34) folgt dann die Behauptung. ■

Aus Lemma VII.3.4 - VII.3.6 und Satz VII.1.7 folgt nun unmittelbar:

Satz VII.3.7.
Die in den Beispielen VII.3.4 - VII.3.6 angegebenen Folgen $\{e_n\}$ von Eigenvektoren bilden eine Orthogonalbasis in $L^2[O,S]$.

Zur Lösung der Differentialgleichung

$$\frac{dQ}{dt} = AQ$$

mit der Anfangsbedingung $Q(O) = Q_o \in X$ kann man nun die verallgemeinerte FOURIER-Methode benutzen. Wir bemerken noch einmal, daß X einer der in den Beispielen VII.3.1 - VII.3.6 auftretenden Räume ist und A den durch die zweite Ableitung definierten Operator darstellt. Als Y nimmt man $L^2[0,S]$. Dann ist $X \subset Y$ eine lineare Teilmenge und die Eigenvektoren e_n von A bilden eine Orthogonalbasis, die zur üblichen Orthonormalbasis des $L^2[0,S]$ äquivalent ist. Dabei haben wir die Folge $\{e_n\}$ so gewählt, daß $0 < \inf_n \|e_n\| \leq \sup_n \|e_n\| < +\infty$.

Nun kann man $Q_0 \in X \subset Y$ bezüglich der Basis $\{e_n\}$ in der Form

$$Q_0 = \sum_{n=1}^{\infty} c_n e_n \tag{3.35}$$

darstellen. Diese Reihe konvergiert in $Y = L^2[0,S]$; sie braucht jedoch nicht im Raum X zu konvergieren, d.h. bezüglich der Supremum-Norm. Da $\{e_n\}$ eine Orthogonalbasis ist, gilt für die Entwicklungskoeffizienten von Q_0:

$$c_n = \left(\frac{1}{\|e_n\|}\right)^2 \left\langle Q_0, e_n \right\rangle. \tag{3.36}$$

Löst man nun die in § 2 Formel (2.4) angegebenen Differentialgleichungen und bildet die Reihe (2.5), dann erhält man als Lösungsansatz:

$$Q(t,x) = \sum_{n=1}^{\infty} c_n e^{\lambda_n t} e_n(x). \tag{3.37}$$

Wir zeigen nun, daß (3.37) eine verallgemeinerte Lösung der Differentialgleichung

$$\frac{dQ}{dt} = AQ$$

mit der Anfangsbedingung $Q(0) = Q_0 \in X$ ist. Dazu differenzieren wir die Reihe (3.37) gliedweise nach t und erhalten:

$$\frac{\partial}{\partial t} Q(t,x) = \sum_{n=1}^{\infty} c_n \lambda_n e^{\lambda_n t} e_n(x). \tag{3.38}$$

Entsprechend differenzieren wir die Reihe (3.37) formal zweimal nach x. Da $A = \frac{d^2}{dx^2}$ und e_n Eigenvektor von A ist, erhält man:

$$\frac{\partial^2}{\partial x^2} Q(t,x) = \sum_{n=1}^{\infty} c_n \lambda_n e^{\lambda_n t} e_n(x). \tag{3.39}$$

Also sind die beiden Reihen (3.38) und (3.39) gleich. Zu zeigen bleibt nur noch, daß die beiden Reihen (3.38) und (3.39) in $Y = L^2[0,S]$ konvergieren.

Aus dem oben gezeigten asymptotischen Verhalten der Eigenwerte λ_n folgt die Existenz einer Konstanten C>0 mit

$$C = \lim_{n} \frac{\lambda_n}{-n^2} \tag{3.40}$$

Aus (3.40) folgt nun, daß die Reihen (3.37) und (3.38) für $0 \leq t$ in $Y = L^2[0,S]$ konvergieren, und daß sie überdies für $0<t$ auch in X konvergieren.

Also ist die durch (3.37) definierte Funktion Q(t,x) für $t \geq 0$ eine verallgemeinerte Lösung von (3.1) und für $t>0$ sogar eine Lösung. Weiterhin ist die Anfangsbedingung

$$\lim_{t \to 0} Q(t,x) = Q_0(x) \tag{3.41}$$

erfüllt, wobei zunächst die Konvergenz in $Y = L^2[0,S]$ gilt. Man kann auch hier zeigen, daß man bereits Konvergenz in X hat.

§ 4 Die inhomogene Wärmeleitungsgleichung mit homogenen Randbedingungen

Im vorherigen Paragraphen haben wir die Differentialgleichung

$$\frac{\partial Q}{\partial t} = \frac{\partial^2 Q}{\partial x^2} \qquad \begin{array}{l} 0 \leq x \leq S \\ 0 \leq t \leq T \end{array}$$

für homogene Randbedingungen und mit der Anfangsbedingung $Q(0,x)=Q_o(x)$ studiert. Dabei führten die einzelnen Randbedingungen zur Betrachtung verschiedener BANACH-Räume X, die jedoch alle lineare Teilmengen des Raumes $L^2[0,S]$ waren. Ferner bildete die Folge $\{e_n\}$ der Eigenvektoren des Operators $A = \frac{d^2}{dx^2}$ stets eine Basisfolge im Raum $L^2[0,S]$.

Man konnte dann mit der in Paragraph 2 angegebenen Methode die verallgemeinerte Lösung der Gleichung (3.1) angeben. Dabei stellte sich sogar heraus, daß diese Lösung bereits eine klassische Lösung ist.

Nun tritt bei vielen technischen Aufgaben auch die inhomogene Wärmeleituhgsgleichung

$$\frac{\partial Q}{\partial t} = \frac{\partial^2 Q}{\partial x^2} + H(t,x) \tag{4.1}$$

auf. Dabei wird durch die Funktion H(t,x) die "Intensität einer Wärmequelle" beschrieben.

Diese Gleichung beschreibt also nicht die Situation eines isolierten Stabes; vielmehr wird zu jedem Zeitpunkt t dem Stab an der Stelle x die Wärme H(t,x) zugeführt.

Wir nehmen nun an, daß wir die Temperaturverteilung zum Anfangszeitpunkt kennen, d.h.

$$Q(0,x) = Q_o(x) \tag{4.2}$$

mit $Q_o \in L^2[0,S]$ ist bekannt. Ferner lassen wir wieder nur homogene Randbedingungen an beiden Enden des Stabes vom Typ (3.2), (3.3) oder (3.4) zu. Dabei können an den beiden Endpunkten des Stabes durchaus verschiedene Typen von Randbedingungen gelten.

Zur Lösung der inhomogenen Wärmeleitungsgleichung (4.1) mit homogenen Randbedingungen vom Typ (3.2), (3.3) oder (3.4) und der Anfangsbedingung (4.2) benutzen wir nun die in Paragraph 2 eingeführte verallgemeinerte FOURIER-Methode. Dazu sei wieder $Y = L^2[0,S]$. Zunächst haben wir noch einige Annahmen über die Funktion H(t,x) zu machen. Wir fordern, daß $H \in M_{L^2}[0,T]$ ein Element des Raumes aller auf $[0,T]$ definierten meßbaren wesentlich beschränkten Funktionen mit Werten in $L^2[0,S]$ ist. Offensichtlich ist $M_{L^2}[0,T]$ ein linearer Raum, für den

$$\|H\| = \operatorname*{ess\,sup}_{0\le t\le T} \left(\int_0^S |H(t,x)|^2 dx \right)^{\frac{1}{2}} \tag{4.3}$$

eine Norm ist. Aus der Vollständigkeit von $L^2[0,S]$ folgt genau wie im skalarwertigen Fall des Raumes $M[0,T]$ auch die Vollständigkeit von $M_{L^2}[0,T]$.

Außer dem Raum $M_{L^2}[0,T]$ benötigen wir noch den Raum $L_{L^2}[0,T]$ aller auf $[0,T]$ definierten integrierbaren Funktionen mit Werten in $L^2[0,S]$. Offensichtlich ist $L_{L^2}[0,T]$ ein linearer Raum, für den

$$\|g| = \int_0^T \left(\int_0^S |g(t,x)|^2 ds \right)^{\frac{1}{2}} dt \tag{4.4}$$

eine Norm ist.

Man sieht nun leicht, daß für jedes $h \in M_{L^2}[0,T]$ durch

$$F(g) = \int_0^T \int_0^S h(t,x)g(t,x)dx\, dt, \qquad g \in L_{L^2}[0,T] \tag{4.5}$$

ein stetiges lineares Funktional auf $L_{L^2}[0,T]$ definiert wird. Für die Normen gilt

$$|F\| = \|h\|, \tag{4.6}$$

wobei $\|h\|$ die Norm im Raum $M_{L^2}[0,T]$ ist.

Wir zeigen nun, daß jedes auf $L_{L^2}[0,T]$ definierte stetige lineare Funktional von der Form (4.5) ist.

Dazu sei $\{e_n\}$ eine Orthogonalbasis von $L^2[0,S]$. Dabei nehmen wir an, daß zwei positive Konstanten m_1 und m_2 existieren, so daß für alle $n=1,2,\ldots$ $m_1 \le \|e_n\| \le m_2$ ist. Nun sei $\{\tilde{f}_n\}$ die zu $\{e_n\}$ gehörende

Folge von Basisfunktionalen, also $\tilde{f}_n(y) = \frac{\langle y,e_n\rangle}{\|e_n\|^2}$, $y \in L^2[0,S]$.

Die Normen der Funktional $\tilde{f}_n$ haben eine gemeinsame obere Schranke, nämlich

$$\|\tilde{f}_n\| \leq M = \frac{1}{m_1}, \qquad n=1,2,...$$

Für jedes n=1,2,... ist nun der Raum $L_{(n)}[0,T]$ der Elemente der Form $g(t)e_n$ mit $g \in L^1[0,T]$ isomorph zu $L^1[0,T]$. Also gibt es zu jedem $F \in (L_{L^2}[0,T])^*$ und jedem n=1,2,... ein $h_n \in M[0,T]$ mit

$$F(g(t)e_n) = \int_0^T h_n(t)g(t)dt \tag{4.7}$$

Nun sei $g \in L_{L^2}[0,T]$. Dann ist wegen

$$g(t,x) = \sum_{n=1}^{\infty} \tilde{f}_n(g_t)e_n(x) = \sum_{n=1}^{\infty} g_n(t)e_n(x)$$

mit

$$g_n(t) = \tilde{f}_n(g_t) = \int_0^S \frac{e_n(x)g(t,x)}{\|e_n\|^2} dx \tag{4.8}$$

stets

$$F(g) = \int_0^T \sum_{n=1}^{\infty} h_n(t)g_n(t)dt. \tag{4.9}$$

Da die Basis $\{e_n\}$ zur Orthonormalbasis von $L^2[0,S]$ äquivalent ist, ist $g = g(t,x) \in L_{L^2}[0,T]$ genau dann, wenn

$$\int_0^T \sum_{n=1}^{\infty} |g_n(t)|^2 dt < +\infty. \tag{4.10}$$

Weil (4.9) für jedes $g \in L_{L^2}[0,T]$ beschränkt ist, impliziert (4.10)

$$\operatorname{ess\,sup}_{t} \sum_{n=1}^{\infty} |h_n(t)|^2 < +\infty. \tag{4.11}$$

Daraus folgt wiederum, daß die Funktion

$$h(t,x) = \sum_{n=1}^{\infty} \frac{h_n(t) e_n(x)}{\|e_n\|^2} \tag{4.12}$$

ein Element des Raumes $M_{L^2}[0,T]$ ist und das Funktional F durch (4.5) gegeben ist.

Wir gehen jetzt zur Lösung der Gleichung (4.1) nach der in Paragraph 2 angegebenen Methode über. Es sei $\{e_n\}$ die Basis, die durch die Eigenvektoren des Operators A gegeben wird. Die zugehörigen Beweisfunktionalen sind

$$\tilde{f}_n(y) = \langle y, f_n \rangle, \qquad y \in L^2[0,S],$$

mit $f_n = \dfrac{e_n}{\|e_n\|^2}$.

Die verallgemeinerte Lösung Q(t,x) von (4.1) stellen wir nun in der Form

$$Q(t,x) = \sum_{n=1}^{\infty} q_n(t) e_n(x) \tag{4.13}$$

dar. Dabei werden die Koeffizienten durch

$$q_n(t) = \int_0^S Q(t,x) f_n(x)\,dx \tag{4.14}$$

gegeben. Setzt man nun Q in der Form (4.13) in die Gleichung (4.1) ein, dann erhält man, da die e_n Eigenvektoren von $A = \frac{d^2}{dx^2}$ zum Eigenwert λ_n sind, die Beziehung

$$\sum_{n=1}^{\infty} \left(\frac{d}{dt} q_n - \lambda q_n - H_n \right) e_n = 0. \tag{4.15}$$

Dabei ist

$$H_n(t) = \int_0^S H(t,x) f_n(x) dx. \tag{4.16}$$

Die in (4.15) auftretenden q_n sind dann die Lösungen von

$$\frac{d}{dt} q_n = \lambda_n q_n + H_n, \qquad n=1,2,... \tag{4.17}$$

zu den Anfangsbedingungen

$$q_n(0) = q_{n,0} , \tag{4.18}$$

wobei die

$$q_{n,0} = \int_0^S Q_0(x) f_n(x) dx \tag{4.19}$$

die Entwicklungskoeffizienten von Q_0 bezüglich der Basis $\{e_n\}$ sind.

Die Lösung des Anfangswertproblems (4.17) und (4.18) wird durch

$$q_n(t) = e^{\lambda_n t} q_{n,0} + \int_0^t e^{\lambda_n (t-\tau)} H_n(\tau) d\tau \tag{4.20}$$

gegeben.

Setzt man dies in (4.13) ein, dann erhält man:

$$Q(t,x) = \sum_{n=1}^{\infty} q_{n,0} \, e^{\lambda_n t} e_n(x) + \tag{4.21}$$

$$+ \sum_{n=1}^{\infty} e_n(x) \int_0^t e^{\lambda_n (t-\tau)} H_n(\tau) d\tau.$$

Wie wir bereits im vorherigen Paragraphen bemerkt haben, konvergiert für t>0 die erste Reihe

$$\sum_{n=1}^{\infty} q_{n,o}\ e^{\lambda_n t} e_n(x)$$

von Formel (4.21) gegen eine Funktion, die einmal in t und zweimal in x differenzierbar ist.

Wir fragen nun nach der Konvergenz der zweiten Summe

$$\sum_{n=1}^{\infty} e_n(x) \int_0^t e^{\lambda_n(t-\tau)} H_n(\tau)\,d\tau .$$

Da $H \in M_{L^2}[0,T]$ ist, gilt für fast alle $t \in [0,T]$

$$\| H_n(t) \| \leq M \cdot \| H \| . \qquad (4.22)$$

Dabei ist $M = \frac{1}{m_1}$ die eingangs gewählte obere Schranke für die Normen der Funktionale $\tilde{f}_n$.

Da für alle n=1,2,... stets $\lambda_n < 0$ ist, gilt zunächst

$$\left| \int_0^t e^{\lambda_n(t-\tau)} H_n(\tau)\,d\tau \right| \leq M \cdot \| H \| \cdot \int_0^t e^{\lambda_n(t-\tau)} d\tau \leq \frac{M}{|\lambda_n|} \cdot \| H \| . \qquad (4.23)$$

Wie wir bereits im vorherigen Paragraphen bemerkt haben, gilt für alle hier auftretenden Eigenwerte stets

$$\lim_{n\to\infty} \frac{|\lambda_n|}{n^2} > 0. \qquad (4.24)$$

Also konvergiert auch die zweite Reihe von Formel (4.21) gleichmäßig gegen eine stetige Funktion. Damit ist also gezeigt, daß die durch (4.21) definierte Funktion Q(t,x) stetig ist.

Leider weiß man nun immer noch nicht, ob die Funktion Q(t,x) bezüglich t differenzierbar ist, denn

$$\sum_{n=1}^{\infty} (\lambda_n \int_0^t e^{\lambda_n (t-\tau)} H_n(\tau) + H_n(t)) e_n(x) \tag{4.25}$$

braucht nicht zu konvergieren. Daher stellt sich die Frage, ob und in welchem Sinne $Q(t,x)$ eine Lösung von (4.1) ist. Wir wollen diese Frage hier nicht weiter verfolgen, sondern verweisen auf das Buch von LIONS [1], in dem dieses Problem eingehend erörtert wird. Es stellt sich heraus - siehe etwa LIONS [1] -, daß $Q(t,x)$ zu den distributionellen Lösungen von (4.1) gehört. Dies ist ein Typ von verallgemeinerten Lösungen, der von SOBOLEV eingeführt wurde. Man kann aber auch mit unseren Methoden nachweisen, daß $Q(t,x)$ eine verallgemeinerte Lösung von (4.1) im Sinne von Paragraph 2 ist.

Wir zeigten bereits (siehe (4.23)), daß durch die Reihe

$$Q_1(t,x) = \sum_{n=1}^{\infty} (\int_0^t e^{\lambda_n (t-\tau)} H_n(\tau) d\tau) e_n(x) \tag{4.26}$$

eine stetige lineare Abbildung $\tilde{A}$ von $M_{L^2}[0,T]$ nach $C([0,T]\times[0,S])$ definiert wird. Dabei ist $C([0,T]\times[0,S])$ der BANACH-Raum aller auf dem Rechteck $[0,T]\times[0,S]$ definierten stetigen reellwertigen Funktionen mit der Norm

$$\|Q_1(t,x)\| = \sup_{\substack{0\le t\le T \\ 0\le x\le S}} |Q_1(t,x)|. \tag{4.27}$$

Da $M_{L^2}[0,T] = (L_{L^2}[0,T])^*$ ist, kann man $M_{L^2}[0,T]$ mit der von $L_{L^2}[0,T]$ bestimmten schwach-*-Topologie versehen. Wir zeigen nun, daß der Operator $\tilde{A}$ jede schwach-*-konvergente Folge von $M_{L^2}[0,T]$ in eine konvergente Folge abbildet.

Dazu sei $\{H^m(t,x)\}$ eine Folge aus $M_{L^2}[0,T]$, die in der schwach-*-Topologie gegen $H(t,x)$ konvergiert. Dann ist $\{H^m\}$ zunächst eine beschränkte Folge. Also ist auch die Doppelfolge

$$H_n^m(t) = \int_0^S H^m(t,x) f_n(x)\,dx$$

beschränkt.

Da $\{H^m\}$ schwach gegen $H(t,x)$ konvergiert, konvergiert auch für jedes $n=1,2,\ldots$ die Folge $\{H_n^m(t)\}$ gegen $H_n(t)$. Also folgt aus (4.23) und (4.24), daß

$$\tilde{A}(H_m) \longrightarrow \tilde{A}(H) \tag{4.28}$$

gilt.

§ 5 Die homogene Wärmeleitungsgleichung mit inhomogenen Randbedingungen

Wir betrachten die homogene Wärmeleitungsgleichung

$$\frac{\partial Q}{\partial t} = \frac{\partial^2 Q}{\partial_x{}^2}, \qquad \begin{array}{l} 0 \leq x \leq S \\ 0 \leq t \leq T \end{array}$$

mit der Anfangsbedingung $Q(0,x) = Q_0(x)$.

Anders als in Paragraph 3 suchen wir nun eine Lösung, die nicht den homogenen Randbedingungen (3.2) - (3.4) genügt sondern den inhomogenen Randbedingungen

$$\left.\frac{\partial Q}{\partial x}\right|_{(t,o)} = \alpha_0 (Q(t,0)-\Theta_1(t)), \quad \left.\frac{\partial Q}{\partial x}\right|_{(t,S)} = \alpha_S (Q(t,S)-\Theta_2(t)) \tag{5.1}$$

oder

$$\left.\frac{\partial Q}{\partial x}\right|_{(t,o)} = \nu_1(t), \quad \left.\frac{\partial Q}{\partial x}\right|_{(t,S)} = \nu_2(t). \tag{5.2}$$

Dabei bedeutet (5.1), daß an den Stabenden nicht nur der Wärmeaustausch stattfindet, sondern daß zusätzlich noch eine bestimmte Wärmemenge zugeführt wird. Bedingung (5.2) dagegen besagt, daß an den Endpunkten kein selbständiger Wärmeaustausch stattfindet, daß dort aber eine bekannte Wärmemenge hinzugefügt wird. Als weiteren Fall nehmen wir noch

$$Q(t,0) = \mu_1(t), \quad Q(t,S) = \mu_2(t) \tag{5.3}$$

auf. Hier findet dann im Gegensatz zu (5.2) ein vollständiger Wärmeaustausch statt, so daß dann die Temperatur an den Stabenden mit der Außentemperatur μ_1 bzw. μ_2 übereinstimmt.

In den klassischen Lehrbüchern über Differentialgleichungen führt man die obige Aufgabe auf die Lösung einer inhomogenen Wärmeleitungsgleichung mit homogenen Randbedingungen zurück. Diese Aufgabe ist bereits im vorherigen Paragraphen behandelt worden.

Dazu setzt man

$$Q(t,x) = v(t,x)+U(t,x), \tag{5.4}$$

wobei $U(t,x)$ eine Funktion ist, die den inhomogenen Randbedingungen genügt. Für $U(t,x)$ kann man etwa die in Tabelle VII.5.1 zu den entsprechenden Paaren von Randbedingungen angegebenen Funktionen nehmen.

Setzt man nun (5.4) in Gleichung (3.1) ein, dann erhält man

$$\frac{\partial v}{\partial t} = \frac{\partial^2 v}{\partial x^2} + H(t,x) \tag{5.5}$$

mit

$$H(t,x) = \frac{\partial^2 U}{\partial x^2} - \frac{\partial U}{\partial t} . \tag{5.6}$$

Dabei wird angenommen, daß alle in (5.6) auftretenden Ableitungen auch wirklich existieren. Die inhomogene Gleichung (5.5) kann man dann mit der Anfangsbedingung

$$v(0,x) = Q_0(x)-U(0,x)$$

und den homogenen Randbedingungen

Tabelle VII.5.1.

Randbedingung für x=S / Randbedingung für x=O	$Q = \mu_2$	$\frac{dQ}{dx} = \nu_2$	$\frac{dQ}{dx} = \alpha_S(Q-\theta_2)$
$Q = \mu_1$	$U(t,x) = \mu_1 + \frac{x}{S}(\mu_2-\mu_1)$	$U(t,x) = \mu_1+x\nu_2$	$U(t,x) = \mu_1 + \frac{\alpha_S(\mu_1-\theta_2)}{1-S\alpha_S}x$
$\frac{dQ}{dx_1} = \nu_1$	$U(t,x) = (x-S)\nu_1+\mu_2$	$U(t,x) = x\nu_1 + \frac{x^2}{2S}(\nu_2-\nu_1)$	$U(t,x) = \nu_1 \cdot x + \frac{\nu_1}{\alpha_S} - \nu_1 S+\theta_2$
$\frac{dQ}{dx} = \alpha_o(Q-\theta_1)$	$U(t,x) = \mu_2 + (x-s)\frac{\alpha_o(\mu_2-\theta_1)}{1+Sa_o}$	$U(t,x) = \nu_2(x-S) + \frac{2}{\alpha_o} + \nu_1+S+\theta_1$	$U(t,x) = \alpha_o \frac{2\alpha_o\alpha_S\theta_1+(\alpha_o+\alpha_S)\theta_2}{\alpha_o-\alpha_S-\alpha_o\alpha_S} + x\frac{\alpha_o\alpha_S\theta_1+\alpha_S\theta_2+\alpha_o\theta_1}{\alpha_o-\alpha_S-\alpha_o\alpha_S}$ falls $\alpha_o-\alpha_S-\alpha_o\alpha_S \neq 0$.

$$v(t,0) = v(t,S) = 0$$

lösen.

Leider können wir die obige Umformung bei vielen praktischen Problemen nicht anwenden. Zwar sind, wie man Tabelle VII.5.1 entnimmt, die Funktionen $U(t,x)$ in x Polynome und daher beliebig oft differenzierbar, jedoch sind die Funktionen μ, ν und Θ in der Regel noch nicht einmal stetig. Also ist U im allgemeinen nicht nach t differenzierbar.

Damit man dennoch die verallgemeinerte FOURIER-Methode anwenden kann, formt man zunächst die Differentialgleichung (3.1) mit der Anfangsbedingung $Q(0,x) = Q_0(x)$ in die Integro-Differentialgleichung

$$Q(t,x) - Q_0(x) = \int_0^t \frac{\partial^2 Q}{\partial x^2}\, d\tau \tag{5.7}$$

um. Setzt man nun (5.4) in (5.7) ein, dann erhält man für $v(t,x)$ die Integro-Differentialgleichung

$$v(t,x) - Q_0(x) = \int_0^t \frac{\partial^2 v}{\partial x^2}\, d\tau - U(t,x) + \int_0^t \frac{\partial^2 U}{\partial x^2}\, d\tau. \tag{5.8}$$

Wir bemerken, daß bis auf eine Ausnahme für die in Tabelle VII.5.1 angeführten Funktionen $U(t,x)$ stets $\frac{\partial^2 U}{\partial x^2} \equiv 0$ ist. Die Funktion $v(t,x)$ genügt den homogenen Randbedingungen (3.4).

Wir wenden nun auf (5.8) die in Paragraph 2 entwickelte Technik an. Dazu nehmen wir an, daß für $i=1,2$ die Funktionen $\mu_i, \nu_i, \Theta_i \in M[0,T]$ sind. Außerdem ist $Y = L^2[0,S]$, $X = C_0[0,S]$ und $A = \frac{d^2}{dx^2}$ mit entsprechendem Definitionsbereich $D_A \subset X$. Die Folge $\{e_n\}$ der Eigenvektoren von A (siehe Beispiel VII.3.1) ist dann eine Basis für Y. Für jedes $t \in [0,T]$ stellen wir nun $v(t,x)$ analog zu (4.13) in der Form

$$v(t,x) = \sum_{n=1}^{\infty} v_n(t) e_n(x) \tag{5.9}$$

dar. Um jedoch die einzelnen v_n mit Hilfe von (5.8) zu bestimmen, muß man noch die Funktion

$$U(t,x) - \int_0^t \frac{\partial^2 U}{\partial x^2}\, dt$$

bezüglich der Basis $\{e_n\}$ entwickeln.

Dazu betrachten wir zunächst den einfachen Fall, daß $U(t,x)$ in x linear und wie in Tabelle VII.5.1 ist. Dann ist

$$U(t,x) = u_1(t)+xu_2(t). \tag{5.10}$$

Wie man Tabelle VII.5.1 entnimmt, sind die beiden Funktionen u_1 und u_2 Linearkombinationen der Funktionen μ_i, ν_i, Θ_i, $i=1,2$. Gleichung (5.8) reduziert sich also auf

$$v(t,x)-Q_o(x) = \int_0^t \frac{\partial^2 v}{\partial x^2}\, d\tau - U(t,x). \tag{5.11}$$

Wir entwickeln nun die beiden Funktionen $f_o(x) = 1$ und $f_1(x) = x$ bezüglich der Basis $\{e_n\}$, also

$$f_i = \sum_{n=1}^{\infty} c_n^i\, e_n, \qquad i=0,1.$$

Wegen $e_n(x) = \sin \sqrt{|\lambda_n|}x$ gilt für die Entwicklungskoeffizienten $\{c_n^i\}$

$$C_i = \sup_n n|c_n^i| < \infty, \qquad i=0,1. \tag{5.12}$$

Setzt man nun (5.9) und (5.10) in (5.11) ein, dann erhält man:

$$\sum_{n=1}^{\infty} [v_n(t)-q_{o,n}-\int_0^t \lambda_n v_n(\tau)d\tau+c_n^o u_1(t)+c_n^1 u_2(t)]e_n(x) = 0, \tag{5.13}$$

wobei die $q_{o,n}$ die Entwicklungskoeffizienten von Q_o bezüglich der Basis $\{e_n\}$ sind.

Aus (5.13) erhält man ein unendliches System von VOLTERRAschen Integralgleichungen zweiter Ordnung:

$$v_n(t) = \lambda_n \int_0^t v_n(\tau)d\tau + q_{o,n} - u_1(t)c_n^o - u_2(t)\dot{c}_n^1, \qquad (5.14)$$

$$n=1,2,\ldots$$

Die Lösungen sind:

$$v_n(t) = e^{\lambda_n t} q_{o,n} - [c_n^o u_1(t) + c_n^1 u_2(t)] \qquad (5.15)$$

$$- \lambda_n \int_0^t e^{\lambda_n(t-\tau)} [c_n^o u_1(\tau) + c_n^1 u_2(\tau)]d\tau.$$

Setzt man nun (5.15) in (5.9) ein, dann erhält man als Lösung für die Gleichung (5.11)

$$v(t,x) = \sum_{n=1}^{\infty} v_n(t)e_n(x) = Q^o(t,x) - U(t,x) + Q_2(t,x), \qquad (5.16)$$

wobei

$$Q^o(t,x) = \sum_{n=1}^{\infty} e^{\lambda_n t} q_{o,n} e_n(x) \qquad (5.17)$$

eine Lösung von (3.1) unter den homogenen Randbedingungen ($\mu=\nu=\theta=0$) und

$$Q_2(t,x) = \sum_{n=1}^{\infty} |\lambda_n| \int_0^t e^{\lambda_n(t-\tau)} [c_n^o u_1(\tau) + c_n^1 u_2(\tau)]d\tau \cdot e_n(x) \qquad (5.18)$$

ist.

Aus den Formeln (5.16) und (5.4) folgt, daß die Lösung der Gleichung (3.1) die Form

$$Q(t,x) = Q^o(t,x) + Q_2(t,x) \qquad (5.19)$$

hat. Dabei ist Q_2 die Lösung von (3.1) zur Anfangsbedingung $Q_o=0$ und den inhomogenen Randbedingungen.

Wir hatten eingangs vorausgesetzt, daß für i=1,2 die Funktionen $\mu_i, \nu_i, \theta_i \in M[0,T]$ sind. Aus dieser Voraussetzung folgt nun, daß $Q_2(t,x) \in M_{L^2}[0,T]$ ist. Dies sieht man so: Zunächst sind die Funktionen u_1, u_2 nach Tabelle VII.5.1 Linearkombinationen von ν_i, μ_i, θ_i, i=1,2, also ist auch $u_1, u_2 \in M[0,T]$.

Wir schätzen nun das Integral $\int_0^S (Q_2(t,x))^2 dx$ ab.

Es ist:

$$\int_0^S Q_2^2(t,x)dx \leq \tag{5.20}$$

$$\leq K \sum_{n=1}^{\infty} \left(|\lambda_n| \int_0^t e^{\lambda_n(t-\tau)} [c_n^0 u_1(\tau) + c_n^1 u_2(\tau)] d\tau \right)^2$$

$$\leq K \sum_{n=1}^{\infty} \left(|c_n^0| \cdot \|u_1\| + |c_n^1| \cdot \|u_2\| \right)^2 \left(|\lambda_n| \cdot \int_0^t e^{\lambda_n(t-\tau)} d\tau \right)^2$$

$$\leq 2 \cdot KL \max(C_0^2, C_1^2) \cdot [\|u_1\|^2 + \|u_2\|^2].$$

Dabei sind C_0, C_1 die in (5.12) definierten Konstanten und $L = \sum_{n=1}^{\infty} \frac{1}{n^2}$. Aus der Abschätzung (5.20) folgt zunächst, daß $Q_2 \in M_{L^2}[0,T]$ ist. Faßt man nun $Q_2 \in M_{L^2}[0,T]$ als Funktion des Intervalls $[0,T]$ in den HILBERT-Raum $L^2[0,S]$ auf, dann folgt aus (5.20) weiterhin, daß Q_2 bezüglich des Parameters t stetig ist. Um dies zu zeigen, sei $\varepsilon > 0$ beliebig vorgegeben. Nach (5.20) existiert dann ein N, so daß die Norm der Funktion

$$\tilde{Q}_N(t,x) = \sum_{n=N}^{\infty} |\lambda_n| \int_0^t e^{\lambda_n(t-\tau)} [c_n^0 u_1(\tau) + c_n^1 u_2(\tau)] d\tau e_n(x) \tag{5.21}$$

im Raum $M_{L^2}[0,T]$ kleiner als $\frac{\varepsilon}{4}$ ist.

Weiterhin ist

$$\tilde{Q}^N(t,x) = Q_2(t,x)-\tilde{Q}_N(t,x) =$$

$$= \sum_{i=1}^{N-1} |\lambda_n| \int_o^t e^{\lambda_n(t-\tau)} [c_n^o u_1(\tau)+c_n^1 u_2(\tau)] d\tau e_n(x)$$

eine in beiden Veränderlichen stetige Funktion. Da der Definitionsbereich $[0,S]\times[0,T]$ von $\tilde{Q}^N$ kompakt ist, ist $\tilde{Q}^N$ auch gleichmäßig stetig. Also existiert ein $\delta>0$, so daß für alle $x \in [0,S]$ und alle $t,t' \in [0,T]$ mit $|t-t'| < \delta$

$$|\tilde{Q}^N(t,x)-\tilde{Q}^N(t',x)| \leq \frac{\varepsilon}{2\sqrt{S}}. \tag{5.22}$$

Dies bedeutet aber, daß für alle $t,t' \in [0,T]$ mit $|t-t'| < \delta$

$$\|\tilde{Q}^N(t,\cdot)-\tilde{Q}^N(t',\cdot)\|_{L^2} \leq \frac{\varepsilon}{2},$$

wobei hier die Norm im Raum $L^2[0,S]$ gemeint ist.

Nach der Dreiecksungleichung erhält man nun für alle $t,t' \in [0,T]$ mit $|t-t'| < \delta$

$$\|Q_2(t,\cdot)-Q_2(t',\cdot)\|_{L^2} \leq \tag{5.23}$$

$$\leq \|Q_2(t,\cdot)-\tilde{Q}^N(t,\cdot)\|_{L^2}+\|\tilde{Q}^N(t,\cdot)-\tilde{Q}^N(t',\cdot)\|_{L^2}+$$

$$+ \|\tilde{Q}^N(t',\cdot)-Q_2(t',\cdot)\|_{L^2} \leq \frac{1}{4}\varepsilon + \frac{1}{2}\varepsilon + \frac{1}{4}\varepsilon = \varepsilon.$$

Damit ist gezeigt, daß $Q_2(t,x)$ als Funktion des Arguments t mit Werten in $L^2[0,S]$ stetig ist.

Mit $C_{L^2}[0,T]$ bezeichnen wir nun die Menge aller stetigen Funktionen G von $[0,T]$ nach $L^2[0,S]$ mit der Norm

$$\|G\| = \sup_t \|G(t)\|_{L^2} \tag{5.24}$$

Man sieht recht leicht, daß $C_{L^2}[0,T]$ ein Unterraum von $M_{L^2}[0,T]$ ist, also daß $C_{L^2}[0,T]$ vollständig ist.

Damit erhält man:

Satz VII.5.1.
Der Operator A von $M[0,T]\times M[0,T]$ nach $C_{L^2}[0,T]$, der je zwei Funktionen $u_1, u_2 \in M[0,T]$ die durch (5.18) definierte Funktion $Q_2(t,x)$ zuordnet, ist stetig und linear.

Da die Funktionen u_1 und u_2 Linearkombinationen der in den Randbedingungen auftretenden $\mu_i, \nu_i, \Theta_i \in M[0,T]$, i=1,2 sind, besagt Satz VII.5.1, daß durch die zur Anfangsbedingung $Q_0=0$ und den inhomogenen Randbedingungen (5.1) - (5.3) gehörende verallgemeinerte Lösung $Q_2(t,x)$ ein stetiger linearer Operator von $M[0,T]\times M[0,T]$ nach $C_{L^2}[0,T]$ definiert wird.

Nun ist $M[0,T]\times M[0,T]$ der konjugierte Raum von $L[0,T]\times L[0,T]$. Also kann man auf $M[0,T]\times M[0,T]$ die schwach-*-Topologie betrachten. Da für alle n=1,2,... stets $e^{\lambda_n \tau} \in L[0,T]$, folgt aus

$$\tilde{Q}^N(t,x) = \sum_{n=1}^{N-1} |\lambda_n| e^{\lambda_n t} e_n(x) \cdot \int_0^t e^{|\lambda_n|\tau} (c_n^0 u_1(\tau) + c_n^1 u_2(\tau))\, d\tau, \tag{5.25}$$

daß der endlich dimensionale Operator A_N, der jedem Paar $u_1, u_2 \in M[0,T]$ die Funktion $\tilde{Q}^N(t,x)$ zuordnet, bezüglich der schwach-*-Topologie auf $M[0,T]\times M[0,T]$ und der Norm-Topologie auf $C_{L^2}[0,T]$ folgenstetig ist.
Damit folgt dann aus Satz IV.4.9:

Satz VII.5.2.
Der in Satz VII.5.1 angegebene Operator A von $M[0,T]\times M[0,T]$ nach $C_{L^2}[0,T]$ ist folgenstetig bezüglich der schwach-*-Topologie auf $M[0,T]\times M[0,T]$ und der Norm-Topologie auf $C_{L^2}[0,T]$.

Wir haben bisher nur den Fall diskutiert, wo die Funktion U(t,x) in x linear war. Wie man Tabelle VII.5.1 entnimmt, kann man sich jedoch auf diesen Fall im allgemeinen nicht beschränken. Sind nämlich beide Enden des Stabes isoliert (Randbedingung (5.2)), dann ist

$$U(t,x) = u_1(t)+x\, u_2(t)+\frac{x^2}{2}\, u_3(t) \tag{5.26}$$

eine quadratische Funktion in x. Für U(t,x) gilt dann:

$$-U(t,x) + \int_0^t \frac{\partial^2 U}{\partial x^2}\, dt = -u_1(t)+\int_0^t u_3(\tau)\,d\tau - xu_2(t)-\frac{x^2}{2}\, u_3(t)$$

Setze:

$$\tilde{u}(t) = u_1(t) - \int_0^t u_3(\tau)\,d\tau. \tag{5.27}$$

Der Operator A, der den beiden Funktionen $u_1, u_3 \in M[0,T]$ die Funktion $\tilde{u}$ zuordnet, ist dann ein stetiger linearer Operator von $M[0,T] \times M[0,T]$ nach $M[0,T]$. Er bleibt auch stetig, wenn man beide Räume mit der schwach-*-Topologie versieht.

Setzt man nun (5.27) in (5.8) ein, dann erhält man:

$$v(t,x)-Q_o(x) = \int_0^t \frac{\partial^2 v}{\partial x^2}dt-\tilde{u}(t)-xu_2(t)-\frac{x^2}{2}u_3(t). \tag{5.28}$$

Damit man mit der gleichen Methode wie oben arbeiten kann, stellt man die Funktion $\frac{x^2}{2} \in L^2[0,S]$ wieder bezüglich der Basis $\{e_n\}$ als Reihe

$$\frac{x^2}{2} = \sum_{n=1}^{\infty} c_n^2 e_n(x) \tag{5.29}$$

dar. Für die Entwicklungskoeffizienten gilt dann: (siehe (5.12))

$$\sup_n n|c_n^2| = C_2 < \infty. \tag{5.30}$$

Wendet man jetzt auf (5.28) die gleiche Technik wie auf (5.11) an, dann erhält man ein System von Integro-Differentialgleichungen für die Entwicklungskoeffizienten $v_n(t,x)$ der Funktion $v(t,x)$. Entsprechend (5.16) erhält man eine Lösung der Form

$$v(t,x) = Q^o(t,x) - U(t,x) + Q_2(t,x), \tag{5.31}$$

wobei diesmal

$$Q_2(t,x) = \sum_{n=1}^{\infty} |\lambda_n| \int_o^t e^{\lambda_n(t-\tau)} [c_n^o \tilde{u}(\tau) + c_n^1 u_2(\tau) + c_n^2 u_3(\tau)] d\tau e_n(x) \tag{5.32}$$

ist. Aus (5.31) und (5.4) folgt nun, daß

$$Q(t,x) = Q^o(t,x) + Q_2(t,x). \tag{5.33}$$

Damit gelten auch für den Fall, wo $U(t,x)$ in x quadratisch ist, die Sätze VII.5.1 und VII.5.2. Genauer: Der Operator A, der den Funktionen $\tilde{u}, u_1, u_2 \in M[0,T]$ die Funktion $Q_2(t,x)$ zuordnet, ist ein stetiger linearer Operator von $M[0,T] \times M[0,T] \times M[0,T]$ nach $C_{L^2}[0,T]$. Versieht man den Raum $M[0,T] \times M[0,T] \times M[0,T]$ mit der von $L[0,T] \times L[0,T] \times L[0,T]$ induzierten schwach-*-Topologie, dann ist A folgenstetig bezüglich der Norm-Topologie von $C_{L^2}[0,T]$.

Da jede der Funktionen $u_1, u_2, u_3 \in M[0,T]$ nur eine Linearkombination von zwei der Funktionen $\mu_i, \nu_i, \Theta_i \in M[0,T]$, $i=1,2$ ist, ist der Operator A bereits auf $M[0,T] \times M[0,T]$ definiert. Versieht man $M[0,T] \times M[0,T]$ mit der schwach-*-Topologie und betrachtet auf $C_{L^2}[0,T]$ die Norm-Topologie, dann bleibt dieser Operator folgenstetig.

Bislang haben wir nur die inhomogene Wärmeleitungsgleichung mit homogenen Randbedingungen und die homogene Wärmeleitungsgleichung mit inhomogenen Randbedingungen diskutiert.

In der Praxis ist im allgemeinen die inhomogene Wärmeleitungsgleichung (4.1) mit inhomogenen Randbedingungen (5.1) - (5.3) zur Anfangsbedingung $Q(0,x) = Q_o(x) \not\equiv 0$ zu lösen. Die allgemeine Lösung dieses Problems ist offensichtlich von der Form

$$Q(t,x) = Q^{o}(t,x)+Q_1(t,x)+Q_2(t,x) \tag{5.34}$$

Dabei ist $Q^{o}(t,x)$ die Lösung der homogenen Gleichung (3.1) zur Anfangsbedingung $Q^{o}(0,x) = Q_o(x)$ und den homogenen Randbedingungen (3.2) - (3.4). Diese Lösung wird durch Formel (3.37) gegeben. Ferner ist $Q_1(t,x)$ die Lösung der inhomogenen Gleichung (4.1) zur Anfangsbedingung $Q_1(0,x) = 0$ und den homogenen Randbedingungen (3.2) - (3.4). Diese Lösung wird durch Formel (4.26) gegeben. Die Funktion $Q_2(t,x)$ ist schließlich die Lösung der homogenen Gleichung (3.1) mit der Anfangsbedingung $Q_2(0,x) = 0$ und den inhomogenen Randbedingungen (5.1) - (5.3). Sie wird durch Formel (5.18) bzw. (5.32) gegeben, je nachdem ob $U(t,x)$ in x linear bzw. quadratisch ist.

§ 6 Die Steuerung der Erwärmung eines Stabes

Bei vielen konkreten Erwärmungsaufgaben wird ein Stab nicht nur an seinen beiden Enden, sondern auf seiner gesamten Länge in jedem Punkt erwärmt. Man denke etwa daran, daß man durch den Stab einen elektrischen Strom von bekannter Spannung und Stromstärke schickt und die Widerstandsverteilung im Stab genau bekannt ist. Weiterhin muß man bei allen Erwärmungsaufgaben die Anfangstemperatur des Stabes berücksichtigen. Der Eingaberaum X wird daher insgesamt durch

$$X = L^2[0,S]\times M_{L^2}[0,T]\times(M[0,T]\times M[0,T]) \tag{6.1}$$

gegeben. Hierbei ist $L^2[0,S]$ der Raum der Anfangsbedingungen $Q_o(x)$. Der inhomogene Teil $H(t,x)$ von Gleichung (4.1) ist ein Element von $M_{L^2}[0,T]$ und die in den inhomogenen Randbedingungen (5.1) - (5.3) auftretenden Funktionen $\mu_i,\nu_i,\theta_i \in M[0,T]$ $i=1,2$ liefern den Faktor $M[0,T]\times M[0,T]$.

Der Eingabeoperator A ordnet der Anfangsbedingung, dem inhomogenen Teil der Gleichung (4.1) und den Randbedingungen die durch (5.34) gegebene Lösung zu. Wir haben bereits gezeigt, daß A ein stetiger linearer Operator von X nach $C_{L^2}[0,T]$ ist. Weiterhin ist A folgenstetig, falls man X mit der durch

$$X\_ = L^2[0,S]\times L_{L^2}[0,S]\times(L[0,T]\times L[0,T]) \qquad (6.2)$$

bestimmten schwach-*-Topologie versieht und auf $C_{L^2}[0,T]$ die Norm-Topologie betrachtet. Als Transformationsraum $\square$ nehmen wir $\square = C_{L^2}[0,T]$.

Je nach Fragestellung wird man verschiedene Ausgabeoperatoren B benutzen. In der Regel wird der Ausgaberaum jedoch $Y = L^2[0,S]$ und der Ausgabeoperator

$$B(Q(t,x)) = Q(T,x)$$

sein.

Man erhält also das lineare System

$$(X \xrightarrow[A]{} \square \xrightarrow[B]{} Y) \qquad (6.3)$$

Zunächst fragen wir uns, ob das System (6.3) steuerbar ist, d.h. ob $Y = BAX$ ist. Die Antwort ist negativ. Aus den Basisdarstellungen von Q_0, Q_1 und Q_2 folgt zunächst, daß die Folge $\{q_n^T\}$ der Entwicklungskoeffizienten von $Q(T,x)$ bezüglich der Basis $\{e_n\}$ wie $\{\frac{1}{n}\}$ gegen 0 geht, d.h.

$$\sup_n n|q_n^T| < \infty .$$

Daher gehört das Element $y = \sum_{n=1}^{\infty} \frac{1}{n^2} e_n$ nicht zu BAX, d.h. es ist $BAX \neq Y$.

Andererseits ist jedoch BAX offensichtlich eine dichte lineare Teilmenge von Y. Also ist BAX nicht abgeschlossen.

Wir führen nun auf X eine Norm ein. Dazu sei E ein beliebiger 4-dimensionaler BANACH-Raum. Da X das Produkt von 4 BANACH-Räumen ist, wird jedes Element von X durch ein Tupel (Q_0,H,w_1,w_2) von 4 Funktionen gegeben. Dabei ist $w_1, w_2 \in \{\mu_1, \mu_2, \nu_1, \nu_2, \theta_1, \theta_2\}$ je nachdem welche Randbedingungen genommen werden. Ist nun $\| \ \|_E$ die Norm auf E, dann definiert man eine Norm auf X durch

$$\| (Q_o, H, \omega_1, \omega_2) \|^E = \| (\| Q_o \|_{L^2}, \| H \|_{M_{L^2}}, \| \omega_1 \|_M, \| \omega_2 \|_M) \|_E \tag{6.4}$$

Da E endlich-dimensional und somit reflexiv ist, kann man E als den konjugierten Raum von E^* auffassen und somit auf X_- (siehe (6.2)) die Norm

$$\| (f_1, f_2, f_3, f_4) \|^{E^*} = (\| f_1 \|_{L^2}, \| f_2 \|_{L_{L^2}}, \| f_3 \|_L, \| f_4 \|_L) \|_{E^*}$$

einführen.

Man sieht nun leicht, daß bezüglich der Normen $\| \ \|^{E^*}$ und $\| \ \|^E$ die Räume $(X_-)^*$ und X isometrisch sind. Da X_- separabel ist, ist die Einheitskugel von X in der Norm $\| \ \|^E$ folgenkompakt bezüglich der von X_- bestimmten schwach-$*$-Topologie.

Nach Beispiel V.3.1 hat damit die Minimal-Norm-Aufgabe eine Lösung.

Satz VII.6.1.

Zu jedem $y_o \in BAX$ gibt es ein $x_o \in X$ mit

$$\| x_o \|^E = \inf \{ \| x \|^E : BAX = y_o \}. \tag{6.5}$$

Eine andere wichtige Norm bekommt man folgendermaßen:

Wie in Kapitel VI § 3 geschildert, fasse man $M[0,T] \times M[0,T]$ als $M_E[0,T]$ auf, wobei E ein zweidimensionaler BANACH-Raum ist. Ist nun F ein dreidimensionaler BANACH-Raum, dann führt man auf X die Norm

$$\| (Q_o, H, \omega_1, \omega_2) \|^F = \| (\| Q_o \|_{L^2}, \| H \|_{M_{L^2}}, \| (\omega_1, \omega_2) \|_{M_E}) \|_F \tag{6.6}$$

ein. Dabei ist $\| \ \|_F$ die Norm auf F.

Den Raum X_- versieht man entsprechend mit der Norm

$$\|(f_1,f_2,f_3,f_4)\|^{F^*} = \|(\|f_1\|_{L^2},\|f_2\|_{L_L^2},\|(f_3,f_4)\|_{L_E^*})\|_{F^*} \qquad (6.7)$$

Bezüglich der Normen (6.6) und (6.7) sind die Räume $(X_-)^*$ und X wieder isometrisch. Damit hat also auch für die Norm $\| \ \|^F$ die Minimal-Norm-Aufgabe eine Lösung.

Nun sind bei Minimal-Norm-Aufgaben in der Regel noch gewisse Nebenbedingungen gegeben. Oft betrachtet man nicht den ganzen Raum X als Eingaberaum, sondern nur eine gewisse Linearmannigfaltigkeit

$$V = \{x \in X: Px = x_o\},$$

wobei $P \in B(X \to X)$ eine Projektion ist. Wie wir in Kapitel V § 1 gezeigt haben, kann man dann zu einem anderen linearen System, nämlich

$$(X_1 \xrightarrow[A]{} \square \xrightarrow[B]{} Y) \qquad (6.8)$$

übergehen. Die Operatoren A und B und die Räume $\square$ und Y sind wie in (6.3). Statt X nimmt man als Eingaberaum

$$X_1 = \{x \in X: Px = 0\}$$

und statt der Minimal-Norm-Aufgabe $BAx = y_o$ löst man die Minimal-Norm-Aufgabe $BAx = y_o - BAx_o$.

Ein Beispiel für eine solche Situation hat man etwa dann, wenn die Anfangsbedingung oder eine der beiden Randbedingungen oder der inhomogene Teil der Wärmeleitungsgleichung nicht zur Steuerung zugelassen wird.

Wenn der Unterraum $X_1 \subset X$ auch in der schwach-*-Topologie von X abgeschlossen ist (dies ist bei den obigen Beispielen der Fall) dann existiert eine Lösung der Minimal-Norm-Aufgabe.

Wir betrachten nun den Fall der homogenen Wärmeleitungsgleichung (3.1) mit fester Anfangsbedingung $Q(0,x) = Q_o(x)$. Die Steuerung soll ausschließlich über die Randbedingungen erfolgen. Dabei wollen wir zunächst annehmen, daß U(t,x) in x linear ist, also von der Form

$$U(t,x) = u_1(t)+xu_2(t).$$

Aus Formel (5.18) und der Definition von B folgt dann für den Operator BA:

$$BA(\omega_1,\omega_2) = \sum_{n=1}^{\infty} |\lambda_n| \int_0^T e^{\lambda_n(T-\tau)} \left[c_n^o(a_1\omega_1(\tau)+a_2\omega_2(\tau)) + \right.$$

$$\left. + c_n^1(b_1\omega_1(\tau)+b_2\omega_2(\tau))\right]d\tau\cdot e_n(x),$$

wobei $\omega_1,\omega_2 \in \{\nu_1,\nu_2,\mu_1,\mu_2,\theta_1,\theta_2\}$ ist. Der Operator BA bildet also $M[0,T]\times M[0,T]$ in $L^2[0,S]$ ab.

Da die Basis $\{e_n\}$ äquivalent zur Orthonormalbasis des $L^2[0,S]$ ist, geht die Gleichung

$$BAx = y_o \tag{6.9}$$

in ein unendliches System von Gleichungen

$$|\lambda_n| \int_0^T e^{\lambda_n(T-\tau)} [(c_n^o a_1+c_n^1 b_1)\omega_1(\tau) + \tag{6.10}$$

$$+ (c_n^o a_2+c_n^1 b_2)\omega_2(\tau)]d\tau = y_n$$

über und für die Folge $\{y_n\}$ der Entwicklungskoeffizienten von y_o bezüglich der Basis $\{e_n\}$ gilt $\{y_n\} \in \ell^2$. Mithin kann man die Gleichungen (6.10) als einen stetigen linearen Operator von $M[0,T]\times M[0,T]$ in den ℓ^2 auffassen.

Da $BAX_1 \subset Y$ nur eine dichte lineare Teilmenge von Y ist, gibt nach Korollar V.2.7 in diesem Fall nicht das Maximum-Prinzip. Deshalb diskutieren wir nun das in Satz V.2.10 angegebene Substitut des Maximum-Prinzips.

Dazu sei r>0 beliebig und $\| \;\|$ eine Norm auf $M[0,T]\times M[0,T]$ mit der Eigenschaft, daß die zugehörige Einheitskugel in der schwach-*-Topologie kompakt ist. Gesucht ist ein Paar $(\omega_1^o,\omega_2^o) \in M[0,T]\times M[0,T]$ mit

$$\|(\omega_1^o,\omega_2^o)\| = \inf\{\|(\omega_1,\omega_2)\|: \|BA(\omega_1,\omega_2)-y_o\| \leq r\}. \tag{6.11}$$

Angenommen, dieses (ω_1^o,ω_2^o) sei bereits bekannt. Dann existiert nach Satz V.2.10 ein stetiges lineares Funktional $G \in (\ell^2)^*$, so daß für alle $(\omega_1,\omega_2) \in M[0,T]\times M[0,T]$ mit

$$\|(\omega_1,\omega_2)\| \leq R \tag{6.12}$$

stets

$$G(BA(\omega_1,\omega_2)) \leq G(BA(\omega_1^o,\omega_2^o)) = G(y_o) - r\|G\| \tag{6.13}$$

ist. Dabei ist

$$R = \|(\omega_1^o,\omega_2^o)\|. \tag{6.14}$$

Aus (6.13) und (6.14) folgt nun, daß das Funktional $G(BA(\omega_1,\omega_2))$ sein Maximum auf der Menge

$$\{(\omega_1,\omega_2): \|(\omega_1,\omega_2)\| \leq R\}$$

in (ω_1^o,ω_2^o) annimmt.

Um weitere Eigenschaften von (ω_1^o,ω_2^o) zu bestimmen, fassen wir $M[0,T]\times M[0,T]$ wieder als $M_E[0,T]$ auf, wobei E ein zweidimensionaler BANACH-Raum ist. Weiterhin gehört zu $G \in (\ell^2)^*$ ein $g = \{g_n\} \in \ell^2$, so daß für alle $x \in \ell^2$

$$G(x) = \langle x,g\rangle = \sum_{n=1}^{\infty} x_n g_n, \qquad x = \{x_n\}.$$

Also ist

$$G(BA(\omega_1,\omega_2)) = \tag{6.15}$$

$$= \sum_{n=1}^{\infty} g_n\lambda_n \int_0^T e^{\lambda_n(T-\tau)} \left[(c_n^0 a_1+c_n^1 b_1)\omega_1(\tau)+(c_n^0 a_2+c_n^1 b_2)\omega_2(\tau)\right]d\tau =$$

$$= \int_0^T \left[G_1(\tau)\omega_1(\tau)+G_2(\tau)\omega_2(\tau)\right]d\tau .$$

Dabei ist

$$G_i(\tau) = \sum_{n=1}^{\infty} g_n\lambda_n (c_n^0 a_i+c_n^1 b_i)e^{\lambda_n(T-\tau)} \qquad i=1,2 \tag{6.16}$$

eine analytische Funktion in $\tau \in (0,T)$.

Ähnlich wie in Kapitel VI § 4 kann man nun schließen, daß für alle $\tau \in [0,T]$ stets

$$(\omega_1^0(\tau),\omega_2^0(\tau)) \in K_R \cap H_\tau . \tag{6.17}$$

Dabei ist

$$K_R = \{(v_1,v_2) \in E: \|(v_1,v_2)\|_E \leq R\} \tag{6.18}$$

und

$$H_\tau = \{(v_1,v_2) \in E: \frac{1}{\|(G_1(\tau),G_2(\tau)\|_{E^*}}[G_1(\tau)v_1+G_2(\tau)v_2] = R\}. \tag{6.19}$$

Geometrisch heißt dies, daß H_τ eine Stützhyperebene an die Kugel K_R ist. Besteht nun für jedes $\tau \in [0,T]$ die Menge $K_R \cap H_\tau$ aus genau einem Punkt, etwa p_τ, dann ist die Steuerung (6.17) eindeutig bestimmt und p_τ ist offensichtlich ein Extremalpunkt der Kugel K_R.

Allgemein ist K_R eine zweidimensionale abgeschlossene konvexe und beschränkte Menge. Ihr Rand besteht also aus gewissen Extremalpunkten und höchstens abzählbar vielen Seiten. Wenn es nun eine Menge $D \subset [0,T]$ mit positivem Maß gibt, so daß für alle $\tau \in D$ die Menge $K_R \cap H_\tau$ nicht einpunktig ist, dann gibt es auch eine Teilmenge $D_0 \subset D$ mit positivem

Maß, so daß für alle $\tau \in D_o$ $K_R \cap H_\tau = W_o$ ist, wobei W_o eine Seite von K_R ist. Da G_1 und G_2 analytische Funktionen sind, folgt hieraus, daß für alle $\tau \in [0,T]$ stets $K_R \cap H_\tau = W_o$ gilt. Hieraus folgt weiter, daß $G_1(\tau)$ ein Vielfaches von $G_2(\tau)$ ist, und da die Funktionen $e^{\lambda_n \tau}$ stark linear unabhängig sind, existiert eine Konstante C, so daß für alle n=1,2,...

$$\frac{c_n^o a_1 + c_n^1 b_1}{c_n^o a_2 + c_n^1 b_2} = C. \tag{6.20}$$

Aus (6.20) folgt dann

$$\frac{a_1}{a_2} = \frac{b_1}{b_2} = C. \tag{6.21}$$

Für die in Tabelle VII.5.1 aufgeführten Funktionen U(t,x), die in x linear sind, kann dieser Fall (6.21) allerdings nie eintreten.

Also erhält man:

Satz VII.6.2.

Gegeben sei die homogene Wärmeleitungsgleichung (3.1) mit fester Anfangsbedingung $Q(0,x) = Q_o(x)$. Die Steuerung erfolge ausschließlich über die Randbedingungen $(\omega_1,\omega_2) \in M_E[0,T]$. $U(t,x) = (a_1\omega_1+a_2\omega_2) + x(b_1\omega_1+b_2\omega_2)$ sei aus Tabelle VII.5.1 gewählt. Ferner sei $(\omega_1^o,\omega_2^o) \in M_E[0,T]$ bezüglich der Norm von $M_E[0,T]$ eine Minimal-Norm-Steuerung, die Formel (6.11) genügt. Dann ist für fast alle $\tau \in [0,T]$

$$(\omega_1^o(\tau),\omega_2^o(\tau)) \in E(K_R) \tag{6.22}$$

ein Extremalpunkt von K_R. Dabei ist

$$K_R = \{x \in E: \|x\|_E \leq R\}$$

die Kugel um O mit Radius

$$R = \inf\{\|(\omega_1,\omega_2)\|_{M_E}: \|BA[(\omega_1,\omega_2)]-y_o\|_{\ell^2} \leq r\}.$$

Dieser Satz ist das "Bang-Bang-Prinzip" für die Erwärmungsaufgabe eines Stabes bei Randsteuerung. Falls nur eine Randbedingung steuerbar ist, dann gelten die gleichen Überlegungen wie oben mit der einzigen Einschränkung, daß in Formel (6.15) für GBA nur eine der Funktionen G_i, i=1,2, etwa G_1 auftritt. Da G_1 analytisch ist, folgt dann für die optimale Steuerung w^o, daß für fast alle $\tau \in [0,T]$ stets $|\omega^o(\tau)| = R$ ist.

Wir betrachten nun noch den Fall, wo U(t,x) in der Veränderlichen x quadratisch ist. Wie bereits früher erwähnt, tritt dieser Fall bei der Bearbeitung von praktischen Kontrollproblemen durchaus auf. Dennoch wollen wir ihn hier nicht in voller Allgemeinheit diskutieren, sondern uns nur auf die in Tabelle VII.5.1 auftretende Funktion

$$U(t,x) = xu_2(t) + \frac{1}{2}x^2u_3(t)$$

beschränken. Bei dieser Funktion tritt nämlich kein absolutes Glied auf.

Aus Formel (5.32) und der Definition von B erhält man die explizite Darstellung des Operators BA von $M_E[0,T]$ nach $L^2[0,S]$. Entwicklung bezüglich der Basis $\{e_n\}$ liefert dann, analog zu (6.10), daß der Operator BA von $M_E[0,T]$ in ℓ^2 durch

$$|\lambda_n| \int_0^T e^{\lambda_n(T-\tau)} [c_n^o \int_0^\tau u_3(\sigma)d\sigma + c_n^1 u_2(\tau) + c_n^2 u_2(\tau)]d\tau = y_n \qquad (6.23)$$

$$n=1,2,...$$

gegeben wird.

Durch partielle Integration

$$|\lambda_n| \int_0^T e^{\lambda_n(T-\tau)} (\int_0^\tau u_3(\sigma)d\sigma)d\tau = \int_0^T u_3(\tau)d\tau - \int_0^T e^{\lambda_n(T-\tau)} u_3(\tau)d\tau \qquad (6.24)$$

und Einsetzen in (6.23) erhält man schließlich:

$$y_n = \int_0^T \{(|\lambda_n| e^{\lambda_n(T-\tau)} c_n^1 b_1 + \tag{6.25}$$

$$+ [|\lambda_n| e^{\lambda_n(T-\tau)} c_n^2 + (1-e^{\lambda_n(T-\tau)}) c_n^o] d_1) \omega_1 + (|\lambda_n| e^{\lambda_n(T-\tau)} c_n^1 b_2 +$$

$$+ [|\lambda_n| e^{\lambda_n(T-\tau)} c_n^2 + (1-e^{\lambda_n(T-\tau)}) c_n^o] d_2) \omega_2\} d\tau .$$

Geht man nun so wie oben vor und wählt ein $G \in (\ell^2)^*$, für welches (6.13) gilt, dann erhält man wieder (6.15). Allerdings sind die $G_i(t)$, $i=1,2$, jetzt aus (6.25) zu bestimmen. Sie sind wiederum analytisch, und man kann formal genauso wie oben argumentieren. Obwohl die explizite Durchführung der Rechnung komplizierter ist als oben, kann man auch für diesen Fall die Gültigkeit von Satz VII.6.2 zeigen.

Wir wollen nun noch die Minimal-Zeit-Aufgabe diskutieren. Dazu gehen wir von der inhomogenen Wärmeleitungsgleichung (4.1) mit der Anfangsbedingung $Q(0,x) = Q_o(x)$ aus. Ferner sei $Y_o \subset Y = L^2[0,S]$ eine gegebene Menge (die insbesondere auch einpunktig sein kann). Gesucht wird nun eine Steuerung durch die Randbedingungen und den inhomogenen Teil von (4.1) oder auch nur durch eins von beiden, zu der es ein minimales $\hat{T} \in [0,T]$ mit $Q(\hat{T},x) \in Y_o$ gibt.

Wegen $Q(t,\cdot) \in C_{L^2}[0,T]$ ist $Y(t) \subset L^2[0,S]$, $t \in [0,T]$ mit

$$Y(t) = Y_o - Q(t,\cdot)$$

eine stetige Familie von Mengen. Wir nehmen nun an, daß die Steuerungen $(H,\omega_1,\omega_2) \in U$ sind, wobei $U \subset M_{L^2}[0,T] \times M[0,T] \times M[0,T]$ eine Teilmenge ist, die bezüglich der schwach-$*$-Topologie kompakt ist. Dann ist aber auch $A(U) \subset C_{L^2}[0,T]$ in der Norm-Topologie von $C_{L^2}[0,T]$ kompakt. Nun definiere man die Operatoren $B_t \in B(C_{L^2}[0,T] \to L^2[0,S])$ $t \in [0,T]$ durch

$$B_t Q(\cdot,x) = Q(t,x).$$

Dann ist für jedes $y \in C_{L^2}[0,T]$ die Funktion $B_t y$ im Argument t stetig. Also ist nach Satz V.4.11 die Familie der Mengen $B_t A(U) \subset L^2[0,S]$, $t \in [0,T]$, halbstetig von oben. Nach Satz V.4.4 hat dann die Minimal-Zeit-Aufgabe eine Lösung.

§ 7 Die Beobachtbarkeit der Temperaturverteilung in einem Stab

Gegeben sei ein homogener Stab der Länge S. Um einfacher rechnen zu können, kann man ohne Beschränkung der Allgemeinheit S=1 annehmen. Weiterhin wollen wir noch annehmen, daß der in der Wärmeleitungsgleichung auftretende Koeffizient a gleich 1 sei. Dann wird die Temperaturverteilung Q des Stabes durch

$$\frac{\partial Q}{\partial t} = \frac{\partial^2 Q}{\partial x^2} \tag{7.1}$$

gegeben. Wir nehmen nun an, daß für (7.1) die homogenen Randbedingungen (3.2) - (3.4) gelten, und daß die Anfangsbedingung $Q(0,x) = Q_0(x)$ nicht bekannt sei.

Unsere Aufgabe besteht nun darin, aus der Messung der Temperatur $Q(t,\vartheta)$ in einem festen Punkt $\vartheta \in [0,1]$ während der Zeit von 0 bis T die Temperaturverteilung $Q(T,x)$ zum Zeitpunkt T zu bestimmen.

Dazu betrachten wir das lineare System

$$(X \xrightarrow[A]{} \square \xrightarrow[B]{} Y) \; , \tag{7.2}$$

wobei $X = L^2[0,S]$ und A der durch Formel (3.37) definierte Operator ist. Der Operator A ordnet der Anfangsbedingung $Q_0 \in L^2[0,S]$ die Lösung von (7.1) bei homogenen Randbedingungen zu. Weiterhin setze man $\square = \overline{AX} \subset C_{L^2}[0,T]$ und $B = B_\vartheta$, $\vartheta \in [0,1]$, mit

$$B_\vartheta \, Q(\cdot,\cdot) = Q(\cdot,\vartheta).$$

Als Ausgaberaum nehme man $Y = L^p[0,T]$ mit $2 \leq p < +\infty$.

Um das vorliegende Beobachtungsproblem zu formulieren, nehme man für E einen der BANACH-Räume $C[0,1]$ bzw. $L^p[0,1]$ mit $1 \leq p < +\infty$ und definiere $\tilde{F} \in B(\square \to E)$ durch

$$\tilde{F}(Q(\cdot,\cdot)) = Q(T,\cdot). \tag{7.3}$$

Weiterhin setze man noch $F = \tilde{F}\cdot A$. Wir zeigen nun, daß $\tilde{F}$ und damit auch F stetig ist. Dazu beachten wir zunächst, daß nach den Beispielen VII.3.1 - VII.3.6 die zur Diskussion stehenden Eigenvektoren $\{e_n(x)\}$ von $\frac{d^2}{dx^2}$ eine gemeinsame Schranke haben, daß also

$$M = \sup_{0 \leq x \leq 1} \sup_n |e_n(x)| < +\infty.$$

Damit folgt aus (3.37)

$$\|Q(T,x)\| \leq M \sum_{n=1}^{\infty} |c_n| e^{\lambda_n T} \leq M\cdot K\cdot \left(\sum_{n=1}^{\infty} |c_n|^2\right)^{\frac{1}{2}} \leq M\cdot K\cdot \|Q_o\|$$

mit

$$K = \left(\sum_{n=1}^{\infty} e^{2\lambda_n T}\right)^{\frac{1}{2}}.$$

Die Beobachtungsaufgabe besteht nun darin, einen stetigen linearen Operator $\Phi_{\vartheta,T}$ so zu bestimmen, daß das Diagramm

kommutativ ist. Dabei ist $Y_o = \overline{BAX} \subset Y$.

Alle Ergebnisse dieses Paragraphen beruhen auf dem folgenden Satz aus der Approximationstheorie:

<u>Satz VII.7.1.</u> (LUXEMBURG und KOREVAAR [1])

Gegeben sei eine Folge $\{\tilde{\lambda}_n\}$ komplexer Zahlen mit den folgenden Eigenschaften:

(1) $\sum\limits_{n=1}^{\infty} \frac{1}{|\tilde{\lambda}_n|} < \infty$

(2) es existiert eine positive Zahl ρ, so daß für alle $m,n = 1,2,\ldots$

$$|\tilde{\lambda}_m-\tilde{\lambda}_n| \geq \rho|m-n|,$$

(3) es existiert ein $\delta>0$ und ein n_o, so daß für alle $n\geq n_o$

$$\mathrm{re}\tilde{\lambda}_n > \delta|\tilde{\lambda}_n|.$$

Dann ist die Folge $\{\exp(-\lambda_n t)\}$ im Raum E (d.h. in jedem der Räume $C[0,1]$ und $L^p[0,1]$ mit $1\leq p<+\infty$) stark linear unabhängig. Setzt man noch für jedes $n=1,2,\ldots$

$$d_n = \inf\{\|\exp(-\tilde{\lambda}_n t)-z\|:$$

$$z\in \mathrm{lin}\{\exp(\tilde{\lambda}_1 t),\ldots,\exp(\tilde{\lambda}_{n-1}t),\exp(-\tilde{\lambda}_{n+1}t),\exp(-\tilde{\lambda}_{n+2}t),\ldots\}\},$$

dann gibt es zu jedem $\varepsilon>0$ ein n_ε, so daß für alle $n\geq n_\varepsilon$

$$\frac{1}{d_n} \leq \exp(\varepsilon\cdot \mathrm{re}\tilde{\lambda}_n) \leq \exp(\varepsilon\delta|\tilde{\lambda}_n|). \tag{7.5}$$

Der Beweis dieses Satzes wird hier nicht vorgeführt. Er beruht auf tieferen Eigenschaften von analytischen Funktionen, die über die Thematik dieses Buches hinausgehen.

Aus Satz VII.7.1 folgt nun unmittelbar:

Satz VII.7.2. (DOLECKI [1])
Es sei $\vartheta \in [0,1]$ und $\{\tilde{\lambda}_n\}$ eine Folge von komplexen Zahlen, die der Voraussetzung von Satz VII.7.1 genügen. Ferner sei $\{\varphi_n\}$ eine Folge von Funktionen aus E und $\{B_n\}$ eine Folge positiver Zahlen mit

$$\|\varphi_n\| \leq B_n |\varphi_n(\vartheta)|. \tag{7.6}$$

Schließlich existiere ein $\varepsilon>0$ mit

$$\sum_{n=1}^{\infty} B_n \exp(-(T-\varepsilon)\,\mathrm{re}\tilde{\lambda}_n) < +\infty. \tag{7.7}$$

Dann ist der Operator $\Phi_{\vartheta,T}$, der jeder Funktion

$$u(t,\vartheta) = \sum_{n=1}^{\infty} \tilde{c}_n e^{-\tilde{\lambda}_n t} \tag{7.8}$$

aus

$$\tilde{Y} = \mathrm{lin}_\infty \{e^{-\tilde{\lambda}_n t}\}^{(1)}$$

die Funktion

$$u(T,x) = \sum_{n=1}^{\infty} \frac{\tilde{c}_n}{\varphi_n(\vartheta)} \varphi_n(x) \cdot e^{-\tilde{\lambda}_n T} \tag{7.9}$$

zuordnet, ein stetiger linearer Operator von $\tilde{Y} \subset Y$ nach E.

Beweis:
Es ist

$$\|u(T,x)\|_E \leq \sum_{n=1}^{\infty} \frac{|\tilde{c}_n|}{|\varphi_n(\vartheta)|} \|\varphi_n\| e^{-\tilde{\lambda}_n T} \leq \sum_{n=1}^{\infty} |\tilde{c}_n| B_n e^{-\tilde{\lambda}_n T}. \tag{7.10}$$

---

(1) Wie in Paragraph 1 bedeutet $\mathrm{lin}_\infty\{e_n\}$ die Menge aller x, die sich als konvergente Reihe der Form $x = \sum_{n=1}^{\infty} t_n e_n$ schreiben lassen.

Nach Definition von d_n ist für jedes n=1,2,...

$$|\tilde{c}_n| \leq \frac{1}{d_n} \|u(t,\vartheta)\|_Y \, , \tag{7.11}$$

und damit ist

$$\|u(T,x)\|_E \leq \|u(t,\vartheta)\|_Y \left(\sum_{n=1}^{\infty} \frac{1}{d_n} B_n e^{-\tilde{\lambda}_n T} \right) \tag{7.12}$$

Aus (7.5) und (7.7) ergibt sich, daß die Reihe

$$\sum_{n=1}^{\infty} \frac{1}{d_n} B_n e^{-\tilde{\lambda}_n T} < \infty \tag{7.13}$$

konvergiert. Dabei ist in (7.5) $\varepsilon>0$ durch $\frac{\varepsilon}{2}$ zu ersetzen. Aus (7.13) und (7.12) folgt dann die Behauptung. ■

Nun sei $\{\lambda_n\} = \{-\mu_n^2\}$ die Folge der Eigenwerte von $\frac{d^2}{dx^2}$ aus den Beispielen VII.3.1 - VII.3.6.

Dann erfüllt die Folge $\{\tilde{\lambda}_n\} = \{-\lambda_n\} = \{\mu_n^2\}$ die Voraussetzungen von Satz VII.7.1. Die Funktionen $u(t,\vartheta)$ und $u(T,x)$ kann man nun wie folgt darstellen:

Nach (3.37) ist

$$AQ_o = Q(t,x) = \sum_{n=1}^{\infty} c_n e^{-\mu_n^2 t} e_n(x) \, , \tag{7.14}$$

wobei die c_n die Entwicklungskoeffizienten von Q_o bezüglich der Basis $\{e_n\}$ sind (Formel (3.35)) und $-\mu_n^2 = \lambda_n$ ist. Setzt man nun $\tilde{c}_n = c_n e_n(\vartheta)$, dann geht die Funktion $u(t,\vartheta)$ aus (7.8) in

$$Q(t,\vartheta) = \sum_{n=1}^{\infty} c_n e^{(-\mu_n^2 t)} e_n(\vartheta) \tag{7.15}$$

und $u(T,x)$ aus (7.9) in

$$Q(T,x) = \sum_{n=1}^{\infty} c_n e^{(-\mu_n^2 t)} e_n(x) \tag{7.16}$$

über.

Damit sieht man, daß für die spezielle Folge $\{\tilde{\lambda}_n\}$ mit $\tilde{\lambda}_n = -\lambda_n = \mu_n^2$ der lineare Operator $\Phi_{\vartheta,T}$ das Diagramm (7.4) kommutativ ergänzt, d.h. es ist

$$F = \Phi_{\vartheta,T}\, BA$$

Um die Stetigkeit von $\Phi_{\vartheta,T}$ nach Satz VII.7.2 nachzuweisen, muß man zeigen, daß eine Folge $\{B_n\}$ und ein $\varepsilon>0$ mit

$$\| e_n(x) \| \leq B_n\, e_n(\vartheta) \tag{7.17}$$

und

$$\sum_{n=1}^{\infty} B_n e^{-(T-\varepsilon)\mu_n^2} < +\infty \tag{7.18}$$

existiert.

Der Hauptsatz dieses Paragraphen besagt nun, daß für fast alle $\vartheta \in [0,1]$ der Operator $\Phi_{\vartheta,T}$ stetig ist.

Satz VII.7.3. (DOLECKI [1])
Für fast alle $\vartheta \in [0,1]$ existiert ein stetiger linearer Operator $\Phi_{\vartheta,T}$, der das Diagramm (7.4) kommutativ macht.

Der Beweis dieses Satzes beruht auf mehreren Lemmata:

Lemma VII.7.4.
Es seien a,b und ν reelle Zahlen mit $\nu>1$, $0\leq a\leq 1$ und $0\leq b\leq \frac{1}{4}$. Ferner definieren wir für jede reelle Zahl c

$$\| c \| = \inf\{ |c-n|,\ n=0,\pm 1,\pm 2,\dots\}.$$

Dann ist das LEBESGUEsche Maß von

$$H_{\nu,a,b} = \{\vartheta : 0 \leq \vartheta \leq 1 \text{ und } \|\nu\vartheta - a\| \leq b\} \tag{7.19}$$

nicht größer als 8b, also

$$\lambda(H_{\nu,a,b}) \leq 8b.$$

Beweis:

Eine leichte Rechnung zeigt, daß

$$\{\vartheta : \|\nu\vartheta - a\| \leq b\} \subset \bigcup_{n=-\infty}^{+\infty} \left[\frac{a+n}{\nu} - \frac{b}{\nu}, \frac{a+n}{\nu} + \frac{b}{\nu}\right]$$

gilt. Diese Intervalle

$$\left[\frac{a+n}{\nu} - \frac{b}{\nu}, \frac{a+n}{\nu} + \frac{b}{\nu}\right], \quad n=0,\pm 1,\pm 2,\ldots \tag{7.20}$$

haben alle die Länge $\frac{2b}{\nu}$, und jedes Intervall, das zwischen zwei solchen Intervallen liegt, hat die Länge $\frac{1-2b}{\nu}$.

Angenommen, k solcher Intervalle vom Typ (7.20) haben einen nichtleeren Durchschnitt mit dem Einheitsintervall. Da $\nu>1$ und $b\leq\frac{1}{4}$ ist, folgt zunächst, daß $k\geq 2$ ist.

Dann ist

$$\lambda(H_{\nu,a,b}) \leq \frac{2bk}{\nu} \tag{7.21}$$

und

$$\lambda([0,1] \setminus H_{\nu,a,b}) \geq (k-1)\,\frac{1-2b}{\nu}\,. \tag{7.21'}$$

Dabei ist $\lambda(B)$ das LEBESGUEsche Maß von B. Da $k \geq 2$ ist, folgt dann aus (7.21) und (7.21')

$$\frac{\lambda(H_{\nu,a,b})}{\lambda([0,1] \setminus H_{\nu,a,b})} \leq \frac{\frac{2kb}{\nu}}{(k-1)\frac{(1-2b)}{\nu}} \leq 4\,\frac{b}{1-2b} \leq 8b, \tag{7.22}$$

womit das Lemma gezeigt ist. ■

Lemma VII.7.5.
Es seien $\{a_q\}$, $\{b_q\}$ und $\{\mu_q\}$ relle Zahlenfolgen, wobei $\liminf \mu_q > 1$ und $b_q > 0$, $\sum_q b_q < +\infty$ gilt. Dann hat die Menge H aller $\vartheta \in [0,1]$ mit

$$\|\mu_q \vartheta - a_q\| \leq b_q \tag{7.23}$$

für unendlich viele Indizes q das LEBESGUEsche Maß O. Dabei ist wie oben

$$\|c\| = \inf\{|c-n| : n=0,\pm 1,\pm 2,\ldots\}. \tag{7.24}$$

Beweis:
Nach Definition von H gilt:

$$H \subset H_Q = \bigcup_{q=Q}^{\infty} H_{\mu_q, a_q, b_q}, \quad Q=1,2,\ldots . \tag{7.25}$$

Also ist für jedes Q=1,2,... nach Lemma VII.7.4

$$\lambda(H_Q) \leq \sum_{q=Q}^{\infty} \lambda(H_{\mu_q, a_q, b_q}) \leq \sum_{q=Q}^{\infty} 8b_q. \tag{7.26}$$

Da die Reihe $\sum_{q=1}^{\infty} b_q$ konvergiert, folgt hieraus

$$0 \leq \lambda(H) \leq \lim_{Q\to\infty} \lambda(H_Q) = 0, \tag{7.27}$$

was zu zeigen war. ■

Lemma VII.7.6.
Es sei $\vartheta \in [0,1]$ und $\{\mu_q\}$ eine beliebige Folge von positiven Zahlen mit

$$\liminf_{q\to\infty} \frac{\mu_q}{q} > 0. \tag{7.28}$$

Ferner sei

$$B_{q,\vartheta} = \frac{1}{|\cos\pi\mu_q \vartheta|} \quad \left(B_{q,\vartheta} = \frac{1}{|\sin\pi\mu_q \vartheta|}\right) .$$

Dann ist für fast alle $\vartheta \in [0,1]$ $B_{q,\vartheta} < +\infty$, $q=1,2,\ldots$

und es gilt

$$\begin{aligned} \|\cos\pi\mu_q x\| &\leq B_{q,\vartheta}|\cos\pi\mu_q\vartheta| \\ (\|\sin\pi\mu_q x\| &\leq B_{q,\vartheta}|\sin\pi\mu_q\vartheta|) \end{aligned} \qquad q=1,2,\ldots \quad . \tag{7.29}$$

Weiterhin ist für alle positiven T

$$\sum_{q=1}^{\infty} B_{q,\vartheta}\, e^{-\mu_q^2\pi T} < +\infty. \tag{7.30}$$

Beweis:
Wegen

$$\|\cos\pi\mu_q x\| \leq \|1\| \leq B_{q,\vartheta}|\cos\pi\mu_q\vartheta|$$

$$(\|\sin\pi\mu_q x\| \leq \|1\| \leq B_{q,\vartheta}|\sin\pi\mu_q\vartheta|)$$

ist Formel (7.29) klar. Formel (7.30) beweist man mit Lemma VII.7.5. Dazu setzen wir $a_q = \frac{1}{2}$ (bzw. $a_q = 0$) und $b_q = \mu_q^2 d^{-\mu_q^2 T}$. Dann gilt zunächst $\sum_{q=1}^{\infty} b_q < \infty$.

Nach Lemma VII.7.5 ist für fast alle ϑ und fast alle q (d.h. für alle q bis auf endlich viele die von ϑ abhängen können)

$$\|\mu_q\vartheta - \tfrac{1}{2}\| \geq b_q \qquad (\|\mu_q\vartheta\| \geq b_q) \ . \tag{7.31}$$

Aus (7.31) folgt dann

$$\frac{1}{\mu_q^2} \geq \frac{e^{-\mu_q^2 T}}{\|\mu_q\vartheta - \frac{1}{2}\|} \qquad \frac{e^{-\mu_q^2 T}}{\pi|\cos\pi\mu_q\vartheta|} \tag{7.32}$$

(bzw.

$$\frac{1}{\mu_q^2} \geq \frac{e^{-\mu_q^2 T}}{\|\mu_q \vartheta\|} \geq \frac{e^{-\mu_q^2 T}}{\pi|\sin\pi\mu_q \vartheta|}).$$

Aus (7.28) und der Definition von $B_{q,\vartheta}$ folgt dann (7.30). ■

"Beweis von Satz VII.7.3":
Wir betrachten zunächst die in den Beispielen VII.3.1 - VII.3.5 aufgeführten Fälle. Hier sind die Eigenvektoren stets von der Form $e_n(x) = \cos \mu_n x$ (bzw. $e_n(x) = \sin \mu_n x$). Aus Satz VII.7.2 und Lemma VII.7.6 folgt also, daß für diese Fälle Satz VII.7.3 stimmt.

Etwas komplizierter ist der in Beispiel VII.3.6 aufgeführte Fall. Dort sind die Eigenvektoren von der Form

$$e_n(x) = \cos \mu_n x + \frac{\alpha_o}{\mu_n} \sin \mu_n x. \qquad (7.33)$$

Man definiert nun eine Folge $\{d_n\}$ durch

$$\frac{\alpha_o}{\mu_n} = \operatorname{tg} d_n \ . \qquad (7.34)$$

Dann ist

$$\left|\frac{1}{e_n(\vartheta)}\right| = \left|\frac{\cos d_n}{\sin(\mu_n \vartheta + d_n)}\right| \leq \frac{1}{|\sin(\mu_n \vartheta + d_n)|} \leq \frac{\pi}{\|\mu_n \vartheta + d_n\|}. \qquad (7.35)$$

Setzt man nun $a_n = -d_n$, dann folgt aus Lemma VII.7.5 und einer ähnlichen Beziehung wie in Lemma VII.7.6 die Behauptung. ■

Man sieht sofort, daß es Punkte $\vartheta \in [0,1]$ gibt, zu denen kein stetiger linearer Operator $\Phi_{\vartheta,T}$ existiert, der das Diagramm (7.4) kommutativ macht. Insbesondere existiert solch ein Operator $\Phi_{\vartheta,T}$ dann nicht, wenn für irgendein n : $e_n(\vartheta) = 0$ gilt. Da die Menge

$$\Theta = \{\vartheta \in [0,1] : \text{es gibt ein } n \text{ mit } e_n(\vartheta) = 0\}$$

im Intervall $[0,1]$ dicht ist, ist die Menge aller $\vartheta \in [0,1]$, für die der Operator $\Phi_{\vartheta,T}$ nicht existiert, dicht in $[0,1]$ und hat trotzdem nach dem obigen Resultat das LEBESGUEsche Maß null. Von der gleichen Schwierigkeit sind die beiden weiteren Sätze von DOLECKI, die sich mit den Fällen $\mu_n = 0,1,2,\ldots$ und $\mu_n = c,1+c,2+c,\ldots$ befassen.

Satz VII.7.7. (DOLECKI [1]).
Es sei $\mu_q = q$ (bzw. $\mu_q = q+c$) und $e_q(x) = {\cos \atop \sin} qx$. Dann ist die Menge $\Theta_o \subset [0,1]$ aller solcher ϑ mit $e_n(\vartheta) \neq 0$ für alle $n=1,2,\ldots$ und der Eigenschaft, daß für alle $T>0$ kein Operator $\Phi_{\vartheta,T}$ existiert, der das Diagramm (7.4) kommutativ macht, dicht in $[0,1]$.

Satz VII.7.8. (DOLECKI [1])
Die Folgen $\{\mu_n\}$ und $\{e_n\}$ seien wie im vorherigen Satz. Für $T>0$ sei $\Theta_{1,T}$ die Menge aller $\vartheta \in [0,1]$, für die zwar kein Operator $\Phi_{\vartheta,T}$ existiert, der das Diagramm (7.4) kommutativ macht, wohl aber zu jedem $\varepsilon>0$ ein Operator $\Theta_{\vartheta,T+\varepsilon}$ existiert, der das Diagramm (7.4) kommutativ macht. Dann ist $\Theta_{1,T}$ dicht im Intervall $[0,1]$.

Den Beweis dieser beiden Sätze bringen wir nicht. Sie werden nämlich mit Techniken aus der Zahlentheorie (genauer, der Theorie der diophantischen Ungleichungen) bewiesen, was über den Rahmen dieses Buches hinausgeht.

Bisher haben wir nur den Fall betrachtet, daß man die Temperatur in einem festen Punkt während einer bestimmten Zeit mißt. Wir wenden uns jetzt dem Fall zu, wo sich das Thermometer gradlinig gleichförmig mit der Geschwindigkeit b bewegt und fragen, ob man auf diese Art die Temperaturverteilung im Stab zur Zeit T bestimmen kann. Genauer: Es sei

$$Q(t,\vartheta+bt) = \sum_{n=1}^{\infty} c_n e^{-\mu_n^2 t} e_n(\vartheta+bt) \tag{7.36}$$

und

$$Q(T,x) = \sum_{n=1}^{\infty} c_n e^{-\mu_n^2 t} e_n(x). \tag{7.37}$$

Ist der Operator $\Phi^{\vartheta,b}$, der der Funktion (7.36) die Funktion (7.37) zuordnet, stetig?

Satz VII.7.9. (DOLECKI [1])
Es sei $\vartheta \in [0,1]$, $b>0$ und $T>0$ mit $\vartheta+bT<1$. Ferner sei $Y_o \subset C[0,T]$ (bzw. $Y_o \subset L^p[0,T]$ mit $1\leq p<+\infty$) der lineare Raum aller Funktionen der Form (7.36) versehen mit der induzierten Norm und $E = C_o[0,1]$ (bzw. $E = L^p[0,1]$, mit $1\leq p<+\infty$). Dann ist $\Phi^{\vartheta,b}$ ein stetiger linearer Operator von Y_o nach E.

Beweis:
Entsprechend den jeweiligen Randbedingungen sind die Eigenfunktionen von der Form:

$$e_n(x) = \cos \mu_n x$$

$$e_n(x) = \sin \mu_n x$$

und

$$e_n(x) = \frac{\alpha_o}{\mu_n} \sin \mu_n x + \cos \mu_n x.$$

Wir führen den Beweis exemplarisch für den ersten Fall durch:

Dann ist $e_n(x) = \cos \mu_n x$ und

$$Q(t,\vartheta+bt) = \sum_{n=1}^{\infty} c_n e^{-\mu_n^2 t} \cdot \frac{e^{in(\vartheta+bt)}+e^{-in(\vartheta+bt)}}{2} \tag{7.38}$$

$$= \sum_{n=1}^{\infty} \frac{c_n}{2} e^{in\vartheta} e^{-t(\mu_n^2-inb)}$$

$$+ \sum_{n=1}^{\infty} \frac{c_n}{2} e^{-in\vartheta} e^{-t(\mu_n^2+inb)} .$$

Man setze nun

$$\tilde{\lambda}_{2n} = \mu_n^2 - inb \ , \ \tilde{\lambda}_{2n+1} = \mu_n^2 + inb.$$

Die Folge $\{\tilde{\lambda}_n\}$ genügt dann den Voraussetzungen des Satzes von LUXEMBURG-KOREVAAR (Satz VII.7.1). Nach Formel (7.5) ist also:

$$|c_n| \leq \frac{2}{d_n} |e^{in\vartheta}| \cdot \|Q(t,\vartheta+bt)\|_{Y_o} \leq 2 \cdot e^{(\varepsilon|\tilde{\lambda}_n|)} \|Q(t,\vartheta+bt)\|_{Y_o}, \quad (7.39)$$

für jedes $\varepsilon>0$ und genügend großes n.

Für $T>\varepsilon$ folgt aus (7.39)

$$\|Q(T,x)\|_E \leq \sum_{n=1}^{\infty} |c_n| \cdot e^{-|\tilde{\lambda}_n| T} \|e_n(x)\|_E \quad (7.40)$$

$$2K \sum_{n=1}^{\infty} e^{-|\tilde{\lambda}_n|(T-\varepsilon)} \|Q(t,\vartheta+bt)\|_{Y_o} .$$

Dabei ist nach (7.39)

$$2K = \sup_n |c_n d_n| (\|Q(t,\vartheta+bt)\|_{Y_o})^{-1} < +\infty .$$

Da die Reihe $\sum_{n=1}^{\infty} e^{-|\tilde{\lambda}_n|(T-\varepsilon)}$ konvergiert, folgt dann aus (7.40) die Stetigkeit von $\Phi^{\vartheta,b}$.

Für die beiden anderen Fälle

$$e_n(x) = \sin \mu_n x$$

und

$$e_n(x) = \frac{\alpha_o}{\mu_n} \sin \mu_n x + \cos \mu_n x$$

wird der Satz genauso bewiesen. ■

§ 8 Einige andere Probleme, die mit der Erwärmung eines Stabes verwandt sind

Bisher haben wir die Erwärmungsaufgabe nur im wesentlichen für zwei Fälle behandelt. Einmal war der Stab an den Seiten isoliert (homogene Gleichung) und zum anderen wurde dem Stab in jedem Punkt eine bestimmte Wärmemenge zugefügt (inhomogene Gleichung). In beiden Fällen hat man die Abkühlung des Stabes nicht berücksichtigt. Den Abkühlungsvorgang beschreibt man folgendermaßen: Angenommen, die Außentemperatur sei Null. Dann gilt für die Temperaturverteilung Q im Stabe die Differentialgleichung

$$\frac{\partial Q}{\partial t} = a\frac{\partial^2 Q}{\partial x^2} - \sigma Q, \quad \begin{matrix} 0 \le x \le S \\ 0 \le t \le T \end{matrix}, \tag{8.1}$$

wobei der Koeffizient σ nicht negativ ist und von der Beschaffenheit des Stabes abhängt. Man nennt $\sigma \ge 0$ auch den "<u>Ausstrahlungskoeffizienten</u>" des Stabes.

Ist die Außentemperatur nicht Null, sondern etwa gleich $H(t,x)$ zur Zeit t im Punkt x, dann geht Gleichung (8.1) in

$$\frac{\partial Q}{\partial t} = a\frac{\partial^2 Q}{\partial x^2} - \sigma Q + H(t,x) \tag{8.2}$$

über.

Im folgenden diskutieren wir diese beiden Gleichungen (8.1) und (8.2) für die Anfangsbedingung $Q(0,x) = Q_0(x)$ und die homogenen Randbedingungen (3.2)-(3.4). Diese Differentialgleichungen löst man wieder mit der verallgemeinerten FOURIER-Methode. Ohne Beschränkung der Allgemeinheit kann man wieder a=1 annehmen, so daß die Differentialgleichungen (8.1) und (8.2) in

$$\frac{dQ}{dt} = AQ \text{ und } \frac{dQ}{dt} = AQ + H$$

mit

$$Af = \frac{d^2}{dx^2} f - \sigma f$$

übergehen. Zu bestimmen sind der durch die Randbedingungen festgelegte BANACH-Raum X und die zugehörigen Eigenwerte und Eigenvektoren von A. Die BANACH-Räume X haben wir bereits in den Beispielen VII.3.1-VII.3.6 bestimmt. Die Eigenwerte und Eigenvektoren erhält man aus der Differentialgleichung

$$\frac{d^2f}{dx^2} = (\lambda+\sigma)f. \tag{8.3}$$

Daraus folgt, daß $\frac{d^2}{dx^2}$ und $\frac{d^2}{dx^2} - \sigma$ in X die gleichen Eigenvektoren haben.

$A = \frac{d^2}{dx^2} - \sigma$ hat die Eigenwerte $\{\lambda_n - \sigma\}$, wobei $\{\lambda_n\}$ die Eigenwerte

von $\frac{d^2}{dx^2}$ sind. Da sämtlichen Eigenwerte $\{\lambda_n\}$ von $\frac{d^2}{dx^2}$ negativ sind, hat $A = \frac{d^2}{dx^2} - \sigma$ ebenfalls nur negative Eigenwerte.

Weil bei Operatoren $\frac{d^2}{dx^2}$ und A die gleichen Eigenvektoren haben, kann man die allgemeinen Lösungen von (8.1) und (8.2) sofort angeben. Also gelten die in den beiden vorigen Paragraphen hergeleiteten Ergebnisse auch für die Gleichungen (8.1) und (8.2). Insbesondere exisitert stets eine Lösung der Minimal-Norm und Minimal-Zeit Aufgabe. Weiterhin gilt auch DOLECKIs Satz (Satz VII.7.3), wonach die Menge aller Punkte $\vartheta \in [0,S]$, für die man aus dem Temperaturverlauf im Intervall $[0,T]$ die Temperaturverteilung zur Zeit T im ganzen Stab bestimmen kann, das Maß S.

Wichtig ist nun noch der Fall, daß der Stab $[0,S]$ nur teilweise, etwa im Intervall $[0,s]$ isoliert ist. Dann hat die Wärmeleitungsgleichung die Form

$$\frac{\partial Q}{\partial t} = \begin{cases} a_1 \dfrac{\partial^2 Q}{\partial x^2} & \text{für } 0 \leq x < s \\[2ex] a_2 \dfrac{\partial^2 Q}{\partial x^2} - \sigma Q, & \text{für } s < x \leq S. \end{cases} \tag{8.4}$$

Auf diese Gleichung läßt sich nun das folgende technische Problem zurückführen.

Auf einem Forschungsschiff befindet sich ein stählerner Landeplatz für Hubschrauber mit dem in Abb. VII.8.1 angegebenen Querschnitt. Dieser Landeplatz ist von unten isoliert und wird durch Dampf erwärmt, der durch ein Heizungsrohr strömt. Unser Ziel ist es nun, den Landeplatz so zu beheizen, daß er zu den benötigten Zeiten nicht vereist ist.

Dazu nehmen wir an, daß der Landeplatz von unten her ideal isoliert ist. Ferner wollen wir annehmen, daß er in völlig gleiche Abschnitte aufgeteilt ist, wobei in der Mitte eines jeden Abschnittes genau ein Heizungsrohr ist. An der Oberfläche des Landeplatzes wird nun proportional zum Temperaturunterschied zwischen Luft und Landeplatz Wärme abgegeben. Dabei ist der Aussstrahlungskoeffizient σ bei der Wärmeabgabe nicht konstant, sondern hängt gewöhnlich noch von mehreren äußeren Faktoren wie etwa der Windgeschwindigkeit ab. Wir wollen hier jedoch annehmen, daß σ konstant ist. Es stellen sich nun mehrere Fragen, etwa: Wie hat man den Landeplatz zu beheizen, damit er möglichst schnell benutzbar wird, und wieviel Zeit benötigt man dafür? Wie groß ist die minimale Wärmemenge, die man benötigt, um den Landeplatz benutzbar zu machen? Kann man die Temperaturverteilung auf dem Landeplatz dadurch bestimmen, daß man in einem festen Punkt die Temperatur während einer bestimmten Zeit mißt?

Zu all diesen Fragen gehört jedesmal eine besondere Wärmeleitungsgleichung. Bei der Aufstellung dieser Gleichung kann man sich stets auf einen einzelnen Abschnitt des Landeplatzes beschränken, da nach Voraussetzung alle diese Abschnitte völlig gleich sind. Man hat also die Wärmeleitungsgleichung für ein Gebilde, das wie ein T aussieht (siehe Abb. VII.8.2), aufzustellen. Nach Annahme ist die Temperaturverteilung im horizontalen Teil dieses Systems (T) symmetrisch, so daß man nur noch eine Hälfte des horizontalen Teils zu betrachten braucht. Damit hat man das gesamte Problem auf den Fall eines teilweise isolierten Stabes (denn der vertikale Teil ist nach Voraussetzung vollständig isoliert) reduziert,für den die Wärmeleitungsgleichung von der Form (8.4) ist.

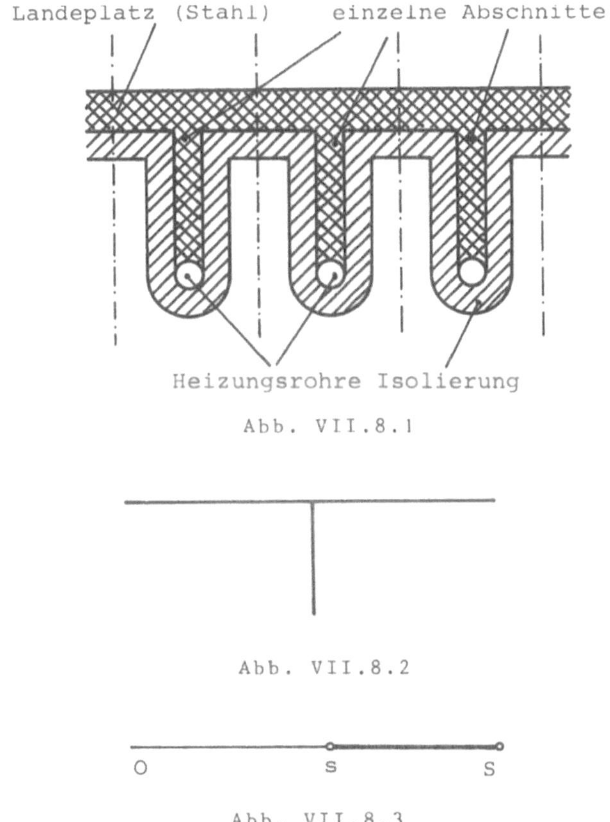

Abb. VII.8.1

Abb. VII.8.2

Abb. VII.8.3

Da aber die beiden Platten möglicherweise unterschiedlich dick sind, sind die in der Wärmeleitungsgleichung (8.4) auftretenden Koeffizienten a_1 und a_2 im allgemeinen verschieden.

Wir wollen uns nun mit der Beobachtung der Temperaturverteilung auf dem Landeplatz beschäftigen. Dazu nehmen wir an, daß der Landeplatz nicht beheizt wird. Stellt man ihn schematisch als Stab $[0,S]$ mit Unterteilungspunkt s (siehe Abb. VII.8.3) dar, dann bedeutet dies, daß die Stabenden vollständig isoliert sind.

Im Punkte $s \in [0,S]$ sind dann zwei Koincidenz-Bedingungen erfüllt, nämlich

$$\lim_{x \to s-0} Q(t,x) = \lim_{x \to s+0} Q(t,x) \tag{8.5}$$

und

$$\lim_{x \to s-o} \frac{Q}{x} = k \lim_{x \to s+o} \frac{\partial Q}{\partial x} , \tag{8.6}$$

wobei der Koeffizient k von beiden Teilen des Stabes abhängt. Die Funktion Q beschreibt wieder die Wärmeverteilung. Durch Variablentransformation kann man stets erreichen, daß k=1 ist.

Wir lösen nun die Beobachtungsaufgabe mit der in Paragraph 2 angegebenen verallgemeinerten FOURIER-Methode. Der auf der rechten Seite der Gleichungen auftretende Operator A ist von der Form

$$Af = \begin{cases} a_1 f''(x) & , \text{ für } o \leq x \leq s \\ a_2 f''(x) - \sigma f(x), & \text{für } s \leq x \leq S. \end{cases} \tag{8.7}$$

Er ist auf dem Raum aller Funktionen, die bis auf den Punkt $s \in [0,S]$ zweimal stetig differenzierbar sind, definiert. Da bei der Beobachtungsaufgabe der Landeplatz nicht aufgeheizt wird, muß man für den Stab $[0,S]$ die Randbedingungen

$$\left.\frac{df}{dx}\right|_{x=o} = \left.\frac{df}{dx}\right|_{x=S} = 0 \tag{8.8}$$

nehmen.

Wir bestimmen nun die Eigenwerte und Eigenvektoren von A.

Angenommen, λ sei ein Eigenwert des Operators A. Nach (8.7) ist dann der zugehörige Eigenvektor von der Form

$$e_\lambda(x) = \begin{cases} c_1 \sin\sqrt{\frac{\lambda}{a_1}}\, x + d_1 \cos\sqrt{\frac{\lambda}{a_1}}\, x, & \text{für } O \leq x \leq s \\ c_2 \sin\sqrt{\frac{\lambda-\sigma}{a_2}}\, x + d_2 \cos\sqrt{\frac{\lambda-\sigma}{a_2}}\, x, & \text{für } s \leq x \leq S. \end{cases}$$

Dabei sind die Koeffizienten c_1, d_1, c_2, d_2 aus den Koincidenz-Bedingungen (8.5) und (8.6) und der Randbedingung (8.8) zu bestimmen.

Zu lösen ist also das lineare Gleichungssystem:

$$c_1 = 0 ,$$

$$d_1 - \sqrt{\frac{\lambda}{a_1}} \sin\sqrt{\frac{\lambda}{a_1}}\, s =$$

$$= c_2 \sqrt{\frac{\lambda-\sigma}{a_2}} \cos\sqrt{\frac{\lambda-\sigma}{a_2}}\, s - d_2 \sqrt{\frac{\lambda-\sigma}{a_2}} \sin\sqrt{\frac{\lambda-\sigma}{a_2}}\, s ,$$

$$d_1 \cos\sqrt{\frac{\lambda}{a_1}}\, s = c_2 \sin\sqrt{\frac{\lambda-\sigma}{a_2}}\, s + d_2 \cos\sqrt{\frac{\lambda-\sigma}{a_2}}\, s ,$$

$$0 = c_2 \sqrt{\frac{\lambda-\sigma}{a_2}} \cos\sqrt{\frac{\lambda-\sigma}{a_2}}\, S - d_2 \sqrt{\frac{\lambda-\sigma}{a_2}} \sin\sqrt{\frac{\lambda-\sigma}{a_2}}\, S .$$

Es hat genau dann eine nicht-triviale Lösung c_1, d_1, c_2, d_2, wenn die Determinante

$$\begin{vmatrix} \sqrt{\frac{\lambda}{a_1}} \sin\sqrt{\frac{\lambda}{a_1}}\, s , & -\sqrt{\frac{\lambda-\sigma}{a_2}} \cos\sqrt{\frac{\lambda-\sigma}{a_2}}\, s , & +\sqrt{\frac{\lambda-\sigma}{a_2}} \sin\sqrt{\frac{\lambda-\sigma}{a_2}}\, s \\ \cos\sqrt{\frac{\lambda}{a_1}}\, s, & -\sin\sqrt{\frac{\lambda-\sigma}{a_2}}\, s , & -\cos\sqrt{\frac{\lambda-\sigma}{a_2}}\, s \\ 0, & -\sqrt{\frac{\lambda-\sigma}{a_2}} \cos\sqrt{\frac{\lambda-\sigma}{a_2}}\, S , & +\sqrt{\frac{\lambda-\sigma}{a_2}} \sin\sqrt{\frac{\lambda-\sigma}{a_2}}\, S \end{vmatrix}$$

verschwindet. Entwickelt man diese Determinante nach der ersten Spalte, dann erhält man:

$$-\sqrt{\frac{\lambda}{a_1}} \sin\sqrt{\frac{\lambda}{a_1}} \sqrt{\frac{\lambda-\sigma}{a_2}} \cos\sqrt{\frac{\lambda-\sigma}{a_2}}\, (S-s) +$$

$$+\cos\sqrt{\frac{\lambda}{a_1}}\, s \left(\sqrt{\frac{\lambda-\sigma}{a_2}}\right)^2 \cdot \sin\sqrt{\frac{\lambda-\sigma}{a_2}}\, (s-S) = 0.$$

Hieraus folgt

$$\mathrm{tg}\sqrt{\frac{\lambda-\sigma}{a_2}}\,(s-S) = \sqrt{\frac{\lambda}{\lambda-\sigma}}\cdot\sqrt{\frac{a_2}{a_1}}\,\mathrm{tg}\sqrt{\frac{\lambda}{a_1}}\,s\ . \tag{8.9}$$

Da für den allgemeinen Fall das asymptotische Verhalten der Wurzeln von (8.9) schwer zu bestimmen ist, beschränken wir uns auf den Fall $a_1=a_2=1$.

Dann geht Gleichung (8.9) in

$$t_g\sqrt{\lambda-\sigma}\,(s-S) = \sqrt{\frac{\lambda}{\lambda-\sigma}}\,\mathrm{tg}\,\sqrt{\lambda}\,s \tag{8.10}$$

über.
Wegen

$$\lim_{\lambda\to\infty}\sqrt{\frac{\lambda}{\lambda-\sigma}} = 1 \tag{8.11}$$

verhalten sich asymptotisch die Wurzeln von (8.9) genauso wie die von

$$\mathrm{tg}\,\sqrt{\lambda-\sigma}\,(s-S) = \mathrm{tg}\,\sqrt{\lambda}\,s. \tag{8.12}$$

Schreibt man nun $\mathrm{tg}\alpha = \frac{\sin\alpha}{\cos\alpha}$ und benutzt das Additionstheorem für den Sinus, dann folgt aus (8.12)

$$\sin(\sqrt{\lambda-\sigma}\,(s-S) - \sqrt{\lambda}\,s) = 0. \tag{8.13}$$

Also ist:

$$\sqrt{\lambda-\sigma}\,(s-S) - \sqrt{\lambda}\,s = n\pi. \tag{8.14}$$

Bringt man nun die Terme mit s auf die rechte Seite und quadriert, dann erhält man:

$$(\lambda-\sigma)(s-S)^2 = (n\pi)^2 - 2n\pi s\,\sqrt{\lambda} + \lambda s^2.$$

Ähnlich wie in Paragraph 3 erhält man hieraus die Existenz einer positiven Konstanten C mit

$$|\sqrt{|\lambda_n|} - cn| \le C\cdot\frac{1}{n}\,,\qquad n=1,2,\ldots\ . \tag{8.15}$$

Da die Eigenvektoren paarweise orthogonal sind (siehe §3), kann man wieder die gesamte oben entwickelte Theorie verwenden. Insbesondere folgt aus der Form der Eigenwerte:

Satz VII.8.1. (DOLECKI [1])
Unter den obigen Voraussetzungen hat die Menge aller $\vartheta \in [0,S]$, für die ein stetiger linearer Operator $\Phi_{\vartheta,T}$ existiert, der das Diagramm (7.4) kommutativ macht, das LEBESGUEsche Maß S, (d.h. die Menge aller Punkte, in denen keine Beobachtung möglich ist, hat das Maß 0).

Als Nächstes wollen wir uns mit der Temperaturverteilung im Kreisring beschäftigen. Wenn zum Beispiel kein Wäremaustausch mit der Umgebung stattfindet, dann ist die zugehörige Wärmeleitungsgleichung von der gleichen Form wie beim Stab, nämlich:

$$\frac{\partial Q}{\partial t} = a \frac{\partial^2 Q}{\partial_x^2} . \qquad (8.16)$$

Da beim Kreisring keine Randbedingungen auftreten, ist diese Gleichung dann zur Anfangsbedingung

$$Q(0,x) = Q_o(x) \qquad (8.17)$$

zu lösen.

Als Ersatz für die Randbedingungen hat man jedoch eine periodische Lösung in $\mathbb{R}$ anzugeben.

Angenommen, der Kreisring habe den Umfang 2π und für den in (8.16) auftretenden Koeffizienten a gelte a=1.

Um die verallgemeinerte FOURIER-Methode zu benutzen, bestimmen wir zunächst die Eigenwerte von $A = \frac{d^2}{dx^2}$. Hierbei ist D_A der Raum aller zweimal stetig differenzierbaren Funktionen auf dem Kreisring.

Man rechnet nun leicht nach, daß die Eigenwerte durch

$$\lambda_n = -n^2 , \qquad n=0,1,2,...$$

gegeben werden. Zum Eigenwert $\lambda_o=0$ gehört der Eigenvektor $e_o=1$, und zu den restlichen Eigenwerten $\lambda_n = -n^2$, n=1,2,... gehören die beiden linear unabhängigen Eigenvektoren cosnx und sinnx.

Die allgemeine Lösung Q(t,x) von (8.16) zur Anfangsbedingung (8.17) ist dann (vergl. § 3)

$$Q(t,x) = \sum_{n=0}^{\infty} (q_{0,n}^{c} \cos nx + q_{0,n}^{s} \sin nx)e^{-n^2 t} . \tag{8.18}$$

Dabei ist

$$q_{0,n}^{c} = \int_0^{2\pi} Q_0(x)\cos nx\,dx$$

$$n=0,1,2,\dots . \tag{8.19}$$

$$q_{0,n}^{s} = \int_0^{2\pi} Q_0(x)\sin nx\,dx$$

Läßt man noch eine Wärmezufuhr von außen zu, die durch die Funktion H(t,x) gegeben wird, dann hat man auf dem Kreisring die inhomogene Differentialgleichung

$$\frac{\partial Q}{\partial t} = \frac{\partial^2 Q}{\partial x^2} + H(t,x) \tag{8.20}$$

zur Anfangsbedingung (8.17) zu lösen.

Als Lösung erhält man:

$$Q(t,x) = \sum_{n=0}^{\infty} (q_{0,n}^{c} \cos nx + q_{0,n}^{s} \sin nx)e^{-n^2 t} + \tag{8.21}$$

$$\sum_{n=0}^{\infty} e^{-n^2 t}\left[\left(\int_0^t e^{-n^2(t-\tau)} h_n^c(\tau)\,d\tau\right)\cos nx + \left(\int_0^t e^{-n^2(t-\tau)} h_n^s(\tau)\,d\tau\right)\sin nx\right].$$

Dabei ist $q_{0,n}^{c}$ und $q_{0,n}^{s}$ wie in (8.19) definiert und

$$h_n^c(t) = \int_0^{2\pi} H(t,x)\cos nx\,dx$$

$$n=0,1,2,\ldots .$$

$$h_n^s(t) = \int_0^{2\pi} H(t,x)\sin nx\,dx$$

Aus Formel (8.21) folgt nun, daß die Abbildung, die der Anfangsbedingung $Q_o(x)$ und dem inhomogenen Teil $H(t,x)$ von (8.20) die Lösung (8.21) zuordnet, ein stetiger linearer Operator $\tilde{A}$ von $X = L^2[0,2\pi]\times M_{L^2}[0,T]$ nach $\square = C_{L^2}[0,T]$ ist. Der Operator $\tilde{A}$ bleibt folgenstetig, wenn man X mit der schwach-*-Topologie versieht und auf $\square$ die Norm-Topologie betrachtet. Daraus folgt nun, daß sowohl die Minimal-Norm- wie auch die Minimal-Zeit Aufgabe stets eine Lösung haben. (Vergl. §6).

Eine weitere interessante Aufgabe ist die Beobachtung der Temperaturverteilung im Kreisring. Hier ist die Situation folgendermaßen: Nimmt man sich irgend einen Punkt ϑ des Kreisringes, dann kann man im allgemeinen nichts über die Temperaturverteilung aussagen, auch selbst dann nicht, wenn man die Temperatur beliebig lange beobachtet. Dies liegt einfach daran, daß zu jedem $\vartheta \in [0,2\pi]$ zwei Folgen $\{q_{o,n}^c\}$, $\{q_{o,n}^s\} \in \ell^2$ existieren mit

$$q_{o,n}^c \cos n\vartheta + q_{o,n}^s \sin n\vartheta = 0 \quad , \quad \text{für alle } n=0,1,2,\ldots . \qquad (8.22)$$

Also existiert zu jedem $\vartheta \in [0,2\pi]$ stets eine Temperaturverteilung auf dem Kreisring, die im Punkte ϑ stets die Temperatur Null hat.

Aufgrund dieses Beispiels fragen wir nun, ob man die Temperaturverteilung im Kreisring durch Temperaturmessungen in mehreren Punkten bestimmen kann.

Dazu sei k>0 eine natürliche Zahl und $\{\tilde{\lambda}_n\}$ eine Folge von komplexen Zahlen, die den Voraussetzungen von Satz VII.7.1 genügen. Ferner existiere zu jedem $\tilde{\lambda}_n$ ein System von k linear unabhängigen Funktionen $\varphi_{n,1}(x),\ldots,\varphi_{n,k}(x)$.

Weiter sei

$$u(t,x) = \sum_{n=o}^{\infty} \sum_{i=1}^{k} a_{n,i} \varphi_{n,i}(x) e^{-\tilde{\lambda}_n t} , \tag{8.23}$$

und $\vartheta_1,\ldots,\vartheta_k \in [0,2\pi]$ seien k beliebige Punkte.

Dann ist

$$\{u(t,\vartheta_1),\ldots,u(t,\vartheta_k)\}$$

eine auf $[0,T]$ definierte Vektorfunktion mit Werten in $\underbrace{X\times\ldots\times X}_{k\text{-mal}}$,
wobei X einer der Räume $C[0,T]$ oder $L^p[0,T]$ mit $1\le p<+\infty$ ist.
Setzt man nun in (8.23) t=T, so erhält man eine Funktion u(x,T), die ein Element von Y ist. Dabei ist Y wieder einer der Räume $C[0,2\pi]$ oder $L^p[0,2\pi]$ mit $1\le p<+\infty$.

Falls dann die Abbildung, die u(T,x) die Vektorfunktion $\{u(T,\vartheta_1),\ldots,u(T,\vartheta_k)\}$ zuordnet, bijektiv ist, dann erhält man einen Operator $\Phi_{\vartheta_1,\ldots,\vartheta_k,T}$ von $\underbrace{X\times\ldots\times X}_{k\text{-mal}}$ nach Y, durch den dann die Temperaturmessung in den Punkten $\vartheta_1,\ldots,\vartheta_k$ gegeben wird.

Satz VII.8.2. (DOLECKI [1])
Falls eine Folge $\{B_n\}$ von positiven Zahlen existiert, so daß für jede Funktion $f_n \in \mathrm{Lin}\{\varphi_{n,1},\ldots,\varphi_{n,k}\}$

$$\|f_n\| \le B_n \cdot \sup_{1\le j\le k} |f_n(\vartheta_j)| \tag{8.24}$$

gilt, und falls weiterhin noch (7.7) gilt, dann ist der Operator $\Phi_{\vartheta_1,\ldots,\vartheta_k,T}$ stetig.

Der Beweis verläuft genauso wie bei Satz VII.7.2.

Im Falle des Kreisringes sind die Funktionen $f_n \in \{\mathrm{Lin}\ \varphi_{n,1},\varphi_{n,2}\}$ stets von der Form

$$f_n(x) = a \sin(nx-\alpha).$$

Man kann also die B_n leicht abschätzen, nämlich

$$B_n \leq \sup_\alpha \frac{1}{\max\{|\sin(n\vartheta_1-\alpha)|,|\sin(n\vartheta_2-\alpha)|\}} \tag{8.25}$$

$$\frac{1}{\inf\limits_\alpha \max\{|\sin(n\vartheta_1-\alpha)|,\ |\sin(n\vartheta_2-\alpha)|\}} =$$

$$\frac{1}{|\sin\pi^{-1}\|n\vartheta_1-n\vartheta_2\|\ |} .$$

Hält man nun ϑ_2 fest, so kann man wie bei Satz VII.7.3 leicht zeigen, daß für fast alle ϑ_1 Formel (7.7) gilt. Also hat man:

<u>Satz VII.8.2.</u> (DOLECKI [1])
Die Menge aller Punkte $(\vartheta_1, \vartheta_2)$ des Kreisringes mit Umfang 2π, für die ein stetiger linearer Operator $\Phi_{\vartheta_1,\dots,\vartheta_k,T}$ existiert, der das Diagramm (7.4) kommutativ macht, hat das Maß $4\pi^2$, also das Maß des Produktes der Intervalle $[0,2\pi]\times[0,2\pi]$.

§ 9 Die Steuerung des schwingenden Stabes

Die Längsschwingung eines Stabes der Länge S mit konstantem Elastizitätsmodul a wird bekanntlich durch die Differentialgleichung

$$\frac{\partial^2 V}{\partial t^2} = a\,\frac{\partial^2 V}{\partial x^2} + H(t,x)\ , \qquad \begin{matrix} 0\leq x\leq S \\ 0\leq t\leq T \end{matrix} \tag{9.1}$$

beschrieben. Dabei gibt $V(t,x)$ die Abweichung von der Ruhelage im Punkte x zur Zeit t an und $H(t,x)$ ist die Größe einer von außen einwirkenden Kraft. (Siehe TICHONOW und SAMARSKI [1],Kap.II, §1).

Eine ähnliche Gleichung erhält man für den querschwingenden Stab. Ohne Beschränkung der Allgemeinheit darf man wieder annehmen, daß für den in Gleichung (9.1) auftretenden Koeffizienten a=1 gilt.

Zur vollständigen Beschreibung der gesamten Bewegung des Stabes benötigt man noch die Anfangsbedingung:

$$V(0,x) = V_o(x) \text{ und } \frac{\partial V}{\partial t}(0,x) = V_1(x) \qquad (9.2)$$

und Randbedingungen, die wie folgt aussehen können.

Wenn das Schwingungsverhalten an den Endpunkten vorgegeben ist, nimmt man als Randbedingungen

$$V(t,0) = \mu_1(t) , \quad V(t,S) = \mu_2(t). \qquad (9.3)$$

Wirkt auf die Enden des Stabes eine feste Kraft ν_1 bzw. ν_2, dann ergeben sich die Randbedingungen

$$\frac{\partial V}{\partial x}(t,0) = \nu_1(t), \quad \frac{\partial V}{\partial x}(t,S) = \nu_2(t) . \qquad (9.4)$$

Die Randbedingung

$$\frac{\partial V}{\partial x}(t,0) = \alpha_o(V(t,0)-\Theta_1(t)) , \frac{\partial V}{\partial x}(t,S) = \alpha_S(V(t,S)-\Theta_2(t)) \qquad (9.5)$$

erhält man bei der sogenannten "<u>Federaufhängung</u>". Hier bezeichnet $\Theta_1(t)$ und $\Theta_2(t)$ die Schwingung an den Aufhängepunkten.

Die allgemeine Lösung der Gleichung (9.1) läßt sich als Summe in der Form

$$V(t,x) = V^o(t,x) + V^1(t,x) + V^2(t,x) \qquad (9.6)$$

schreiben. Dabei ist $V^o(t,x)$ die Lösung der homogenen Gleichung (H=0), die zu der gegebenen Anfangsbedingung (9.2) und den entsprechenden homogenen Randbedingungen (d.h. $\mu=\nu=\Theta= 0$) gehört. Die Funktion $V^1(t,x)$ ist die Lösung der inhomogenen Gleichung (9.1) mit der Anfangsbedingung $V_o = V_1 = 0$ und der entsprechenden homogenen Randbedingung und $V^2(t,x)$ ist die Lösung der homogenen Gleichung zur Anfangsbedingung $V_o = V_1 = 0$ und der gegebenen inhomogenen Randbedingung.

Wir bestimmen nun der Reihe nach die Funktionen V^o, V^1 und V^2.

Die Funktion V^o ist die Lösung der Differentialgleichung

$$\frac{\partial^2 V}{\partial t^2} = \frac{\partial^2 V}{\partial x^2} \tag{9.7}$$

zur Anfangsbedingung (9.2) und den entsprechenden homogenen Randbedingungen

$$V(t,0) = V(t,S) = 0 \tag{9.3'}$$

$$\frac{\partial V}{\partial x}(t,0) = \frac{\partial V}{\partial x}(t,S) = 0 \tag{9.4'}$$

$$\frac{\partial V}{\partial x}(t,0) = \alpha_o V(t,0), \ \frac{\partial V}{\partial x}(t,S) = \alpha_S V(t,S). \tag{9.5'}$$

Dabei können, wie es in den vorherigen Paragraphen bereits vorgekommen ist, an den einzelnen Enden des Stabes auch verschiedene Typen von Randbedingungen auftreten.

Man faßt die Differentialgleichung (9.7) wieder als Differentialgleichung

$$\frac{d^2}{dt^2} V = AV \tag{9.8}$$

im BANACH-Raum X auf. Der BANACH-Raum X wird durch die Randbedingungen und der Operator A durch $\frac{d^2}{dx^2}$ gegeben. Für X erhält man die in Paragraph 3 bestimmten Räume und dementsprechend für die einzelnen Operatoren A auch die dort bestimmten Eigenwerte $\{\lambda_n\}$ und Eigenvektoren $\{e_n\}$. Somit ist wieder $Y = L^2[0,S]$ und die Folge $\{e_n\}$ der Eigenvektoren ist eine Basis, die zur Orthonormalbasis von $L^2[0,S]$ äquivalent ist.

Wir wollen nun die Differentialgleichung (9.8) lösen. Dazu setzen wir der Einfachheit halber

$$\mu_n = \sqrt{|\lambda_n|}.$$

Ferner nehmen wir an, daß $V_o, V_1 \in L^2[0,S]$ ist und entwickeln diese beiden Funktionen bezüglich der Basis $\{e_n\}$:

$$V_o(x) = \sum_{n=1}^{\infty} v_{o,n}\, e_n(x) \quad , \quad V_1(x) = \sum_{n=1}^{\infty} v_{1,n}\, e_n(x). \tag{9.9}$$

Da $\{e_n\}$ äquivalent zur Orthonormalbasis von $L^2[0,S]$ ist, ist dann $\{v_{o,n}\}, \{v_{1,n}\} \in \ell^2$.

Die zur Basis $\{e_n\}$ gehörenden Basisfunktionale $\{f_n\}$ sind durch

$$f_n(V) = \langle V, \tilde{f}_n \rangle \quad , \qquad V \in L^2[0,S]$$

mit

$$\tilde{f}_n = \frac{e_n}{\|e_n\|^2}$$

gegeben. Wendet man nun auf beide Seiten von (9.8) die Basisfunktionale f_n an, dann erhält man wegen $Ae_n = \lambda_n e_n$ das System von Differentialgleichungen

$$\frac{d^2}{dt^2} v_n(t) = \lambda_n\, v_n(t) \quad , \quad n=1,2,... \tag{9.10}$$

mit den aus (9.9) bestimmten Anfangsbedingungen

$$v_n(0) = v_{o,n} \text{ und } \left.\frac{dv_n}{dt}\right|_{t=o} = v_{1,n}. \tag{9.11}$$

Dabei ist

$$v_n(t) = f_n(V(t,\cdot)) = \int_0^S V(t,x)\tilde{f}_n(x)dx . \tag{9.12}$$

Die Lösungen von (9.10) mit den Anfangsbedingungen (9.11) sind durch

$$v_n(t) = v_{o,n} \cos\mu_n t + \frac{v_{1,n}}{n} \sin\mu_n t \tag{9.13}$$

gegeben, wobei wie oben

$$\mu_n = \sqrt{|\lambda_n|} \tag{9.14}$$

Die in Paragraph 2 angegebene verallgemeinerte FOURIER-Methode liefert als Lösungsansatz:

$$V^o(t,x) = \sum_{n=1}^{\infty} (v_{o,n} \cos\mu_n t + \frac{v_{s,n}}{\mu_n} \sin\mu_n t) e_n. \tag{9.15}$$

Aus dem in Paragraph 3 hergeleiteten asymptotischen Verhalten der μ_n und der Tatsache, daß $\{v_{o,n}\}$, $\{v_{1,n}\} \in \ell^2$ ist, folgt nun, daß der Operator A, der dem Funktionenpaar (V_o, V_1) die in (9.15) definierte Funktion $V(t,x)$ zuordnet, ein stetiger linearer Operator von $L^2[O,S] \times L^2[O,S]$ nach $L^2([O,T] \times [O,S])$ ist.

Wir nehmen nun zusätzlich an, daß $V_o \in C^1[O,S]$ ist, also ein Element des Raumes aller stetig differenzierbaren Funktionen mit der Norm

$$\|V_o\| = \sup_{O \leq x \leq S} |V_o(x)| + \sup_{O \leq x \leq S} |\frac{d}{dx} V_o(x)|. \tag{9.16}$$

Multipliziert man dann $V_o(x)$ mit cos ax und integriert partiell, dann erhält man:

$$\left|\int_O^S V_o(x) \cos ax \, dx\right| \leq \left|\left(-\frac{1}{a} \sin ax \, V_o(x)\right)\Big|_O^S\right| \tag{9.17}$$

$$+ \left| \frac{1}{a} \int_O^S \sin ax \, V_o'(x) dx\right| \leq \frac{2+S}{a} \|V_o\|.$$

Entsprechend erhält man

$$\left|\int_O^S V_o(x) \sin ax \, dx\right| \leq \frac{2+S}{a} \|V_o\|. \tag{9.18}$$

Aus (9.17) und (9.18) und dem asymptotischen Verhalten der μ_n folgt unmittelbar, daß es zu $V_o \in C^1[0,S]$ eine Konstante $K>0$ gibt mit

$$|v_{o,n}| \leq \frac{K}{n}\|V_o\| \qquad \text{für alle } n=1,2,\dots \,. \tag{9.19}$$

Ist $V_1 \in L^2[0,S]$, dann existiert ebenfalls ein $K_1>0$ mit

$$|v_{1,n}| \leq K_1\|V_1\| \qquad \text{für alle } n=1,2,\dots \,. \tag{9.20}$$

Mit den gleichen Argumenten wie sie im Zusammenhang mit Formel (5.20) auftreten, zeigt man dann, daß der Operator A, der den beiden Funktionen V_o, V_1 die in (9.15) definierte Funktion $V^o(t,x)$ zuordnet, ein stetiger linearer Operator von $C^1[0,S]\times L^2[0,S]$ in den Raum $C_{L^2[0,S]}[0,T]$ ist.

Der Nachteil ist nur, daß die Einheitskugel von $C^1[0,S]$ in der schwachen Topologie nicht kompakt ist, und daß für $C^1[0,S]$ keine schwach-*-Topologie existiert. Daher ersetzt man gewöhnlich den Raum $C^1[0,S]$ durch den Raum aller absolut stetigen Funktionen auf $[0,S]$ (siehe Kapitel II, § 6).

Wir erinnern kurz an die wichtigsten Fakten über absolut stetige Funktionen. Eine Funktion $f \in C[0,S]$ heißt "absolut stetig", wenn es zu jedem $\varepsilon>0$ ein $\delta>0$ gibt, so daß für jede Folge $I_i = (a_i,b_i)$, $i=1,2,\dots$ von paarweise disjunkten Intervallen mit

$$\sum_{i=1}^{\infty} |b_i-a_i| < \delta, \tag{9.21}$$

die Beziehung

$$\sum_{i=1}^{\infty} |f(b_i)-f(a_i)| < \varepsilon \tag{9.22}$$

gilt.

Der Hauptsatz über absolut stetige Funktionen ist der Satz von RADON-NIKODYM. Danach existiert für eine absolut stetige Funktion $f \in C[0,S]$ fast überall die Ableitung $f'(x)$. Weiterhin ist f' integrierbar und für alle $x \in [0,S]$ gilt

$$f(x) = f(0) + \int_0^x f'(\xi)d\xi. \tag{9.23}$$

Wichtig ist noch, daß das Produkt zweier absolut stetiger Funktionen eine stetige Funktion ist. Weiterhin gilt für das Produkt von zwei absolut stetigen Funktionen die Formel von der partiellen Integration.

Im vorliegenden Buch sind diese Ergebnisse nicht bewiesen worden. Der interessierte Leser wird auf Lehrbücher über reelle Funktionen, z.B. das Buch von R. SIKORSKI [1] verwiesen.

Mit $DM[0,S]$ (bzw. $DL^2[0,S]$) bezeichnen wir den Raum aller absolut stetigen Funktionen $V(x)$ auf $[0,S]$ mit $V'(x) \in M[0,S]$ (bzw. $V'(x) \in L^2[0,S]$).

Als Norm für $DM[0,S]$ nimmt man

$$\|V\| = \sup_{0 \leq x \leq S} |V(x)| + \operatorname{ess\,sup}_{0 \leq x \leq S} |V'(x)| \tag{9.24}$$

und für $DL^2[0,S]$

$$\|V\| = \left(\int_0^S |V'(x)|^2 dx + V^2(0) + V^2(S) \right)^{\frac{1}{2}}.$$

Der Raum $DM[0,S]$ ist isomorph zu $M[0,S]$ und $DL^2[0,S]$ ist ein HILBERT-Raum. Also existiert für beide Räume eine schwach-*-Topologie.

Für $DM[0,S]$ gelten die Formeln (9.17) und (9.18) und somit auch die Formeln (9.19) und (9.20). Also ist der lineare Operator A von $DM[0,S] \times L^2[0,S]$ nach $C_{L^2}[0,T]$, der den beiden Funktionen V_0, V_1 die durch (9.15) definierte Funktion $V^0(t,x)$ zuordnet, stetig.

Weniger offensichtlich ist die Tatsache, daß A auch folgenstetig ist, wenn man den Raum $DM[0,S] \times L^2[0,S]$ mit der schwach-*-Topologie versieht und auf $C_{L^2}[0,T]$ die Norm-Topologie betrachtet. Um dies zu zeigen approximiert man A durch die Operatoren A_n mit

$$A_n(V_0,V_1) = \sum_{i=1}^{n} (v_{0,i} \cos \mu_i t + \frac{1}{\mu_i} v_{1,i} \sin \mu_i t) e_i(x). \tag{9.25}$$

Dabei ist wieder

$$v_{0,i} = \int_0^S V_0(x) \tilde{f}_0(x)\,dx, \quad v_{1,i} = \int_0^S V_1(x) \tilde{f}_i(x)\,dx. \tag{9.26}$$

Wegen $v_{0,i} = f_i(V_0)$ und $v_{1,i} = f_i(V_1)$ ist A_n folgenstetig in der schwach-*-Topologie. Daher folgt aus Satz IV.4.9, daß A folgenstetig ist.

Da für $DL^2[0,S]$ zu (9.17) und (9.18) ähnliche Formeln gelten, ist der oben definierte Operator A von $DL^2[0,S] \times L^2[0,S]$ nach $C_{L^2}[0,T]$ mit $A(V_0,V_1) = V^0(t,x)$ ebenfalls stetig.

Weiterhin kann man ohne jede Schwierigkeit zeigen, daß der lineare Operator A von $DM[0,S] \times M[0,S]$ (bzw. $DL^2[0,S] \times M[0,S]$) nach $C_{L^2}[0,T]$ ebenfalls stetig ist, und daß er folgenstetig bleibt, falls man $DM[0,S] \times M[0,S]$ (bzw. $DL^2[0,S] \times M[0,S]$) mit der schwach-*-Topologie versieht und auf $C_{L^2}[0,T]$ die Norm-Topologie betrachtet.

Als Nächstes wollen wir nun die Funktion $V^1(t,x)$ bestimmen. Diese Funktion ist die Lösung der inhomogenen Differentialgleichung

$$\frac{\partial^2 V}{\partial t^2} = \frac{\partial^2 V}{\partial x^2} + H(t,x) \tag{9.27}$$

mit der Anfangsbedingung

$$V(0,x) = \frac{\partial V}{\partial t}(0,x) = 0$$

und den homogenen Randbedingungen (siehe (9.3) bis (9.5)). Die Funktion $H(t,x)$ sei aus $M_{L^2}[0,T]$ (oder, falls $H(t,x)$ nicht von x abhängt, aus $L^2[0,T]$).

Wendet man nun auf beiden Seiten von (9.27) die Basisfunktionale $\{f_n\}$ an, dann erhält man ein unendliches System von Differentialgleichungen

$$\frac{d^2 v_n(t)}{dt^2} = \lambda_n v_n(t) + h_n(t), \qquad n=1,2,... \tag{9.28}$$

mit den Anfangsbedingungen

$$v_n(0) = v_n'(0) = 0. \tag{9.29}$$

Dabei ist $v_n(t)$ durch (9.12) definiert und

$$h_n(t) = f_n(H) = \int_0^S G(t,x)\tilde{f}_n(x)dx.$$

Die Lösungen von (9.28) zu den Anfangsbedingungen (9.29) sind

$$v_n(t) = \frac{1}{\mu_n} \int_0^t \sin \mu_n(t-\tau)h_n(\tau)d\tau, \tag{9.30}$$

mit $\mu_n = \sqrt{|\lambda_n|}$. Also wird die Lösung $V^1(t,x)$ von (9.27) durch

$$V^1(t,x) = \sum_{n=1}^{\infty} \left(\frac{1}{\mu_n} \int_0^t \sin \mu_n(t-\tau)h_n(\tau)d\tau\right)e_n(x) \tag{9.31}$$

gegeben. Aus dem asymptotischen Verhalten der μ_n folgt unmittelbar die Existenz einer positiven Konstanten K mit

$$|v_n(t)| \leq \frac{K}{n}\|H\| \quad (\text{bzw. } \sum_{n=1}^{\infty} |v_n(t)|^2 \leq K\|H\|_{L^2}). \tag{9.32}$$

Hieraus folgt nun wie in Paragraph 5, daß der Operator A, der der Funktion H(t,x) die in (9.31) definierte Funktion $V^1(t,x)$ zuordnet, ein stetiger linearer Operator von $M_{L^2}[0,T]$ nach $C_{L^2}[0,T]$ (bzw. $L^2[0,T]$ nach $L^2([0,T]\times[0,S])$) ist. Weiterhin folgt aus (9.32), daß bezüglich der Operator-Norm der Operator A der Grenzwert der endlichdimensionalen Operatoren

$$A_n(H) = \sum_{i=1}^{n} \left(\frac{1}{\mu_i}\int_0^t \sin \mu_i(t-\tau)h_i(\tau)d\tau\right)e_i(x) \tag{9.33}$$

ist. Da die Funktionale

$$\int_0^t \sin \mu_i(t-\tau)h_i(\tau)d\tau \tag{9.34}$$

in der schwach-*-Topologie stetig sind, folgt aus Satz IV.4.9, daß der Operator A sogar folgenstetig ist bezüglich der schwach-*-Topologie auf $M_{L^2}[0,T]$ und der Norm-Topologie auf $C_{L^2}[0,T]$.

Wir bestimmen nun die Funktion $V^2(t,x)$. Sie ist die Lösung der homogenen Differentialgleichung

$$\frac{\partial^2 V}{\partial t^2} = \frac{\partial^2 V}{\partial x^2} \tag{9.35}$$

zur Anfangsbedingung

$$V(0,x) = \frac{\partial V}{\partial t}(0,x) = 0 \tag{9.36}$$

und den gegebenen Randbedingungen.

Dazu nehmen wir an, daß in der zu betrachtenden inhomogenen Randbedingung die auftretenden Funktionen $\omega_1,\omega_2 \in \{\nu_1,\nu_2,\mu_1,\mu_2,\theta_1,\theta_2\}$ aus $L^2[0,S]$ sind.

Wie im Paragraphen 5 bestimmen wir dann eine Funktion U(t,x), die von ω_1 und ω_2 abhängt (siehe Tabelle VII.5.1), so daß

$$v(t,x) = V^2(t,x) - U(t,x) \qquad (9.37)$$

die Lösung einer geeigneten inhomogenen Gleichung zur Anfangsbedingung $v(0,x) = \frac{\partial v}{\partial t}(0,x) = 0$ und der zugehörigen homogenen Randbedingung ist. Allerdings stößt man dabei wieder auf die in Paragraph 5 erwähnte Schwierigkeit, daß $U(t,x)$ im allgemeinen nicht nach t differenzierbar ist. Deshalb formt man die Differentialgleichung (9.35) mit der Anfangsbedingung (9.36) in die äquivalente Integro-Differentialgleichung

$$V(t,x) = \int_0^t \left(\int_0^s \frac{\partial^2 V}{\partial x^2}(\tau,x)\,d\tau\right)ds \qquad (9.38)$$

um. Setzt man nun (9.37) ein, so erhält man

$$v(t,x) = \int_0^t \left(\int_0^s \frac{\partial^2 v}{\partial x^2}(\tau,x)\,d\tau\right)ds \qquad (9.39)$$

$$+ \int_0^t \left(\int_0^s \frac{\partial^2 U}{\partial x^2}(\tau,x)\,ds\right)dt - U(t,x).$$

Wir betrachten nun den ersten Fall

$$U(t,x) = u_1(t) + x\,u_2(t) \qquad (9.40)$$

mit

$$u_1 = a_1\,\omega_1 + a_2\,\omega_2 \quad \text{und} \quad u_2 = b_1\,\omega_1 + b_2\,\omega_2.$$

Dann ist $\frac{\partial^2 U}{\partial x^2} = 0$ und (9.39) geht in

$$v(t,x) = \int_0^t \left(\int_0^s \frac{\partial^2 v}{\partial x^2}(\tau,x)\,d\tau\right)ds - U(t,x) \qquad (9.41)$$

über.

Wendet man auf beide Seiten der Gleichung (9.41) die Basisfunktionale f_n an, dann erhält man ein unendliches System von Integralgleichungen

$$v_n(t) = \lambda_n \int_0^t \left(\int_0^s \frac{\partial^2 v}{\partial x^2}(\tau,x)\,d\tau\right)ds - c_n^0 u_1(t) - c_n^1 u_2(t), \qquad (9.42)$$

$$n=1,2,\ldots .$$

Dabei ist

$$v_n(t) = \int_0^S v(t,x)\,\tilde{f}_n(x)\,dx$$

und $\{c_n^0\}$ (bzw. $\{c_n^1\}$) die Folge der Entwicklungskoeffizienten der Funktion 1 (bzw. der Funktion x) bezüglich der Basis $\{e_n\}$.

Die Lösungen von (9.42) sind:

$$v_n(t) = \frac{1}{\mu_n} \int_0^t \sin \mu_n(t-\tau)\left[c_n^0 u_1(\tau) + c_n^1 u_2(\tau)\right]d\tau \qquad (9.43)$$

$$- \left[c_n^0 u_1(t) + c_n^1 u_2(t)\right].$$

Wir zeigen nun die Existenz einer Konstante K>0, so daß für alle $t \in [0,T]$

$$\sum_{n=1}^{\infty} |v_n(t)|^2 \leq K \cdot \sqrt{\|u_1\|^2 + \|u_2\|^2} \qquad (9.44)$$

gilt. Dabei ist $\|u_1\|$, $\|u_2\|$ die Norm der beiden Funktionen u_1, u_2 im Raum $L^2[0,S]$.

Um (9.44) zu beweisen, beachte man zunächst, daß wegen

$$\sup_n |\mu_n|\; c_n^i < \infty, \qquad i=0,1 \qquad (9.45)$$

nur noch

$$\sum_{n=1}^{\infty} \left(\int_0^t \sin \mu_n (t-\tau) u(\tau) d\tau\right)^2 \leq K_1 \|u\|^2 \tag{9.46}$$

zu zeigen ist. Da aber für jedes hinreichend große 1 die Funktionen $\{\sin \mu_n t\}$ in $L^2[0,T]$ eine zur Orthonormalbasis äquivalente Basisfolge bilden, gilt (9.46).

Aus (9.44) folgt nun, daß der Operator A, der den beiden Funktionen u_1, u_2 (und damit auch ω_1, ω_2) die Funktion

$$v(t,x) = \sum_{n=1}^{\infty} v_n(t) e_n(x) \tag{9.47}$$

zuordnet, ein stetiger linearer Operator von $L^2[0,S] \times L^2[0,S]$ nach $L^2([0,T] \times [0,S])$ ist. Also ist auch der Operator A, der den beiden Funktionen ω_1, $\omega_2 \in L^2[0,S]$ die Funktion

$$V^2(t,x) = v(t,x) + U(t,x) = \tag{9.48}$$

$$= \sum_{n=1}^{\infty} \frac{1}{\mu_n} \int_0^t \sin \mu_n (t-\tau) \left[c_n^0 u_1(\tau) + c_n^1 u_2(\tau)\right] d\tau$$

zuordnet, ein stetiger linearer Operator von $L^2[0,S] \times L^2[0,S]$ nach $L^2([0,T] \times [0,S])$.

Der andere Fall, daß

$$U(t,x) = u_1(t) + x\, u_2(t) + \frac{x^2}{2} u_3(t) \tag{9.49}$$

eine quadratische Funktion in x ist, wird genauso behandelt wie in Paragraph 5. Mit der dort angegebenen Technik erhält man dann

$$V^2(t,x) = \sum_{n=1}^{\infty} \frac{1}{\mu_n} \int_0^t \sin \mu_n (t-\tau) \left[c_n^0 \tilde{u}(\tau) + c_n^1 u_2(\tau) + c_n^2 u_3(\tau)\right] d\tau. \tag{9.50}$$

Dabei ist

$$\tilde{u}(t) = u_1(t) - \int_0^t u_3(\tau) d\tau \tag{9.51}$$

und $\{c_n^2\}$ die Folge der Entwicklungskoeffizienten der Funktion $\frac{x^2}{2}$ bezüglich der Basis $\{e_n\}$.

Ähnlich wie dort zeigt man wieder, daß die Vorschrift, die den in den Randbedingungen auftretenden Funktionen ω_1, ω_2 die in (9.50) definierte Funktion $V^2(t,x)$ zuordnet, ein stetiger linearer Operator von $L^2[0,S]\times L^2[0,S]$ nach $L^2([0,T]\times[0,S])$ ist.

Falls die beiden Funktionen ω_1, ω_2 beschränkt sind, also $\omega_1,\omega_2\in M[0,T]$, dann ist sogar $V(t,x)\in C_{L^2}[0,T]$. Allerdings läßt sich dieses Ergebnis mit der verallgemeinerten FOURIER-Methode nicht beweisen. Vielmehr braucht man dazu die allgemeine Theorie der partiellen Differentialgleichungen (siehe etwa: LIONS [1], LIONS-MAGENES [1]).

Insgesamt haben wir also die verallgemeinerte Lösung der inhomogenen Wellengleichung (9.1) zur Anfangsbedingung (9.2) und den inhomogenen Randbedingungen konstruiert. Sie ist von der Form:

$$V(t,x) = V^0(t,x)+V^1(t,x)+V^2(t,x),$$

wobei $V^0(t,x)$ durch (9.15), $V^1(t,x)$ durch (9.31) und $V^2(t,x)$ durch (9.48) oder (9.50) gegeben wird.

Der Operator A, der dem Funktionentupel $(V_0(x),\ V_1(x),\ H(t,x),\ \omega_1(t),\ \omega_2(t))$ die in (9.6) definierte Funktion $V(t,x)$ zuordnet, ist dann ein stetiger linearer Operator vom Eingaberaum

$$X = L^2[0,S]\times L^2[0,S]\times L^2([0,T]\times[0,S])\times L^2[0,S]\times L^2[0,S]$$

in den Transformationsraum

$$\square = L^2([0,T]\times[0,S]).$$

Damit haben wir den Eingaberaum, den Eingabeoperator und den Transformationsraum angegeben. Übrig bleiben noch der Ausgaberaum Y und der Ausgabeoperator B. Offensichtlich kann man Y und B auf recht verschiedene Art definieren. Im vorherigen Beispiel der Wärmeleitungsgleichung hatte man $B(V(t,x)) = V(T,x)$. Dies geht jetzt nicht, da diese Definition von B auf $L^2([0,T]\times[0,S])$ keinen Sinn hat.

Deshalb definieren wir als "Ersatz" den Ausgabeoperator durch

$$B_h(V) = \int_{T-h}^{T} \frac{1}{h} V(t,x)\,dx \tag{9.52}$$

mit $0<h<T$. Offensichtlich ist B_h ein stetiger linearer Operator vom Transformationsraum $\square = L^2([0,T]\times[0,S])$ in den Ausgaberaum Y. Damit haben wir ein zum schwingenden Stab gehörendes lineares System

$$(X \xrightarrow[A]{} \square \xrightarrow[B_h]{} Y) \tag{9.53}$$

Nun sei F ein auf X definiertes konvexes Funktional. Wir betrachten die zugehörige Minimal-Norm-Aufgabe. Genauer: gegeben sei ein $y_o \in Y$ und gesucht wird $x_o \in X$ mit $B_h A\, x_o = y_o$ und

$$F(x_o) = \inf\{F(x) \colon B_h Ax = y_o\}. \tag{9.54}$$

Wenn nun für jedes $r>0$ die Menge $\{x\colon F(x) \leq r\}$ beschränkt ist, dann existiert nach Satz V.3.4 ein derartiges x_o, falls $(B_h A)^{-1}(y_o) \neq \emptyset$ ist.

Beispiel VII.9.1.

Es sei $U \subset X$ eine beschränkte abgeschlossene konvexe Menge, die die Null enthält. Ferner sei

$$F(x) = \inf\{t>0\colon \tfrac{x}{t} \in U\}, \tag{9.55}$$

und falls für kein $t>0$ das Element $\frac{x}{t}$ in U liegt sei $F(x) = +\infty$. Dann existiert für jedes $y_o \in c\cdot B_h A(U)$, c ein Skalar, stets ein $x_o \in X$, so daß (9.54) gilt. Dies liegt einfach daran, daß F als Halbnorm auf dem linearen Raum Lin $U \subset X$ aufgefaßt werden kann.

Wir gehen jetzt zur Minimal-Zeit-Aufgabe über. Dazu seien die Anfangsbedingungen $V_o \in DL^2[0,S]$ und $V_1 \in L^2[0,S]$ fest vorgegeben. Man erhält dann das reduzierte lineare System

$$(X_1 \xrightarrow[A]{} \Box \xrightarrow[B_h]{} Y) \tag{9.56}$$

mit dem Eingaberaum

$$X_1 = L^2([0,T]\times[0,S])\times L^2[0,T]\times L^2[0,T].$$

Nun sei $0<h<T$ und für $t\in[h,T]$ sei

$$B_{t,h}(V) = \int_{t-h}^{t} \frac{1}{h}V(t,x)\,dt. \tag{9.57}$$

Dann ordnet der konjugierte Operator $B^*_{t,h}$ jedem $F\in L^2[0,S]$ die Funktion

$$B^*_{t,h}F = \frac{1}{h}F(x)\chi_{[t-h,t]} \in L^2([0,S]\times[0,T])$$

zu. Wir bemerken, daß für jedes $F\in L^2[0,S]$ die Funktion $B^*_{t,h}F$ in der Variablen t stetig ist. Also ist nach Satz V.4.7 die Familie $B_{t,h}(A(U))\subset L^2[0,S]$, $t\in[h,T]$, in der schwachen Topologie von oben halbstetig, da U beschränkt und abgeschlossen ist.

Nun sei $Y_0\subset Y$ eine feste abgeschlossene Teilmenge und

$$Y(t) = Y_0 - V^0(t,x), \qquad t\in[0,T].$$

Dabei ist $V^0(t,x)$ die durch Formel (9.15) gegebene Lösung der homogenen Gleichung mit homogenen Randbedingungen zur Anfangsbedingung V_0 und V_1. Wie bereits gezeigt, ist dann $V^0(t,x)\in C_{L^2}[0,T]$. Also ist die Familie

$$Y(t)\subset L^2[0,S], \qquad t\in[0,T]$$

stetig.

Jetzt sei

$$\hat{T} = \inf\{t:\ B_{t,h}A(U)\cap Y(t) \neq \emptyset\}.$$

Dann folgt aus Satz V.4.4

$$B_{T,h}A(U) \cap Y(T) \neq \emptyset.$$

Also hat in diesem Fall die Minimal-Zeit-Aufgabe eine Lösung.

Man kann nun noch die Minimal-Norm und Minimal-Zeit-Aufgabe für die inhomogene Gleichung bei homogenen Randbedingungen betrachten. Dabei nimmt man zur Steuerung den inhomogenen Teil $H(t,x)$ der Wellengleichung. Falls $H \in M_{L^2}[0,T]$ ist, dann ist $V^1(t,x) \in C_{L^2}[0,T]$. Deshalb kann man für alle $t \in [0,T]$ den Operator B_t durch

$$B_t(V) = V(t,\cdot) \tag{9.58}$$

definieren. Ferner setze man $B = B_T$. Man sieht dann leicht, daß in diesem Fall die Minimal-Norm- und die Minimal-Zeit-Aufgabe Lösungen haben.

Wie wir eben bemerkt haben (siehe LIONS [1], LIONS-MAGENES [1]) kann man auch im Falle der homogenen Wellengleichung zeigen, daß $V(t,x) \in C_{L^2}$ ist, wenn für die Anfangsbedingung $V_o=V_1=0$ gilt und die zu den inhomogenen Randbedingungen gehörenden Funktionen $\omega_1,\omega_2 \in M[0,T]$ sind. Dann kann man den Ausgabeoperator B wieder durch

$$B(V(\cdot,\cdot)) = V(T,\cdot)$$

definieren. Die Steuerung durch die inhomogenen Randbedingungen liefert dann das lineare System

$$(L^2[0,T] \times L^2[0,T] \xrightarrow[A]{} C_{L^2}[0,T] \xrightarrow[B]{} L^2[0,S]).$$

Aus Ergebnissen von RUSSEL [1] folgt, daß ein T_o existiert, so daß für alle $T>T_o$

$$BA(L^2[0,T] \times L^2[0,T]) = L^2[0,S]$$

(d.h. das lineare System ist dann steuerbar) und für alle $T<T_o$

$$BA(L^2[0,T]\times L^2[0,T]) \neq L^2[0,S]$$

(d.h. das lineare System ist nicht steuerbar).

Dies ist ein prinzipieller Unterschied zur Temperaturverteilung in einem Stab. Denn in Paragraph 6 haben wir gezeigt, daß das entsprechende lineare System für kein T steuerbar ist.

Literaturverzeichnis

ALAOGLU, L.

[1] Weak topologies of normed spaces, Ann. of Math. (2), 41 (1940), pp. 252-267.

BANACH, S.

[1] Teoria Operacyj, Tom I. Operacje Liniowe, Warszawa 1931. (Französische Übersetzung, Warszawa 1932, ukrainische Übersetzung, Kiew 1948).

[2] Sur les fonctionelles linèaires, Stud. Math. I-1 (1929), pp. 211-216; II-1 (1929), pp. 223-229.

BANACH, S., STEINHAUS, H.

[1] Sur le principe de la condensations de singularitès, Fund. Math. 9 (1927), pp. 50-61.

BIELECKI, A.

[1] Une remarque su la mèthode de Banach-Cacciopoli-Tichonov dans la thèorie des equations diffèrentielle ordinaires, Bull. Acad. Pol. Sci. 4 (1956), pp. 261-264.

[2] Une remarque sur l'application de la methode de Banach-Cacciopoli-Tichonov dans la theorie de l' equation s=f(x,y,z,p,q), Bull. Acad. Pol. Sci. 4 (1956), pp. 265-268.

BOHNENBLUST, H.F., SOBCZYK, A.

[1] Extensions of functionals on complex linear spaces, Bull. Amer. Math. Soc. 44 (1938), pp. 91-93.

BUTKOWSKI, A.G. (БУТКОВСКИЙ, А.Г.)

[1] Теория оптимального упрабления системами с распределнными параметпетпами, Москва 1965. (Englische Übersetzung: Distributed Control Systems, Elsivier, Amsterdam-New York, 1969).

[2] Методы управления системами с разпределенными параметрами, Москва 1975.

DOLECKI, S.

[1] On observability for one dimensional heat equation, Stud. Math. 48 (1973), pp. 291-305.

[2] A classification of controllability concepts for infinite dimensional linear systems, Control and Cybernetics (im Druck).

[3] Bounded controlling sequences, lower stability and certain penalty procedure, Appl. Math. and Optimization (erscheint demnächst).

DOLECKI, S., KURCYUSZ, S.

[1] On Φ-convexity in extremal problems (erscheint demnächst)

DUNFORD, N., SCHWARZ, J.

[1] Linear operators I. General Theory, New York, London 1958.

DVORETZKY, A., WALD, A., WOLFOWITZ, J.

[1] Relations among certain ranges of vector measures, Pacific Jour. Math. 1 (1951), pp. 59-74.

EBERLEIN, W.F.

[1] Weak compactness in Banach spaces I, Proc. Nat Acad. Sci. USA 36 (1950), pp. 162-166.

ENGELKING, R.

[1] Zarys topologii ogòlnej, Biblioteka Matematyczna 25, Warszawa 1968.

GOHBERG, I.C., KREIN, M.G. (ГОХБЕРГ, И.Ц., КРЕЙН, М.Г.)

[1] Основные положения о дефектных числах, корневых числах и индексах линейных операторо, Усп. Матеы. Наук 12 (1957), выи 2, pp. 43-118.

GOLDSTINE, H.H.

[1] Weakly compact Banach spaces, Duke Math. Jour. 4 (1938), pp. 125-131.

GOODNER, D.R.

[1] Projections in normed linear spaces, Trans. Amer. Math. Soc. 69 (1950), pp. 89-108.

HAHN, H.

[1] Über lineare Gleichungssysteme in linearen Räumen, Jour. Reine und Angew. Math. 157 (1927), pp. 241-229.

HALMOS, P.

[1] The range of a vector measure, Bull Amer. Math. Soc. 54 (1948) pp. 416-421.

HERMES, H. and LA SALLE, J.P.

[1] Functionalanalysis and time optimal control, Mathematics in Science and Engineering, Vol. 56, Academic Press, New York and London 1969.

ISBELL, J.R., SEMADENI, Z.

[1] Projection constant and spaces of continuous functions, Trans. Amer. Math. Soc. 107 (1963), pp. 38-48.

KAKUTANI, S.

[1] Über die Metrisation der topologischen Gruppen, Proc. Imp. Acad. Tokyo 12 (1936), pp. 82-84.

KALMAN, R.E.

[1] On general theory of control systems, Proc. First IFAC Congress (Moskau), ed. London 1960.

[2] Lectures on controllability, CIME Seminar 1968.

KALMAN, R.E., FALB, P.L., ARIB, M.A.

[1] Topics in mathematical control theory, New York, 1969.

KELLEY, J.L.

[1] Banach spaces with extension property, Trans. Amer. Math. Soc. 72 (1952), pp. 323-326.

KOLMOGOROV, A.N.

[1] Zur Normierbarkeit eines allgemeinen topologischen Raumes, Stud. Math. 5 (1934), pp. 29-34.

KRASOWSKI, N.N. (КРАСОВСКИЙ, Н.Н.)

[1] Теория упрабления дбижением. Линейные сиетемы, Москва 1968.

KREIN, M.G., MILMAN, D.P.

[1] On extrem points of regularly convex sets, Stud. Math. 9 (1940), pp. 133-138.

KREIN, M.G., MILMAN, D.P., RUTMAN, L.A. (КРЕИН, М.Г. МУЛЬМАН, Д.П. РУТМАН, Л.А.)

[1] Об одном сбойстбе баэиса б простнастбе Банаха, Зап. Харк. Мат. Т-ва 4 (1940), pp. 106-110.

KULIKOWSKI, R.

[1] Procesy optymalne i adaptacyjne w ukladach regulacji automatycznej, Warszawa 1965.

[2] Sterowanie w systemach wielkich, Warszawa 1970.

KURATOWSKI, K.

[1] Wstep do teorii mnogości i topologii, Wyd. 5, Warszawa 1972.

KURATOWSKI, K., RYLL-NARDZEWSKI, Cz.

[1] A general theorem on selectors, Bull. Acad. Pol. Sc. 13 (1965), pp. 397-403.

LEE, E.R., MARKUS, L.

[1] Foundations of optimal control theory, New York 1968.

LIAPUNOW, A.A. (ЛЯПУНОВ, А.А.)

[1] О бполне аддитибных бектор функиях, Изв. Акад. Наук СССР, I - 3 (1940), pp. 465-478; II - 10 (1948), pp. 277-279.

LINDENSTRAUSS, J.

[1] A short proof of Liapunoff's convexity theorem, Jour. of Math. and Mechanics, 15 (1966), pp. 971-972.

LIONS, J.L.

[1] Controle optimal de systèmes gouvernés par des équations aux dérivées partielles, Paris 1968.

LIONS, J.L., MAGENES, E.

[1] Problèmes aux limites non homogènes et applications, v.1,2,3, Paris 1968.

LUXEMBURG, W.A.J., KOREVAAR, J.

[1] Entire functions and Müntz-Szász type approximations, Trans. Amer. Math. Soc. 157 (1971), pp. 23-37.

MAZUR, S.

[1] Über konvexe Mengen in linearen normierten Räumen, Stud. Math. 4 (1933), pp. 70-84.

NACHBIN, L.

[1] A theorem of the Hahn-Banach type for linear transformations, Trans. Amer. Math. Soc. 68 (1950), pp. 28-46.

POGORZELSKI, W.

[1] Analiza matematyczna, PWN Warszawa, tomy: I, II - 1953, III - 1954, IV - 1956.

PONTRIAGIN, L.S., BOLTIAŃSKI, W.G., GAMKRELIDZE, R.W., MIESZCZENKO, E.F. (ПОНТРЯГИН, Л.С., БОЛТЯНЬСКИЙ, В.Г., ГАМКРЕЛИДЗЕ, Р.В., МИЩЕНКО, Е.Ф.)

[1] Математическая теория оптимальных проиессоб, Изд. второе, Москва 1969.

PORTER, W.A.

[1] Modern foundations of systems engineering, New York, London 1966.

PTÁK, V.

[1] A remark on approximation of continuous functions, Czechoslov. Math. Jour. 8 (83),((1958), pp. 251-256.

RÅDSTRÖM, H.

[1] An embedding theorem for spaces of convex sets, Proc. Amer., Math. Soc. 3 (1952), pp. 165-169.

ROLEWICZ, S.

[1] Metric linear spaces, Monografie Matematyczne 56, Warszawa 1972.

[2] On a problem of moments, Stud. Math. 30 (1968), pp. 183-191.

[3] On optimal observability of linear systems with infinite-dimensional states, Stud. Math. 44 (1972), pp. 411-416.

[4] On observability of linear systems, Berichte der Gesellschaft für Mathematik und Datenverarbeitung 77 (1973), pp. 139-141.

[5] On minimum time control problem and continuous families of convex sets, Stud. Math. (im Druck).

[6] On universal time for controllability of time-depending linear control systems, Stud. Math. (im Druck).

RUSSELL, D.L.

[1] Non-harmonic Fouries series in the control theory of distributed parameter systems, Jour. of Math. Anal. and Appl. 18 (1967) pp. 542-560.

SIKORSKI, R.

[1] Funkcje rzeczywiste, Monografie Mathematyczne, t. I, II, Warszawa 1958, 1959.

SINGER, I.

[1] Bases in Banach spaces I, Springer-Verlag, 1970.

[2] On a problem of moments of S. Rolewicz, Stud. Math. 48 (1973), pp. 95-98.

ŠMULIAN, V.

[1] Über lineare topologische Räume, Мат. Сб. 7(49) (1940), pp. 425-448.

TICHONOW, A.N., SAMARSKI, A.A. (ТИХОНОВ, А.Н., САМАРСКИЙ, А.А.)

[1] Урабления матемтической физики, Изд. III, Москва 1966.

WOJTASZCZYK, P.

[1] A theorem on convex sets related to the Abstract Pontriagin Maximum Principle, Bull. Acad. Pol. Sci. 21 (1973), pp. 93-95.

ZABCZYK, J.

[1] Remarks on algebraic Ricatti equations in Hilbert spaces, Appl. Math. and Optimization (im Druck).

Stichwortverzeichnis

Hochschultext/Universitext

In diese Sammlung werden preiswerte Lehrbücher aufgenommen, die, was Anordnung und Präsentation des Stoffes betrifft, nach didaktischen Gesichtspunkten aufgebaut und in erster Linie für Studenten mittlerer Semester geeignet sind. Die einzelnen Bände – es sind entweder Ausarbeitungen von aktuellen Vorlesungen oder Übersetzungen bekannter fremdsprachiger Bücher – geben jeweils eine solide Einführung in ein nicht nur für Spezialisten interessantes Fachgebiet.

Hochschultext/Universitext

R. Lauber, Prozeßautomatisierung 1. 1976
W. Leutzbach, Einführung in die Theorie des Verkehrsflusses. 1972. DM 22,–
H. Liebig, Logischer Entwurf digitaler Systeme. Beispiele und Übungen. 1974. DM 24,–
H. D. Lüke, Signalübertragung. Einführung in die Theorie der Nachrichtenübertragungstechnik. 1975. DM 29,80
H. Lüneburg, Einführung in die Algebra. 1973. DM 24,–
S. MacLane, Kategorien. 1972. DM 38,–
Meereskunde der Ostsee, 1974. DM 39,80
E. Neher, Elektronische Meßtechnik in der Physiologie. 1974. DM 16,80
G. Owen, Spieltheorie. 1972. DM 36,–
J. C. Oxtoby, Maß und Kategorie. 1971. DM 24,–
H. Petermann, Einführung in die Strömungsmaschinen. 1974. DM 24,–
G. Preuss, Allgemeine Topologie. 2. Auflage. 1975. DM 38,–
B. v. Querenburg, Mengentheoretische Topologie. Korrigierter Nachdruck der 1. Auflage. 1976. DM 16,80
R. Richter/U. Schlieper/W. Friedmann, Makroökonomik. 2. Auflage. 1975. DM 38,–
W. Rupprecht, Netzwerksynthese. 1972. DM 45,–
E. Seibold, Der Meeresboden. 1974. DM 29,80
D. Seitzer, Arbeitsspeicher für Digitalrechner. 1975. DM 29,–
P. v. Sengbusch, Einführung in die Allgemeine Biologie. 1974. DM 29,80
H. Späth, Elektrische Maschinen. 1973. DM 24,–
K. Stange, Kontrollkarten für meßbare Merkmale. 1975. DM 24,–
H.-J. Thomas, Thermische Kraftanlagen. 1975. DM 58,–
R. Uhrig, Elastostatik und Elastokinetik in Matrizenschreibweise. 1973. DM 31,–
R. Unbehauen, Elektrische Netzwerke. 1972. DM 43,–
H. Werner, Praktische Mathematik I. 2. Auflage. 1975. DM 19,80
H. Werner/R. Schaback, Praktische Mathematik II. 1972. DM 22,–
H. Wolf, Lineare Systeme und Netzwerke. 1971. DM 20,–
H. Wolf, Nachrichtenübertragung. 1974. DM 32,–

Preisänderungen vorbehalten